Springer-Lehrbuch

Hans-Dieter Barke

# Chemiedidaktik

## Diagnose und Korrektur von Schülervorstellungen

Mit 112 Abbildungen

Springer

Prof. Dr. Hans-Dieter Barke
Fachbereich 12 – Chemie und Pharmazie
Westfälische Wilhelms-Universität
Institut für Didaktik der Chemie
Fliednerstr. 21
48149 Münster

*E-mail: barke@uni-muenster.de*

Bibliografische Information der Deutschen Bibliothek
Die Deutsche Bibliothek verzeichnet diese Publikation in der Deutschen Nationalbibliografie; detaillierte bibliografische Daten sind im Internet über <http://dnb.ddb.de> abrufbar.

ISBN-10 3-540-29459-7 Springer Berlin Heidelberg New York
ISBN-13 978-3-540-29459-7 Springer Berlin Heidelberg New York



Springer ist ein Unternehmen von Springer Science+Business Media
springer.de

Printed in Germany



Einbandgestaltung: KünkelLopka GmbH, Heidelberg
Satz und Herstellung: LE-TEX, Jelonek, Schmidt & Vöckler GbR, Leipzig

Gedruckt auf säurefreiem Papier 31/3100 YL - 5 4 3 2 1 0

# Inhaltsverzeichnis

## Herzlichen Dank!

Mein Dank für das Entstehen dieses Buches gilt vor allem meiner Arbeitsgruppe an der Universität Münster, die als chemiedidaktisches Prinzip für Chemieunterricht „Atome und Ionen als Grundbausteine der Materie" zugrunde legt und diese gedanklich zu Gittern oder Molekülen kombiniert. Durch entsprechende Strukturmodelle sollen bei Lernenden zutreffende Vorstellungen bzw. mentale Modelle zum Aufbau wichtiger Substanzen erzeugt werden, mit einer „Teilchenphilosophie" wird zum „strukturchemischen Denken" geführt.

Viele Argumente zu Unterrichtsvorschlägen hinsichtlich der ermittelten Fehlvorstellungen unserer Schüler und Schülerinnen resultieren aus den Publikationen dieser Arbeitsgruppe. Deshalb danke ich ganz herzlich: Dr. Claus Hilbing (Gymnasium Detmold), Dr. Birte Möller (Gesamtschule Hagen), StR. Reinhard Rölleke (Driland-Kolleg Gronau), Dr. Wahyu Sopandi (University of Bandung, Indonesien), Dr. Temechegn Engida (Addis Abeba University, Äthiopien), Sileshi Yitbarek (Kotebe College of Teacher Education, Addis Abeba, Äthiopien), Tobias Dörfler und Cosima Schwöppe (Institut für Didaktik der Chemie der Universität Münster), Nina Strehle (Studienseminar Minden).

Insbesondere danke ich meiner lieben Frau Dr. Hilde Wirbs, meinem Kollegen und Freund Prof. Dr. Günther Harsch und Kollegin Frau Prof'in Dr. Rebekka Heimann (Universität Leipzig), für viele diesbezügliche Diskussionen.

Ganz speziell danke ich meinem Freund und langjährigen Weggefährten auf den verschlungenen Pfaden der Chemiedidaktik, Prof. Dr. Dieter Sauermann (FH München) für Durchsicht, Korrekturen und Ergänzungen des gesamten Manuskripts. Herzlichen Dank, lieber Dieter!!!

Münster im Februar 2006 *Hans-Dieter Barke*

# Einleitung

„Man müsste ein Diagnose-Handbuch zu Schülervorstellungen entwickeln und den Lehrern in die Hand geben", wünschte sich Physikdidaktiker Professor JUNG in einem Gespräch auf einer GDCP-Tagung. Psychologe Professor LANGTHALER äußerte sich in ähnlicher Weise einer Chemielehrerin gegenüber: „Wenn Sie als Lehrer mehr diagnostische Fähigkeiten hätten, würden Sie viele Probleme mit den Schülern und Schülerinnen gar nicht erst haben".

Bei Unterrichtsplanungen ging man noch vor einigen Jahrzehnten davon aus, dass die jungen Schüler und Schülerinnen kaum eigene Vorstellungen oder Kenntnisse in den naturwissenschaftlichen Unterricht mitbringen und deshalb eine gute Unterrichtsvorbereitung lediglich entscheiden müsse, in welcher Reihenfolge welche neuen Begriffe und Inhalte mit welchen Methoden, Medien und didaktischen Hilfsmitteln einzuführen seien.

Fachdidaktische Erhebungen zeigen allerdings, dass sich Kinder und Jugendliche sehr wohl zu vielen Sachverhalten aus Natur und Alltag ihre eigenen Vorstellungen bilden. So stellt Martina NIESWANDT [1] aufgrund ihrer Untersuchungen fest: „Bereits von frühester Kindheit an entwickeln Kinder Ideen über ihre natürliche Umwelt. Sie sammeln Erfahrungen was passiert, wenn sie einen Gegenstand fallen lassen, etwas stoßen, ziehen oder werfen. Aus diesen sich wiederholenden Erfahrungen entwickeln sie im Laufe ihres Lebens Vorstellungen und Erwartungen wie Objekte fallen oder sich bewegen. ... Es zeigt sich aber auch, dass die Vorstellungen der Jugendlichen häufig von den allgemein akzeptierten naturwissenschaftlichen Konzepten abweichen. Forschungen zur Rolle von vorunterrichtlichem Wissen, alternativen Vorstellungen oder Alltagsvorstellungen im naturwissenschaftlichen Unterricht haben aufgezeigt, dass derartige Vorstellungen das Lernen und Verstehen sowie das langfristige Behalten naturwissenschaftlicher Konzepte behindern" [1].

Um erfolgreiches Lernen zu ermöglichen oder wenigstens zu erleichtern, sollten Chemiedidaktiker und Chemielehrer ermitteln bzw. diagnostizieren, zu welchen Sachverhalten welche Erklärungen oder Vorstellungen vorliegen. Diesbezüglich werden von TREAGUST [2] sogar Tests zur **Diagnose von Vorstellungen** hinsichtlich spezifischer Unterrichtseinheiten vorgeschlagen: „By using a diagnostic test at the beginning or upon completion of a specified science topic, a science teacher can obtain clearer ideas about the nature of the students' knowledge and misconceptions in the topic“ [2]. Dementsprechend werden in den folgenden Kapiteln die Ergebnisse der Recherchen solcher Diagnosen aus der wissenschaftlichen Literatur vorgestellt: Lehrer und Lehrerinnen sollen viele Beispiele von alternativen Vorstellungen der Kinder und Jugendlichen kennen, um sie in ihrem Unterricht zu einem bestimmten Thema berücksichtigen zu können.

Auf Grundlage dieser Kenntnisse sind Lehrer und Lehrerinnen dann besser in der Lage, eigene Tests oder Interviews zu entwerfen, um die spezifischen Fehlvorstellungen ihrer Schüler und Schülerinnen zu ermitteln, oder sie werden wenigstens stark sensibilisiert, im Unterrichtsgespräch mögliche Fehlvorstellungen zu erkennen. Sind die alternativen Vorstellungen der eigenen Schüler erkannt worden, gilt es zu entscheiden, in welcher Weise Korrekturen dieser Fehlvorstellungen vorzunehmen sind. Beispiele für Unterrichtswege zur Korrektur von Fehlvorstellungen werden ebenfalls in den folgenden Kapiteln vorgeschlagen.

GILBERT et al. [3] klagen über viele Lehrer und Lehrerinnen für Naturwissenschaften, dass sie die fachdidaktischen Forschungen zu Fehlvorstellungen nicht zur Kenntnis nehmen und damit deren Diskussion und Korrektur für Unterricht gar nicht erst planen: „Probably nine out of ten instructors are not aware of the research on student misconceptions, or do not utilize ways to counteract these misconceptions in their instruction“ [3].

Sie fordern deshalb von Lehrern und Lehrerinnen nicht nur die Diskussion der Diagnose-Problematik und deren Umsetzung im Unterricht, sondern noch zusätzlich das Einbeziehen fachdidaktischer Forschung bereits in der Ausbildung von Lehramtsstudenten oder Referendaren: „The preservice and in-service education of prospective and experienced chemistry teachers can play a crucial role in bridging the gap between chemical education research and classroom practice“ [3]. Sie nennen diesbezüglich folgende Ziele: „Increasing chemistry teachers' awareness of chemical education research, improving the use of chemical education research findings, involving chemistry teachers in chemical education research“ [3].

Deshalb sollen die folgenden Kapitel auch alle Leser anregen, eigene Diagnosen zu Fehlvorstellungen ihrer Schüler und Schülerinnen durchzuführen und die Ergebnisse dem Autor dieser Zeilen für eine Neuauflage des Buches zur Verfügung zu stellen.

In Kapitel 2 wird zunächst der Begriff der Fehlvorstellung relativiert und erläutert, dass Fehler in den Vorstellungen nicht den Jugendlichen angelastet werden können und deshalb die Bezeichnungen Präkonzepte oder alternative Vorstellungen zutreffender sind. Außerdem wird ausgeführt, dass es neben den bekannten **ursprünglichen** Präkonzepten zu vielen Sachverhalten auch „**hausgemachte**" Fehlvorstellungen hinsichtlich des fortgeschrittenen Unterrichts gibt, deren Ursachen also in keiner Weise den Lernenden, sondern eher den Lehrenden bzw. den komplexen Inhalten anzulasten sind, also in der Auswahl von Unterrichtsinhalten und in der Art und Weise der Unterrichtsführung zu suchen sind.

Die vielen Themen im Chemieunterricht ziehen naturgemäß eine große Vielfalt von Schülervorstellungen nach sich, die nicht alle ermittelt und referiert werden können. Um die Zahl der Themen einzugrenzen, sollen die **Basiskonzepte** zugrunde gelegt werden, die für Chemieunterricht verabredet worden sind. Diesbezüglich hat man in der Chemiedidaktik und für viele Lehrpläne bzw. Richtlinien folgende Konzepte festgelegt: Stoffe und Stoffeigenschaften, Teilchenmodell, Struktur-Eigenschafts-Beziehungen, Chemisches Gleichgewicht, Donator-Akzeptor-Prinzip und Energie. Diese Basiskonzepte werden ebenfalls in Kapitel 2 näher erläutert.

In den Kapiteln 3–8 findet die jeweilige **Diagnose** bekannter Fehlvorstellungen **bezüglich der Basiskonzepte** statt. Daraufhin wird vorgeschlagen, welcher Unterricht zur Korrektur dieser Fehlvorstellungen durchgeführt werden könnte. Da insbesondere Experimente sehr überzeugend sind, um fest in der kognitiven Struktur verankerte Fehlvorstellungen abzubauen und die wissenschaftlichen Vorstellungen aufzubauen bzw. einen Konzeptwechsel bei Lernenden herbeizuführen, werden jeweils hilfreiche **Experimente und Modelle** im Anschluss an jedes Kapitel beschrieben. Insbesondere können kognitive Konflikte oder Inkongruenzen, die durch Experimente herbeigeführt werden, Lernende motivieren, über den betreffenden Sachverhalt nachzudenken und erfolgreich zu einem Konzeptwechsel zu gelangen.

Die **Experimente** sind unter dem Stichwort „Problem" mit fachdidaktischen Kommentaren versehen worden, um die Zielrichtung der Beobachtung und Auswertung gut erkennen zu können. Unter den Stichworten „Material, Durchführung und Beobachtung" sind die Experimente kurz skizziert worden, nur der Fachmann erkennt dabei sowohl Details der Durchführung als auch Details zu etwaigen Gefahrstoffen, die besserer Lesbarkeit wegen nicht gekennzeichnet werden. Für Schülerversuchsvorschriften sind die Kurzbeschreibungen diesbezüglich zu ergänzen.

Beim Studium vieler Fehlvorstellungen und den Vergleichen von Überlegungen in der Wissenschaftsgeschichte findet man **Parallelen im Denken früherer Wissenschaftler** mit ursprünglichen Vorstellungen Jugendlicher heute: Naturgemäß verleiten die gleichen Beobachtungen, die zu allen Zeiten in gleicher Weise gemacht werden, zu ähnlichen Interpretationen.

Ein Beispiel ist die allseits bekannte **Phlogistontheorie**, die davon ausging, dass alle Brennstoffe unsichtbares Phlogiston enthalten und dieses bei Verbrennungen in die Luft geht. In Kapitel 1 werden deshalb, ehe empirische

Erhebungen zu Vorstellungen bezüglich der Basiskonzepte in den Kapiteln 3–8 an die Reihe kommen, einige solcher Theorien von Naturphilosophen vergangener Jahrhunderte referiert. Der Weg der Geschichte ihrer Vorstellungen zu heute gültigen Konzepten der Chemie könnte auch für Chemieunterricht interessant sein – beispielsweise der historische Sturz der Phlogistontheorie.

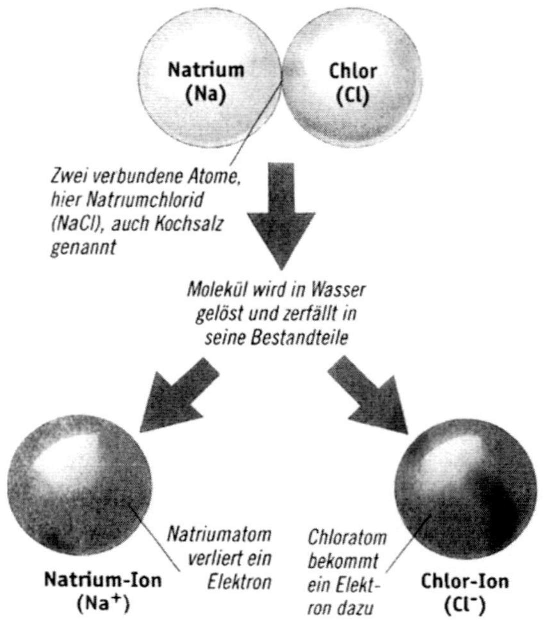


Ein anderes Beispiel für „hausgemachte" Fehlvorstellungen unserer Jugendlichen geht von der **Dissoziationstheorie des Arrhenius** aus, die im Jahr 1884 postulierte: „Salz-Moleküle" sind in festen Salzen enthalten, die beim Lösen in Wasser in Ionen zerfallen. Mit dem Elektronenbegriff kam wenig später die Fehlvorstellung hinzu, dass die „Atome dieser Salz-Moleküle" durch Elektronenaustausch erst die Ionen bilden. Heute wissen wir, dass ein Kochsalzkristall aus $Na^+$-Ionen und $Cl^-$-Ionen besteht, die beim Lösen des Kristalls in Wasser durch $H_2O$-Moleküle umgeben werden.

Dass sich ähnliche Fehlvorstellungen erstaunlicherweise bis in das Jahr 2004 hinein gehalten haben, zeigen Ausführungen von GERLACH [4]: „Kochsalz besteht überwiegend aus Natrium- und Chloratomen, bei denen jedes Chloratom einem Natriumatom ein Elektron entreißt, dadurch bekommt das Chloratom eine negative elektrische Ladung, das Natriumatom eine positive". Auch ein im Jahr 2004 herausgegebenes Magazin für Jugendliche [5] verbreitet diese Fehlvorstellung, wie es die Abbildung darstellt.

Mit dem vorliegenden Buch sollen möglichst die Chemielehrer und Lehrerinnen unsere Jugendlichen zu modernen und zutreffenden Vorstellungen führen, sodass sie später als Redakteure von Zeitungen andere Texte und Abbildungen entwerfen als oben gezeigt!

Viel Erfolg bei der Reflexion eigener Vorstellungen zu wichtigen chemischen Basiskonzepten, und viel Erfolg im Chemieunterricht – mit der Kenntnis vieler Fehlvorstellungen unserer Kinder und Jugendlichen, und der Unterrichtsvorschläge zu deren Korrektur!!!

## Literatur

1. Nieswandt, M.: Von Alltagsvorstellungen zu wissenschaftlichen Konzepten: Lernwege von Schülerinnen und Schülern im einführenden Chemieunterricht. ZfDN 7 (2001), 33
2. Treagust, D.F.: Development and use of diagnostic tests to evaluate students' misconceptions in science. Int.J.ScienceEduc. 10 (1988), 159
3. Gilbert, J.K., Justi, R., Driel, J.H., De Jong, O., Treagust, D.J.: Securing a Future for Chemical Education. CERP 5 (2004), 5
4. Gerlach, H.: Salz auf unserem Steak. Süddeutsche Zeitung, Magazin. Stuttgart 2004, 34
5. Welt der Wissenschaft (deutsche Übersetzung). Bath, England, 2004 (Parragon), 34

# 1 Vorstellungen bei Wissenschaftlern vergangener Jahrhunderte

Schülervorstellungen zur Verbrennung („es geht ETWAS in die Luft") weisen erstaunlicherweise Elemente der historischen Phlogistontheorie aus: Durch dieselben Beobachtungen gibt es offenbar **Parallelen zwischen Vorstellungen der Jugendlichen heute und vielen Wissenschaftlern vergangener Jahrhunderte**. Es macht also Sinn, die Entwicklung historischer Theorien, die im Laufe der Jahrhunderte tiefgreifende Veränderungen erfahren haben, zu studieren und zu untersuchen, in welcher Weise zu bestimmten Theorien diesbezügliche Parallelen im Denken früher und heute vorliegen. Solche Theorien sind etwa

- Urstofftheorien der griechischen Philosophieschulen,
- Umwandlungskonzepte der Alchemisten,
- die Phlogistontheorie und Wärmestofftheorie,
- historische Säure-Base-Konzepte,
- der „Horror vacui" und das Teilchenkonzept,
- Theorien zur Atomistik bzw. zur Struktur der Materie, u. A.

Es ist zum einen zu überlegen, ob diese zur Entwicklung heutiger Konzepte oft notwendigen historischen Vorstellungen nicht auch Unterrichtsgegenstand sein können bzw. durch Schülerreferate zur Diskussion gestellt werden. Die Schüler stellen so fest, dass „ihre Schwierigkeiten auch häufig die Probleme der Wissenschaftler waren" [1]. Aufgrund dieser sympathischen Erkenntnis sind sie eher bereit, ihre alternativen Vorstellungen aufzugeben: „If students are made aware of the misconceptions of earlier scientists, perhaps they might find their own misconceptions among them. If the teacher compares and contrasts the historical misconceptions with the current explanation, students may be convinced to discard their limited or inappropriate propositions and replace them with modern scientific ones" [2].

Die vorliegenden Themen könnten dementsprechend nach MATUSCHEK und JANSEN [1] durchaus auch „historisch-problemorientiert" unterrichtet werden, da die Wege wissenschaftlicher Erkenntnis an diesen Beispielen durch Jugendliche gut nachzuvollziehen sind.

## 1.1 Urstofftheorien

Die griechischen Philosophen des Altertums haben in den Jahrhunderten vor Christi Geburt viele Sachverhalte des menschlichen Lebens gründlich durchdacht und für viele Bereiche anerkannte Theorien geschaffen: Unsere heutigen Kulturen und Grundwerte beruhen großenteils auf Grundgedanken dieser griechischen Philosophie.

So erhob sich etwa für die griechischen Naturphilosophen die Grundfrage: Woraus besteht die Welt? Welches ist „der Urgrund, der Urstoff, die Ursubstanz, das Elementare? Ebenso wichtig war der zweite Grundgedanke, dass eine solche Grundsubstanz von ewiger Existenz sei, dass weder etwas (aus dem Nichts) entstehe noch (ins Nichts) vergehe, dass nur die Erscheinungsformen wechselten. Damit war die Aufmerksamkeit auf folgende Probleme gelenkt:

1. auf die Materialität der Welt,
2. auf die Unerschaff- und Unzerstörbarkeit der Materie,
3. auf die Umwandlungsfähigkeit der Materie bei Wahrung der Ursubstanz“ [3].

„Aristoteles lehrte als erster die kategorische Trennung von Ding und Eigenschaft. Diese Unterscheidung des Dinges als **‚Träger' von Eigenschaften** einerseits und dieser ‚Eigenschaften' selbst andererseits, war den griechischen Philosophen vor Aristoteles noch keineswegs bewußt. Von dieser Erkenntnis ausgehend, gelangte Aristoteles zu der These, dass Entwicklung und Wandel, Werden und Vergehen nichts anderes sei als der Übergang von einer bestimmten Weise zu sein, in eine andere Seinsweise“ [4].

## 1.2 Umwandlungskonzepte der Alchemisten

Das Zeitalter der Alchemie erstreckt sich etwa vom 4. bis zum 16. Jahrhundert, die Araber waren an der Entwicklung der Alchemie besonders beteiligt. Für sie war der Begriff Alchemie nur ein anderes Wort für die Chemie, gebildet aus dem arabischen „al“ und dem griechischen „chyma“: Metallguß. Dieser Begriff zeigt die große Bedeutung der Metalle für die Menschen und ihren Wunsch, Metalle zu gewinnen oder gar unedle Metalle in Gold zu verwandeln.

Bereits viele Schriften der Araber „enthalten Anweisungen zur künstlichen Goldgewinnung mit Hilfe des ‚Ferments der Fermente', des ‚Elixiers der Elixire'. Dabei ist die richtige Mischung der vier Elemente notwendig, und der ‚Geist' (das erhitzte, flüchtige Quecksilber) muß in die ‚Körper' (Blei, Kupfer, usw.) eindringen. Das geheimnisvolle ‚Elixier' selbst kommt zustande durch die richtige Vereinigung der vier Elemente, des Körpers (Metall) und Geistes (Quecksilber), des Männlichen und des Weiblichen. Es assimiliert die ‚Leiber' und färbt sie (deshalb auch ‚Tinctur' genannt), indem es sie in Gold verwandelt, und zwar bis zur tausendfachen Menge"[5].

Sogar der Gelehrte Albertus „glaubt an die Möglichkeit der künstlichen Golddarstellung, doch sagt er, dass er keinen Alchemisten gefunden habe, dem die Metallumwandlung völlig gelungen sei" [5]. „Auch an ‚praktischen' und ‚augenfälligen' Beweisen hat es in der Alchemie bis ins 18. Jahrhundert hinein nicht gefehlt. Es wurden Münzen gezeigt, die aus alchemistischem Gold geprägt sein sollten, oder Nägel, deren eine Hälfte aus Eisen, deren andere aus in Gold verwandeltem Eisen bestehen sollte. Selbst Gerichtsurteile wurden zugunsten alchemistischer Operationen gefällt, und nicht zuletzt haben auch geschickte Betrüger dafür gesorgt, dass durch ihre ‚gelungenen Transmutationen' der Glaube an die Möglichkeit der Metallverwandlung immer wieder neu belebt wurde" [3].

Immerhin ist noch einmal 1923 die Wissenschaft in Aufregung geraten, „als von einem Berliner Hochschul-Professor mitgeteilt wurde, es sei ihm gelungen, Quecksilber durch Behandlung mit elektrischen Strömen in Gold umzuwandeln. Die Richtigkeit des Befundes wurde zunächst nicht nur von verschiedenen Seiten bestätigt, sondern es meldeten sich auch mehrere ‚Forscher' (selbst aus Japan), die dasselbe schon früher gefunden haben wollten. Bei einer gründlichen experimentellen Nachprüfung stellte sich erst nach zwei Jahren heraus, dass die geringen Spuren Gold aus den Elektroden stammten. Damit ist wohl der ‚Goldtraum', der über ein Jahrtausend lang immer wieder phantastische Köpfe in seinen Bann geschlagen hat, endgültig ausgeträumt" [5].

## 1.3 Die Phlogistontheorie

Bei Verbrennungen ist immer schon beobachtet worden, dass der Brennstoff, etwa Kohle oder Schwefel, „verschwindet". Georg Ernst Stahl veröffentliche 1697 seine Interpretation dieser Beobachtungen und führte den Begriff Phlogiston (gr.: Phlox, die Flamme) ein: „Er ging von der Verbrennung des Schwefels aus und glaubte, dass die durch die Verbrennung entstandene schweflige Säure ein seines brennbaren Prinzips beraubter Schwefel sei" [6]. „Stahl behauptete, dass das Phlogiston in allen brennbaren und verkalkbaren Stoffen enthalten wäre. Die Verbrennung war danach ein Vorgang, bei dem das Phlogiston den Körper verließ. Die Luft spielte insofern eine Rolle, als sie nötig war, um das Phlogiston aufzunehmen. Von dort gelangte das Phlogiston in Blätter und Hölzer und konnte mittels Reduktion (Erhitzen von Metallkalk auf einem Stück Holzkohle) einem Körper zurückgegeben werden. Oxydation und Reduktion waren nunmehr als einander bedingende Vorgänge erkannt. Den Beweis brachte das Experiment: Das Verkalken (Oxydieren) eines Metalls durch Erhitzen und die Reduktion durch Kohle" [3]:

Metall $\rightarrow$ Metallkalk + Phlogiston,
Metallkalk + Phlogiston (Kohle) $\rightarrow$ Metall

Allerdings musste Stahl das reine Metall als *Verbindung* von Metall und Phlogiston auffassen, und Metallkalk – also das heutige Metalloxid – als *Element*. Zum anderen sprachen Experimente mit der Waage gegen seine Theorie. „Der Zunahme des Gewichts verkalkter Metalle maß er nur geringe Bedeutung bei; schließlich suchte er dieses Problem mit der Annahme eines ‚negativen Gewichts' des Phlogistons abzutun. Die Chemiker waren höchst einseitig auf die qualitativen Erscheinungen orientiert, und gerade für die Erklärung und Systematisierung qualitativer Umsetzungen erwies sich die Phlogistontheorie als hervorragendes geistiges Instrument" [3].

„Die Anschauungsweise der Phlogistiker wird verständlicher, wenn man sie nicht vom Standpunkt der stofflichen Vorgänge aus betrachtet, sondern vom Standpunkt der *Energetik* aus. Beim Verbrennen sieht man nicht nur die Flamme entweichen, es wird auch *Wärme* entwickelt. Diese sich den Sinnen unmittelbar kundgebende Tatsache wird bei einer rein stofflichen Deutung der Vorgänge nicht berücksichtigt. Setzt man an Stelle von Phlogiston die Energie, so wird man dem physikalisch-chemischen Vorgange in gewisser Weise gerecht" [5]. Sauerstoff, der bei Empedokles noch „Feuerstoff" hieß, wurde auch „Phlogiston" (Stahl) und „Feuerluft" (Scheele) genannt. „Ein Rest dieser Begriffe blieb als ‚**Wärmestoff'** noch einige Jahrzehnte in Gebrauch, bis die Ursache der Wärme in der Bewegung von kleinsten Teilchen erkannt wurde" [3].

Lavoisier klärte durch seine Messungen am Beispiel der Synthese bzw. Zerlegung von Quecksilberoxid diesen Sachverhalt auf: er fand **Erhaltungssätze** und **Oxidationstheorie**. Mit den Theorien von Lavoisier war schließlich das Zeitalter von Alchemie und Phlogistontheorie zu Ende und die Chemie trat als Wissenschaft in den Vordergrund.

## 1.4 Historische Säure-Base-Konzepte

Der saure Geschmack vieler Früchte und Lebensmittel war Menschen zu allen Zeiten und überall bestens vertraut. Bekannt war auch die Entstehung von Essig durch Stehenlassen alkoholischer Getränke an der Luft, dieser Essig wurde bereits vor Jahrtausenden als Konservierungsmittel verwendet. „Das lateinische Wort acetum für Essig (eigentlich acetum vinum für sauer gewordenen, d. h., zu Essig gewordenen Wein), steht etymologisch in Bezug zu acer = scharf und acidus = scharf oder sauer. Hiervon sind das heutige englische Wort „acid“ wie auch das französische „l'acide“ für Säure abgeleitet“ [7].

Je nach Erkenntnisstand versuchte man, den sauren Geschmack zu erklären. Eine recht eigenwillige Erklärung historischer Art ist von Lémery aus dem 17. Jahrhundert bekannt, er versuchte die Wirkung von Säuren mit einer Teilchenvorstellung zu erfassen: „Man kann eine verborgene Sache nicht besser erklären, als wenn man ihren Theilchen, daraus sie bestehen, solche Figuren, die mit ihren Würckungen übereinstimmen, zumisset: so will ich sagen, es bestehen die säuerliche Schärfe eines flüssigen Dinges in den spitzigen Theilchen, welche in Bewegung sind: und verhoffentlich wird mich niemand überreden wollen, es habe das Acidum keine Spitzen, dieweil dies alle Experienz bezeuget: denn es verursachet auf der Zunge solche Stiche, die entweder gantz gleich oder doch sehr nahe an denen kommen, welche man von gantz scharff zugespitzten Materialien empfängt” [8].

Zur Erklärung des sauren Geschmacks gab es anfangs lediglich Verallgemeinerungen der Phänomene, etwa die Farbphänomene bei Verwendung von Indikatoren. Später kamen Säure- und Base-Definitionen auf der Grundlage der Struktur der Stoffe hinzu – sie bezogen sich aber immer auf die Säure oder Lauge als chemische Substanz. Die heute am meisten verwendete Definition ist das Brönsted-Konzept und die Vorstellung vom Übergang von Protonen. Allerdings bezieht sich diese Definition nicht mehr auf Substanzen, sondern auf die Funktion von Teilchen: es sind Moleküle oder Ionen, die als Säure-Teilchen oder Base-Teilchen reagieren können. Am Beispiel der Säuren sei das im Folgenden konkretisiert.

**BOYLE.** Über den sauren Geschmack hinaus charakterisierte Robert Boyle im Jahr 1663 die Säuren durch den Pflanzenfarbstoff Lackmus: saure Lösungen färben ihn rot. Mit der Fixierung des Farbstoffes auf Papier ist Boyle damit der Begründer der Indikatorpapiere. Neben den Farbstoffreaktionen beobachtete er ebenfalls, dass Säuren Marmor oder Zink auflösen.

**LAVOISIER.** Nach dem Sturz der Phlogistontheorie und der Entdeckung des Sauerstoffs beobachtete Antoine Lavoisier im Jahr 1777 die Reaktion von Kohlenstoff, Schwefel und Phosphor mit Sauerstoff und fand beim Lösen der entstehenden Nichtmetalloxide in Wasser die allen gleiche saure Wirkung der Lösungen. Er definierte auf der Grundlage dieser Beispiele: Säuren sind Stoffe, die aus einem Nichtmetall und Sauerstoff entstehen. Dazu entdeckte er, dass diese Säuren mit Metalloxiden als „Basis“ kombiniert, viele Salze ergeben: Kohlensäure ergibt Carbonate, Schwefelsäure ergibt Sulfate – das Kombinationssystem der „Säuren und Basen“ war gefunden!

**DAVY.** Die Entdeckung des Elements Chlor durch Humphry Davy im Jahr 1810 hatte zur Folge, dass auch der Chlorwasserstoff mit der Zusammensetzung HCl und seine wässerige Lösung Salzsäure wissenschaftlich präzisiert werden konnten. Mit der Erkenntnis, dass Chlorwasserstoff vom Aufbau her eine sauerstofffreie Säure ist, wurde nach gemeinsamen Kriterien gesucht, mit denen saure Lösungen beschrieben werden konnten. Wenig später kamen Schwefelwasserstoff ($H_2S$) und Cyanwasserstoff (HCN) bzw. deren saure Lösungen hinzu und Wasserstoff wurde dem Prinzip „Säure" zugrunde gelegt. Allerdings waren viele Wasserstoff-Verbindungen wie etwa die Kohlenwasserstoffe bekannt, die wiederum nicht sauer reagieren.

**LIEBIG.** Mit Analysen vieler organischer Säuren und Kenntnis der Reaktionen dieser Säure-Lösungen mit unedlen Metallen unter Entwicklung von Wasserstoff definierte Justus LIEBIG ganz pragmatisch: „Säuren sind Stoffe, die Wasserstoff enthalten, der durch Metalle ersetzbar ist". Da sowohl die verdünnten Lösungen der organischen Säuren als auch die der Mineralsäuren diesem Kriterium standhielten, stellte diese Definition einen großen Fortschritt dar.

**ARRHENIUS.** Man hatte die elektrische Leitfähigkeit vieler Lösungen untersucht und dabei diejenigen Substanzen als Elektrolyte bezeichnet, die sich als leitfähig erwiesen. Auch die Säurelösungen leiteten den elektrischen Strom und gehörten zur Gruppe der Elektrolyte. Bei zusätzlichen Untersuchungen von Gefrierpunktserniedrigungen verschiedener Lösungen fand man, dass die Elektrolyte jeweils einen größeren Effekt zeigten als etwa Zucker- oder Ethanol-Lösungen gleicher Konzentration. Diese Erscheinungen interpretierte Svante Arrhenius im Jahr 1884 als erster mit dem Ionenbegriff und schuf die Theorie der elektrolytischen Dissoziation in wässerigen Lösungen. Somit konnten die kleinsten Teilchen der Säurelösungen neu definiert werden: als Wasserstoff-Ionen $H^+(aq)$ und entsprechende Säurerest-Ionen. Arrhenius-Säuren sind danach Substanzen, die in Wasser zu Wasserstoff-Ionen und Säurerest-Ionen dissoziieren.

**BRÖNSTED.** Nach der Verifizierung differenzierter Modelle vom Aufbau der Atome und Ionen deutete man die Arrhenius'schen Wasserstoff-Ionen als Protonen, die nicht frei existieren und sich mit Wasser-Molekülen zu Hydronium-Ionen $H_3O^+(aq)$ binden. Auf dieser Grundlage entwickelten unabhängig von einander Thomas Martin Lowry und Johannes Nicolaus Brönsted im Jahre 1923 eine auf Protonen bezogene Säure-Base-Definition. Diese Definition erwies sich als unabhängig vom Lösungsmittel Wasser und bezog sich immer weitergehend auf *Teilchen* anstatt auf *Substanzen*: Teilchen (Moleküle oder Ionen), die bei Reaktionen Protonen ($H^+$-Ionen) an andere Teilchen abgeben, sind Brönsted-Säuren (Protonendonatoren).

Später schlug man Definitionen vor, die noch umfassender bestimmte Teilchen zur Säuren-Gruppe zusammenfaßten: Konzepte von Lewis, Pearson (HSAB-Konzept), und Usanovich [7]. Da sie sich von den klassischen Säuresubstanzen immer weitergehend entfernen, sollen sie für den Chemieunterricht zunächst keine Rolle spielen.

## 1.5 Der „Horror vacui“ und das Teilchenkonzept

Experimente mit Pipetten und Weinheber machten bereits die Naturphilosophen im Altertum darauf aufmerksam, dass es auf der Erde luftfreie oder andere materiefreie Räume nicht gibt, dass sobald ein Stoff einen Raum verlässt, ihn eine andere Substanz – meistens Luft – einnimmt. In diesem Zusammenhang ist von Canonicus eine Formulierung bekannt geworden, die besagt, „dass die Natur einen horror vacui, einen Abscheu vor dem Vakuum hat“ [5].

Auch Galilei kannte dieses Phänomen und wußte von Brunnenbauern, dass es nicht möglich ist, mit einer Saugpumpe Wasser aus einer Tiefe von über 10 m nach oben zu pumpen. Dieses Maß hielt er für die äußerste Kraft, mit der die Natur ein Vakuum verhindern könne und erfand 1643 ein Gedankenexperiment, um die „resistenza del vacuo“ [5] zu messen (vgl. (a) in Abb. 1.1): Der durchbohrte Zylinder sollte Wasser enthalten, an den beweglichen Kolben eine große Masse angehängt werden, bis sich im Zylinder ein leerer Raum bildete. Man weiß nicht, „ob dieser Versuch nur auf dem Papier beschrieben wird oder ob er wirklich ausgeführt worden ist“ [5].

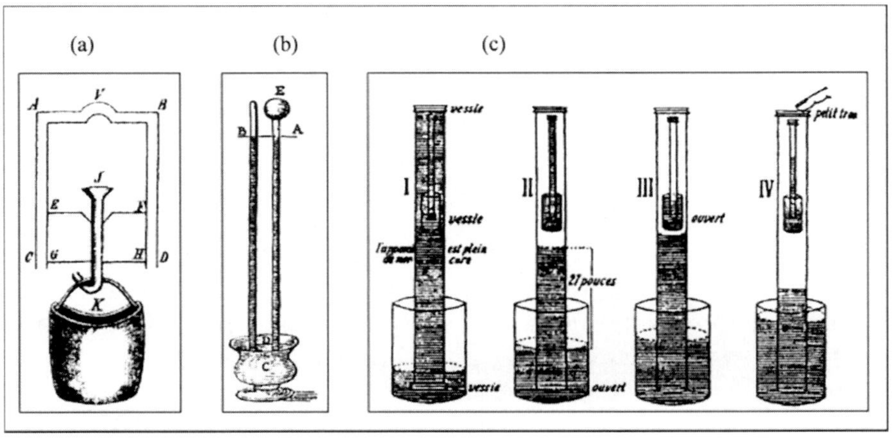


**Abb. 1.1.** Historische Experimente zur „Überwindung des horror vacui“ [5]

Diese Apparatur inspirierte seinen Schüler Torricelli dahingehend, an die Stelle des schwer zu realisierenden dichten Kolbens das flüssige Quecksilber zu nehmen, das spezifisch schwer ist und kolbenartig in einem Glasrohr gleitet (vgl. (b) in Abb. 1.1). Mit diesem erstmals 1643 beschriebenen Versuch [5] konnte er den normalen Luftdruck von 760 mm Quecksilbersäule und die Existenz eines materiefreien Raumes über dieser Säule nachweisen.

Pascal führte 1647 durch das Experiment „du vide dans le vide" (vgl. (c) in Abb. 1.1) den endgültigen Nachweis, dass eine Torricelli-Apparatur im Torricellischen Vacuum keinen Gasdruck anzeigt und es keinen besonderen „Äther" im freien Raum über der Quecksilbersäule gibt [5]. Weitere Experimente in verschiedenen Höhen über dem Meeresspiegel machten deutlich, dass die 20 km hohe Luftsäule eine 76 cm messende Quecksilbersäule in der Waage hält, dass diese Apparatur ein Meßgerät für den Luftdruck ist: erste Quecksilber-Barometer wurden gebaut.

Guericke entwickelte aufgrund dieser Kenntnisse leistungsfähige Luftpumpen und demonstrierte den Luftdruck durch spektakuläre Experimente mit den bekannten „Magdeburger Halbkugeln": Zusammengesetzte Halbkugeln wurden nahezu luftleer gepumpt, acht Pferde auf der einen Seite und acht Pferde auf der anderen Seite angespannt und angetrieben – nur unter Aufbietung aller Kräfte vermochten die Pferde den Luftdruck zu überwinden und die Halbkugeln zu trennen.

## 1.6 Theorien zur Atomistik und zur Struktur der Materie

Auch diese Theorien haben ihren Ursprung in Interpretationen griechischer Philosophieschulen. Es gab prinzipiell zwei Richtungen des Denkens [9]: Eine Gruppe um Demokrit und Leukipp war überzeugt, dass eine wiederholte Teilung einer Materieportion ein Ende hat und Materie aus nicht weiter teilbaren Teilchen aufgebaut ist, den Atomen (gr.: atomos, unteilbar). Diese Vorstellung ging von Teilchen und leerem Raum um sie herum aus und wird *Diskontinuumshypothese* genannt. Aristoteles und andere Philosophen behaupteten, dass die wiederholte Teilung von Körpern zu keinem Ende führt. Insbesondere die gedankliche Unmöglichkeit des leeren Raumes, der einzelne Teilchen voneinander trennen mußte – der „horror vacui" – überzeugte sie vom kontinuierlichen Aufbau der Materie: *Kontinuumshypothese*. Durch den großen Einfluß der aristotelischen Denkschule wurde sie überall gelehrt und damit die Diskontinuumshypothese für nahezu zwei Jahrtausende unterdrückt.

Nachdem mit Torricelli-Experimenten der „horror vacui" in makroskopischer Hinsicht überwunden worden war und das Vakuum denkbar wurde,

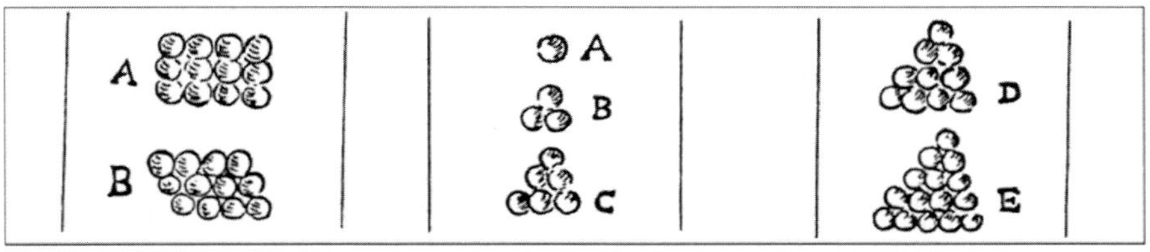


**Abb. 1.2.** Modellvorstellungen von KEPLER aus dem Jahre 1611 [11]

übertrug Gassendi diese Erkenntnisse auf die Existenz des Vakuums in submikroskopischer Hinsicht, setzte sich über die aristotelischen Auffassungen hinweg und griff 1649 die Idee des Demokrit wieder auf: „Die Atome und der leere Raum sind die einzigen Prinzipien der Natur, neben den ersteren, als dem absolut Vollen, und dem absolut Leeren ist überhaupt nichts Drittes denkbar“ [10]. Nach einer 2000-jährigen Unterbrechung konnten die Wissenschaftler nun die Diskontinuumshypothese zugrunde legen und über den Aufbau der Materie aus kleinsten Teilchen nachdenken.

Davor hatte Kepler [11] nach Beobachtungen zum „sechseckigen Schnee“ im Jahre 1611 festgestellt: „Da stets, wenn es zu schneien beginnt, die ersten Schneeflocken die Figur von sechsstrahligen Sternen zeigen, muss es eine bestimmte Ursache dafür geben. Denn es wäre Zufall, warum fallen sie nicht fünfstrahlig oder siebenstrahlig, warum immer sechsstrahlig?“.

Kepler nahm für Wasserdampf-Teilchen der Luft „Dunstkügelchen“ an und diskutierte deren Kondensation zur Schneeflocke mit bestimmten Anordnungen von Modellkugeln (vgl. Abb. 1.2): „Wenn man in einer waagerechten Ebene gleich große Kugeln zusammenschiebt, so dass sie sich berühren, legen sie sich entweder in Dreiecks- oder in Vierecksform zusammen; dort umgeben sechs, hier vier Kugeln eine mittlere. Die Fünfecksform kann eine gleichmäßige Bedeckung nicht ergeben, und die Sechsecksform läßt sich auf die Dreiecksform zurückführen“ [11].

Des weiteren diskutierte Kepler die Schichtung dicht gepackter Kugeln im Dreiecksmuster, fand die dichteste Kugelpackung und deren Koordinationszahl 12: „Und wieder wird eine Kugel von zwölf anderen berührt, nämlich von sechs benachbarten in derselben Ebene und von je dreien oben und unten“. Indem Kepler also Kugeln als kleinste Wasser-Teilchen annahm und ihre dichteste, hexagonale Anordnung im Raum diskutierte, konnte er die permanent auftretende sechseckige Kristallform der Schneeflocken zutreffend postulieren: Er fand damit den Zusammenhang von äußerer Kristallform und innerer Ordnung kleinster Teilchen im Kristall.

Haüy [12] dachte ebenfalls an den Aufbau von Kristallen aus kleinsten Teilchen, nahm aber nicht Kugeln als deren Form an, sondern gab ihnen die Form der Spaltstücke des jeweiligen Kristalls und stellte sich damit „kleinste

Stoffportionen“ vor. Am Beispiel des Calcit-Kristalls äußerte er seine Vorstellungen: „Diese, gewissermaßen an der Gränze der mechanischen Theilung gebrachten Rhomboide sind das, was wir hier Integraltheilchen (molécules intégrantes) des Kalkspats nennen, um sie von den Elementartheilchen (molécules élémentaires) dieser Substanz zu unterscheiden, welche theils die des Kalks und theils die der Kohlensäure sind“ [12].

Wollaston [13] kehrte zurück zur Kugelform und begründete sie mit ungerichteten Bindekräften der kleinsten Teilchen im Kristall: „The existence of atoms requires merely mathematical points endued with powers of attraction and repulsion equally on all sides, so that their extent is virtually spherical“ [13]. Darüber hinaus hob er dichteste Kugelpackungen und deren Lücken als Strukturprinzip für Kristalle hervor und zeichnete entsprechende Modelle. Wollaston war sich bei diesen Zeichnungen stets um das Spekulative bewusst: „Es ist vielleicht zu viel, zu hoffen, dass die geometrische Anordnung der Atome jemals genau bekannt sein wird“ [13].

Der allgemeine Teilchenbegriff erfuhr im Jahr 1808 von dem Engländer Dalton [14] eine gewichtige Konkretisierung: In seinem Werk „A new System of Chemical Philosophy“ verknüpfte er Element- und Atombegriff und schuf die erste Atommassentabelle [14]:

1. Jedes Element besteht aus nicht mehr teilbaren Teilchen, den Atomen.
2. Alle Atome eines Elements haben die gleiche Größe und die gleiche Masse.
3. Es existieren genau so viele Atomarten, wie es Elemente gibt.
4. Atome können durch chemische Vorgänge weder vernichtet noch erzeugt werden.

Dalton benutzte für die verschiedenen Atomsorten unterschiedlich gekennzeichnete Kugeln und schlug erste, wenn auch nicht immer zutreffende Modellvorstellungen für Verbindungen vor [14]: So nahm er an, dass die Zusammensetzung des Wasser-Moleküls mit dem Symbol HO zu beschreiben sei. Diese noch unfertige Vorstellung verzögerte Korrekturen der damaligen fehlerhaften Atommassentabelle für eine lange Zeit, ehe sich mit Vorstellungen vom $H_2O$-Molekül die zutreffenden Atommassen durchsetzten. Auch viele von Dalton postulierte „Elemente wie Magnesia, Kalk oder Natron“ erwiesen sich mit der Zeit als chemische Verbindungen.

Die Atomtheorie von Dalton war so fruchtbar, dass viele, vor allem organische Substanzen erfolgreich analysiert werden konnten, insbesondere durch die Elementaranalyse von Justus Liebig. Nur wie man die Analysenergebnisse mit chemischen Symbolen zum Ausdruck bringen sollte, war noch völlig unklar (vgl. Abb. 1.3). Aus dem Grunde fand auf die Initiative von Kekulé im Jahr 1861 der Karlsruher Kongress statt, auf dem eine Unterscheidung von Atom- und Molekülbegriff diskutiert wurde bzw. erste

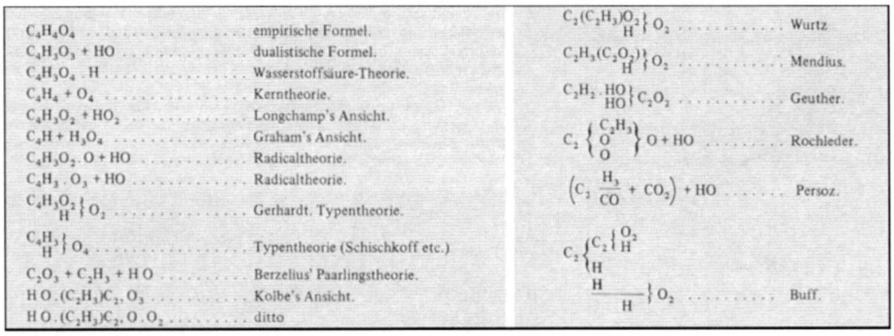

| | |
|---|---|
| $C_4H_4O_4$ | empirische Formel. |
| $C_4H_3O_3 + HO$ | dualistische Formel. |
| $C_4H_3O_4 . H$ | Wasserstoffsäure-Theorie. |
| $C_4H_4 + O_4$ | Kerntheorie. |
| $C_4H_3O_2 + HO_2$ | Longchamp's Ansicht. |
| $C_4H + H_3O_4$ | Graham's Ansicht. |
| $C_4H_3O_2 . O + HO$ | Radicaltheorie. |
| $C_4H_3 . O_3 + HO$ | Radicaltheorie. |
| $\left.\begin{matrix}C_4H_3O_2\\H\end{matrix}\right\}O_2$ | Gerhardt. Typentheorie. |
| $\left.\begin{matrix}C_4H_3\\H\end{matrix}\right\}O_4$ | Typentheorie (Schischkoff etc.) |
| $C_2O_3 + C_2H_3 + HO$ | Berzelius' Paarlingstheorie. |
| $HO . (C_2H_3)C_2, O_3$ | Kolbe's Ansicht. |
| $HO . (C_2H_3)C_2, O . O_2$ | ditto |
| $\left.\begin{matrix}C_2(C_2H_3)O_2\\H\end{matrix}\right\}O_2$ | Wurtz |
| $\left.\begin{matrix}C_2H_3(C_2O_2)\\H\end{matrix}\right\}O_2$ | Mendius. |
| $C_2H_2 . \left.\begin{matrix}HO\\HO\end{matrix}\right\}C_2O_2$ | Geuther. |
| $C_2\left\{\begin{matrix}C_2H_3\\O\\O\end{matrix}\right\}O + HO$ | Rochleder. |
| $\left(C_2\frac{H_3}{CO} + CO_2\right) + HO$ | Persoz. |
| $\left.\begin{matrix}C_2\left\{\begin{matrix}C_2\left\{\begin{matrix}O_2\\H\end{matrix}\right.\\H\end{matrix}\right.\\ \frac{H}{\quad H}\end{matrix}\right\}O_2$ | Buff. |

**Abb. 1.3.** Modellvorstellungen und Symbole zur Essigsäure im Jahr 1861 [15]

Modellvorstellungen hinsichtlich des Aufbaus von Elementen („aus Atomen“) und Verbindungen („aus Molekülen“) festgelegt worden sind.

Bezüglich der Kohlenstoff-Wasserstoff-Verbindungen veröffentlichte Kekulé [16] im Jahr 1865 die Theorie zur Vierbindigkeit des C-Atoms und zur Struktur des Benzol-Moleküls: „Man kann nun weiter annehmen, daß sich mehrere Kohlenstoffatome so aneinanderreihen, das sie sich stets durch zwei Verwandtschaftseinheiten binden, kann man ferner annehmen, die Bindung erfolge abwechselnd durch je eine und durch je zwei Verwandtschaftseinheiten ... Macht man dann die weitere Annahme, die zwei Kohlenstoffatome, welche die Kette schließen, seien untereinander durch je eine Verwandtschaftseinheit gebunden, so hat man eine geschlossene Kette (einen symmetrischen Ring), die noch sechs freie Verwandtschaftseinheiten enthält“ [16]. Erst nach und nach setzten sich aktuelle chemische Symbole durch wie etwa $C_6H_6$, und erst nach Überwindung der Oszillationstheorie für Einfach- und Doppelbindungen im Benzol-Molekül konnten sich die heute üblichen Modellvorstellungen und Ringsymbole entwickeln.

Nach ersten Ideen zum Atom- und Molekülbegriff war zu unserer heutigen Grundausstattung nur noch der Ionenbegriff zu definieren. Arrhenius [17] beobachtete unterschiedliche Leitfähigkeiten verschiedener wässeriger Lösungen und auch diesbezügliche Gefrierpunktsveränderungen und osmotische Erscheinungen. Auf Grundlage dieser Beobachtungen postulierte er im Jahr 1884 die Dissoziationstheorie und Ionen als kleinste Teilchen vieler Lösungen von Salzen, Säuren und Basen. Diese ersten Modellvorstellungen zum Ionenbegriff wurden noch nicht verstanden: „Wie kann man sich denken, daß freies Natrium in einer Lösung vorhanden sein kann, da man weiß, wie sich Natrium in Wasser verhält bzw. daß freies Chlor in der farb- und geruchlosen Kochsalzlösung vorhanden sein soll, wo doch eine Wasserlösung von Chlor gelb ist und stark riecht. ... Bei der Erörterung der Dissertation wurde es vom Opponenten der Fakultät als eine große Schwierigkeit hervorgehoben, daß ich den Zerfall der leitenden Salzmolekeln in Ionen annahm. Im Vorgefühl, dieser Einspruch würde die meisten Chemiker gegen meine Ansätze einnehmen, bemühte ich mich, die Dissoziation so wenig wie möglich hervorzuheben. Dadurch wurde die vollständige Durchführung der Dissoziationstheorie um drei Jahre aufgehalten" [18]. Sie setzte sich auch danach nur langsam durch und Fehlvorstellungen der Chemiker zu „Salz-Molekülen" bestanden bis weit ins 20. Jahrhundert hinein.

Auch als Max von Laue [19] im Jahr 1912 die neuartigen Interferenzmuster beim Durchstrahlen von Einkristallen mit ausgeblendeten Röntgenstrahlen fand und damit sowohl die Beugung der Röntgenstrahlen nachwies als auch endgültig die historischen Spekulationen vom regelmäßigen Aufbau der Kristalle aus kleinsten Teilchen bestätigte, sollte die Idee des Ions noch nicht greifen – es wurde bezüglich der Salze immer noch mit dem Atombegriff argumentiert: „Der Begriff des Moleküls verliert für das NaCl und KCl jede Bedeutung. Jedes Cl-Atom hat sechs Metallatome in genau gleichem Abstand neben sich" [19]. Allerdings kommt zum Ausdruck, dass die Modellvorstellung von „Salz-Molekülen" keinen Sinn mehr machte, vor allem nachdem die anschauliche Modellvorstellung von der Natriumchlorid-Struktur durch Laue's Modellzeichnung eine weite Verbreitung fand (vgl. Abb. 1.4).

Auch Bragg [20] bestätigte diesen Gedanken: „For instance, chemists had talked of common salt, sodium chloride, as being composed of ‚molecules' of NaCl. My very first determination showed that there are no molecules of NaCl consisting of one atom of sodium and one of chlorine. The atoms are arranged like the black and white squares of a chessboard, though in three dimensions. Each atom of sodium has six atoms of chlorine around it at the same distance, and each atom of chlorine has correspondingly six atoms of sodium around it" [20]. Er baute für seine Modellvorstellung sogar eine erste entsprechende Kugelpackung (vgl. Abb. 1.4). RÖLLEKE [21] berichtet über die historische Entwicklung der Röntgenstrukturanalyse und schlägt die Aufnahme von Interferenzmustern nach Laue und nach Debye–Scherrer für den Chemieunterricht vor.

Bis weit in die Mitte des 20. Jahrhunderts mochte man die vertraute Fehlvorstellung von Salz-Molekülen nicht aufgeben. Bragg wurde sogar gebeten, die Molekülvorstellung zu retten: „Some chemists at that time were very upset indeed about this discovery and begged me to find that there was just a slight approaching of one atom of sodium to one of chlorine so that they could be regarded as a properly married pair" [20]. Bis heute ist die Fehlvorstellung von Molekülen in chemischen Verbindungen so verankert, dass man auch in Kreisen naturwissenschaftlich Gebildeter nicht unbedingt die angemessene Modellvorstellung von Ionen in einem Ionengitter für den Aufbau von Salzkristallen vorfindet.

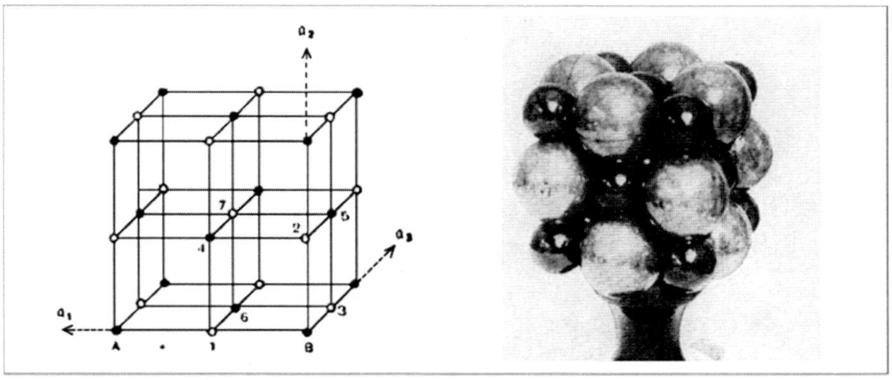

**Abb. 1.4.** Modellvorstellungen von LAUE [19] und BRAGG [20]

Die interessante historische Entwicklung der Modellvorstellungen zur Struktur der Materie und die vielen Möglichkeiten der aus heutiger Sicht diesbezüglichen historischen Fehlvorstellungen kann an anderer Stelle ausführlich nachgelesen werden [22].

**Fazit.** Bedenkt man, dass intelligente und stark an der Sache interessierte Wissenschaftler aus ihren Beobachtungen von Phänomenen zu Vorstellungen und Theorien gelangt sind, die man heute als „Irrtümer der Wissenschaft“ ansieht, dann kann man die geistige Leistung unserer Jugendlichen hinsichtlich derselben oder ähnlicher Gedankengänge nicht hoch genug würdigen. Aus diesen Gründen sollte jede Lehrperson die Geschichte seiner Disziplin kennen, um zum einen die Denkleistung der Schüler und Schülerinnen richtig einzuschätzen, und zum anderen zu erkennen, auf welchen historischen Wegen man von überholten Vorstellungen zu heute gültigen Vorstellungen gelangen konnte. Dieser Weg mag in manchen Fällen auch der Weg sein, der im Unterricht zu gehen ist, um den Jugendlichen die heute gültigen Vorstellungen zu vermitteln.

Die Modellvorstellungen zu Säuren von Lémery zeigen sogar, dass Wissenschaftler nicht frei davon sind, spekulative Übertragungen makroskopischer Eigenschaften von Stoffen auf Eigenschaften kleinster Teilchen vorzunehmen. Es ist deshalb Schülern und Schülerinnen zu gestatten, ähnliche Übertragungen wie „das Schwefel-Atom ist gelb“ zunächst auszusprechen, ehe im Unterricht diese Vorstellung zur Diskussion gestellt und korrigiert wird.

## Literatur


1. Matuschek, C., Jansen, W.: Chemieunterricht und Geschichte der Chemie. Praxis (Chemie) 34 (1985), 3
2. Wandersee, J H: Can the history of science help science educator anticipate student's miscon-ceptions? J. of Research in Sc. Teaching 23 (1985), 581, 594
3. Strube, W.: Der historische Weg der Chemie. Leipzig 1976
4. Reuber, R., u. A.: Chemikon – Chemie in Übersichten. Frankfurt 1972
5. Lockemann G.: Geschichte der Chemie. Berlin 1950
6. Bugge, G.: Das Buch der Grossen Chemiker. Band 1. Weinheim 1955
7. Hammer, H.O.: Säure-Base-Vorstellungen. Geschichtliche Entwicklungen eines Begriffspaares. PdN-Ch. 44 (1995), 36
8. Häusler, K.: Highlights in der Chemie. Köln 1998 (Aulis)
9. Dijksterhuis, F.J.: Die Mechanisierung des Weltbildes. Berlin 1956
10. Lasswitz, K.: Geschichte der Atomistik. Bände 1 und 2. Hamburg 1890
11. Kepler, J.: Vom sechseckigen Schnee. Frankfurt 1611
12. Haüy, R.J.: Traité élémentaire de physique (1784). Übersetzung von Blumhoff: Weimar 1804
13. Wollaston, W.H.: On the elementary Particles of Certain Crystals. Philosophical Transaction of the Royal Society of London 103 (1813), 51
14. Dalton, J.: Über die Absorption der Gasarten durch Wasser und andere Flüssigkeiten (1803), A new System of Chemical Philosophy (1808). In: Ostwalds Klassiker Nr. 3, Leipzig 1889
15. Walther, W : Chemische Symbole in der Vergangenheit und Gegenwart. CU 13 (1982), H.2. 5
16. Kekulé, A.: Über die Constitution und die Metamorphosen der chemischen Verbindungen und über die chemische Natur des Kohlenstoffs (1958), Untersuchungen über aromatische Verbindungen (1866). In: Ostwalds Klassiker Nr. 145, Leipzig 1904 (Engelmann)
17. Arrhenius, S.: Galvanische Leitfähigkeit der Elektrolyte (1883). In. Ostwalds Klassiker Nr. 160, Leipzig 1907 (Engelmann)
18. Bugge, G.: Das Buch der Grossen Chemiker, Bände 1 und 2, Weinheim 1955
19. Laue, M.: Die Interferenz der Röntgenstrahlen. In: Ostwalds Klassiker Nr. 204, Leipzig 1923
20. Bragg, L.: The history of X-Ray Analysis. London 1943 (Longmans)
21. Rölleke, R. Barke, H.-D.: Max von Laue: ein einziger Gedanke – zwei große Theorien. PdN-Chemie (1999), Heft 4, 19
22. Barke, H.-D., Harsch, G.: Chemiedidaktik Heute. Heidelberg 2001 (Springer)

# 2 Alternative Schülervorstellungen und deren Überwindung

Fehlvorstellungen gibt es nicht nur bei heutigen Kindern und Jugendlichen, sondern gab es immer auch bei Wissenschaftlern und Naturphilosophen vergangener Jahrhunderte (vgl. Kap. 1). Die historischen Vorstellungen sind deshalb interessant, weil sich auch Kinder und Jugendliche unserer Zeit ähnlich äußern: sie entwickeln ihre Konzepte – beispielsweise zur Verbrennung – aufgrund vieler genauer Beobachtungen und logischer Verknüpfungen. Die ohne ein spezifisches Vorwissen entstehenden Vorstellungen können deshalb auch nicht falsch sein, sondern werden gern als **alternativ** oder **ursprünglich** oder als **Präkonzepte** bezeichnet. Sie sind für Fachdidaktiken der Naturwissenschaften sehr wichtig – deshalb die Vielzahl empirischer Erhebungen.

In zunehmendem Maß ermitteln die Fachdidaktiker allerdings auch Vorstellungen im fortgeschrittenen Unterricht und finden sie vielfach als mit Fehlern behaftet vor. Da sie nicht allein ursprünglichen Überlegungen der Jugendlichen zuzuschreiben sind, sondern überwiegend durch die Vermittlungsprozesse im Unterricht entstehen, kann man sie auch **hausgemachte Fehlvorstellungen** nennen. Sie sind deutlich zu unterscheiden von den Präkonzepten, weil letztere naturgemäß nicht verhindert werden können, während Vermittlungsfehler im Unterricht durch bessere Ausbildung und Fortbildung der Lehrer und Lehrerinnen vermeidbar sind.

Eine Aufgabe der Chemiedidaktik besteht nun darin, sowohl die ursprünglichen als auch die hausgemachten Fehlvorstellungen zu ermitteln und sie Lehramtsstudierenden und Lehrpersonen mitzuteilen. Die andere wichtige Aufgabe ist es, **Vorschläge zur Verbesserung des Unterrichts** zu machen, die zur nachhaltigen Überwindung der Fehlvorstellungen führen: die Vermeidung bestimmter traditioneller Irrwege zu empfehlen, andere Begriffsdefinitionen einzusetzen, besser überzeugende Experimente durchzuführen oder etwa Modelle und neue Medien zu verwenden.

## 2.1 Ursprüngliche Schülervorstellungen

Die von Kindern und Jugendlichen selbständig entwickelten Vorstellungen entsprechen oftmals nicht heute gültigen wissenschaftlichen Konzepten. Man berücksichtigt dabei nicht, dass die Kinder und Jugendlichen durchaus richtig beobachtet und für sich selbst eine eigene, meistens intelligente Vorstellungswelt geschaffen haben. Diesbezüglich befinden sie sich in bester Gesellschaft mit Wissenschaftlern und Naturphilosophen früherer Jahrhunderte, die ebenfalls nur beobachteten und aus den Beobachtungen mit Hilfe der Gesetze der Logik ihre Schlüsse zogen – meistens ohne zusätzliche experimentelle Untersuchungen durchzuführen (vgl. Kap. 1).

Wenn Kinder und Jugendliche bezüglich der Verbrennung davon sprechen, dass „Etwas" weggeht und die zurückbleibende Asche leichter ist als die Brennstoffportion vorher, dann haben sie sehr gut beobachtet und angemessene logische Schlüsse gezogen. Deshalb sind die genannten Vorstellungen nicht als falsch zu bezeichnen, sondern eher als

- Alltagsvorstellungen oder lebensweltliche Vorstellungen,
- ursprüngliche oder vorwissenschaftliche Vorstellungen,
- Schülervorverständnis oder alternative Vorstellungen,
- Präkonzepte oder Misconceptions.

Präkonzepten begegnet man überwiegend im Anfangsunterricht der Naturwissenschaften: im Sachunterricht der Grundschule oder im einführenden Unterricht der Fächer Chemie, Biologie und Physik, also in den Klassenstufen 5–8 der weiterführenden Schulen.

Ehe in den folgenden Kapiteln wichtige Sachverhalte aus der Chemie systematisch erschlossen werden sollen, seien drei Beispiele für **ursprüngliche Vorstellungen** der Jugendlichen ganz allgemeiner Art exemplarisch diskutiert:

- Die Sonne dreht sich um die Erde,
- eine Wasserpfütze wird vom Sonnenstrahl aufgesogen,
- das Holz eines Baumes kommt aus dem Erdboden.

**Sonne und Erde.** Erste Erlebnisse eines Kindes hinsichtlich der Sonne sind meist begleitet mit Kommentaren der Eltern oder Geschwister: „Sieh – da geht morgens die Sonne auf, da steht sie mittags hoch am Himmel, dort geht sie abends unter". Beobachtungen des Aufgehens, des Untergehens, des Kreislaufs über dem eigenen Standort und die diesbezügliche Umgangssprache müssen das Kind zur Vorstellung führen: „Die Sonne dreht sich um die Erde". SOMMER [2] findet in Interviews gar Vorstellungen von der Erde als Scheibe: „Das Kind stellt sich die Erde als eine flache Ebene vor, über der sich parallel der Himmel erstreckt. Sonne, Mond und Sterne befinden sich im Himmel, ein Weltall gibt es nicht“ [2].

Ähnliche Vorstellungen haben auch die griechischen Naturphilosophen vor zweitausend Jahren geäußert. Insbesondere Ptolemäus stellte die Erde in den Mittelpunkt allen Geschehens und ließ gedanklich „die Sonne um die Erde kreisen“. Erst am Ende des 16. Jahrhunderts schuf Nicolaus Kopernikus aufgrund der exakten Beobachtungen der Plantenbewegungen das heliozentrische Weltbild: „Die Erde ist einer von mehreren Planeten der Sonne, sie dreht sich wie diese auf bestimmten Bahnen um die Sonne und dreht sich jeden Tag einmal um sich selbst“. Bedenkt man die damaligen Proteste der Kirche und die folgenden Inquisitionen, die das Ziel hatten, der Erde weiterhin die von der Kirche gewünschte zentrale Stellung im Weltall zu bewahren, so ahnt man die stabile Verankerung des ptolemäischen Weltbildes in der kognitiven Struktur aller Menschen der damaligen Zeit.

Kinder und Jugendliche erwerben durch ihre Beobachtungen zunächst ebenfalls das ptolemäische Weltbild – sie könnten bei allem guten Willen die Beobachtungen des Kopernikus nicht selbst machen und das moderne Weltbild nicht allein finden. Lehrer oder Lehrerin müssen schon gut unterrichten und mit Hilfe geeigneter Medien – wie etwa mit einem Planetarium – erhebliche Überzeugungsarbeit leisten, um die Jugendlichen zu überzeugen, sich von ihren ursprünglichen Vorstellungen zu trennen und zu akzeptieren, dass das heliozentrische Weltbild gilt.

Damit es zu einem überzeugenden Unterrichtserfolg kommt, ist es sicher wichtig, zunächst den Jugendlichen genügend Raum zu lassen, ihre mitgebrachten Vorstellungen zu äußern und zu vergleichen, ehe das neue Weltbild zentraler Inhalt des Unterrichts wird. Die Jugendlichen sollen auch die Bestätigung erfahren, dass nicht nur sie, sondern alle Menschen oder Wissenschaftler früher das Bild von der „Sonne um die Erde“ verwendet haben, ehe sehr viel später die neue Theorie von Kopernikus im 17. Jahrhundert immer weitergehend Verbreitung fand.

**Wasserpfütze und Sonnenstrahl.** Gespräche mit Kindern im Grundschulalter bezüglich des Verschwindens einer Wasserpfütze an einem sonnenreichen Tag weisen oftmals auf Vorstellungen hin, die von einem Sonnenstrahl ausgehen, der „das Wasser aufsaugt“, das dann „weg ist“. Befragte Lehrer bekennen, dass sie die Vorstellung durchaus sympathisch finden und sie mit den Kindern gar nicht diskutieren oder deren Vorstellung ändern wollen – sie lassen dann die Kinder allerdings mit der „Sonnenstrahltheorie“ oder einer Vernichtungsvorstellung allein.

Würde man experimentell das Verdampfen von Wasser und das anschließende Kondensieren des Wasserdampfs zu flüssigem Wasser zeigen, wäre ein Grundstein zur gültigen Vorstellung gelegt. Führt man die

Teilchenvorstellung ein und Modellvorstellungen von der zunehmenden Bewegung kleinster Wasser-Teilchen bei Zufuhr von Wärmeenergie, dann würden Kinder bzw. Jugendliche noch besser verstehen, dass die kleinsten Teilchen des Wassers sich mit denen der Luft vermischen und somit erhalten bleiben, dass Teilchenbewegung und Diffusion energiereicher Teilchen für das Verdunsten von Wasser verantwortlich sind. Auf diesem Wege können die Kinder zu der gültigen Erhaltungsvorstellung geführt werden, die später ebenfalls im Bereich chemischer Reaktionen und insbesondere hinsichtlich des Verbrennungsvorgangs gilt. Allerdings sollen auch auf diesem Unterrichtsweg die Kinder ihre ursprünglichen Vorstellungen vortragen und dann mit den neuen Erkenntnissen vergleichen – erst dann kann es zum erfolgreichen Konzeptwechsel im Sinne der konstruktivistischen Lerntheorie kommen (Kap. 2.3).

**Holz und Erdboden.** „When people are given a piece of wood and asked how the material got into the tree they commonly reply that most of it came from the soil" [3]. Obwohl im Fach Biologie die Fotosynthese behandelt worden und über die Bedeutung von Kohlenstoffdioxid, von Wasser, Licht und Wärme für den Aufbau von Zucker und Stärke unterrichtet worden ist, antworten Schüler vielfach auf die Frage danach, woher das Holz kommt, mit der Aussage: „aus dem Erdboden". Wahrscheinlich haben sie das Wissen aus der Schule in anderen „compartments" des Gehirns gespeichert und nicht mit denen der Alltagsbeobachtungen verknüpft: „Persumably most of the graduates would have been able to explain the basics of photosynthesis (had that been the question) and perhaps they had stored their learning about the scientific process (where the carbon in the tree originates from gaseous carbon dioxide in the air) in a different compartment from their 'everyday knowledge' that plants get their nutrition from the soil" [3].

Dieses Beispiel soll zeigen, dass ursprüngliche Vorstellungen auch dann für einen Sachverhalt erhalten bleiben, wenn der diesbezügliche Unterricht lange die wissenschaftliche Vorstellung behandelt hat. Wenn es versäumt oder bewußt vermieden wird, Verknüpfungen zwischen dieser neu erworbenen Vorstellung und altbekannten Beobachtungen herzustellen, dann bleiben neue Vorstellungen und alte Beobachtungen in unterschiedlichen, nicht verknüpften Bereichen der kognitiven Struktur bestehen – und damit auch die ursprünglichen Vorstellungen.

Lehrpersonen können deshalb nicht davon ausgehen, dass bei einem Unterricht zu einem bestimmten Sachverhalt alle Präkonzepte hinsichtlich dieses Sachverhalts korrigiert werden. Eine Diagnose solcher Konzepte ist trotzdem erforderlich und bei Vorliegen fehlerhafter Vorstellungen ein

Unterricht zu planen, der diese Vorstellungen mit den neuen Unterrichtsinhalten verknüpft und sie dann erfolgreich korrigiert. Findet der Unterricht hinsichtlich der Fotosynthese statt, sollten diesbezügliche Alltagsbezüge aufgegriffen und im Sinne der Fotosynthese diskutiert werden, etwa Erklärungen zur Entstehung von Holz aus Kohlenstoffdioxid und Wasserdampf der Luft. Dabei kann durchaus betont werden, dass die Pflanzen den Erdboden zwar benötigen, um Mineralien über die Wurzeln in die Äste und Blätter zu transportieren, dass die Substanzen des massiven und harten Holzes aber durch chemische Reaktionen der genannten farblosen Gase entstehen – so unvorstellbar das ist. Man kann durchaus darüber berichten, dass auch die Fachwelt dieses nicht glauben wollte, als Justus von Liebig in der Mitte des 19. Jahrhunderts die Fotosynthese experimentell verifizierte und damit die historische Humustheorie stürzte.

## 2.2 Hausgemachte Fehlvorstellungen

Dringen die Jugendlichen in anspruchsvollere Sachverhalte ein, so kommt eine zweite Art von unzureichenden Vorstellungen hinzu: die **hausgemachten Fehlvorstellungen**. Sie sind deshalb hausgemacht, weil Tradition oder Komplexität es oftmals nicht zulassen, bestimmte Themen widerspruchsfrei und allgemein verständlich zu unterrichten. Es bleiben trotz des Unterrichts durch eine Fachkraft diffuse Vorstellungen zurück, die den heute gültigen wissenschaftlichen Theorien und Verabredungen nicht entsprechen. Einige Beispiele mögen das zeigen.

In der Schulchemie ist es **Tradition**, chemische Reaktionen von physikalischen Vorgängen abzugrenzen. Bei der Bildung von Metallsulfiden aus den Elementen etwa entstehen unter Energieabgabe neue Stoffe – damit seien die beiden Kriterien der chemischen Reaktion erfüllt. Das Lösen von Substanzen in Wasser wird dagegen als „physikalischer Vorgang" definiert, denn er verändere den sich lösenden Stoff „eigentlich" nicht, dieser sei durch „physikalische" Trennverfahren „unverändert" wieder zu gewinnen. Nimmt man Natriumhydroxid und löst es in wenig Wasser, so bildet sich unter starker Wärmeentwicklung eine farblose Lösung, die den elektrischen Strom leitet und einen hohen pH-Wert aufweist. Für kritische Schüler ist die Lösung ein neuer Stoff und die Wärmeentwicklung weist auf eine exotherme Reaktion hin. Dieses kleine Beispiel zeigt, dass es keinen Sinn macht, Stoffumwandlungen in chemische und physikalische Vorgänge einteilen zu wollen [4]. Würde man es nach dem Motto „das haben wir immer so gemacht" unreflektiert doch tun, entstünden bei den Jugendlichen zwangsläufig Fehlvorstellungen – hausgemacht auf der Grundlage von nicht nachvollziehbaren Traditionen der Schulchemie.

„Wasser ist zusammengesetzt aus Wasserstoff und Sauerstoff". Solche und ähnliche Aussagen zu chemischen Verbindungen, die bestimmte Elemente „enthalten sollen", hört man oft in Klassenräumen und Hörsälen. Sie sind geradezu traditionell überliefert aus einer Zeit, als man Analysen machte und nur wissen wollte, welche Elemente am Aufbau einer Verbindung beteiligt sind. Eingeweihte durchschauen diese Sprechweise durchaus – bei Novizen erzeugt sie allerdings hausgemachte Fehlvorstellungen: Jugendliche würden sich in der blauschwarzen Substanz mit dem Namen Kupfersulfid die Feststoffe Kupfer und Schwefel vorstellen – zumal Experimente zeigen, dass man die Elemente aus den Verbindungen gewinnen kann. Besser wäre es für den Anfangsunterricht, lediglich darauf zu verweisen, dass aus Metall und Schwefel das jeweilige Metallsulfid herzustellen ist oder aus der Verbindung die Elemente wieder zu gewinnen sind. Liegen später Atom und Ionenbegriff vor, können die Aussagen darauf hin erweitert werden, dass entsprechende Atome oder Ionen in der Verbindung enthalten sind, in spezieller Weise untereinander verknüpft vorliegen und sich in einer bestimmten räumlichen Struktur anordnen.

Sachverhalte können eine derartige **Komplexität** aufweisen, dass einige Unterrichtsstunden nicht ausreichen, um sie umfassend verständlich werden zu lassen und damit die Grundlage von Fehlvorstellungen werden. Unterrichtet man beispielsweise zum Thema Chemische Bindung sehr ausführlich die Elektronenpaarbindung und nur oberflächlich die Ionenbindung, werden die Jugendlichen keinerlei nachhaltige Vorstellungen von Ionen in einem Ionengitter entwickeln. Auf die Frage, welche Teilchen sich in einem Mineralwasser befinden, das Calciumchlorid enthält, antworten die Schüler überwiegend mit Vorstellungen von Cl-Ca-Cl-Molekülen [5]. Der Unterricht hat in diesem Fall diesbezügliche Fehlvorstellungen erzeugt, diese Fehlvorstellungen sind hausgemacht. Auch wenn der Ionenbegriff mit Diskussionen um die Elektrolyse von Salzen auf falschen Wegen unterrichtet wird, bilden sich solche Fehlvorstellungen [6]. In den genannten Publikationen und den folgenden Kapiteln werden Wege vorgeschlagen, die im Chemieunterricht zum Begriff des Ions effektiver und erfolgreicher sein können.

## 2.3 Unterrichtspraxis zur Vermittlung gültiger Vorstellungen

„Aller Unterricht hat bei der Erfahrung der Kinder anzufangen" [7]. „Alle neuen Erfahrungen, die die Schüler im Unterricht machen, werden mit Hilfe bereits vorhandener Vorstellungen organisiert" [7].

„Ohne ausdrückliches Abbauen falscher Vorstellungen werden keine tragfähigen neuen Vorstellungen erworben" [8]. „Der Unterricht muss nicht lediglich von Unkenntnis zu Kenntnis leiten, er muss vielmehr auch vorhandene Kenntnis durch andersartige Kenntnis ersetzen" [9]. „Der Chemieunterricht muss eine tragende Brücke von den ursprünglichen Vorstellungen der Schüler zu den heute gültigen Vorstellungen schlagen" [9].

Diese Aussagen machen eindrucksvoll deutlich, dass Lehrer und Lehrerinnen ihre Schüler bzw. deren kognitive Strukturen keineswegs mit „unbeschriebenen Blättern" vergleichen dürfen, die „nur zu füllen sind". Ein Unterricht, der vorhandene Vorstellungen nicht berücksichtigt, führt erfahrungsgemäß dazu, dass Schüler dem Unterricht nur folgen bis der nächste Test geschrieben ist. Danach werden die neu erworbenen Vorstellungen nach und nach vergessen, Jugendliche kehren zu ihren alten, über lange Zeit erworbenen und vertrauten Vorstellungen zurück.

Heute sind sich Fachdidaktiker und Lehrer darüber einig, dass man die Vorstellungen der Schüler kennen oder zu einer Thematik ermitteln muss, ehe „die Brücke von den ursprünglichen Vorstellungen zu den wissenschaftlichen Vorstellungen" erfolgreich geschlagen werden kann [9]. Wichtiges Ziel des Vermittlungsprozesses ist es deshalb, den Jugendlichen in Unterrichtsgesprächen ihre eigenen Widersprüche aufzuzeigen oder bei Erklärungsversuchen neuer Inhalte die Widersprüche ihrer Vorstellungswelt zu aktuellen wissenschaftlichen Deutungen bewusst zu machen, sie damit zu motivieren, diese Widersprüche überwinden zu wollen. Erst wenn die Schüler erkannt haben, dass sie mit ihren eigenen Erklärungen nicht weiterkommen, sind sie bereit, den Unterricht des Lehrers nachzuvollziehen und damit neue Denkstrukturen aufzubauen.

Für den **Vermittlungsprozeß** ist es deshalb wichtig, dass im Zusammenhang mit dem Entwicklungsstand der Schüler reflektiert wird über

- vorhandene Widersprüche innerhalb eigener Erklärungen der Schüler und Schülerinnen,
- Widersprüche zwischen Präkonzepten und wissenschaftlichen Vorstellungen,
- Widersprüche zu vorläufigen und sachgerechten Erklärungen experimenteller Phänomene,
- Möglichkeiten zum Abbau ursprünglicher Schülervorstellungen,
- Möglichkeiten zum Aufbau tragfähiger und fachgerechter Beschreibungen.

Insbesondere ist zu berücksichtigen, dass entsprechend der **konstruktivistischen Theorien** ein Wechsel von ursprünglichen zu wissenschaftlichen Vorstellungen nur möglich ist, wenn

- Individuen die Gelegenheit gegeben wird, eigene Lernstrukturen individuell aufzubauen,
- Aktivität und Eigentätigkeit jedes Lernenden im Unterricht gegeben ist,
- ein „conceptual growth" stattfindet (entsprechend der Assimilation nach Piaget), oder gar
- ein „conceptual change" (entsprechend der Akkodomation nach Piaget) [10].

Liegt bei einem Jugendlichen die Vorstellung vom „Sonnenstrahl, der die Wasserpfütze aufsaugt" (vgl. Kap. 2.1) *nicht* vor, kann er nach dem Unterricht zum Teilchenmodell mit Hilfe der Vorstellung sich ständig bewegender Teilchen erfolgreich eine Modellvorstellung vom Vorgang des Verdunstens von Wasser entwickeln: es liegt eine Erweiterung des in der Lernstruktur bereits verankerten Teilchenkonzepts – ein conceptual growth – vor.

Hat ein anderer Jugendlicher die Vorstellung vom „Sonnenstrahl, der die Wasserpfütze aufsaugt" (vgl. Kap. 2.1) verinnerlicht oder gar zusätzlich im Sachunterricht der Grundschule erfahren, dann wird er sich nur ungern von einer lange vertrauten Vorstellung trennen wollen. Auch wenn der neue Unterricht zum Teilchenmodell plausibel und nachvollziehbar erscheint, würde er nicht zwangsläufig die neue Teilchenvorstellung auf das „Verschwinden einer Wasserpfütze" anwenden und gegen die „Saugtheorie der Sonne" eintauschen. Hilft der Lehrer ihm dabei mit dem Bild sich selbständig bewegender Teilchen, dann muss dieser Schüler einen großen Schritt tun: sich von der vertrauten Vorstellung trennen und die neue Vorstellung aufbauen, er muss einen conceptual change in seiner kognitiven Struktur vollziehen. Das fällt viel leichter, wenn er aktiv und eigentätig Modellversuche zur Teilchenbewegung durchführt, wenn er an ähnlichen Beispielen, etwa an der Diffusion von Parfum, den neuen Sachverhalt vielfach wiederholt.

Auch die Entwicklung von einer Vernichtungsvorstellung hinsichtlich der Verbrennung zu einer Erhaltungsvorstellung – etwa bezüglich der Metall-Sauerstoff-Reaktionen – würde einen solchen Wechsel in der kognitiven Struktur, einen conceptual change, nach sich ziehen.

Für das Aufdecken von individuellen Fehlvorstellungen und einen folgenden geeigneten naturwissenschaftlichen Unterricht hinsichtlich des conceptual growth oder des conceptual change wählt TABER das Bild eines „**Learning-Doctor**" [3]: „A useful metaphor here might be to see part of the role of a teacher as being a learning-doctor: a) diagnose the particular cause of the failure-to-learn; and b) use this information to prescribe appropriate action, designed to bring about the desired learning. ... Two aspects of the teacher-as-learning-doctor comparison may be useful. Firstly, just like a medical doctor, the learning-doctor should use diagnostic tests as tools to guide action. Secondly, just like medical doctors, teachers are 'professionals' in the genuine sense of the term. Like medical doctors, learning-doctors are in practice. (The 'clinic' is the classroom or teaching laboratory). Just as medical doctors find that many patients are not textbook cases, and do not respond to treatment in the way the books suggest, so many learners have idiosyncrasies that require individual treatment" [3].

TABER möchte darüber hinaus gewährleisten, dass interessante Fälle eines „individual treatment" in entsprechenden Zeitschriften der Naturwissenschaftsdidaktiken publiziert werden, sodass möglichst andere Lehrerkollegen von solchen Erkenntnissen profitieren können. Es hört sich zwar reizvoll an und es mag in Einzelfällen zu Veröffentlichungen von Lehrern und Lehrerinnen kommen – nur „research-based activities" [3] von allen Lehrern zu verlangen, wäre bei der derzeitigen Arbeitsbelastung nicht realistisch.

## 2.4 Schülervorstellungen und Umgangssprache

Man muss sich klar darüber sein, dass neu erworbene Konzepte nicht für alle Zeit tragfähig sind und bald nach dem Unterricht wieder empfindlich beeinträchtigt werden können: Lebensweltliche Vorstellungen, die man über viele Jahre erwirbt, sind tiefer verwurzelt als neuartige Konzepte, die nach einigen Unterrichtswochen oder gar nur Stunden aufgenommen werden. Es gilt also zum einen, die neuartigen Vorstellungen wiederholt in Unterrichtssituationen anzuwenden und zu vertiefen, um ihre feste **Verwurzelung** bei den Lernenden zu erreichen.

Zum anderen muss den Lehrpersonen klar sein, dass Gespräche mit Freunden und Verwandten hinsichtlich naturwissenschaftlicher Themen die Schüler mit ihren noch nicht verwurzelten neu erworbenen Vorstellungen verunsichern können: die **Umgangs- und Alltagssprache** bleibt den neuen Vorstellungen entgegengerichtet. Die Schüler müssen sich etwa nach dem Erwerb des Erhaltungssatzes nach wie vor mit Aussagen auseinandersetzen wie „der Brennstoff ist weg", „Flecken werden entfernt", oder „Strom wird verbraucht". Man müsste erreichen, dass Schüler mit der Reflexion umgangssprachlicher Ausdrücke beginnen und Verwandten und Freunden diese Reflexion im Gespräch anbieten – diesbezüglich würden diese Schüler eine Kompetenz erwerben, die auch die allseits gewünschte Kritikfähigkeit sehr fördert. Eine solche Kompetenz könnte dann einen positiven Einfluß auf die Gesellschaft ausüben, indem naturwissenschaftliche Sachverhalte nicht nur in der üblichen Umgangssprache, sondern von Jugendlichen in der erlernten Fachsprache angemessen beschrieben und zutreffend weitergegeben werden.

Schließlich sind es **Einflüsse der Medien und der Werbung**, die die neu erworbenen Vorstellungen der Schüler beeinträchtigen. Auf der einen Seite droht die Umgangs- und Alltagssprache, die in vielen Werbespots des Fernsehens besonders unsachlich ist. Auf der anderen Seite werden in Umweltdiskussionen der Medien oftmals Vorurteile gegenüber Chemie und Technik verbreitet, die die Vorstellungswelt der Schüler erschüttern können. Auch eine diesbezügliche Sensibilisierung der Schüler und Schülerinnen kann durch eine sachgerechte Vermittlung naturwissenschaftlicher Deutungen erreicht und die entsprechende Kritikfähigkeit entwickelt werden.

## 2.5 Chemische Fachsprache auf verschiedenen Ebenen

Hausgemachte Fehlvorstellungen entstehen auch vielfach dadurch, dass der Modellbegriff nicht klar ist und die Fachsprache hinsichtlich der Stoffe, der Teilchen und der chemischen Symbole nicht angemessen differenziert wird. Wird etwa die Neutralisation ausschließlich durch die übliche Reaktionsgleichung $HCl + NaOH \rightarrow NaCl + H_2O$ beschrieben, so haben die Schüler keine Chance, eine Modellvorstellung zu entwickeln, die von den Ionen als kleinsten Teilchen bei der Reaktion ausgeht. Meist äußern sie bei Befragungen Vorstellungen von H-Cl-Molekülen und Na-O-H-Molekülen, die der Neutralisationsreaktion zugrunde liegen. Würde man von beiden Ionenarten in der Salzsäure und in der Natronlauge sprechen und sie sogar in Form von Modellzeichnungen anbieten [11], dann könnten die Jugendlichen eine Fachsprache auf der Ebene der Ionenvorstellung entwickeln, die sachlich angemessen ist und die Interpretation der oben angegebenen Reaktionsgleichung mit Hilfe der Symbole beteiligter Ionen zulassen würde.

JOHNSTONE [12] erläutert diesen Zusammenhang mit einem symbolischen Dreieck (Abb. 2.1): „We have three levels of thought: the macro and tangible, the sub micro atomic and molecular, and the representational use of symbols and mathematics. It is psychological folly to introduce learners to ideas at all three levels simultaneously. Herein lies the origins of many misconceptions. The trained chemist can keep these three in balance, but not the learner“ [12].

Insbesondere im Chemieunterricht der Sekundarstufe I erscheint der traditionelle Übergang von der makroskopischen Ebene direkt auf die symbolische Ebene als besonders schwierig und verführt zur Bildung von hausgemachten Fehlvorstellungen: die Lernenden sehen zum einen keinen Zusammenhang beider Ebenen, zum anderen wird es ihnen überlassen, welche Vorstellungen sie sich bezüglich der submikroskopischen Ebene bilden.

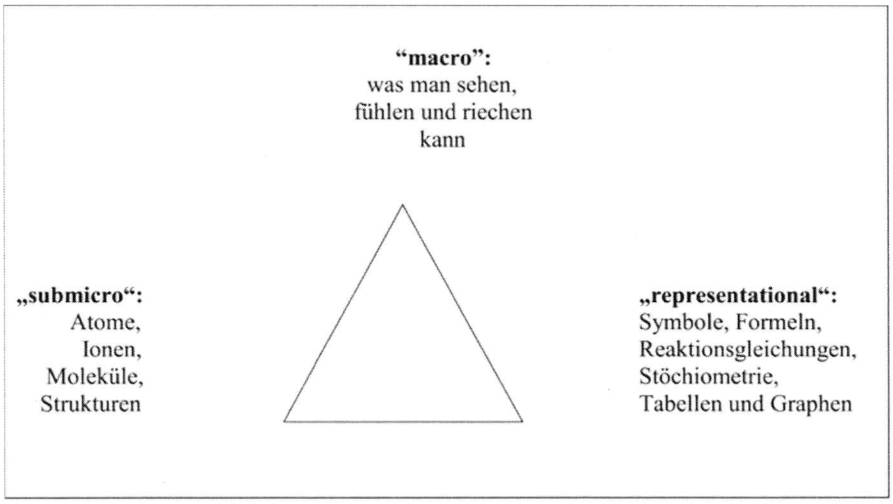


**Abb. 2.1.** "Chemical Triangle" nach JOHNSTONE [11]

Die Fehlvorstellungen bezüglich des Neutralisationsbeispiels lassen sich vermeiden, wenn zunächst nach Durchführen des Experiments die Beobachtungen ohne jede modellhafte Interpretation beschrieben werden: auf dem **macro-level**. Zur Auswertung der Beobachtungen können dann Fragen zu den an der Reaktion beteiligten Teilchen gestellt werden und mit der Fachsprache hinsichtlich des **submicro-level** beantwortet werden, besser noch sollen möglichst auch Modellzeichnungen hinsichtlich der Vorstellungen von hydratisierten Ionen in der Salzsäure und in der Natronlauge hinzukommen [11]. Erst wenn die Reaktion der $H^+$(aq)-Ionen mit den $OH^-$(aq)-Ionen zu $H_2O$-Molekülen geklärt ist, wird die Ebene der chemischen Symbole, der **representational level** beschritten: eine erste Reaktionsgleichung gibt die beteiligten Ionenarten an, ein weiteres Reaktionssymbol mag die Gesamtreaktion dann wie üblich zusammenfassen.

## 2.6 Basiskonzepte für einen modernen Chemieunterricht

Im Sinne eines learning-doctor sollen für viele Inhalte und Themen sowohl die ursprünglichen Vorstellungen als auch die hausgemachten Fehlvorstellungen beschrieben werden. Da die Vielfalt der Themen unübersehbar ist, werden die in der Diskussion befindlichen Basiskonzepte für den Chemieunterricht zugrunde gelegt [13]: „Wir haben eingehend die Frage untersucht, ob sich die für die Schule relevanten chemischen Fachinhalte auf einige wenige übergeordnete zentrale Prinzipien oder naturwissenschaftliche Begriffe zurückführen lassen, die für das Verstehen einzelner chemischer Prozesse grundlegend sind. Wir haben diese Fragen mit Universitätsprofessoren und Fachdidaktikern genau so diskutiert wie mit Lehrern aller Schulformen. Als Ergebnis dieser Diskussion können wir als breiten Konsens festhalten: Ein elementares chemisches Grundverständnis läßt sich auf die Beherrschung einer eng begrenzten Zahl von Prinzipien zurückführen: Prinzipien, die für das Verstehen von „Chemie" grundlegend sind. Wir nennen diese Prinzipien „Basiskonzepte" [13]. Da sich erste ursprüngliche Schülervorstellungen auch ohne ein Teilchenkonzept entwickeln, soll das Basiskonzept „Stoff-Teilchen-Konzept" [13] in zwei Konzepte, nämlich „Stoffe und Eigenschaften" und „Teilchen-Konzept" gesplittet werden.

**Stoffe und Eigenschaften.** Im Allgemeinen verfügen Kinder ohne einen diesbezüglichen Unterricht nicht über ein Teilchenkonzept und entwickeln ihre ursprünglichen Vorstellungen allein auf der Grundlage von Eigenschaften verschiedener bekannter Stoffe und Materialien bzw. derer Veränderungen. Die bekannte Vernichtungsvorstellung zu den Erscheinungen der Verbrennung etwa wird mit dem Abgeben von „Etwas" in die Luft und dem Übrigbleiben von wenig Asche begründet – ohne jede Teilchenvorstellung. In dieser Weise gibt es viele Deutungen auch anderer Beobachtungen und Erscheinungen, die in Kapitel 3 diskutiert werden.

**Teilchenkonzept.** „Für die Wissenschaft Chemie gilt die Vorstellung, dass alle Materie aus submikroskopisch kleinen Teilchen, den Atomen oder Ionen, aufgebaut ist. Diese können isoliert vorkommen (Edelgase), lagern sich aber meistens zu Teilchenverbänden zusammen. Sie bilden dabei mehr oder weniger große Aggregate mit spezifischen Eigenschaften (z. B. Metallkristalle oder Salzkristalle) aus. Die Vielfalt der Stoffe ergibt sich dabei durch die vielfältigen Kombinationen und Anordnungen einer nur begrenzten Anzahl unterschiedlicher Atomsorten" [13].

Diesbezügliche Fehlvorstellungen können nur hausgemachte sein, da es zunächst einen Unterricht zum Teilchenmodell bzw. zum Daltonschen Atombegriff geben muss, ehe die Jugendlichen andere als die vermittelten Vorstellungen ausbilden können – das gilt auch im Folgenden.

**Struktur-Eigenschafts-Beziehungen.** „Die Eigenschaften eines Stoffes sind unmittelbar abhängig von der Art des Teilchens oder Teilchenverbandes, wie es einen Stoff aufbaut. Dabei ist für die Ausprägung der Stoffeigenschaften die Art des Aufbaus der Teilchen entscheidender als die Art (Sorte) der atomaren Bausteine" [13].

**Chemisches Gleichgewicht.** „Da der Austausch von (Bestandteilen von) Atomen sowie von Energie prinzipiell immer möglich ist, können grundsätzlich Reaktionen in entgegengesetzte Richtungen (Hin- und Rückreaktionen) nebeneinander ablaufen. Als Resultat stellt sich unter bestimmten, konstanten Bedingungen ein definierbares Verhältnis aus Edukten und Produkten ein, das man als ‚chemisches Gleichgewicht' bezeichnet" [13].

**Donator-Akzeptor-Prinzip.** „Die Teilchenverbände, aber auch die atomaren Bausteine der Materie selbst können miteinander in Wechselwirkung treten (‚reagieren') und dabei Anziehungs- bzw. Abstoßungskräfte entwickeln, Teilchen oder Energie austauschen. Teilchen oder Energie, die von einem Partner abgegeben werden, werden vom anderen Partner aufgenommen" [13]. Die übertragenen Teilchen können a) Protonen, b) Elektronen oder c) Liganden sein. Dementsprechend werden in diesem Kapitel hausgemachte Fehlvorstellungen zu a) Säure-Base-Reaktionen, b) Redoxreaktionen und c) Komplexreaktionen zusammengefasst.

**Energie.** „In allen Stoffen ist Energie gespeichert. Das Maß der gespeicherten Energie ist eine ganz charakteristische Stoffgröße. Bei chemischen Reaktionen, bei denen sich die Stoffe verändern, verändert sich auch ihr Energiegehalt – die Stoffe geben dabei Energie ab oder nehmen Energie auf" [13].

Diese Basiskonzepte werden der folgenden Diagnose von Schülervorstellungen und deren Korrektur in der Unterrichtspraxis zugrunde gelegt.

## Literatur


1. Barke, H.-D.: Schülervorstellungen. In: Barke, H.-D., Harsch, G.: Chemiedidaktik Heute. Heidelberg 2001 (Springer)
2. Sommer, C.: Wie Grundschüler sich die Erde im Weltraum vorstellen – eine Untersuchung von Schülervorstellungen. ZfDN 8 (2002), 69
3. Taber, K.: Chemical misconceptions – prevention, diagnosis and cure. Volume I. London 2002 (Royal Society of Chemistry)
4. Barke, H.-D., Schmidt, F K: Chemische Reaktionen und physikalische Vorgänge: mit untauglichen Schubladen zur Nulleffizienz. MNU 57 (2004), 115
5. Barke, H.-D., Selenski, T., Sopandi, W.: Mineralwasser und Modellvorstellungen. PdN-ChiS 52 (2003), H.2, 15
6. Hilbing, C., Barke, H.-D.: Ionen und Ionenbindung: Fehlvorstellungen hausgemacht! Ergebnisse empirischer Erhebungen und unterrichtliche Konsequenzen. CHEMKON 11 (2004), 115
7. Ausubel, D.P.: Psychologie des Unterrichts. Weinheim 1974 (Beltz)

8. Piaget, J., Inhelder, B.: Die Entwicklung des räumlichen Denkens beim Kinde. Stuttgart 1971 (Klett)
9. Pfundt, H.: Ursprüngliche Erklärungen der Schüler für chemische Vorgänge. MNU 28 (1975), 157
10. Duit, R.: Lernen als Konzeptwechsel im naturwissenschaftlichen Unterricht.Kiel 1996 (IPN)
11. Barke, H.-D.: Das Chemische Dreieck. Unterricht Chemie 13 (2002), 45
12. Johnstone, A H: Teaching of Chemistry – logical or psychological? CERAPIE 1 (2000), 9
13. Bünder, W., Demuth, R., Parchmann, I.: Basiskonzepte – welche chemischen Konzepte sollen Schüler kennen und nutzen? PdN-ChiS 52 (2003), H. 1, 2

# 3 Stoffe und Eigenschaften

Der Chemieunterricht hat das zentrale Ziel, den Jugendlichen möglichst viele Phänomene aus Alltag und Lebenswelt nahe zu bringen und verständlich zu machen: alle Lehrpläne, Richtlinien und Schulbücher bemühen sich, Wege zu diesem Ziel aufzuzeigen. Auch lernpsychologische Grundprinzipien gebieten es, an Sachverhalte anzuknüpfen, die Jugendliche aus eigener Anschauung kennen und diesbezüglich erste kognitive Strukturen entwickelt haben.

Nun sind oftmals die einfachsten Naturphänomene nicht zu durchschauen, ohne eine naturwissenschaftliche Modellvorstellung zu kennen: ob es das Verdunsten einer Regenpfütze oder das Verbrennen von Grillkohle ist – heute zutreffende Interpretationen sind erst auf der Grundlage von Vorstellungen zum Aufbau der Materie aus Atomen, Ionen oder Molekülen möglich. Solange Jugendliche solche Modelle nicht kennen, entwickeln sie eigene Vorstellungen: die Sonne saugt Wasser aus der Pfütze, das Feuer vernichtet das Papier. Um in der Lage zu sein, an diese und ähnliche Interpretationen zu **Stoffen und deren Eigenschaften** anzuschließen, sollten Lehrpersonen für den Chemieunterricht diese alternativen Vorstellungen bekannt sein, etwa zu

- animistischen Sprechweisen,
- Umwandlungskonzepten,
- Mischungskonzepten,
- Vernichtungsvorstellungen,
- Verbrennungsvorstellungen oder zu
- Gasen und Substanzbegriff.

Kennen Lehrer und Lehrerinnen diese Präkonzepte, können sie für den Chemieunterricht planen, wie diese Konzepte kritisch zu diskutieren und mit Hilfe geeigneter Medien zu verändern sind. Insbesondere lassen sich Experimente bereitstellen, die nach Diskussion der Präkonzepte zur gültigen Vorstellung führen. In den folgenden Unterkapiteln werden jeweils solche Unterrichtswege zunächst ohne eine Teilchenvorstellung vorgeschlagen. In Kap. 4 folgen dann Diagnosen und Korrekturvorschläge zum Teilchenkonzept und zum Atommodell nach Dalton.

## 3.1 Animistische Sprechweisen

Schüler und Schülerinnen des Anfangsunterrichts im Fach Chemie sind in ihrer geistigen Entwicklung überwiegend dem Stadium konkreter Denkoperationen nach PIAGET zuzuordnen, sie sind in ihren Vorstellungen überwiegend auf das konkrete Objekt fixiert. Das hat zur Folge, dass sie Phänomene **konkret-bildhaft** und in **magisch-animistischer Sprechweise** umschreiben. Folgende Beispiele sind aus vielerlei Erfahrungen bekannt [1]:

- das Holz *will* nicht brennen, die Flamme *will* ausgehen, die Flamme *verzehrt* die Kerze,
- Säuren *greifen an*, sie *zerfressen* unedle Metalle, Rost *zerfrißt* die Autokarosserie, etc.

Die Deutungen der Schüler und Schülerinnen entsprechen oftmals einfachen **Analogien**, sachlich zugrunde liegende Ursachen werden **personifiziert**:

- Natrium reagiert mit Wasser „wie bei einer Brausetablette",
- wenn sich Kupfersulfat löst, ist das „wie das Verlaufen von Rotkohlbrühe in Wasser",
- das Getreide wächst auf den Feldern, *damit* die Menschen sich ernähren können,
- das Holz brennt, *damit* man sich wärmen kann, etc.

PÜTTSCHNEIDER und LÜCK [2] diskutieren ausführlich die „Rolle des Animismus bei der Vermittlung chemischer Sachverhalte" und prüfen die folgenden Hypothesen: „1. Der bewusste Einsatz von Animismen generiert eine positive affektive Bindung zum Fach Chemie, 2. Animismen führen aufgrund ihrer guten Verständlichkeit zu einem nachhaltigen motivationalen Effekt, 3. den Schülern ist der Modellcharakter der Animismen bewusst" [2]. Erste Ergebnisse zeigen, dass „Animismen verständnisfördernd zu sein scheinen und somit einen nachhaltigen motivationalen Effekt auf den Lernprozess ausüben" [2].

**Unterrichtsvorschlag.** Zunächst sei festgehalten, dass die aufgelisteten Sprechweisen aus der Alltagssprache stammen und die entsprechenden Beobachtungen auf dieser Grundlage verständlich beschreiben: jeder Zuhörer weiß was gemeint ist, wenn jemand feststellt, dass „das Holz nicht brennen will". Diese Sprechweisen müssen also nicht als falsch deklariert werden.

Wenn genügend Zeit im Unterricht vorhanden ist und sich die Frage nach einem vermeintlichen „Willen des Holzes" durch die Jugendlichen stellt, sollte dieser Sachverhalt näher beleuchtet werden. Es kann diskutiert werden, ob ein dicker oder nasser Holzklotz immer schwer zu entzünden ist, oder ob er einen „Willen" hat, also je nach „eigenem Willen" sich einmal schwer, ein anderes Mal leicht entzündet. Oder ob es nicht so ist, dass sich zerkleinertes und trockenes Holz immer gut entzünden lässt und leicht weiterbrennt. Nach einer ähnlichen Diskussion kann die Aussage „das Holz will nicht brennen" dahingehend verändert werden, dass die Bedingungen genannt werden unter denen sich Holz leicht oder schwer entzünden lässt, dass auch die Holzarten selbst Unterschiede zeigen und etwa Birkenrinde zu den Holzarten gehört, die gut brennbare Harze enthalten und sich deshalb zum Entzünden eines Lagerfeuers bestens eignen.

Wenn das Feuer dann endlich brennt, kann sich der Mensch daran erwärmen: der Mensch hat das Feuer in der Absicht entfacht, Licht und Wärme zu haben. Das Holz brennt, wenn der Mensch es will und wenn er in der Lage ist, es zu entfachen – es ist nicht umgekehrt personifiziertes Holz, das „darüber entscheidet, ob sich der Mensch wärmen soll oder nicht". Solche philosophischen Betrachtungen sprechen sicher nur wenige Jugendliche an und Lehrpersonen sollten sensibel dafür sein, in welchem Ausmaß die Diskussion stattfindet, wann sie unterbrochen und gegebenenfalls später wieder aufgenommen wird.

## 3.2 Umwandlungskonzepte

Im Unterricht wird die Änderung von Eigenschaften im Allgemeinen als chemische Reaktion beschrieben, bei der neue Stoffe mit neuen Eigenschaften entstehen. Trotzdem entstehen zu Stoffänderungen in den Köpfen der Schüler nicht immer Vorstellungen neuer Stoffe, sondern „es" werden neue Eigenschaften angenommen [1]:

- Kupferdächer *werden* grün,
- Silber *läuft* schwarz *an*,
- Eisen *färbt sich* rostig braun,
- Wasser *wird* rot, u. A.

Es scheint einen „Eigenschaftsträger" für die Lernenden zu geben, der in den Stoffen „irgendwie erhalten bleibt" und lediglich sein äußeres Erscheinungsbild immer wieder ändert: Kupfer kann sowohl rotbraun als auch grün erscheinen, Eisen existiert sowohl hellgrau als auch rostig braun. Ebenso wie es für die Philosophen des Altertums einen „Urstoff" geben sollte und noch vor wenigen Jahrhunderten Alchimisten ernsthaft versuchten, das „Elexier“ zu finden, um Quecksilber oder Blei in Gold umzuwandeln, gibt es dieses Denken auch bei unseren Jugendlichen.

Jugendliche werden nun nicht wie die alten Griechen über einen Urstoff philosophieren, sondern beeinflusst durch ihre Alltagssprache zu einem **Umwandlungskonzept** gelangen, ohne in Konflikte zu geraten: das Hühnerei kann etwa zum Frühstück weich oder hart gekocht werden, es *wird* hart, wenn man es länger kocht. Das Steak kann roh, „medium“ oder „well done“ sein – man kann es durch das Braten in eine andere Form umwandeln, es *wird* durch die Behandlung „anders“, bleibt aber das Steak. Solange Jugendliche durch eine solche Alltagssprache geformt werden, muss man ihnen ein Umwandlungskonzept zugestehen.

SCHLÖPKE [3] findet in seinen empirischen Untersuchungen „Äußerungen, die den Rückschluss auf eine Substratvorstellung zulassen“. Nach dem Erhitzen von rotem Cobaltchlorid und dem Beobachten der blauen Farbe „dominiert die Vorstellung, dass der Stoff nach dem Erhitzen erhalten geblieben sei. Um das veränderte Aussehen zu begründen, werden zwei Positionen vertreten: Eine Schülergruppe meint, der Stoff sei schichtenartig aufgebaut, wobei die Farbe an einen materiellen Träger gebunden gedacht wird (der aber nicht mit dem Cobaltchlorid identisch zu sein braucht). Vertreter dieser Position gebrauchen die Begriffe Schale, Schicht, Farbschicht, Hülle, die Farbe ist verdampft, verkohlt, verbrannt (im Sinne einer Vernichtung), oder sie hat sich in den Kern zurück gezogen, ist nach innen gegangen. Die andere Gruppe konstruiert eine Eigenschaftshierarchie: erst rot, dann blau, schwarz oder weiß oder durchsichtig. Der Verlust an Eigenschaften ändert aber nichts an dem gedachten Fortbestand des ursprüngliches Stoffes als eigenschaftsärmeres Substrat“.

**Unterrichtsvorschlag.** Bei Vorgängen wie Kochen, Braten oder Backen ist es naturgemäß sehr aufwendig, darüber Auskunft zu geben, welche neuen Stoffe beim Erhitzen entstehen. Einfacher ist es, die anfangs genannten Beispiele sachlich zu klären.

Sobald man an ein „grünes Kupferdach“ heran kommt, sollte man versuchen, die grüne Schicht zu entfernen, bis man auf das rotbraune reine Kupfer stößt. Löst man die grüne Substanz in verdünnter Salzsäure, so beobachtet man die Bildung von Bläschen und kann Kohlenstoffdioxid mit Hilfe von Kalkwasser nachweisen: die grüne Substanz ist ein bestimmtes Kupfercarbonat, also ein völlig anderer Stoff als das bekannte rotbraune Metall. Inwieweit man die Bildung des Carbonats aus Kohlensäure-haltigem Regenwasser zusätzlich erklärt oder das eher bläuliche Kupfersulfat diskutiert, das durch industriellen „Sauren Regen“ auf Kupferdächern entstehen kann, bleibt der Unterrichtssituation überlassen. In jedem Fall werden verschiedenen Substanzen unterschiedliche Eigenschaften zugeschrieben, man demonstriert den Jugendlichen Kupfer, verschiedene Kupfercarbonate, -sulfate oder -chloride und stellt fest: Es gibt kein grünes Kupfer!

Hat man keinen Zugang zu einem Kupfercarbonat bedeckten Dach, so lässt sich ein Modellversuch durchführen (V3.1): Ein Kupferblech wird zu einem Brief gefaltet und mit der Brennerflamme stark erhitzt, man beobachtet außen ein „Schwarzwerden", nach Auffalten des Briefes auf der Innenseite nicht. Ein zweites Experiment bringt Sicherheit (V3.2): In ein Reagenzglas mit Seitenrohr und Hahn bringt man Kupferblech oder Kupferwolle, evakuiert mit der Wasserstrahlpumpe und erhitzt, keine Veränderung des Metalls. Öffnet man den Hahn, „wird das noch heiße Metall augenblicklich schwarz". Die Auswertung beider Experimente führt zur Bedeutung der Luft bzw. des Sauerstoffs der Luft und zum schwarzen Kupferoxid: Kupfer ist und bleibt rotbraun, Kupferoxid ist (unter genannten Versuchsbedingungen) eine schwarze Substanz.

Es bleibt festzuhalten: Zur Formulierung der Beobachtungen solcher Experimente ist das „Schwarzwerden der Substanz" nicht falsch zu nennen und kann in dieser Form im Protokolltext ruhig erscheinen. Bei der Auswertung der Beobachtungen ist aber deutlich zu machen, dass neue Substanzen gebildet werden, dass im vorliegenden Fall Kupferoxid entsteht.

Im Fall des „Schwarzwerdens von Silber" können Sulfidbildungen aus den Elementen gezeigt werden: Eisensulfid, Kupfersulfid und Silbersulfid. Dasselbe schwarze Silbersulfid, wie es aus der Reaktion von Silber und Schwefel hervorgeht, befindet sich auf den Silberbestecken wie Messer, Löffel und Gabel, das durch Putzen der Bestecke zu entfernen ist.

Man kann im Experiment aus schwarzem Silbersulfid das silbrige Metall durch Erhitzen zurück erhalten (V3.3), ebenfalls lässt sich auch aus Kupferoxid (vgl. V3.1 und V3.2) durch Reaktionen mit Wasserstoff das Kupfer zurückgewinnen (V3.4). Allerdings führt das zur Frage, was denn in den Verbindungen erhalten bleibt und wieder hervorgebracht werden kann. Die Antwort ist schwierig und erst auf der Ebene bestimmter Modellvorstellungen zu formulieren: Rümpfe von Metall- und Nichtmetall-Atomen sind es, die bei den Reaktionen erhalten bleiben.

Vielleicht sollte man den Jugendlichen auch nicht verschweigen, dass pulverisierte, also sehr fein kristalline Metallpulver durch Streuung des Lichts grundsätzlich schwarz erscheinen. Eine Elektrolyse von Silbernitrat-Lösung mit zu hoher Gleichspannung führt zur Abscheidung von schwarzen Metallklumpen – erst wenn die Konzentration der freien Silber-Ionen durch stabile Komplexe stark herabgesetzt wird, vermag das Metall in silbrigen Kristallen zu kristallisieren und etwa auf der Kupfermünze einen stabilen Silberbelag zu bilden.

Das dritte Beispiel ist das Eisen mit „verschiedenen Erscheinungsformen“. Es ist möglichst ein stark verrosteter Gegenstand zu besorgen, an dem sich der Rost schon so weit entwickelt hat, dass er abfällt oder abzuschaben und mit Hilfe einer Reibschale zu Pulver zu zermahlen ist. Dieses Pulver ist dann mit Eisenoxid-Proben der Chemikaliensammlung zu vergleichen. Das rotbraune Pulver ist also ein anderer Stoff als Eisen – er entsteht durch das „Rosten“, also durch die Reaktion des Eisens mit Sauerstoff und Wasser. Im Übrigen ist chemisch gesehen Rost ein Gemisch aus Eisenoxiden und Eisenhydroxiden und nicht als homogener Stoff zu beschreiben.

Im vierten Beispiel geht es um Wasser, das durch Zugabe einer Substanz „rot wird“ – etwa durch Lösen von Cobaltchlorid oder durch einen Indikator. Auch in diesem Fall ist heraus zu arbeiten, dass mit der roten Lösung eine neue Substanz entsteht. Diese Substanz eine „rot gefärbte“ oder „rotfarbene Lösung“ zu nennen, ist bereits eine Diskussion wert: Was färbt denn da wen? Gibt es „angefärbtes“ Wasser? Wasserfreies Kupfersulfat ist weiß und „färbt“ seltsamerweise eine Lösung in Wasser blau: Eine neue Substanz entsteht, die man Kupfersulfat-Lösung nennt.

Im Alltag ist das Getränk „Kirschwasser“ bekannt – eine Lösung, die meist bis zu 40 Vol% aus Ethanol besteht und viele Geschmacksstoffe aus der Kirsche enthält. Diese Lösung ist nun wirklich kein Wasser. Auch im Chemielabor nennen wir bestimmte Nachweisreagenzien „Kalkwasser“ oder „Barytwasser“ – diese Irreführung durch historische Namen sollte durch Etiketten wie Calciumhydroxid-Lösung oder Bariumhydroxid-Lösung auf den Flaschen beendet werden!

## 3.3 Mischungskonzepte

Vorstellungen vom Mischen und Entmischen spielen bei der Interpretation von Stoffumwandlungen durch die Schüler und Schülerinnen ebenfalls eine große Rolle:

- Kupfersulfid *enthält* Kupfer und Schwefel,
- Wasser *besteht* aus Wasserstoff und Sauerstoff,
- Kohlenwasserstoffe *sind aus* Kohlenstoff und Wasserstoff *aufgebaut.*

Eines soll zunächst festgehalten werden: Richtig bleibt die Aussage, dass ein Wasser-Molekül aus zwei H-Atomen und einem O-Atom *besteht* – auf der Ebene dieser Modellvorstellung sind die Aussagen zum *„enthalten sein“*, *„bestehen aus“* oder *„aufgebaut sein aus“* zulässig. Wie gestalten sich die Aussagen aber bezüglich der Substanzen auf der makroskopischen Ebene?

Die genannten Formulierungen suggerieren geradezu ein Mischungskonzept. Bereits von den griechischen Philosophen ist diskutiert worden, hinsichtlich der beobachtbaren ungeheuren Stoffvielfalt „Mischungen der Elemente Luft, Wasser, Erde und Feuer“ zugrunde zu legen.

Selbstverständlich gibt es Mischungen aus verschiedenen Substanzen, etwa aus Metall und Schwefel: in einer Mischung sind rotbraune Kupferkristalle und gelbe Schwefelkristalle zu beobachten. Nach der Reaktion eines solchen Gemischs tritt allerdings eine homogene blauschwarze Substanz auf, die weder auf Kupfer noch auf Schwefel hinweist. Da die Substanz durch eine chemische Reaktion aus Kupfer und Schwefel entstehen kann, wird die neue Substanz Kupfersulfid genannt – und nur der Experte weiß, dass in einem Kupfersulfid-Kristall spezielle Kupfer-Ionen und Sulfid-Ionen in bestimmter Anzahl und Anordnung vorliegen.

**Unterrichtsvorschlag.** Zunächst sind den Lernenden ganz deutlich *heterogene* Mischungen zu zeigen: Granitgestein, Erze auf taubem Gestein, Salz-Sand-Gemische, u. A. Es kann auch ein Laborgemisch aus Kupferspänen und Schwefelpulver sein: mit der Lupe sind zwei Sorten von Kristallen zu erkennen, mit der Pinzette sind sie sogar wieder zu trennen. Dieses Gemisch ist mit reinem Kupfersulfid zu vergleichen: auch mit der Lupe ist nur eine einzige Stoffart zu beobachten: in diesem Fall liegt ein *homogener* Reinstoff vor.

Der häufig zu hörende Einwand, nur Elemente seien Reinstoffe, Kupfersulfid enthalte aber „Kupfer und Schwefel“ wird dadurch abgewehrt, dass in Tabellen konstante Messwerte für die Dichte oder für die Schmelztemperatur aufzufinden sind. Sobald Substanzen definierte Dichten, Schmelz- und Siedetemperaturen besitzen, zählen diese Substanzen zu den Reinstoffen, wie etwa Wasser oder Ethanol: Reinstoffe können sowohl Elemente als auch Verbindungen sein!

Es können letztendlich zwar die Formulierungen wie „Kupfersulfid ist eine Verbindung aus den Elementen Kupfer und Schwefel“ oder „Wasserstoff und Sauerstoff liegen chemisch gebunden in Wasser vor“ diskutiert werden – allerdings verraten sie keinen Hinweis auf das Verbleiben der Elemente in den Verbindungen. Erst auf der Ebene des Daltonschen Atommodells wird deutlich, dass Wasser-Moleküle aus Wasserstoff-Atomen und Sauerstoff-Atomen „bestehen“, dass sie diese Atomarten „enthalten“.

## 3.4 Vernichtungsvorstellungen

Durch die Faszination bei der Beobachtung von Flammen und den sichtbaren Zerstörungen von Materie bei Bränden gelangen Lernende fast zwangsläufig zu einem **Vernichtungskonzept** – vor allem auch deshalb, weil sich die Alltagssprache entsprechend entwickelt hat [1]:

- Kerzen, Spiritus oder Benzin „ver"-brennen vollständig, Kohle „ver"-glüht, Holz „ver"-kohlt,
- Pflanzen „ver"-modern, Tierkadaver „ver"-wesen, Nahrung wird „ver"-daut,
- Wasser „ver"-dunstet, Gestein „ver"-wittert, Sandsteinfiguren „zer"-fallen,
- Kesselstein wird „auf"-gelöst, Metalle werden „zer"-setzt,
- Fettflecken werden „ent"-fernt, Rückstände werden „ver"-nichtet, etc.

Vanessa BARKER [4] beschreibt weitere Vernichtungsvorstellungen, wie sie viele Jugendliche beim optischen „Verschwinden" von Substanzen äußern:

- Substanzen können aufhören zu existieren, trotzdem bleiben Geschmack oder Geruch Zucker verschwindet beim Umrühren in der Lösung, der süße Geschmack bleibt, Tropfen von Parfum verschwinden mit der Zeit, aber der Geruch bleibt,
- die Masse von Stoffportionen ist keine entscheidende Eigenschaft, die Existenz masseloser Stoffportionen wird problemlos durch Jugendliche akzeptiert, insbesondere verlieren Dämpfe leichtflüchtiger Lösemittel wie Benzin und Alkohol beim Verdunsten ihre Masse,
- Substanzen sind zunächst vorhanden, können „problemlos" verschwinden: fällt das Niveau des Wassers in einem Tank bei heißem Sonnenschein, haben Jugendliche nicht das Bedürfnis, den Verlust an Wasser zu erklären: es ist einfach nicht mehr da!

Ohne ein modernes naturwissenschaftliches Weltbild, das vom Erhaltungskonzept hinsichtlich der Summe von Masse und Energie oder von einem Teilchenkonzept ausgeht, können Jugendliche die genannten Erscheinungen nicht ohne die Hilfe von Experten erfolgreich reflektieren. Im Gegenteil: Sie haben durch eigene Beobachtungen, den starken Einfluss der Alltagssprache und den bunten Aussagen der Werbung keine Chance, von einem in ihrer Vorstellung aufgebauten Vernichtungskonzept selbständig zum angemessenen Erhaltungskonzept zu gelangen. Der Unterricht hat diesbezüglich die wichtige Aufgabe, die erworbenen Präkonzepte zu diskutieren und die Jugendlichen zu Vorstellungen eines Erhaltungskonzepts zu führen.

**Unterrichtsvorschlag.** Die genannten Formulierungen sind zunächst mit den Schülern zu reflektieren, etwa die Aussage „das Wasser verdunstet, es ist nicht mehr da". Lernende wissen von feuchter und von trockener Luft, von der Bildung von Wolken, von der Entstehung des Regens, wenn die Luftfeuchtigkeit zu groß wird. Diskutiert man mit der Verdunstung des Wassers die Zunahme der Luftfeuchte, dann lässt sich die Aussage ableiten, dass Wasser nicht „verschwindet", sondern verdampft und als unsichtbarer Wasserdampf gemischt mit der Luft erhalten bleibt. Die Erklärung, dass die Verdunstung unterhalb der Siedetemperatur von 100°C geschieht, erfordert allerdings ein Teilchenmodell – man kann aber auch ohne ein Teilchenmodell sprachlich das Verdampfen als Oberbegriff für Verdunsten und Sieden diskutieren.

Insbesondere ist durch Experimente zu veranschaulichen, dass bei Verdunstungsvorgängen keine „Vernichtung" von Materie stattfindet, sondern Materie erhalten bleibt. So kann das Verdunsten von Aceton zwar durch den Einsatz einer empfindlichen Waage anschaulich werden, es ist allerdings ebenfalls zu zeigen, dass sich dabei ein großes Volumen an Acetondampf bildet (V3.5). Lässt man flüssiges Butan in der Gasverflüssigungspumpe verdampfen und presst entstandenes Gas wieder zusammen, dann ist die Wiederkehr des flüssigen Stoffes in gleicher Menge zu beobachten (vgl. V3.14). Zum bekannten „Verschwinden" von Lithium oder Natrium in Wasser ist beispielsweise das sich bildende Gas, sind die nach Verdampfen des Wassers verbleibenden Portionen neuer weißer Stoffe zu demonstrieren (V3.6). Das „Entfernen" von Flecken durch einen Lappen mit Benzin wird durch den Löseprozess von Fett in Benzin interpretiert (V3.7).

## 3.5 Verbrennungsvorstellungen

Sowohl Vorstellungen vom Eigenschaftsträger („Kupfer wird beim Erhitzen in der Flamme schwarz") als auch solche vom Vernichtungskonzept („Holz wird verbrannt") beziehen sich auf ursprüngliche Vorstellungen von der Verbrennung [5]. Das jahrelange Beobachten der für die Jugendlichen immer wieder faszinierenden Flammen von Brennstoffen wie Papier, Holz und Grillkohlen oder Spiritus und Benzin führt zu den Aussagen, dass bei der Verbrennung „*etwas* in die Luft abgegeben werde, dass *etwas* verloren ginge und wenig *Asche* übrigbliebe" [1]. Dieses von Jugendlichen mit „etwas" Bezeichnete kann damit verglichen werden, was Georg Ernst Stahl im 17. Jahrhundert mit dem Begriff Phlogiston meinte (vgl. Kap.1.3).

Eine Schülergruppe wurde befragt, was denn mit den Teilchen des Magnesiums bei der allen Schülern bekannten Verbrennung des Metalls an der Luft geschieht. Viele Schüler notieren das richtige Reaktionssymbol

„Mg + O → MgO“, aber argumentierten, dass ein Teil der Magnesium-Teilchen in die Luft geht und ein anderer Teil der Teilchen als weiße Asche übrig bleibt. Ein Schüler schreibt wörtlich: „Magnesium besteht aus zwei Teilchenarten, eine verdampft beim Verbrennen, die andere bleibt als Magnesiumoxid zurück“ [6]. Auch die stimmige Zeichnung dieses Schülers sei exemplarisch wiedergegeben (Abb. 3.1).

Eine weitere Abbildung unterstreicht (Abb. 3.2), dass auch andere Fachdidaktiker [7] ähnliche Schülervorstellungen zur Verbrennung feststellen. Erstaunlicherweise können oft ältere Schüler, die bereits mehrere Jahre Unterricht im Fach Chemie erhalten haben, sich oftmals nicht von der Vernichtungsvorstellung trennen. So behauptete ein Schüler der Klassenstufe 10: „Der Formel nach müsste aus $CO_2$ ja Kohlenstoff zu erhalten sein, aber es ist natürlich unmöglich, aus einem farblosen Gas einen schwarzen Feststoff gewinnen zu können“ [5].

**Unterrichtsvorschlag.** Die ursprünglichen Vorstellungen sind mit den Jugendlichen in jedem Fall zu diskutieren und zu vergleichen – dabei kann die Aufmerksamkeit auf den Umsatz der Luft oder eines Teils der Luft mit dem Brennstoff gelenkt werden. So sind etwa Kenntnisse zur Brandbekämpfung heran zu ziehen: Brände werden im Allgemeinen durch Kühlen mit Wasser oder durch das Fernhalten von Luft bzw. von Sauerstoff der Luft gelöscht, etwa durch Sand, durch Löschdecken oder durch Kohlenstoffdioxid aus dem Feuerlöscher. Mit dieser Diskussion wird mindestens die Aufmerksamkeit auf die Verbrennung als Reaktion mit der Luft gerichtet.

Die Aufmerksamkeit wird vor allem mit Hilfe von Experimenten geweckt: reiner Sauerstoff kann vorgestellt und gezeigt werden, dass darin alle Brennstoffe heftiger brennen als in Luft, Stickstoff wird demonstriert und die Tatsache, dass brennende Gegenstände darin „ersticken“, Luft wird als Gemisch aus beiden erkannt: aus Sauerstoff und Stickstoff. Es können auch brennende Kerzen und ihr Erlöschen unter einem Becherglas beobachtet und als Ursachen die verringerten Anteile von Sauerstoff in der Luft diskutiert werden. Auch die bereits geschilderten Experimente V3.1 und V3.2 sind diesbezüglich geeignet: erst durch die Reaktion mit dem Sauerstoff der Luft bildet sich das schwarze Kupferoxid.

Zusätzlich kann zur Beobachtung von Verbrennungsvorgängen die Waage hinzugezogen werden. Auch historisch war die Waage wichtig zur Erkenntnis der Oxidationstheorie: Lavoisier beobachtete in der Mitte des 18. Jahrhunderts die Bildung und Zerlegung von Quecksilberoxid mit Hilfe von Wägungen vorher und nachher – und widerlegte die Phlogistontheorie!

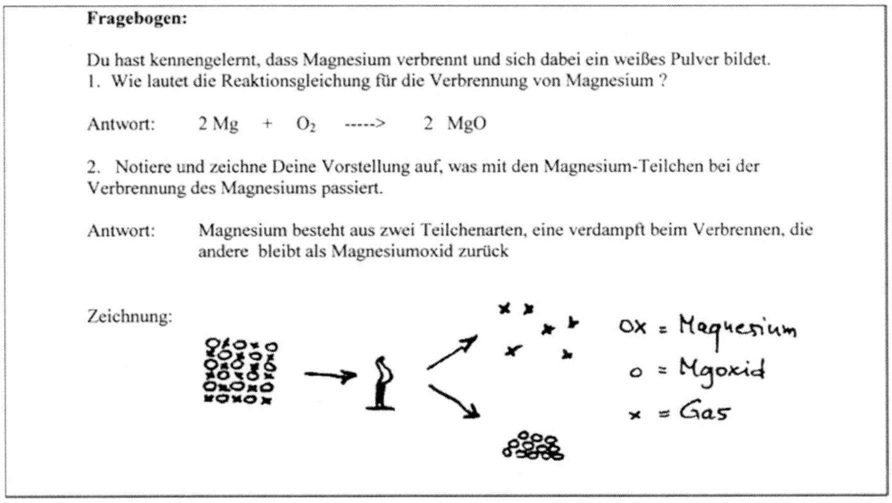

**Fragebogen:**

Du hast kennengelernt, dass Magnesium verbrennt und sich dabei ein weißes Pulver bildet.
1. Wie lautet die Reaktionsgleichung für die Verbrennung von Magnesium ?

Antwort: 2 Mg + $O_2$ -----> 2 MgO

2. Notiere und zeichne Deine Vorstellung auf, was mit den Magnesium-Teilchen bei der Verbrennung des Magnesiums passiert.

Antwort: Magnesium besteht aus zwei Teilchenarten, eine verdampft beim Verbrennen, die andere bleibt als Magnesiumoxid zurück

Zeichnung:



**Abb. 3.1.** Modellvorstellungen eines Schülers der Klassenstufe 9 zur Verbrennung [6]

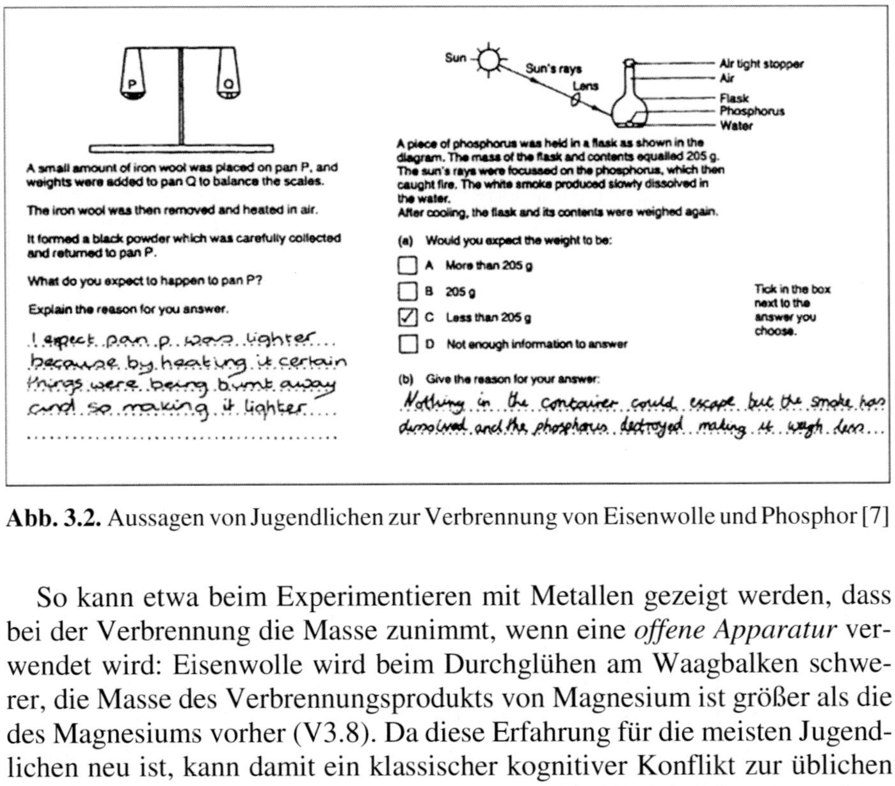



A small amount of iron wool was placed on pan P, and weights were added to pan Q to balance the scales.

The iron wool was then removed and heated in air.

It formed a black powder which was carefully collected and returned to pan P.

What do you expect to happen to pan P?

Explain the reason for you answer.

I expect pan P was lighter because by heating it certain things were being burnt away and so making it lighter



A piece of phosphorus was held in a flask as shown in the diagram. The mass of the flask and contents equalled 205 g. The sun's rays were focussed on the phosphorus, which then caught fire. The white smoke produced slowly dissolved in the water.
After cooling, the flask and its contents were weighed again.

(a) Would you expect the weight to be:

- ☐ A More than 205 g
- ☐ B 205 g
- ☑ C Less than 205 g
- ☐ D Not enough information to answer

Tick in the box next to the answer you choose.

(b) Give the reason for your answer:

Nothing in the container could escape but the smoke has dissolved and the phosphorus destroyed making it weigh less

**Abb. 3.2.** Aussagen von Jugendlichen zur Verbrennung von Eisenwolle und Phosphor [7]

So kann etwa beim Experimentieren mit Metallen gezeigt werden, dass bei der Verbrennung die Masse zunimmt, wenn eine *offene Apparatur* verwendet wird: Eisenwolle wird beim Durchglühen am Waagbalken schwerer, die Masse des Verbrennungsprodukts von Magnesium ist größer als die des Magnesiums vorher (V3.8). Da diese Erfahrung für die meisten Jugendlichen neu ist, kann damit ein klassischer kognitiver Konflikt zur üblichen Erfahrung des „Leichterwerdens" erzeugt werden [1]. Die Massenzunahme wird schließlich überzeugend auf den Anteil des Sauerstoffs der Luft zurückgeführt, der mit den Metallen zu festen Metalloxiden reagiert.

Es muss dann allerdings darauf hingewiesen werden, dass Massen bei Verbrennungen weder zunehmen noch abnehmen, sondern erhalten bleiben: Wiegt man Edukte und Produkte in einer *abgeschlossenen Apparatur*, so kann man die Erhaltung der Masse auch experimentell zeigen und den Satz von der Erhaltung der Massen bei chemischen Reaktionen deutlich werden lassen. Sperrt man die Eisenwolle in ein Reagenzglas ein, so lässt sich das zeigen (V3.8).

Ein für Jugendliche größeres Problem ist es, das Entstehen gasförmiger und farbloser Oxide bei der Verbrennung von Holz, Kohle oder Kerzenwachs zu erkennen. Die bekannte Erscheinung, dass die Kerzenflamme unter einem Becherglas bald erlischt, weist zwar auf das Fehlen von ausreichenden Mengen von Luft und indirekt auf entstehende Gase bei der Verbrennung hin, ist aber nicht überzeugend. Da hilft schon eher der Wasserbeschlag, der erkennbar wird, wenn über der brennenden Kerze kurzzeitig ein umgestülptes, kaltes Becherglas gehalten wird (V3.9).

Vorsicht ist bei der Interpretation geboten, wenn ein Glaszylinder über ein in Wasser schwimmendes Teelicht getaucht und oben geschlossen wird: die Flamme geht erwartungsgemäß aus und der Wasserspiegel steigt deutlich im Zylinder an (V3.9). Man kann aber nicht mit „verbrauchtem" Sauerstoff argumentieren oder gar den Sauerstoffgehalt der Luft von 20 % ableiten wollen – es entsteht nämlich in gleichem Maß ein anderes farbloses Gas: Kohlenstoffdioxid. Da auch Wasserdampf entsteht und beim Erlöschen der Flamme kondensiert, und da heiße Luft nach Erlöschen der Flamme abkühlt und das Volumen vor allem deshalb abnimmt, steigt beim Erlöschen der Flamme der Wasserspiegel an. Um Volumengehalte des Sauerstoffs in Luft nachzuweisen, gibt es überzeugendere Experimente, die mit Kupfer, Eisen oder Phosphor feste Oxide liefern und den Sauerstoff in diesen Feststoffen binden (vgl. Kap. 3.6).

Das Entstehen der farblosen Gase Kohlenstoffdioxid und Wasserdampf ist überzeugend zu demonstrieren, indem bei offenen Apparaturen die „Massenzunahme" ähnlich der bei Metalloxiden im Experiment realisiert wird. Um diesen Effekt etwa mit einer Kerze zu zeigen, ist eine Kerze auf der Waage so zu entzünden, dass die gasförmigen Verbrennungsprodukte an bestimmten Chemikalien absorbiert und mitgewogen werden (V3.9).

Um schließlich die Aussage zu relativieren, dass „aus gasförmigem Kohlenstoffdioxid kein fester Kohlenstoff zu erhalten sei", wird die Reaktion des farblosen, gasförmigen Kohlenstoffdioxids mit brennendem Magnesium gezeigt (V3.10): neben weißem Magnesiumoxid schlägt sich schwarzer Ruß an der Wand des Standzylinders nieder, der mit dem Finger entfernt und als Ruß identifiziert werden kann. All diese experimentellen

Erfahrungen weisen schon in das nächste Unterkapitel mit dem Ziel, die Gase als Substanzen mit spezifischen Eigenschaften zu begreifen.

## 3.6 Gase und Substanzbegriff

Viele Experten vergangener Jahrhunderte erfaßten weder die Luft als Substanz noch unterschieden sie andere farblose Gase von der Luft. Ähnlich schwierig ist es auch für Jugendliche heute. Da die Luft uns ständig scheinbar schwerelos umgibt und warme Luft bekanntermaßen sogar nach oben steigt, haben Luftportionen in der Vorstellung von Kindern keine Masse – Luft wird damit nicht als Substanz angesehen. So konnte MÜNCH [8] in empirischen Erhebungen zeigen, dass etwa die Hälfte der Jugendlichen zwischen 10 und 16 Jahren glauben, dass ein vor ihnen mit Luft aus einer üblichen Ballpumpe aufgepumpter, prall gefüllter Fußball leichter sein solle als derselbe Ball, der nur wenig aufgepumpt ist.

Hinsichtlich der Gase rühren viele falsche Vorstellungen aus der Alltagssprache her. So erhält WEERDA [9] folgende Aussagen von Schülern und Schülerinnen:

- frische Luft ist „gute“ Luft, es gibt „schlechte“ Luft, Luft ohne Sauerstoff ist „schlecht“,
- ein Kamin braucht „Zuluft“ und „Abluft“, Autos geben „Abgase“ an die Luft ab,
- farblose Gase sind „Luft“ oder luftähnlich, Wasser verdunstet „zu Luft“,
- Gase sind brennbar, sind zum Kochen und Heizen da,
- Gase sind gefährlich, sind explosiv, sind giftig,
- Gase sind „flüssig“, in Feuerzeugen befindet sich „Flüssiggas“.

Auch VOSS [10] findet bei seinen Befragungen ähnliche Assoziationen von Jugendlichen der Klassenstufen 7–10 auf die Frage: „Was verstehst du unter einem Gas“?

- Gase sind unsichtbar, man kann sie nicht schmecken,
- Gas braucht man, um ein Feuerzeug zum Brennen zu bringen,
- Gas brennt sehr gut, es wird in der Chemie zum Erhitzen von Stoffen benutzt,
- wenn Feuer an ein Gas kommt, dann explodiert der Gegenstand, wo das Gas drin ist,
- Gas ist nicht so gesund, man atmet immer ein bisschen Gas ein,
- Gase sind meist gefährlicher als feste Stoffe,
- Gas ist unsichtbar und ist in der Luft enthalten,

- Gas ist flüssig, in einem Feuerzeug ist flüssiges Gas, Gas kann flüssig auftreten,
- es gibt schweres und leichtes Gas: Kohlenstoffdioxid und Helium,
- Gas ist leichter wie eine feste Substanz, es kann überall hin schweben und vordringen.

Obwohl die Schüler und Schülerinnen von ihren Lehrern viel über Gase gehört und mit Gasen experimentiert haben und die drei Aggregatzustände bekannt sind, „werden diese Inhalte kaum verinnerlicht, die Schüler halten an ihren Präkonzepten so lange wie möglich fest und sind von wissenschaftlichen Sichtweisen kaum zu überzeugen“ [10].

Im Unterricht ist deshalb zum einen die Luft als Substanz deutlich zu machen und zum anderen abzugrenzen von den vielen farblosen Gasen, die nicht nur in der Luft als Gasgemisch enthalten sind, sondern darüber hinaus im Alltag eine wichtige Rolle spielen. Gerade weil viele Gase farblos und geruchlos sind, müssen wiederum geeignete Experimente demonstriert oder von den Lernenden selbst durchgeführt werden, um überzeugend zu sein.

**Unterrichtsvorschlag.** Zur Frage, inwieweit Gase sichtbare und wägbare Substanzen sind, ist es spektakulär, flüssigen Stickstoff einer Temperatur von etwa –200°C in einem Dewargefäß vorzustellen und gegebenenfalls durch Kondensation aus gasförmigem Sauerstoff der Stahlflasche blaufarbenen flüssigen Sauerstoff zu gewinnen. Eine diesbezügliche Diskussion mag darauf verweisen, dass Temperatur und Druck darüber entscheiden, ob eine Substanz fest, flüssig oder gasförmig vorliegt – Luft ist bei üblicher Zimmertemperatur und Normdruck bekanntermaßen ein gasförmiges Stoffgemisch. Da der Zugang zu flüssigem Stickstoff bzw. zu flüssiger Luft nicht immer einfach ist, werden diesbezügliche Experimente an dieser Stelle nicht beschrieben – es ist die entsprechende Experimentalliteratur zu Rate zu ziehen.

Die Masse einer bestimmten Luftportion und damit die Dichte der Luft ist den Schülern schnell und überzeugend auch auf folgendem Weg zu demonstrieren: Wird eine Glaskugel mit Hahn mit Hilfe einer Wasserstrahlpumpe evakuiert, auf der Analysenwaage genau gewogen, und nach Einfüllen von 100 mL Luft aus dem Kolbenprober nochmals gewogen, so ist die Masse von 0,13 g abzulesen (V3.11). Steht keine Wasserstrahlpumpe zur Verfügung, so können auch 100 mL Gas zusätzlich zur vorhandenen Luft in die Glaskugel oder in eine mit Hahn versehene Plastikflasche (Aquadest-Spritzflasche) gepresst und gewogen werden. Auf demselben Weg sind die Dichten weiterer Gase zu bestimmen, die verschiedenen Messwerte zur Abgrenzung von Luft und zur Charakterisierung anderer Gase zu verwenden. Es ist besonders darauf hinzuweisen, dass man Dichten von Gasen wegen der kleinen Werte meistens nicht in g/mL angibt, sondern in g/L.

Es können weiterhin bekannte Gase wie Sauerstoff, Stickstoff und Kohlenstoffdioxid, auch brennbare Gase wie Wasserstoff oder Butan experimentell vorgestellt und durch die Probe mit dem brennenden oder glimmenden Holzspan unterschieden werden (V3.12). Da beide Gase Stickstoff und Kohlenstoffdioxid eine Flamme erlöschen, tritt sogar die Frage auf, wie man beide Gase unterscheidet: sowohl der Kalkwassertest als auch das „Ausgießen" des Kohlenstoffdioxids auf ein brennendes Teelicht im Becherglas kann die Unterschiede zeigen (V3.12).

In diesem Zusammenhang wird auch der Sauerstoffgehalt der Luft von etwa 20 Vol% gezeigt, indem in geschlossenen Apparaturen die Reaktion von Eisenwolle oder Phosphor demonstriert wird (V3.13): beide Substanzen lassen feste Oxide entstehen, die den Sauerstoff binden und quantitativ aus der Apparatur entfernen, wenn sie im Überschuss vorhanden sind.

Schließlich lässt sich zur Klärung des Begriffes „Flüssiggas" folgendes Experiment durchführen. In eine Gasverflüssigungspumpe wird durch Verdrängen der Luft Butangas gefüllt, dieses wird durch einen Kolben unter starken Druck versetzt: ein großer Tropfen flüssigen Butans bildet sich in Anwesenheit von gasförmigem Butan (V3.14). Es zu klären, dass in Feuerzeugen und Campinggaskartuschen flüssiges und gasförmiges Butan nebeneinander vorliegen, dass es die in der Alltagssprache bezeichnete Substanz „Flüssiggas" nicht gibt. Man könnte gar vom chemischen Gleichgewicht zwischen Flüssigkeit und Gas sprechen, ggf. vom dynamischen Gleichgewicht.

**Fazit.** Die alternativen Vorstellungen unserer Schüler und Schülerinnen sind im Unterricht ausführlich zu diskutieren und zu vergleichen, zu bestimmten Beobachtungen oder Sachverhalten sind die Jugendlichen aufzufordern, ihre individuellen Interpretationen vorzustellen. Kommt es danach zur Einführung bzw. zur Diskussion heute gültiger Vorstellungen, so sollten Lehrer und Lehrerinnen diesbezüglich überzeugende Experimente demonstrieren oder – wirksamer noch – von Schülern und Schülerinnen selbst durchführen bzw. auswerten lassen. Bliebe es lediglich bei verbalen Ausführungen, würden viele Jugendliche die Ausführungen der Lehrkraft wohl nicht nachvollziehen, erst recht nicht ihre Präkonzepte in Frage stellen und wahrscheinlich zu ihren ursprünglichen Vorstellungen zurückkehren.

Werden motivierende Experimente gezeigt oder gar von den Jugendlichen selbst durchgeführt, die zum einen gegen die ursprünglichen Vorstellungen sprechen und zum anderen zu gültigen Vorstellungen überleiten oder sie gar unumstößlich untermauern, so lassen sich die Jugendlichen sicher überzeugen. Zur nachhaltigen Wirkung müssen im späteren Unterricht die neuen Vorstellungen ständig wieder in die Diskussion aufgenommen und wiederholt werden, bei der Auswertung neuer Erscheinungen oder Experimente sind sie stets zur Argumentation zu verwenden und dadurch zu festigen. So akzeptieren die Jugendlichen die neuen Vorstellungen und verankern sie in der Weise in ihrer kognitiven Struktur, dass keine „Kompartments' für alte und neue Vorstellungen unverbunden nebeneinander entstehen, sondern sich im Sinne des Konstruktivismus individuell jeweils erweiterte, integrale kognitive Strukturen entwickeln.

## 3.7 Experimente zu Stoffen und Eigenschaften

### V3.1 Erhitzen eines Kupferbriefs

**Problem:** Dieser Versuch soll exemplarisch zeigen, dass Kupfer nicht die Farbe von rotbraun nach schwarz „wechselt", sondern dass eine schwarze Substanz auf dem Kupferblech immer dann entsteht, wenn die Luft beteiligt ist: Kupfer reagiert mit Sauerstoff aus der Luft zu Kupferoxid. Ist die Luft durch das Falten des Blechbriefs im Inneren des Briefs ausgeschlossen, so bleibt das Kupfer unverändert bzw. zeigt es in der Brennerhitze lediglich Anlauffarben.

**Material:** Tiegelzange, Brenner, Kupferblech

**Durchführung:** Das Stück Blech wird durch Falten halbiert, die offenen Kanten des Briefs werden umgefaltet und mit der Tiegelzange zusammen gedrückt. Der Brief wird 10–20 Sekunden lang in der rauschenden Brennerflamme kräftig erhitzt. Nach dem Abkühlen wird der Brief entfaltet, das Innere und Äußere des Metallblechs verglichen.

**Beobachtung:** Die Außenseite des rotbraunen Metallbriefs wird beim Erhitzen schwarz, beim Entfalten des Briefes bröckelt die schwarze Substanz vom Brief ab und rotbraunes Kupfer kommt zum Vorschein. Innen ist diese schwarze Substanz nicht wahrzunehmen.

**Entsorgung:** Das Kupfer kann für weitere Experimente verwendet werden, wenn das schwarze Kupferoxid vollständig abgekratzt wird.

## V3.2 Erhitzen von Kupfer im Vakuum und an der Luft

**Problem:** Um noch überzeugender die Luft als Reaktionspartner diskutieren zu können, soll Kupfer zunächst im Vakuum – also in Abwesenheit von Luft – erhitzt werden. Erst wenn während des Erhitzens im Vakuum das Kupfer keine Veränderungen zeigt, wird Luft in das noch heiße Reaktionsgefäß hinein gelassen und augenblicklich beobachtet, dass erst dann die Bildung schwarzen Kupferoxids einsetzt.

**Material:** Wasserstrahlpumpe, schwerschmelzbares Reagenzglas mit Seitenrohr und Hahn, Schliffstopfen, Brenner; Kupferblech oder Kupferwolle

**Durchführung:** Das Reagenzglas wird zu einem Drittel mit Kupfer gefüllt, verschlossen und mit der Wasserstrahlpumpe evakuiert. Das Kupfer wird für 20–30 Sekunden stark erhitzt. Der Hahn wird geöffnet, das Kupfer genau beobachtet.

**Beobachtung:** Zunächst ändert sich das Kupfer beim Erhitzen nicht. Sobald die Luft zum heißen Metall tritt, entsteht eine schwarze Substanz: Kupferoxid.

## V3.3 Zersetzen von Silbersulfid oder Silberoxid

**Problem:** Silber ist ein Element und läßt sich deshalb nicht in andere Stoffe zersetzen: „schwarzfarbenes" Silber sollte ebenfalls als Element nicht zersetzbar sein. Nimmt man allerdings die gleiche schwarze Substanz, die das Silberbesteck bedeckt, und erhitzt sie sehr stark, so entwickelt sich ein silbriges Metall und ein stechend riechendes Gas: Silber und Schwefeldioxid. Dieses Experiment zeigt also, dass die schwarze Substanz eine Verbindung ist und Silbersulfid heißt, aus der sich durch kräftiges Erhitzen Silber bilden lässt. Ist anstelle des Silbersulfids das ähnlich schwarze Silberoxid vorhanden, so kann dasselbe Experiment auch mit diesem Oxid durchgeführt werden.

**Material:** Schwerschmelzbares Reagenzglas, Brenner; Silbersulfid oder Silberoxid

**Durchführung:** Eine Spatelspitze der Silberverbindung wird in das Reagenzglas gegeben und mit der rauschenden Flamme des Brenners solange erhitzt, bis sie vollkommen zersetzt ist.

**Beobachtung:** Aus dem schwarzen Pulver entwickelt sich eine silbrig glänzende Metallkugel.

## V3.4 Reaktion von Kupferoxid mit Wasserstoff

**Problem:** Dieser Versuch soll exemplarisch zeigen, dass aus schwarzem Kupferoxid mit Hilfe von Wasserstoff das rotbraun-glänzende Kupfer wiederzugewinnen ist. Es kann allerdings auf der Ebene der Substanzen nicht gedeutet werden, in welcher Form Kupfer in der Verbindung Kupferoxid „enthalten ist". An diesem Beispiel kann die Diskussion „Eigenschaftsträger" versus „neuer Stoff" geführt werden.

**Material:** Verbrennungsrohr mit Stopfen und Ableitungsrohr, Porzellanschiffchen, Reagenzglas; schwarzes Kupferoxid (Drahtform), Wasserstoff

**Durchführung:** Durch das Verbrennungsrohr, in dem sich ein mit Kupferoxid gefülltes Porzellanschiffchen befindet, leitet man Wasserstoff. Nach negativem Ausfall der Knallgasprobe entzündet man den Wasserstoff an dem Ableitungsrohr und erhitzt das Kupferoxid mit einem Brenner. Sobald die Reaktion einsetzt, erkennbar an der Bildung von metallischem Kupfer, kann man den Brenner entfernen. Nach erfolgter Umsetzung lässt man das Reaktionsrohr im Wasserstoffstrom erkalten und unterbricht erst dann die Wasserstoffzufuhr.

**Beobachtung:** Unter Aufglühen entsteht rotbraun-glänzendes Kupfer, im Ableitungsrohr sind deutlich Wassertröpfchen zu sehen.

**Entsorgung:** Das Kupfer kann für weitere Experimente verwendet werden oder es wird im Luftstrom oxidiert, um das Oxid für dasselbe Experiment wieder zu verwenden.

## V3.5 Massenvergleich bei der Verdunstung von Aceton

**Problem:** Verdunsten wird von Schülern oftmals als „Verschwinden" der Substanz gedeutet: „Regenpfützen sind *ver*dunstet". Um zu zeigen, dass auch unterhalb der Siedetemperatur eine Substanz vom flüssigen Aggregatzustand in den gasförmigen Zustand übergeht, soll nach dem Beobachten des Verdunstens auf der Waage der entstehende Dampf mit einem Kolbenprober sichtbar gemacht werden.

**Material:** Analysenwaage mit Display, Uhrglas, Erlenmeyerkolben mit Glasperlen und durchbohrtem Stopfen, Kolbenprober; Aceton

**Durchführung:** Das Uhrglas wird mit einigen Tropfen Aceton versehen und auf die Waagschale gestellt, die Waagenanzeige wird beobachtet. Einige Tropfen Aceton werden in den Erlenmeyerkolben gegeben, der Kolbenprober wird luftdicht angeschlossen, der Erlenmeyerkolben mit den Händen gewärmt und zusammen mit den Glasperlen kräftig geschüttelt.

**Beobachtung:** Die Waagenanzeige zeigt kleiner werdende Massen an, bis die Flüssigkeit vollkommen verdampft ist. Der Kolbenprober füllt sich nach und nach mit einem farblosen Dampf, bis die Flüssigkeit vollkommen verdampft ist und das Gasvolumen schließlich konstant bleibt.

## V3.6 Lösen von Metallen und Nachweis des Rückstandes

**Problem:** Die beliebte Reaktion von Lithium oder Natrium mit Wasser verführt die Schüler zur Aussage, das Metall sei „verschwunden" – wie eine Brausetablette, die sich unter Sprudeln in Wasser auflöst. Zum einen kann während der Reaktion Gas- und Schlierenbildung gezeigt oder die Farbreaktion mit dem Indikator Phenolphthalein demonstriert werden, zum anderen ist es möglich, aus der gebildeten Lösung das feste, weiß-kristalline Natriumhydroxid als Rückstand nach Verdampfen des Wassers zu erhalten.

**Material:** Große Glaswanne, Standzylinder mit Deckglas, Reagenzgläser, Becherglas mit Uhrglas, Pinzette, Messer, Filterpapier; Natrium, Lithium, Phenolphthalein- und Universalindikator-Lösung, Ethanol

**Durchführung:** **a)** Die Glaswanne wird zur Hälfte mit Wasser gefüllt und auf den Tageslichtprojektor gestellt. Ein Stück Natrium wird auf die Wasseroberfläche gebracht, der Weg der Metallkugel genau beobachtet. Das Experiment wird einige Mal wiederholt. **b)** Das Experiment wird mit Lithium durchgeführt. Ein Stück Lithium wird unter die Wasseroberfläche gedrückt und beobachtet. **c)** Der mit Wasser gefüllte Standzylinder wird samt Deckglas umgedreht, in die Glasschale gestellt und unter Wasser geöffnet. Mit der Pinzette wird ein Stück Lithium in den Zylinder hineingegeben (dieser Versuch darf nicht mit Natrium durchgeführt werden). Die Gasentwicklung ist abzuwarten, danach der Zylinder aufzurichten und abzudecken, das entstandene Gas zu entzünden. **d)** Die Lösung aus der Wanne wird im Reagenzglas jeweils mit den Indikatorlösungen geprüft, das Wasser aus einem Teil der Lösung im Becherglas mit aufgesetztem Uhrglas abgedampft.

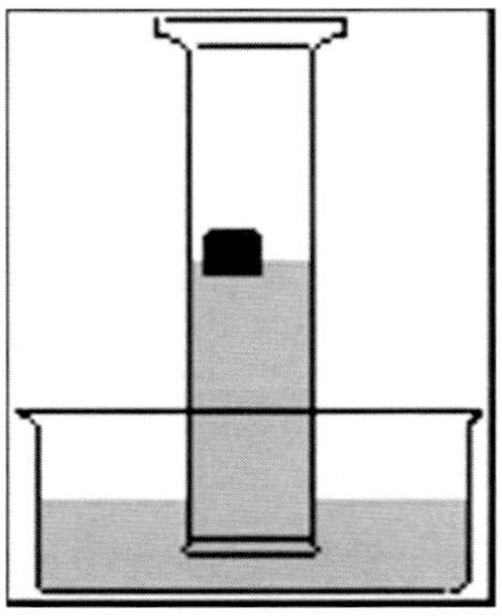

**Beobachtung:** Bei der Reaktion der Metallstücke sind in der Projektion deutlich Schlieren zu sehen, das dabei auftretende Zisch-Geräusch und die Gasbildung sind zu beobachten.

Das bei der Reaktion des Lithiums im Zylinder gebildete farblose Gas brennt an der Luft, dabei ist kurzzeitig eine rot gefärbte Flamme zu sehen. Die angegebenen Indikatoren werden durch die Lösung rot bzw. blau gefärbt. Im Becherglas bleibt eine feste, weiße Substanz zurück.

**Entsorgung:** Die Lösungen sind so verdünnt, dass sie ins Abwasser gegeben werden können. Reste von Natrium oder Lithium sind mit Ethanol im Becherglas umzusetzen.

## V3.7 Vergleich von Benzin und einer Lösung von Fett in Benzin

**Problem:** Beim „Entfernen" von Fettflecken aus der Kleidung „verschwindet" in der Schülervorstellung das Fett: „es ist weg". Um das Fleckentfernen auf den Löseprozeß von Fett in Benzin zurückzuführen, soll deutlich gemacht werden, dass das Lösemittel rückstandsfrei verdampft, aber beim Verdampfen einer Fettlösung ein Fettfleck zurückbleibt.

**Material:** Leichtbenzin, Lösung von Olivenöl in Leichtbenzin, Filterpapier

**Durchführung:** Einige Tropfen Benzin werden auf ein Filterpapier gegeben, einige Tropfen Fettlösung zur gleichen Zeit auf ein zweites Filterpapier. Beide Papiere werden beobachtet.

**Beobachtung:** Der Fleck des reinen Lösungsmittels wird immer kleiner und ist schließlich nicht mehr zu sehen, der Fleck der Lösung wird ebenfalls kleiner, es bleibt aber deutlich sichtbar ein Fettfleck zurück.

## V3.8 Verbrennung von Metallen auf der Waage

**Problem:** Aufgrund der Alltagserfahrungen glauben Schüler beim Verbrennen von Spiritus, Papier oder Kerzen an einen „Masseverlust" bzw. an das „Leichterwerden" der verbrennenden Stoffe. Am Beispiel von Metallumsetzungen an Luft soll nun mit einer Waage die Masse entstehender Produkte demonstriert werden: feste Metalloxide entstehen, Metallportionen werden um den Anteil des reagierenden Sauerstoffs schwerer. Diese experimentelle Möglichkeit gibt es, sobald bei Reaktionen mit Sauerstoff feste Stoffe entstehen: Metalloxide, Phosphoroxid.

Werden Gase gebildet wie im Falle der Oxidation von Kohlenstoff oder Schwefel, so müssen die gasförmigen Reaktionsprodukte zunächst an feste oder flüssige Substanzen absorbiert werden, ehe eine entsprechende Wägung möglich ist. Im nächsten Experiment (V3.9) wird diese Fragestellung untersucht.

Damit nach der Diskussion um das „Schwererwerden" in offenen Experimentiersystemen auch der Satz von der Erhaltung der Massen bei Reaktionen ins Spiel kommen kann, wird die Metallreaktion noch einmal in einer abgeschlossenen Apparatur wiederholt und mit der in offenen Apparaturen verglichen.

**Material:** Balkenwaage, Digitalwaage, Porzellantiegel mit Deckel, Reagenzglas, Luftballon; Eisenwolle, Magnesiumband

**Durchführung:** **a)** Die auf der einen Seite einer austarierten Balkenwaage hängende Eisenwolle wird entzündet; gegebenenfalls bläst man leicht gegen die Eisenwolle, um die Reaktion zu beschleunigen und das Glühen besser zu sehen. Die Farbe des Reaktionsproduktes wird festgestellt. **b)** Im Porzellantiegel wird eine Rolle von etwa 10 cm Magnesiumband genau gewogen. Der Tiegel wird mit der rauschenden Brennerflamme stark erhitzt und das Magnesium entzündet, während der Reaktion wird der Tiegel abgedeckt. Der erkaltete Tiegel wird nochmals gewogen. **c)** Das Reagenzglas wird zur Hälfte mit Eisenwolle gefüllt, mit dem Luftballon abgeschlossen und gewogen. Nach Reaktion des Eisens durch Erhitzen des Glases und nach dem Abkühlen wird erneut gewogen.

**Beobachtung:** Der Waagbalken mit der rotglühenden Eisenwolle senkt sich nach unten, aus dem grau glänzenden Metall ist eine schwarze Substanz geworden. Aus dem Magnesium bildet sich unter hellem Aufglühen ein weißes Verbrennungsprodukt, die Waage zeigt nachher eine größere Masse an als vorher.

Das mit dem Luftballon abgeschlossene Reagenzglas wiegt vor und nach der Reaktion genau gleich viel.

**Hinweis:** Beim Zerteilen des Produkts nach der Verbrennung des Magnesiums wird auch eine grüne Substanz sichtbar: Magnesiumnitrid. In der sehr heißen Flamme reagiert das Metall auch mit dem Stickstoff der Luft. Tropft man Wasser auf das Magnesiumnitrid, so reagiert es zu Magnesiumhydroxid und stark riechendem Ammoniakgas.

## V3.9 Brennende Kerze auf der Waage

**Problem:** Die Massenzunahme bei der Verbrennung von Metallen und das Entstehen fester Metalloxide verstehen Schüler, werden aber einwenden, dass das für Spiritus, Papier oder Kerzen nicht gelten kann. Um die Schüler auch für diese Fälle zu überzeugen, soll eine Kerze auf der Waage verbrennen, nur müssen Kohlenstoffdioxid und Wasserdampf als nicht sichtbare gasförmige Verbrennungsprodukte gebunden werden – etwa durch Natronkalk, einem Gemisch aus Natriumhydroxid und Calciumoxid. In der Vorrichtung dafür (siehe Bild) werden die Verbrennungsgase absorbiert: deren Masse ist durch den gebundenen Sauerstoffanteil größer als die des Kerzenmaterials vorher. In Vorversuchen soll das Brennen von Kerzen oder Teelichtern sehr genau beobachtet werden.

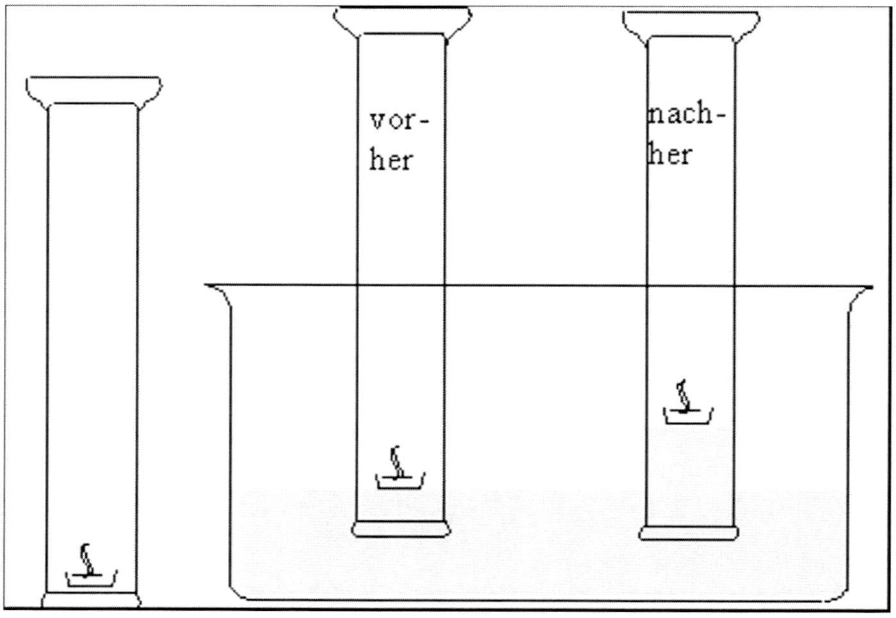

**Material:** Glasschale, Standzylinder mit Deckglas, Becherglas, Digitalwaage mit Display, Glasrohr mit Metallnetz, Bügel und Trichter (Bild); Natronkalk (es kann auch Natriumhydroxid verwendet werden), Teelicht, Kalkwasser

**Durchführung: a)** Ein Teelicht wird entzündet und das Becherglas darüber gestülpt. Das Experiment wird mit dem Standzylinder wiederholt, nach dem Erlöschen der Kerze Kalkwasser hinein gegeben, mit dem Deckglas verschlossen, geschüttelt. **b)** Über ein brennendes Teelicht, das in der Glasschale auf Wasser schwimmt, wird der Standzylinder gestülpt. **c)** Der obere Teil des Glasrohrs (siehe Bild) wird so locker mit Natronkalk gefüllt, dass entstehende Gase durch die Natronkalkstücke hindurchströmen können.

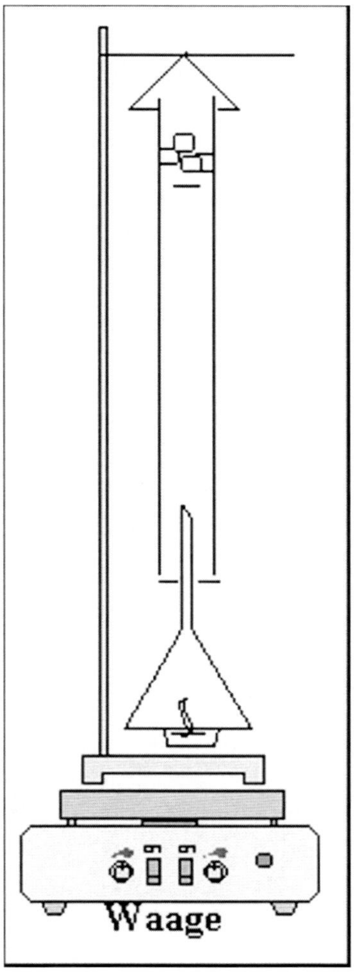

Der Glaszylinder wird mit Aufhängevorrichtung auf die Waage gestellt und die Kerze entzündet. Die Anzeige der Masse wird beobachtet. Kommt es im Glaszylinder zur Rauchentwicklung (zu dichte Packung des Absorptionsmittels!), muß der Versuch mit weniger Natronkalk wiederholt werden.

**Beobachtung: a)** Im Becherglas bildet sich kurzzeitig ein Beschlag: Kondensation von Wasserdampf zu Wasser. Das Teelicht geht nach kurzer Zeit aus. Auch im Standzylinder erlischt die Kerzenflamme, Kalkwasser wird beim Schütteln milchig: farbloses Kohlenstoffdioxidgas hat sich gebildet. **b)** Im Standzylinder in der Glasschale erlischt die Kerzenflamme ebenfalls, gleichzeitig steigt der Wasserspiegel nach oben. **c)** Die Messwerte der Waage mit der brennenden Kerze steigen bis zu 200 mg Differenz an: die Gesamtmasse von gebildetem Wasserdampf und Kohlenstoffdioxid ist größer als die entsprechende Kerzenportion vorher.

**Hinweis:** Das Ansteigen des Wasserspiegels im Zylinder nach dem Erlöschen der Kerzenflamme ist sachgerecht nicht mit dem „Verbrauch“ von Sauerstoff zu erklären, weil entsprechende Volumina von Wasserdampf und Kohlenstoffdioxid entstehen. Die Kondensation von Wasserdampf und die Verkleinerung des Gasvolumens durch das Abkühlen des Gases nach Erlöschen der Flamme sind für den Anstieg des Wassers verantwortlich.

## V3.10 Reaktion von Kohlenstoffdioxid mit Magnesium

**Problem:** Die Schüler akzeptieren zunächst, dass aus festen Metalloxiden die entsprechenden Metalle wiederzugewinnen sind. Allerdings können sie sich nicht vorstellen, dass aus dem farblosen Gas Kohlenstoffdioxid der Kohlenstoff als schwarzer Feststoff zu entbinden ist. Um sie davon zu überzeugen, wird in das Kohlenstoffdioxidgas ein Stück brennendes Magnesiumband getaucht.

**Material:** Standzylinder mit Deckglas, Tiegelzange; Magnesiumband, Kohlenstoffdioxid, Sand

**Durchführung:** In den Standzylinder wird zum Schutz des Zylinderbodens eine 1 cm hohe Schicht von Sand gegeben. Der Zylinder wird durch Verdrängen der Luft mit Kohlenstoffdioxid gefüllt und abgedeckt. Ein etwa 10 cm langes Band von Magnesium ist mit Hilfe einer Tiegelzange zu entzünden und tief in den Zylinder zu tauchen (nicht die Glaswand berühren!).

**Beobachtung:** Die Flamme erlischt nicht, sondern brennt knatternd weiter. An der Innenseite des Zylinders sind schwarze Punkte zu beobachten:

beim Abwischen mit einem Finger erweisen sie sich als Ruß und können Papier schwarz färben.

## V3.11 Dichte von Luft und Kohlenstoffdioxid

**Problem:** Schülern ist die Existenz der Lufthülle unserer Erde sicher bekannt, in viel geringerem Maße identifizieren sie jedoch die Luft als einen raumerfüllenden Stoff oder als ein Stoffgemisch mit einer charakteristischen und messbaren Dichte als Stoffeigenschaft. Diese Dichte soll bestimmt und mit der eines anderen Gases vergleichen werden. Die Dichte der Luft und deren Abnahme mit der Höhe über dem Meeresspiegel kann ebenfalls im Zusammenhang mit dem Luftdruck diskutiert werden.

**Material:** Analysenwaage, Glaskugel mit Hahn, Kolbenprober, Wasserstrahlpumpe, Schlauch; Kohlenstoffdioxid

**Durchführung:** Der Kolbenprober wird genau mit 100 mL Luft gefüllt und verschlossen. Die Glaskugel wird mit der Pumpe evakuiert und genau gewogen. Der Kolbenprober wird angeschlossen, die Luftportion wird durch Öffnen der Hähne in die Glaskugel überführt. Sie wird erneut gewogen. Aus der Massendifferenz und dem vorgegebenen Volumen ist die Dichte der Luft zu berechnen. Das Experiment ist mit Kohlenstoffdioxid zu wiederholen.

**Beoachtung:** 100 mL Luft wiegen 0,13 g, 100 mL Kohlenstoffdioxid 0,2 g. Die Dichten errechnen sich zu 1,3 g/L (Tabellenwert 1,29 g/L) bzw. zu 2,0 g/L (Tabellenwert 1,97 g/L).

**Hinweis:** Das Experiment kann auch mit Hilfe einer leeren Kunststoffflasche (Aquadest-Flasche) mit Stopfen und Hahn durchgeführt werden: Die Flasche wird genau gewogen, die Portion von 100 mL Gas mit dem Kolbenprober hineingepumpt und die Flasche erneut gewogen.

## V3.12 Eigenschaften von Wasserstoff und anderen farblosen Gasen

**Problem:** Schüler identifizieren farblose Gase meist unkritisch mit der Luft. Es sind aus diesem Grund einige farblose Gase und entsprechende Nachweisreaktionen vorzustellen, die deutlich die Unterschiede in den Eigenschaften verschiedener Gase hervorheben. Insbesondere für das Gas Kohlenstoffdioxid ist hervorzuheben, dass aufgrund seiner hohen Dichte tödliche Unfälle passieren: das etwa bei der Gärung entstehende Gas füllt den Weinkeller und lässt Mensch oder Tier durch Sauerstoffmangel darin umkommen, wenn nicht mit einem brennenden Kerzenlicht der Sauerstoffanteil getestet wird.

Da die Eigenschaften des Wasserstoffs und die Gefahr durch die Explosion von Wasserstoff-Sauerstoff-Gemischen für Schüler neu sind, sollen diese Sachverhalte detailliert demonstriert werden.

**Material:** 5 Standzylinder mit Deckglas, Holzspan, Luftballon, Verbrennungslöffel, Glasrohr, Becherglas, leere Konservenbüchse mit konzentrischem Loch von etwa 1 mm Durchmesser; Sauerstoff, Stickstoff, Kohlenstoffdioxid, Wasserstoff, Butan (Kartusche), Teelicht, Kalkwasser

**Durchführung:** Die Gase werden durch Luftverdrängung in die Zylinder gefüllt, abgedeckt und gekennzeichnet. In alle Zylinder wird zunächst ein brennender Holzspan getaucht, danach ein nur noch glimmender Holzspan. Zur Unterscheidung von Stickstoff und Kohlenstoffdioxid können die Gase beider Zylinder auch in ein Becherglas entleert werden, das ein brennendes Teelicht enthält. Sie werden zur Unterscheidung ebenfalls mit Kalkwasser versetzt und bei aufgesetztem Deckglas geschüttelt.

**Beobachtung:** In Sauerstoff brennt der Span sehr hell, ein nur glimmender Span entzündet sich (Glimmspanprobe). In Stickstoff und Kohlenstoffdioxid gehen sowohl Flamme als auch Glimmspan aus, Kohlenstoffdioxid kann durch seine große Dichte eine im Becherglas brennende Kerze auslöschen, fällt aus dem farblosen Kalkwasser einen weißen Stoff milchig aus (Kalkwasserprobe). Wasserstoff entzündet sich mit einem Knall und brennt mit farbloser Flamme, ein Beschlag aus Wassertröpfchen ist kurz zu beobachten. Butan entzündet sich und brennt ruhig mit gelber Flamme.

**Durchführung weiterer Wasserstoff-Experimente: a)** Ein Luftballon wird mit Wasserstoff gefüllt, er wird am Mundstück zugebunden und losgelassen. **b)** Eine Kerze, die am Verbrennungslöffel befestigt ist, wird dem Luftballon genähert, bis Reaktion einsetzt (Knall!!!). **c)** Aus der Stahlflasche strömender Wasserstoff wird an einem Glasrohr entzündet, eine kleine Flamme eingestellt und ein trockenes Becherglas darüber gehalten. **d)** In einen umgekehrt aufgehängten Standzylinder wird durch Luftverdrängung Wasserstoff gefüllt, eine brennende Kerze eingeführt, die an einem Verbrennungslöffel befestigt ist. Die Kerze wird langsam herausgezogen und wieder hineingeführt, dasselbe mehrere Male wiederholt. **e)** Ein Zylinder wird mit Wasserstoff gefüllt (Öffnung nach unten!), ein gleich großer mit Luft gefüllter mit der Öffnung nach oben daruntergesetzt, beide

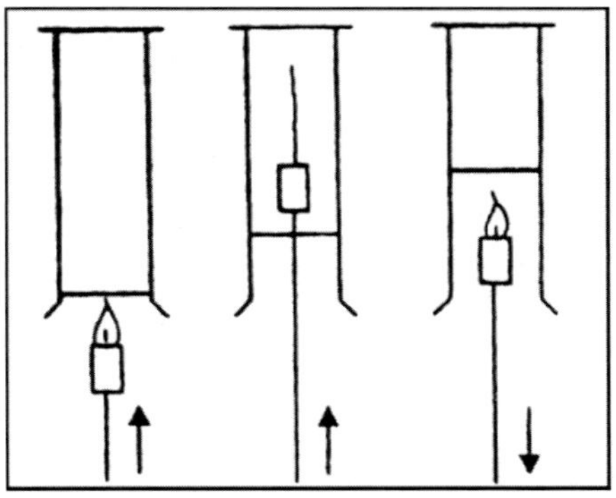

Gase werden durch Drehen gemischt. Sie werden mit Deckgläsern voneinander getrennt und mit dem brennenden Holzspan geprüft (pfeifender Knall!). **f)** Die Blechbüchse mit Loch wird mit der Dosenöffnung nach unten aufgestellt und durch Luftverdrängung mit Wasserstoff gefüllt.

Das Gas ist an dem zentrischen Loch zu entzünden: Vorsicht, lauter Knall nach etwa 20 Sekunden.

**Beobachtung: a)** Der Luftballon steigt sofort nach oben, **b)** der Ballon platzt, das Gas verbrennt als heller Feuerball, **c)** der reine Wasserstoff verbrennt ganz ruhig, das Becherglas beschlägt, **d)** die Kerze geht im Zylinder aus, entzündet sich aber jeweils erneut, wenn sie herausgezogen wird, **e)** das Gemisch von Wasserstoff und Luft verbrennt sehr schnell unter lautem Knall (Knallgas!), **f)** der Wasserstoff verbrennt zunächst vollkommen ruhig (man kann Papier zur Kontrolle über das Loch halten: es entzündet sich), nach etwa 20–30 s ist ein leises Sirren zu hören und kurz danach ein heftiger Knall (Zuschauer darauf hinweisen!): das Knallgas-Gemisch verbrennt sehr schnell.

## V3.13 Zusammensetzung der Luft

**Problem:** Die Schüler benutzen aus der Alltagssprache die Begriffe „gute Luft“ und „verbrauchte Luft“, stellen sich dabei aber nicht den Sauerstoffgehalt der Luft vor. Es ist deshalb schon aus diesem Grund wichtig, Experimente zur Zusammensetzung der Luft durchzuführen. Zur Frage, warum man entweder ein Metall oder Phosphor verwendet, ist zu erläutern, dass in diesen Fällen ein Feststoff entsteht, der den Sauerstoff der Luft bindet und ihn somit aus dem Luftvolumen entzieht. Beim Einsatz etwa von Kohlenstoff oder Schwefel entstünden Gase in Mengen, die dem Sauerstoffvolumen entsprechen.

**Material:** Zwei 100 mL-Kolbenprober, Verbrennungsrohr, Glaswanne, kleiner Standzylinder mit Deckglas, Holzspan, Glasglocke, Verbrennungslöffel mit Stopfen, Lineal; Eisenwolle, Phosphor

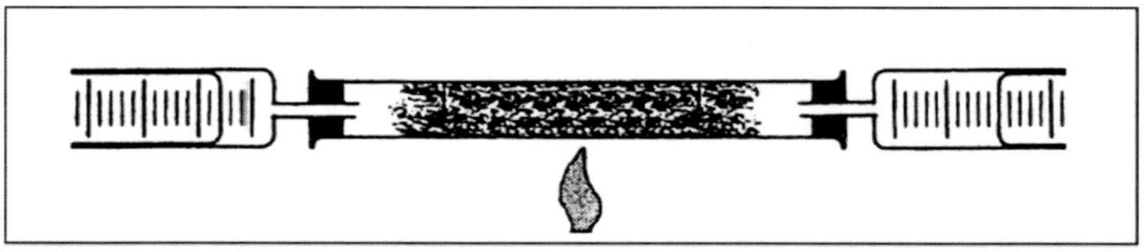

**Durchführung: a)** Eine Verbrennungsapparatur wird aufgebaut (siehe Bild). Die eingeschlossene Luftportion von 100 mL wird mehrmals über die erhitzte Eisenwolle geschoben und das Volumen des erkalteten Restgases bestimmt. Das Restgas wird im kleinen Zylinder pneumatisch aufgefangen und mit einem brennenden Holzspan geprüft. **b)** Die Glasglocke befindet sich im Sperrwasser der Glaswanne (siehe Bild). Eine kleine Portion Phosphor wird mit einem Verbrennungslöffel aufgenommen, der durch einen passenden Stopfen gestochen worden ist. Der Phosphor wird entzündet, in die Glocke eingeführt und diese mit dem Stopfen verschlossen. Der Anstieg des Flüssigkeitsspiegels in der Glasglocke wird beobachtet, der verbleibende Anteil an Restgas abgeschätzt (Lineal).

**Beobachtung: a)** Die Eisenwolle glüht auf und wird zu einem schwarzen Produkt, das Gasvolumen verringert sich auf etwa 80 mL, dieses Restgas erstickt einen brennenden Holzspan. **b)** Der Phosphor brennt einige Zeit weiter unter Bildung eines weißen Rauches, die Flamme erlischt, der Wasserspiegel in der Glasglocke steigt an, das Volumen des Restgases beträgt etwa 80 Vol% des Anfangsvolumens. Durch Schütteln löst sich der weiße Rauch in dem Sperrwasser.

**Hinweis:** Die Lösung des Phosphoroxids in Wasser kann mit Indikatorlösung oder mit Indikatorpapier geprüft werden: saure Reaktion der entstandenen Phosphorsäure-Lösung.

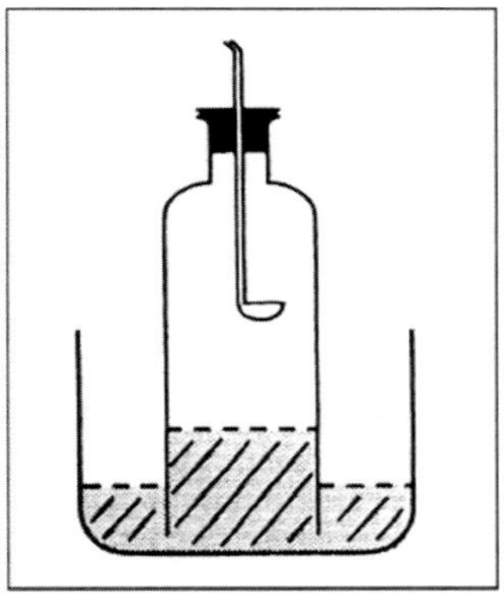

## V3.14 Kondensation von Butangas unter Druck

**Problem:** Schüler kennen Butan-Feuerzeuge und den Begriff „Flüssiggas". Vielleicht haben sie bei einem durchsichtigen Feuerzeug einmal die flüssige Butanphase und die darüber befindliche gasförmige Butanphase beobachtet: trotz solcher Beobachtungen bleibt der Begriff „Flüssiggas" meist in der Vorstellung bestehen und soll durch folgendes Experiment reflektiert werden. Das Experiment zeigt zusätzlich die stofflichen Eigenschaften dieses Gases: es kann durch Druck kondensiert und damit zur sichtbaren Flüssigkeit mit spezifischer Siedetemperatur werden.

**Material:** Gasverflüssigungspumpe, Schlauch, Butanbrenner; Butan (aus der Kartusche des Butanbrenners)

**Durchführung:** Die Pumpe wird geöffnet und durch Luftverdrängung mit Butan aus der Kartusche gefüllt (Schlauch benutzen). Der Kolben wird aufgesetzt, mit kräftigem Druck in die Hülse gepreßt und arretiert. Die Arretierung wird wieder gelöst und der Kolben beobachtet. Dieser Vorgang kann beliebig oft wiederholt werden.

**Beobachtung:** Beim Zusammendrücken des Gases bildet sich ein großer Tropfen Flüssigkeit, das Gasvolumen beträgt nur noch etwa ein Zehntel. Wird die Arretierung gelöst, so bewegt sich der Kolben aus der Hülse heraus, der Flüssigkeitstropfen verschwindet vollkommen, dasselbe Gasvolumen wie zuvor ist festzustellen.

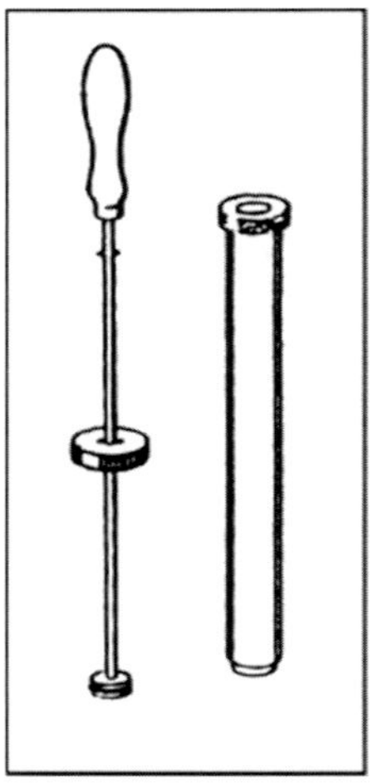

**Hinweis:** Berührt man nach Lösen der Kolben-Arretierung mit der Hand die Hülse dort, wo sich das flüssige Butan befindet, dann spürt man deutlich die Verdunstungskälte der verdampfenden Substanz.

## Literatur


1. Barke, H.-D.: Schülervorstellungen. In: Barke, H.-D., Harsch, G.: Chemiedidaktik Heute. Heidelberg 2001 (Springer)
2. Püttschneider, M., Lück, G.: Die Rolle des Animismus bei der Vermittlung chemischer Sachverhalte. CHEMKON 11 (2004), 167
3. Schlöpke, W.-I.: Alchimistisches Denken und Schülervorstellungen über Stoffe und Reaktionen. Chim.did. 17 (1991), 5
4. Barker, V.: Beyond Appearences: Students' misconceptions about basic chemical ideas. London 2000 (Royal Society of Chemistry)
5. Pfundt, H.: Ursprüngliche Vorstellungen der Schüler für chemische Vorgänge. MNU 28 (1975), 157
6. Barke, H.-D.: Strukturorientierter Chemieunterricht und Teilchenverknüpfungsregeln.Chem.Sch. 42 (1995), 49
7. Driver, R.: Children's Ideas In Science. Philadelphia 1985
8. Münch, R., u. A.: Luft und Gewicht. NiU-P/C 30 (1982), 429
9. Weerda, J.: Zur Entwicklung des Gasbegriffs beim Kinde. NiU-P/C 29 (1981), 90
10. Voss, D.: Der Gasbegriff in den Vorstellungen der Schüler und Schülerinnen. Staatsexamensarbeit. Münster 1998

# 4 Teilchenkonzept

Das Teilchenkonzept beinhaltet für den Chemieunterricht grundsätzliche Schwierigkeiten. Zum einen ist der einfache Teilchenbegriff üblich, der jedem Reinstoff ein kleinstes Teilchen zuordnet und als Modell etwa eine Kugel vorsieht: z. B. für Wasser-Teilchen oder Zucker-Teilchen. Zum anderen ist das Teilchen Oberbegriff für die Teilchenarten Atome, Ionen und Moleküle: es ist nur aus dem Zusammenhang zu ermitteln, welcher Teilchen-Begriff jeweils gemeint ist.

Weiterhin sollen Schüler und Schülerinnen gleichzeitig mit der Modellvorstellung, dass Materie aus kleinsten Teilchen besteht, den allgemeinen naturwissenschaftlichen Modellbegriff kennenlernen und möglichst verstehen. Leider hat dieser allgemeine Modellbegriff wenig mit den allseits bekannten Auto- oder Flugzeugmodellen, mit Puppen oder Stofftieren zu tun. Für diese Modelle gibt es Originale, die vom Modellbauer je nach subjektivem Interesse im Kleinformat nachgebaut werden: der eine Modellbauer legt wert auf sich drehende Reifen bei seinem Automodell, der andere nicht, er modelliert dafür die Fenster des Autos aus Plexiglas.

**Hauptmerkmale des allgemeinen Modellbegriffs.** Nach einer empirischen Analyse des Modellbegriffs unterscheidet STACHOWIAK [1] drei grundsätzliche Merkmale.

| | |
|---|---|
| *Abbildungsmerkmal*: | „Modelle sind stets Modelle von etwas, nämlich Abbildungen und damit Repräsentationen gewisser natürlicher oder künstlicher Originale". |
| *Verkürzungsmerkmal*: | „Modelle erfassen nicht alle Eigenschaften des durch sie repräsentierten Originalsystems, sondern nur solche, die den jeweiligen Modellerschaffern und -benutzern relevant scheinen". |
| *Subjektivierungsmerkmal*: | „Modelle erfüllen ihre Repräsentations- und Ersetzungsfunktion immer nur für bestimmte Subjekte unter Einschränkung auf bestimmte gedankliche oder tatsächliche Operationen und innerhalb bestimmter Zeitspannen". |

**Merkmale des naturwissenschaftlichen Modellbegriffs.** STEINBUCH [2] stellt ein Schema vor, an dem man den naturwissenschaftlichen Erkenntnisprozess nachvollziehen kann (vgl. Abb. 4.1): „Irgendein komplexer Sachverhalt der *Realität*, ein **Original**, wird durch Vermittlung der Wahrnehmung in ein *abstraktes* Modell, ein **Denkmodell** abgebildet, in dem nur das ‚Wesentliche' benutzt wird, das im gegebenen Zusammenhang Relevante. Diesem werden hierzu gewisse Informationen, zum Beispiel allgemein anerkannte Gesetze der Logik oder Physik, hinzugefügt. Es steht damit dem *Bewußtsein* ein Denkmodell für zukünftige Denkprozesse zur Verfügung. Dieses abstrakte Denkmodell kann zwecks Veranschaulichung in die Realität zurück projiziert werden durch den Bau *konkreter* **Anschauungsmodelle**. Diese enthalten aber unvermeidbar irrelevantes Beiwerk, also solches, das das darzustellende Denkmodell nicht enthält" [2].

Dieses „Denken in Modellen" lässt sich beispielsweise auf den Erkenntnisweg des Max von Laue übertragen, der 1912 die Strukturtheorie zum Bau der Kristallgitter bestätigte und damit die Voraussetzungen zur Röntgenstrukturanalyse schuf [3]. Das Interferenzmuster, das durch Interferenz und Beugung des ausgeblendeten Röntgenstrahls am Salzkristall entsteht, sei das Original (vgl. Abb. 4.2): es werde als das Wesentliche durch das „Sieb" hindurch gelassen.

Interferenzen von Licht an zweidimensionalen Beugungsgittern und deren Berechnungen sind zu Zeiten Laues bekannt: *Zusatzinformationen*. Sie werden den Berechnungen dreidimensionaler Beugungsgitter zugrunde gelegt – es resultiert als Ergebnis eine Modellvorstellung für den räumlich symmetrischen Aufbau des Kristalls aus Teilchen, die als Beugungszentren für den Röntgenstrahl wirken: *abstraktes Denkmodell*. Man verwendet schließlich zur Veranschaulichung des Denkmodells irrelevante Zutaten wie Kugeln, Stäbe und Klebstoff, um konkrete Kugelpackungs- oder Raumgittermodelle zu konstruieren: *Anschauungsmodelle*.

Dieser wissenschaftliche Weg eines Experten von **„links nach rechts"** durch das Schema ist für einen Novizen, der mit dem Modelldenken erst beginnen will, nicht gangbar. Jugendliche in der Schule sind nach Vorstellen des Phänomens oder Originals in der Modellentwicklung vielmehr von **„rechts nach links"** zu führen: Am Beginn müssen Anschauungsmodelle stehen, um davon ausgehend Denkmodelle „im Kopf" zu entwickeln und erfolgreich zu ersten angemessenen Modellvorstellungen zum Aufbau der Materie zu gelangen. Beispielsweise mögen für die Struktur eines Kochsalzkristalls zunächst Kugelpackungsmodelle vorgestellt und diskutiert werden: das Material und die Farben der Kugeln, Klebstoff und Lücken in der Packung sollen als irrelevante Zutaten erkannt werden. Erst danach mag das abstraktere Raumgittermodell hinzukommen, das nur noch die

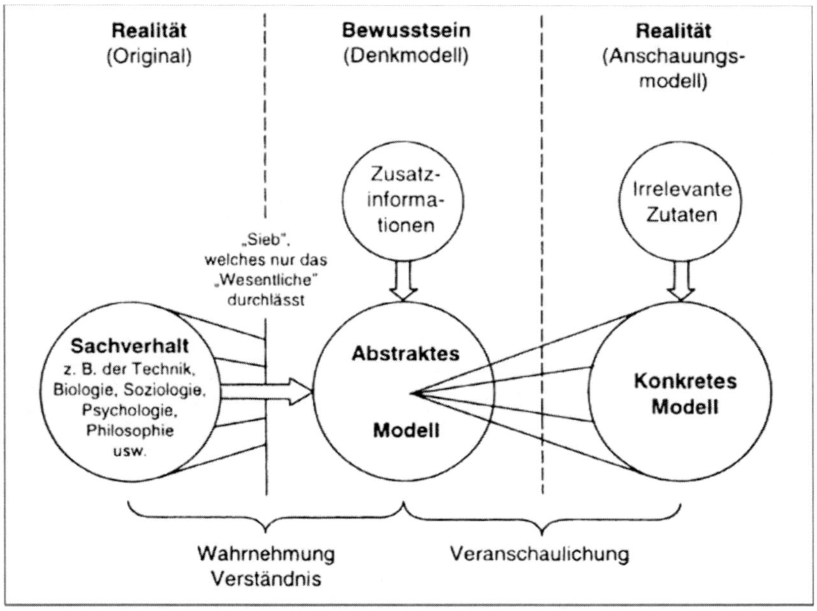


**Abb. 4.1.** Schema „Denken in Modellen" nach STEINBUCH [2]

Positionen der beteiligten Teilchen anzeigt. Durch Diskussion und Vergleich dieser verschiedenen Sachmodelle kann im Bewusstsein des Jugendlichen eine Modellvorstellung von der Anordnung und dem Größenverhältnis der beteiligten Ionen entstehen (vgl. auch [4]).

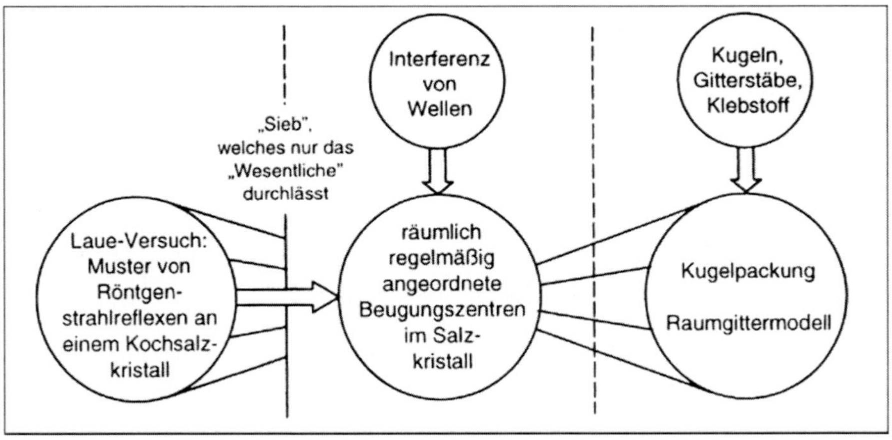


**Abb. 4.2.** Schema „Denken in Modellen", angewendet auf Laues Erkenntnisweg von 1912 [3]

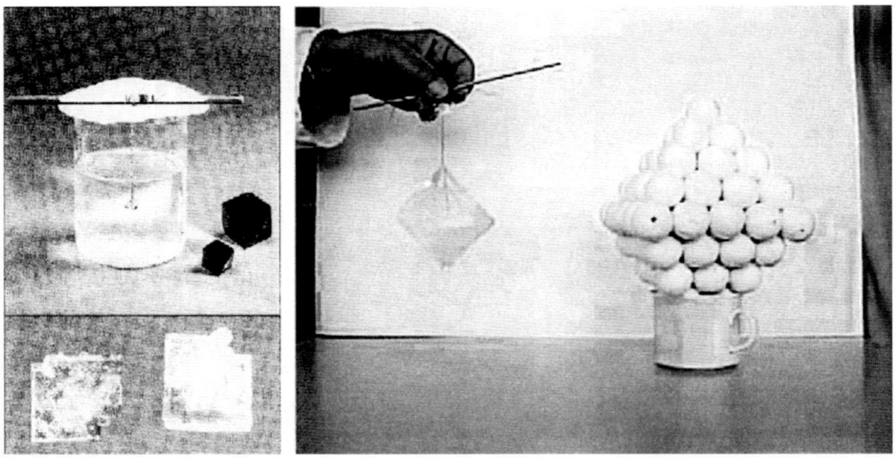

**Abb. 4.3.** Alaunkristall in gesättigter Lösung, Alaunkristall und Anschauungsmodell

## 4.1 Kleinste Teilchen der Materie und Modellbegriff

„Wasser hat keine Teilchen – ein Tropfen lässt sich doch beliebig breit verschmieren", „Magnesium-Teilchen werden bei der Verbrennung vernichtet, Asche bleibt übrig", „Zucker-Teilchen verschwinden beim Auflösen, nur das Wasser schmeckt süß".

Diese Schüleräußerungen nach einigen Stunden des Unterrichts lassen jeden Lehrer daran zweifeln, was er im Unterricht zu den kleinsten Teilchen der Materie wohl falsch macht: die Einführung des Teilchenmodells ist und bleibt eine Schwierigkeit, die in wenigen Unterrichtsstunden nicht gemeistert werden kann. Jugendliche beginnen nur langsam und mühevoll, sich Modellvorstellungen über Teilchen und deren Anordnung zu machen, das erste Denkmodell muss im Kopf erst entwickelt werden, bevor es erfolgreich und konsequent für weitere Fragestellungen zur Anwendung kommen kann. Auch wenn im Chemieunterricht das Teilchenmodell unterrichtet und mit Beispielen vertieft worden ist, soll man nie sicher sein, dass Jugendliche diese Vorstellung akzeptieren und auf jede Art von Materie übertragen. Fast wie zu Zeiten von Aristoteles und Demokrit erhebt sich trotz dieses Unterrichts die Frage nach dem kontinuierlichen oder diskontinuierlichen Aufbau der Materie immer wieder neu und Lernende scheinen kein Problem damit zu haben, dass in einem Fall kleinste Teilchen existieren, im anderen Fall nicht. Wie ist ein diesbezüglicher Unterricht zu optimieren?

**Unterrichtsvorschlag.** Johannes Kepler hat am Beginn des 17. Jahrhunderts die große gedankliche Leistung vollbracht, von der sechseckigen

Form der Schneeflocke aus, die Existenz und Anordnung von Wasser-Teilchen („Dunstkügelchen") zu entwickeln und in Form von Modellzeichnungen vorzuschlagen (vgl. Abb. 1.2). Diese historische Tatsache weist darauf hin, dass ausgehend von Kristallen der gedankliche Weg zu den kleinsten Teilchen der Materie nahe liegt.

Deshalb mag zur Einführung des Teilchenmodells der von den Jugendlichen selbst gezüchtete Alaunkristall stehen (vgl. Abb. 4.3). Sie beobachten zunächst, dass jeder durch Züchtung aus der gesättigten Lösung erhaltene Kristall – ob klein oder groß – dieselbe Oktaederform hat (V4.1). Erstaunt wird dann diskutiert, wie es zu erklären ist, dass der erhaltene Kristall immer gerade Kanten aufweist, immer gleiche Winkel und glatte Flächen entstehen, ohne dass jemand „mit Lineal und Feile den Kristall bearbeitet hat". Vielleicht kommen die Jugendlichen im Gespräch darauf, dass kleinste **Alaun-Teilchen** im Kristall vorliegen, die nicht beliebig anordnet sind, sondern von der Natur immer nach einem bestimmten Bauplan angeordnet werden. Falls die Jugendlichen diesen Vorschlag nicht selbst formulieren, ist die Lehrperson gefordert, das Gespräch in die Richtung dieser Interpretation zu lenken.

Eine Möglichkeit ist es, ein konkretes **Anschauungsmodell** vorzustellen (V4.2) und mit dem Original zu verglichen (vgl. Abb. 4.3). Der Vergleich führt jetzt deutlicher zu dem Zusammenhang, dass es wohl kleinste Teilchen im Alaunkristall gibt, die sich anordnen wie Kugeln in einer Kugelpackung. Es können die Abbildungsmerkmale festgehalten werden, die das Modell zeigt:

1. Originalkristall und Modell weisen dieselbe Oktaederform auf, ebenfalls glatte Kanten, glatte Flächen und konstante Winkel,
2. regelmäßig angeordnete Kugeln im Modell weisen auf eine ähnliche Anordnung der Alaun-Teilchen im Kristall hin, eine Kugel entspricht einem Alaun-Teilchen (s.u.).

Zur Entwicklung einer sachlich angemessenen Vorstellung gehört zusätzlich das Gespräch über **irrelevanten Zutaten** des Modells (vgl. Abb. 4.1): Im abgebildeten Modell bestehen die Kugeln aus weißem Zellstoff, sie können aber auch aus Holz oder Kunststoff sein, weder Material noch Farbe haben mit dem Original zu tun, Material oder Farbe der Kugeln sind irrelevant. Auch der Klebstoff zwischen den Kugeln hat nichts mit dem Kristall zu tun: im Kristall müssen es Anziehungskräfte zwischen den Alaun-Teilchen sein, die den Kristall zusammen halten. Man kann elektrostatische Anziehungskräfte simulieren, indem man einen Kunststoffstab oder eine Overheadfolie mit Wolle reibt und Papierschnitzel damit berührt

(V4.3): sie werden durch elektrostatische Aufladung von dem Kunststoff angezogen und bleiben daran hängen.

Um die irrelevanten Zutaten deutlicher werden zu lassen, ist es vorteilhaft, ein zweites Anschauungsmodell zur Hand zu haben, das ein anderes Material für die Kugeln, eine andere Farbe der Kugeln oder einen anderen Klebstoff aufweist. Vielleicht ist es gar möglich, am Computerbildschirm Kugeln systematisch zu stapeln, eine virtuelle Kugelpackung aufzubauen und diese durch Drehung von allen Seiten zu betrachten [4]: eine virtuelle Packung entspricht noch deutlicher einer Modellvorstellung, weil konkrete Materialien oder Klebstoffe nicht verwendet werden.

Das Bild der dichtesten Kugelpackung für den Alaunkristall entspricht einer groben didaktischen Reduktion – der Experte geht von der Substanz Kaliumaluminiumsulfat-Hydrat aus und stellt sich eine dichte Packung hydratisierter Kalium-Ionen vor, deren Oktaeder- und Tetraederlücken mit Aluminium- bzw. mit Sulfat-Ionen gefüllt sind (vgl. auch V4.2). Diese Modellvorstellung mag später hinzukommen und als Erweiterung der vorläufigen Vorstellung unterrichtet werden, wenn der Aufbau der Salze aus Ionen eine Rolle spielt. Trotzdem wird es für legitim gehalten, zunächst „Alaun-Teilchen“ einzuführen und diese verkürzte Modellvorstellung zu wählen.

Wird anstelle der didaktischen Sachmodelle zu einem Alaunkristall ein sachlich zutreffendes Modell erwartet, dann können Experimente zur Kristallisation von Silber aus Silbernitratlösung durch Eintauchen eines Kupferdrahtes gezeigt werden (V4.4), dann kann der Aufbau eines Silberkristalls aus Silber-Teilchen mit dem Modell der kubisch dichtesten Kugelpackung (V4.5) sachlich korrekt beschrieben werden [4].

Eine Erstbegegnung mit dem Teilchenmodell ist auch ausgehend von Modellvorstellungen zu Lösungen möglich – man hat es dann nur sofort mit *zwei* Teilchenarten zu tun. Als Beispiele für diesbezügliche Lösungen eignen sich immer Substanzen, die aus Molekülen aufgebaut sind: Zucker, Wasser, Ethanol, u. a. Salze sind ungeeignet, da sie selbst schon aus wenigstens zwei Ionenarten bestehen und mit dem einfachen Teilchenmodell nicht gut beschreibbar sind.

Ein für Jugendliche bekanntes Beispiel wäre das Lösen von Zucker in Wasser. Spektakulärer ist es allerdings, Iod zu wählen und in Alkohol zu lösen: es entsteht eine braun gefärbte Lösung. Gibt man einen Iodkristall in eine dünne Glaskapillare und taucht sie in Ethanol (V4.6), so fließt ein feiner Strahl der Lösung aus der Kapillare und sinkt aufgrund der Dichte nach unten. Erst nach längerer Zeit verteilt sich das Iod gleichmäßig auf das gesamte Volumen (vgl. Abb. 4.4).

Für ein Modellexperiment werden zwei Sorten von Kugeln verwendet, etwa Erbsen und Reiskörner (V4.7). Reiskörner werden in einer großen Kristallisierschale verteilt, die auf dem Overheadprojektor steht. Einige

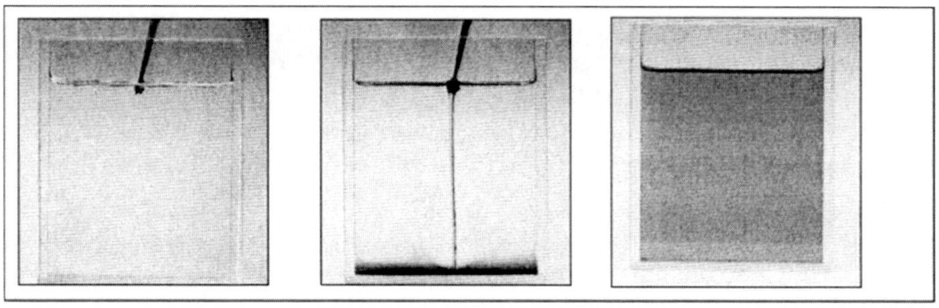

**Abb. 4.4.** Lösen von Iod zu braun gefärbter Ethanol-Lösung [5]

Erbsen werden erst zu einer regelmäßigen Packung in der Schale angeordnet und dann mit den Reiskörnern zusammen geschüttelt: sich ständig bewegende, miteinander vermischte Kugeln zweier Sorten modellieren die Iod-Lösung. Die Merkmale des Modells werden diskutiert: eine Erbse entspricht einem Iod-Teilchen, ein Reiskorn einem Ethanol-Teilchen. Die irrelevanten Zutaten werden hervorgehoben: weder die Farbe, noch die Form entsprechen der Wirklichkeit, die Bewegung der Glasschale mit der Hand ist irrelevant, da die Teilchen in der Lösung sich ständig und selbständig bewegen. Das Modellexperiment wird durch Modellzeichnungen vertieft und damit verglichen (vgl. Abb. 4.5).

Bei solchen Einführungen in das Teilchenmodell gelangen die Jugendlichen von ersten Sachmodellen zu Modellvorstellungen in ihrem Bewusstsein: sie werden im Diagramm nach Steinbuch von „rechts nach links" geführt (vgl. Abb. 4.1). Liegt ein erstes Denkmodell zum Aufbau von Kristallen oder Lösungen vor, sind für den folgenden Unterricht Experimente und Phänomene auszuwählen, die zur Interpretation mit dem Teilchenmodell geeignet sind: Änderungen der Aggregatzustände, weitere Lösungsvorgänge, Diffusion, Extraktion, Destillation, u. A.

Chemische Reaktionen der Metalle zu Legierungen oder bestimmter Elemente zu binären Verbindungen können nicht zur Einführung kleinster

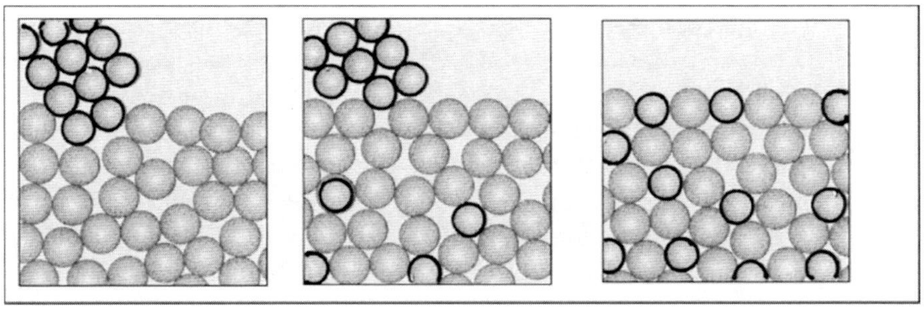

**Abb. 4.5.** Modellvorstellung für das Lösen von Iod in Ethanol [5]

Teilchen dienen – die Synthesen von Wasser, Chlorwasserstoff oder Ammoniak aus den Elementen sind nur sinnvoll durch Modellvorstellungen zu veranschaulichen, wenn das **Daltonsche Atommodell** eingeführt wird und für jedes Element bzw. für jede Atomsorte eine spezifische Kugel als Modell verwendet wird. Die bekannten Molekülbaukästen sind entsprechend dieser Vorgaben konstruiert worden. Die beliebten Redoxreaktionen zur Bildung von Metalloxiden, -sulfiden oder -halogeniden aus den Elementen beanspruchen für die Änderung von Atomen in Ionen sogar ein **differenziertes Atommodell** und sind zur Einführung oder Anwendung des Teilchenbegriffs überhaupt nicht geeignet – die Grenzen des Teilchenmodells würden diesbezüglich weit überschritten [3].

## 4.2 Vorgebildete und nicht vorgebildete Teilchen

„In den Eiskristallen gibt es Teilchen, wenn das Eis schmilzt, sind die Teilchen weg", „Zucker-Teilchen existieren im Kandiskristall, aber nicht in der Zuckerlösung", „Benzin-Teilchen sind im Benzin, wenn Benzin verdunstet, gibt es sie nicht mehr".

Wenn die Jugendlichen in einer Diskussion auch den Teilchenbegriff zunächst akzeptieren, so ergeben sich trotzdem Schwierigkeiten in den Vorstellungen: das Teilchenkonzept wird nicht konsistent angewendet. PFUNDT [6] zeigte das Lösen eines blauen Kupfersulfatkristalls in Wasser und befragte Schüler nach ihren Vorstellungen (vgl. Abb. 4.6).

PFUNDT unterscheidet dabei vorgegebene Antworten nicht nur hinsichtlich eines Kontinuums- oder Diskontinuumskonzepts, sondern auch bezüglich der Möglichkeit, dass Teilchen sich etwa beim Löseprozess erst bilden oder beim Kristallisieren vorhandene Teilchen aus der Lösung wieder zu einem kontinuierlichen Stoff zusammentreten, gewissermaßen „verschmelzen". In diesem Zusammenhang werden sie **„nicht vorgebildete Teilchen"** genannt: sie können entstehen oder wieder verschwinden. Im anderen Fall gibt es für immer existente **„vorgebildete Teilchen"**.

Im Fragebogen kennzeichnet PFUNDT zwei Modelle für einen Salzkristall (vgl. Abb. 4.6): das obere Modell veranschaulicht den kontinuierlich aufgebauten Kristall, das untere Modell einen diskontinuierlich aus Teilchen aufgebauten Kristall. Für den Löseprozess werden drei Modellvorstellungen angeboten und mit Analogien verglichen (von oben nach unten): 1. Ohne jedes Teilchen („wie ein Tropfen Rotkohlbrühe im Wasser verläuft"), 2. durch Entstehen von Teilchen beim Lösen („wie ein Stück Kandis zu Puderzucker zerrieben wird"), 3. durch Trennen vorhandener Teilchen („wie ein Sandklumpen zerfällt").

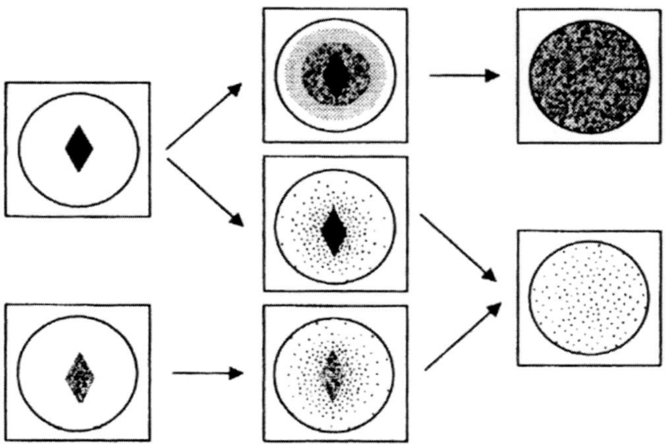

**Interview „Lösung eines Vitriolkristalls"**

Vorgegebene Vergleiche

Wenn sich der Vitriolkristall löst, ist das ähnlich wie wenn

( ) ein Tropfen Rotkohlbrühe im Wasser verläuft,

( ) ein Stück Kandis zu Puderzucker zerrieben wird,

( ) ein Sandklumpen zerfällt?

Vorgegebene Deutungen

( ) Der Vitriolkristall verdünnt sich immer mehr und geht in das Wasser über.

( ) Der Vitriolkristall wird in unzählige, winzige Körnchen zerteilt. Die Körnchen verteilen sich im Wasser.

( ) Der Vitriolkristall ist aus unzähligen, winzigen Körnchen zusammengesetzt. Im Wasser zerfällt er in diese Körnchen. Die Körnchen verteilen sich im Wasser.

**Abb. 4.6.** Fragebogen nach PFUNDT [6] zum Teilchenkonzept für den Lösevorgang

Die Befragungen ergaben, dass Jugendliche der Klassenstufen 7, 8 und 9 überwiegend Antworten zur Kontinuumshypothese wählten oder die Bildung von Teilchen beim Lösen für möglich hielten. Nur wenige Schüler und Schülerinnen kreuzten konsequent Vorstellungen zu vorgebildeten Teilchen an und argumentierten konsequent mit dem Teilchenkonzept.

**Unterrichtsvorschlag.** Man kann mit der Einführung des Teilchenbegriffs im Chemieunterricht warten und zunächst viele Phänomene und Experimente – etwa Oxid- oder Sulfidbildungen aus den Elementen – zeigen, die dann bewusst nicht auf der Ebene der Teilchen interpretiert werden. Wenn der Teilchenbegriff später zu einem ausgewählten Zeitpunkt im Unterricht eingeführt wird, sollte er danach konsequent für viele weitere Sachverhalte eingesetzt und durch unterschiedliche Sachmodelle und Modellzeichnungen vertieft werden.

Ist beispielsweise die dichteste Kugelpackung als Modell für einen Silberkristall eingeführt worden (V4.4 und V4.5), so kann das Schmelzen von Silber daraufhin im Modell simuliert werden: aufgeschichtete Kugeln der Packung werden in ein Becherglas geschüttet und darin bewegt – die Teilchen bleiben beim Schmelzvorgang erhalten. Schichtet man erneut die Kugelpackung auf, so wird deutlich, dass auch beim Kristallisieren des Silbers aus der Schmelze Silber-Teilchen erhalten bleiben: sie „verschmelzen“ nicht im Kristall. In der Ebene können diese Zusammenhänge auch durch bekannte Modellzeichnungen veranschaulicht werden (vgl. Abb. 4.7).

Ebenso ist der Löseprozess von Kristallen in Wasser konsequent mit angemessenen Modellvorstellungen zu interpretieren. Wird als Modell für einen Zuckerkristall die zitierte Kugelpackung angenommen und ein – ständig bewegtes – Becherglas mit anderen Kugeln als Modell für eine Portion Wasser, so liegt es nahe, das Lösen im Modell als ein Vermischen beider Kugelsorten darzustellen (vgl. Abb. 4.5): in der Lösung bleiben sowohl Wasser-Teilchen als auch Zucker-Teilchen erhalten. Beim Verdunsten von Wasser aus der Zuckerlösung entstehen wiederum Zuckerkristalle: Wasser-Teilchen gehen aus der Lösung heraus und vermischen sich mit den Luft-Teilchen, Zucker-Teilchen trennen sich von den Wasser-Teilchen und lagern sich regelmäßig und symmetrisch zu einem Verband vieler Zucker-Teilchen zusammen.

Weitere Experimente und Modellzeichnungen müssen folgen, etwa die zu beobachtende Verteilung eines Parfums im Raum und die Interpretation mit der Vermischung von sich ständig bewegenden Parfum-Teilchen und

| **Aggregatzustand** | **fest** | **flüssig** | **gasförmig** |
|---|---|---|---|
| **Ordnung der Teilchen** | regelmäßige Anordnung | unregelmäßige Anordnung | völlig ungeordnet |
| **Abstand zwischen den Teilchen** | Teilchen berühren sich. | Teilchen berühren sich. | Abstand sehr groß |
| **Teilchenbewegung** | Teilchen schwingen auf ihren Plätzen. | Teilchen wechseln ihre Plätze. | sehr schnell, ständige Zusammenstöße |
| **Anziehungskräfte zwischen den Teilchen** | wirken sehr stark | wirken stark | sind nicht wirksam |
| **Darstellung im Modell** | | | |

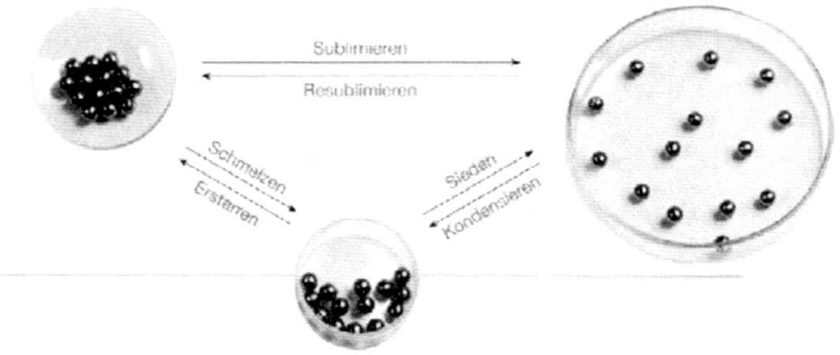


**Abb. 4.7.** Anschauungsmodelle für die drei Aggregatzustände [5]

Luft-Teilchen, oder das Entstehen von Schnee und Raureif bei Wintertemperaturen unter 0°C und die Interpretation durch Wasser-Teilchen, die sich – aus dem Gemisch mit den Teilchen der Luft kommend – zu einem Teilchenverband zusammensetzen.

Entsprechende Modellzeichnungen sollten die Jugendlichen an der Tafel sehen und in ihr Heft übertragen: sie konstruieren dabei ihre eigene Modellvorstellung im Kopf. Aus Sachmodellen auf dem Lehrertisch oder an der Tafel werden Denkmodelle im Bewußtsein (vgl. Abb. 4.1), das Teilchenmodell wird zum festen, immer wieder abrufbaren Bestandteil des Bewußtseins!

## 4.3 Kleinste Teilchen als Stoffportionen

„Schwefel-Teilchen sind gelb", „Zucker-Teilchen sind süß", „Wasser ist flüssig und besteht aus flüssigen Teilchen", „Eis-Teilchen sind fest", „Kohlenstoff-Teilchen brennen im Grillfeuer, sie verglühen und werden zu Asche", „Kleinste Kupfer-Teilchen sind die kleinst möglichen Kupferportionen".

Diese und ähnliche Äußerungen sind von Jugendlichen zu erwarten, wenn sie erste Modellvorstellungen erworben haben, aber in sprachlichen Umschreibungen naturgemäß noch unsicher sind: sie vermengen Begriffe aus dem makroskopischen Bereich der Substanzen und dem sub-mikroskopischen Bereich der kleinsten Teilchen (vgl. Kap. 2.5).

Das Vermengen dieser Begriffsebenen ist auch zwangsläufig, wenn kleinste Teilchen ausgehend von der Frage nach der Teilbarkeit einer Stoffportion eingeführt werden: „Ist ein Stück Kupferkabel unendlich oft teilbar oder nicht?" Wenn als Ergebnis der Diskussion die Antwort lautet, die Teilbarkeit hätte Grenzen, dann resultiert meistens eine kleinste mögliche Stoffportion – auch die „alten Griechen" im Kreise des Herrn Demokrit haben unter „atomos" sicherlich an eine kleinste „unteilbare" Stoffportion gedacht. Recherchiert man kritisch die Fachliteratur der letzten Jahrhunderte, so wird man viele unserer Chemiker und Physiker dabei erwischen, dass auch sie die bekannten Eigenschaften der Substanzen oftmals unreflektiert auf die Eigenschaften der Atome oder Moleküle übertragen haben.

Spätestens mit Kenntnis der Tatsache, dass Diamant und Graphit zwar völlig verschiedene Substanzen mit dramatisch unterschiedlichen Eigenschaften sind (vgl. Abb. 4.8), sich aber in beiden Fällen aus derselben Teilchensorte – nämlich aus Kohlenstoff-Teilchen – aufbauen, dürfte sich das Übertragen von stofflichen Eigenschaften auf kleinste Teilchen erübrigen: Das Kohlenstoff-Teilchen kann nicht gleichzeitig „schwarz" und „farblos"

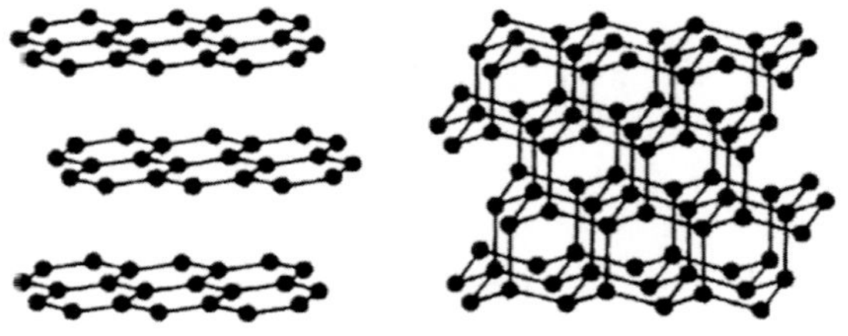


**Abb. 4.8.** Diamant und Graphit: Eigenschaften und chemische Strukturen

sein, es besitzt nicht gleichzeitig zwei „verschiedene Dichten"! Erst die Röntgenstrukturanalyse des 20. Jahrhunderts hat allerdings letztlich bewiesen, dass sich beide Kohlenstoffmodifikationen durch unterschiedliche chemische Strukturen unterscheiden, dass also unterschiedliche Anordnungen der C-Atome in Diamant und Graphit (vgl. Abb. 4.8) für die Unterschiede in den Eigenschaften verantwortlich sind.

Selbstverständlich kann man es den Jugendlichen nicht verübeln, wenn sie nach erster Kenntnis des Teilchenmodells den Teilchen bestimmte Farben zuordnen – zumal mit Molekülbaukästen gearbeitet wird, in denen die grünen Kugeln mit allem Nachdruck auch immer dem Element Chlor zugeordnet werden, die gelben Kugeln immer dem Element Schwefel und die schwarzen Kugeln immer dem Element Kohlenstoff. Man darf sich dann nicht über die Vorstellungen der Jugendlichen wundern – es liegen geradezu „hausgemachte" Fehlvorstellungen vor.

Um die Stoffeigenschaft „Farbe" zu relativieren und damit die Übertragung auch anderer Stoffeigenschaften auf Teilchen zu vermeiden, scheint es wichtig zu sein, diese Farbkennzeichnung im Unterricht sein zu lassen, besser noch unterschiedliche Farben und Materialien für die Kugelmodelle zu wählen und eine kritische Modelldiskussion zu führen.

**Unterrichtsvorschlag.** Wie im Unterrichtsvorschlag des letzten Unterkapitels (vgl. Kap. 4.1) bereits geschehen, kann das Anschauungsmodell für den Aufbau eines Kristalls aus kleinsten Teilchen eine Kugelpackung oder ein Raumgitter sein. Das gilt auch für Kristalle von Diamant und Graphit: beide Raumgitter zeigen – besser als Kugelpackungen – deutliche Unterschiede in der Anordnung der Kohlenstoff-Teilchen (vgl. Abb. 4.8).

In der Modelldiskussion ist zu vermitteln, dass ein winziger Kristall, der unter dem Mikroskop gerade sichtbar wird und wenige mg wiegt, eine unvorstellbar große Zahl von Teilchen enthält. Wenn ein Diamant der Masse 12 g die ungeheure Anzahl von 1 mol C-Atomen oder von etwa

$6 \times 10^{23}$ C-Atomen enthält, dann beinhaltet der Kristallwinzling von 12 mg noch $6 \times 10^{20}$ C-Atome, oder der von 0,12 mg $6 \times 10^{18}$ C-Atome. Anschauungsmodelle für Diamantkristalle, die von 20 oder 50 Kugeln in Form des Raumgitters aufbaut werden, weichen also bereits in dieser Weise sehr von der Wirklichkeit ab – sie stellen einen winzigen Ausschnitt aus der spezifischen Anordnung von Milliarden und Abermilliarden von C-Atomen im sichtbaren Kristall dar.

Informiert man zusätzlich darüber, dass es unter sehr hohen Temperaturen und Drucken möglich ist, aus den Kristallen des Graphits kleine Diamanten höherer Dichte herzustellen, dann wird noch deutlicher (vgl. Abb. 4.8): es gibt keine spezifischen Diamant- oder Graphit-Teilchen! Kohlenstoff-Teilchen bauen beide Modifikationen auf: Graphitkristalle in schichtenförmiger Anordnung (daher rührt die Eigenschaft als Schmiermittel), Diamantkristalle in tetraedrischer Anordnung und mit anderen Bindungsverhältnissen (daraus resultierende größte Härte aller Substanzen). Mehr als von der Art beteiligter Teilchen hängen die Eigenschaften einer Substanz von der räumlichen Anordnung der Teilchen ab – also von der chemischen Struktur!

Ein ähnlich überzeugendes Beispiel liefern die beiden Phosphor-Modifikationen. P-Atome können sich einerseits in Vierergruppen arrangieren ($P_4$-Moleküle) und ein Molekülgitter aufbauen: weißer Phosphor resultiert mit der niedrigen Schmelztemperatur von 44°C und einer Dichte von 1,82 g/cm³, er ist selbstentzündlich und sehr giftig. P-Atome können sich andererseits in einem bestimmten infiniten Schichtengitter anordnen: roter Phosphor resultiert mit der hohen Schmelztemperatur von 620°C und der Dichte von 2,36 g/cm³, er ist weder selbstentzündlich noch giftig. Die Anordnung der P-Atome bestimmt die Eigenschaften! Werden kleine Portionen beider Phosphorsorten in Sauerstoff zur Reaktion gebracht, bildet sich in beiden Fällen derselbe weiße Rauch von weißen Phosphoroxid-Kristallen in Luft, der in Wasser gelöst eine saure Lösung ergibt, nämlich die in beiden Fällen identische Phosphorsäure-Lösung (V4.8).

Neben Fehlschlüssen zu „farbigen Teilchen" kommt es oft auch zu Fehlvorstellungen von kleinsten Teilchen, die „fest, flüssig oder gasförmig" sein sollen. Diesbezüglich dürfen also auch keine Einzelkugeln in irgendeiner Weise stellvertretend für einen Stoff, auch nicht für einen kleinen Kristall oder ein Tröpfchen, verwendet werden – erst eine ausreichende Zahl von Kugeln kann als Modell dafür überzeugend sein, eine Stoffportion modellmäßig als fest, flüssig oder gasförmig darzustellen. Im abgebildeten Modell sind 14 Kugeln gewählt worden (vgl. Abb. 4.7): sie stellen nicht nur die regelmäßig symmetrische Anordnung von Teilchen in einem Kristall dar, sondern auch Anordnungen in Flüssigkeiten und entsprechenden

Gasen – dieselben Teilchen ordnen sich nur in anderer Weise an, bewegen sich selbständig und unterschiedlich schnell.

Eine Besonderheit stellt die Volumenvergrößerung beim Übergang von einer Flüssigkeit zu ihrem Dampf dar. Wählt man Ethanol als Flüssigkeit und gibt nur einige Tropfen in einen Luftballon, verschließt ihn und taucht ihn in den Dampf kochenden Wassers, so bläht er sich auf, beim Abkühlen schrumpft der Luftballon auf seine ursprüngliche Größe zusammen (V4.9): Ethanol-Teilchen füllen im Ethanoldampf ein viel größeres Volumen aus als in der Flüssigkeit. Sie werden dabei nicht größer, wie Schüler zunächst annehmen, sondern bewegen sich viel schneller. Ein diesbezügliches Modell soll beides zeigen: Volumenvergrößerung und Teilchenbewegung.

Im Modellexperiment (V4.10) werden die Kugeln mit dem Uhrglas bereits so bewegt, dass sie um eine Ruhelage schwingen, in der kleinen Petrischale sorgt eine stärkere Bewegung dafür, dass die Kugeln zusammen bleiben, aber Kugelnachbarn ständig wechseln, in der großen Glasschale soll eine sehr heftige Bewegung für eine große Geschwindigkeit der Kugeln sorgen: die Kugeln füllen durch ihre Bewegung die gesamte Schale aus. Die Zeichnung (vgl. Abb. 4.7) zeigt die statische Form des Modells, das Modellexperiment (V4.10) die Dynamik: die Teilchen eines Gases bewegen sich sehr schnell, es kommt zu großen Abständen zwischen den Teilchen, sie füllen dadurch jeden angebotenen Raum aus und bewirken den Druck auf die Gefäßwände.

Die Bewegung der Glasschalen durch den Experimentator muss als irrelevante Zutat erkannt werden: die Teilchen in einer Materieportion bewegen sich selbständig, bei steigender Temperatur immer heftiger. Was befindet sich dann allerdings zwischen den Teilchen des Dampfs? Im Modell befindet sich Luft zwischen den Stahlkugeln – eine irrelevante Zutat!

## 4.4 Teilchen und der „Horror vacui"

„Der Raum zwischen den Teilchen kann nicht leer sein bzw. ist nicht nichts vorhanden", „ich kann mir nicht vorstellen, dass dort nichts ist", „wenn keine Luft vorhanden wäre, müßte dort Vakuum sein, und das kann ich mir nicht vorstellen", „irgendwas muß ja vorhanden sein, es gibt keinen Ort, wo überhaupt nichts ist", „der Raum kann ja nicht einfach gar nichts enthalten", „irgendwas muß doch da sein!" [7].

Bei Modellzeichnungen zum Aufbau der Stoffe stellte PFUNDT fest (vgl. Kap. 4.2), dass Schüler Quadrate als Modelle für Teilchen den üblichen Kreisen vorziehen. Bei der Frage nach dem Grund waren die Antworten, dass die Modelle „passen müßten, dass sie sich lückenlos aneinanderfügen

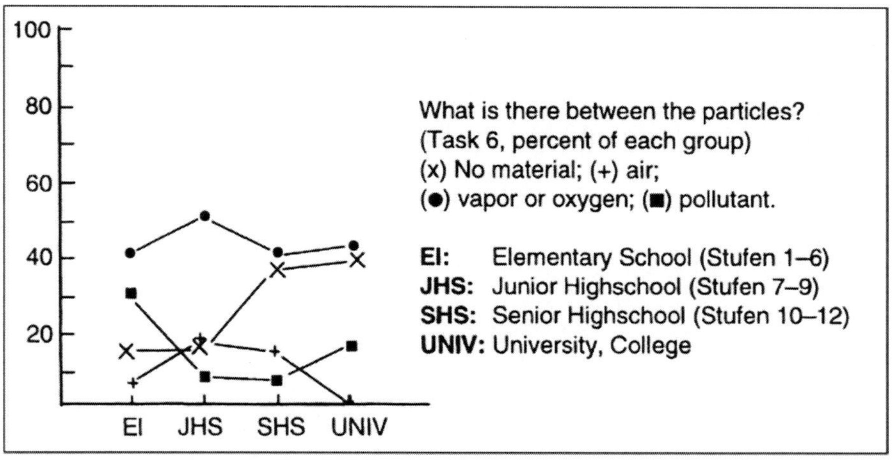


**Abb. 4.9.** Untersuchungsergebnisse von NOVICK und NUSSBAUM [8]

lassen“ [6]. Bei aneinander gezeichneten Kreisen würden sich wohl Hohlräume bilden, die es aus der Sicht der Schüler nicht geben dürfte: der „Horror vacui“ in den Vorstellungen der Lernenden sorgte für eine Präferenz der Quadrate gegenüber den Kreisen!

Auch NOVICK und NUSSBAUM [8] haben Befragungen zum Teilchenverständnis durchgeführt und bezüglich der Gase festgestellt, dass die Mehrzahl von Jugendlichen oder Studenten in den USA die Vorstellung besitzt, zwischen den Teilchen der Gase befände sich Luft oder andere Materie (vgl. Abb. 4.9). Daraufhin wurden in Deutschland weitere Untersuchungen durchgeführt, inwieweit der „Horror vacui“ bezüglich der Räume zwischen Teilchen eines Gases vorliegt [9]. Es wurden ausgehend von experimentellen Befunden empirische Daten erhoben [7] – etwa am Beispiel des Gases Butan ein Experiment durchgeführt (V3.14), die Modellzeichnung dazu erbeten und nach den Zwischenräumen zwischen Butan-Teilchen gefragt (vgl. Abb. 4.10).

Das Ergebnis der Befragung in den Klassenstufen 9, 10 und 11 zeigt, dass fast alle Probanden die Modellzeichnung richtig wiedergeben, aber in der Tat nur etwa 50 % aller Probanden die Alternativen „nichts“ oder „leer“ ankreuzen. Das heißt, dass die andere Hälfte der Probanden von Vorstellungen ausgeht, die Zwischenräume zwischen den Butan-Teilchen seien mit Butan, mit Luft oder mit anderer Materie gefüllt: diese Jugendlichen unterliegen dem „Horror vacui“! Insbesondere die Begründungen für die Antworten zeigen das (vgl. Zitate Beginn Kap. 4.4).

Es ist bei der Vermittlung des Teilchenmodells also neben der Einführung kleinster Teilchen selbst auch der materiefreie Raum zwischen den Teilchen

**3. Modelle für das Verdampfen von Butan (Campinggas)**

Die Hülse einer Handpumpe wird vollständig mit Butangas gefüllt. Das Gas wird mit der Handpumpe unter Druck in flüssiges Butan verwandelt. Wird der Kolben der Pumpe gelöst, so verdampft flüssiges Butan wieder.

*Zeichne Deine Teilchenvorstellung auf:*

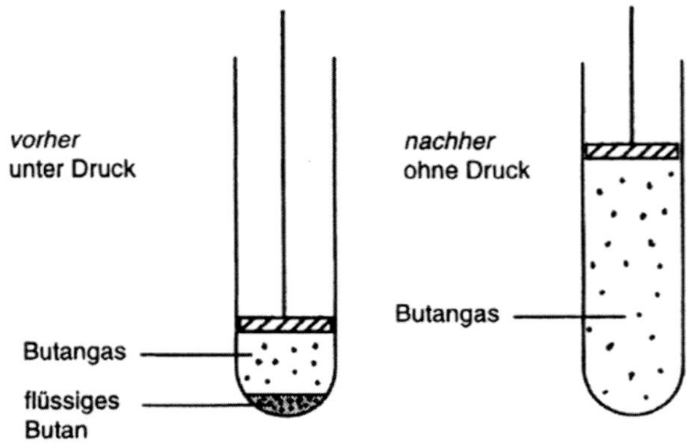


Wie stellst Du Dir den Raum *zwischen den Teilchen im Butangas* vor?

Ich stelle mir vor, dass

- □ zwischen den Teilchen auch *Butangas* vorhanden ist,
- □ der Raum zwischen den Teilchen *leer* ist,
- □ zwischen den Teilchen *nichts* vorhanden ist,
- □ sich *Luft* zwischen den Teilchen befindet,
- □ ein besonderer unsichtbarer Stoff zwischen den Teilchen ist.

**Abb. 4.10.** Ausschnitt für Fragebogen zum „Horror vacui" beim Teilchenkonzept für Gase [7] (Teilchenvorstellung bereits richtig eingezeichnet, wie Schüler sie meist angefertigt haben)

zu diskutieren: „Der leere Raum fehlt offensichtlich in unserem Teilchenmodell, dieser leere Raum ist doch eigentlich das Unglaubliche an der Diskontinuumsvorstellung, viel mehr als die Stückelung der Materie" [10]. In welcher Weise ist der Unterricht zu verändern, damit dieses Unglaubliche überzeugend von den Jugendlichen akzeptiert und verinnerlicht wird?

**Unterrichtsvorschlag.** Um materiefreie Räume begreifen zu können, muss zunächst klar sein, dass Luft ein Stoff im chemischen Sinne ist, dass sich etwa für Luft eine bestimmte Dichte messen lässt (V3.11). Es ist auch möglich, Verbrennungsreaktionen in der Luft von abgeschlossenen Apparaturen zu zeigen, Sauerstoff und Stickstoff zu unterscheiden und aus dem

Messwert die Zusammensetzung der Luft abzuleiten (V3.13): Der Wert 80 Vol% Stickstoff veranschaulicht nicht nur den Gehalt dieses Gases in der Luft, sondern damit auch die Tatsache, dass Luft ein Gemisch aus mehreren Gasen – also Materie – ist.

Jetzt geht man dazu über, luftverdünnte, luftfreie und materiefreie Räume – also das **Vakuum** – zu demonstrieren. Macht man den Lernenden die Masse einer Luftportion durch Rückwägen eines zunächst evakuierten Glaskolbens anschaulich, so ist ein zentrales Experiment schon durchgeführt worden (V3.11): sie haben die praktische Evakuierung des Kolbens erlebt. Diskutiert man darüber hinaus mit ihnen die Erfahrungen hinsichtlich „Vakuum-verpackter“ Lebensmittel oder evakuierter Fernsehbildröhren, so wird selbstverständlich, dass man durch Auspumpen der Luft „materiefreie“ Räume erzeugen kann. Inwieweit man den Dampfdruck des Wassers bei Wasserstrahlpumpen oder den Partialdruck des Öls bei Ölpumpen ins Spiel bringen und darauf zielen möchte, dass ein Rest Wasserdampf bzw. Öldampf in den ausgepumpten Gefäßen zurückbleibt und deshalb nur nahezu ein Vakuum existiert, ist vielleicht zu reflektieren.

Mit dem Verständnis für die Existenz des Vakuums sind den Schülern luftverdünnte und auch luftfreie Räume anschaulich. Man diskutiert das Absenken des Luftdrucks im Kolbenprober durch Herausziehen der Hülse und macht auf den Widerstand durch den äußeren Luftdruck aufmerksam. Oder es wird im Kolbenprober ein Teil der enthaltenen Luft durch ein anderes Gas ersetzt: auch in diesem Fall ist die Luft verdünnt worden. Luftfreie Räume können in zweierlei Hinsicht diskutiert werden: entweder man meint das Vakuum, oder es wird an ein völlig anderes Gas gedacht, das die Luft in einem bestimmten Raum ersetzt.

Schließlich soll der Unterschied in dem Verständnis der Begriffe „leer“ und „nichts“ deutlich werden. Ein Becherglas, das man vor den Augen der Schüler pneumatisch mit Luft füllt (V4.11), wird umgangssprachlich ein „leeres Glas“ genannt, obwohl es randvoll Luft enthält. Wollte man, dass es „nichts“ enthält, also materiefrei ist, müsste man es verschließen, mit einem Hahn versehen und die Luft herauspumpen (V4.12).

Auf diesen experimentellen Erfahrungen mit einem Vakuum aufbauend hat es einen Sinn, den **materiefreien Raum zwischen den Teilchen eines Gases** einzuführen. Es ist dazu möglich, eine kleine Portion eines leicht verdampfbaren Lösungsmittels, etwa Ethanol, im Luftballon einzuschließen und diesen in ein siedendes Wasserbad zu geben (V4.9): eine bemerkenswerte Volumenzunahme findet statt. Nimmt man den Luftballon aus dem heißen Wasser heraus, so schrumpft er zur alten Größe: die Portion Ethanoldampf kondensiert zu flüssigem Ethanol.

Die Schüler können nun in einem Unterrichtsgespräch folgern, dass es sich bei dem Luftballon um ein abgeschlossenes Gefäß handelt, aus dem weder Substanz entweichen oder hinzukommen kann, also dieselbe Ethanolportion vor und nach dem Verdampfen vorhanden ist. Dieselbe Anzahl von Ethanol-Teilchen hat sich also auf das sehr viel größere Dampfvolumen verteilt, die Teilchen müssen sich sehr stark bewegen und dadurch große Abstände voneinander einnehmen. Aus der Tatsache, dass sich das Volumen um etwa den Faktor 1000 vergrößert, lässt sich zusätzlich schließen, dass die Abstände zwischen den Teilchen – die mittleren Weglängen – im Mittel das 10-fache des Teilchendurchmessers betragen. Die so entstehenden Zwischenräume werden also durch die starke Bewegung der Teilchen gebildet, keine Materie irgendeiner Art füllt sie aus: die Zwischenräume sind materiefrei. Ob man elektromagnetische Felder zwischen den Teilchen annehmen und im Sinne der Einstein'schen Äquivalenz von Masse und Energie diskutieren möchte, kann separat je nach Lerngruppe entschieden werden [7].

Die Volumenvergrößerung mag durch ein Modellexperiment zur Teilchenbewegung bei Gasen vertieft werden: Das „Gerät zur kinetischen Gastheorie", das durch eine vibrierende Bodenplatte kleine Stahlkugeln in einem durchsichtigen Zylinder in Bewegung setzt, zeigt bei Erhöhung der Bewegungsfrequenz der Bodenplatte ein größeres Volumen der sich bewegenden Kugeln an. Dieses Modell muss allerdings in zweierlei Hinsicht diskutiert werden: Die Teilchen eines Gases bewegen sich selbständig und benötigen keinen „Vibrationsmotor" zur Bewegung. Ebensowenig enthalten sie Materie in den Zwischenräumen – im Modell befindet sich dagegen Luft zwischen den sich bewegenden Stahlkugeln.

Ist ein solches „Gerät zur kinetischen Gastheorie" nicht vorhanden, kann eine Petrischale mit vielen kleinen Kugeln fast gefüllt und durch Kreisen der Schale bewegt werden: Modell für die Teilchenbewegung in einer Flüssigkeit (V4.10). Nun schüttet man zur Modellierung des Verdampfungsvorganges die Kugeln in eine große Glasschale und schüttelt kräftig, gegebenenfalls auf der Arbeitsfläche eines Tageslichtprojektors: Modellvorstellung eines Gases. Auch hier sind das Schütteln und die Luft zwischen den Kugeln als irrelevante Zutaten zu diskutieren.

Trotz aller methodisch richtigen Bemühungen muss man damit rechnen, dass der Horror vacui bei Schülern wie bei Erwachsenen immer wieder hervortreten kann – insbesondere verbal zeigen sich oft Schwierigkeiten in der Vorstellung vom „Nichts". So formulierte ein gestandener Studienrat für Physik im Unterricht seiner Primaner: „Stellen Sie sich vor, der ganze Raum hier wäre mit Vakuum gefüllt!" (Abiturzeitung des Jahrgangs 1965 am Gymnasium Lehrte).

## 4.5 Kleinste Teilchen – Oberbegriff für Atome, Ionen und Moleküle

„Eisen-Teilchen ordnen sich auf der Glasplatte über dem Magneten in bestimmter Weise", „die kleinsten Teilchen des Wassers sind H-Atome und O-Atome", „Chlorwasserstoff-Teilchen enthalten Chlor und Wasserstoff".

Der für jeden Menschen allzu anschauliche Begriff des Teilchens ist sehr schillernd. Zum einen bedeutet er in der Alltagssprache, wie der Name es nahelegt, eine kleine Stoffportion: Eisenfeilspäne mögen auch Eisenteilchen genannt werden, Puderzuckerkristalle auch Zuckerteilchen, kleine Schwefelkristalle auch Schwefelteilchen. Leider ist der Name Teilchen auch vergeben für kleine Kuchenstücke – den Jugendlichen ist hinsichtlich der synonymen Verwendung des Teilchenbegriffs also kein Vorwurf zu machen.

Zum anderen wird nach Einführung des Atombegriffs die Begriffsvielfalt um das Teilchen noch größer. Plötzlich sind für die Lernenden die H-Atome und O-Atome die „kleinsten Teilchen des Wassers" – in der Tat sind die Atome noch kleinere Einheiten als die Moleküle. Bei dieser Logik ist für den unkritischen Schüler dann nichts näher liegend, als dass beim Kochen des Wassers „Wasserstoff und Sauerstoff entweichen".

Liegt der Atombegriff vor und wird zur „Abkürzung" das Chlor-Atom lediglich mit „Chlor" bezeichnet wie es auch im Laborjargon unter Insidern passiert, dann kommt es zu Aussagen wie „im Chlorwasserstoff-Teilchen sind Chlor und Wasserstoff enthalten". Für den Anfänger im Fach Chemie und für den kritischen Schüler ist damit die Verwirrung perfekt: er denkt darüber nach, in welcher Weise kleine Stoffportionen Wasserstoff (brennbar) und Chlor (grün und giftig) im Chlorwasserstoff-Teilchen vorhanden sein sollen (vgl. auch Kap. 4.3).

Eine Anschaulichkeit, die zu anderen Sachverhalten durchaus erwünscht und von Didaktikern geradezu ein wichtiges Ziel ist, macht es geradezu unmöglich, den Begriff des Teilchens bzw. den des Atoms, des Moleküls oder des Ions unbehaftet von Fehlvorstellungen zu vermitteln.

Es gab mit WENINGER [11] den Vorschlag, die „Monade" für ein kleinstes Teilchen oder das „16-Protonen-Atom" als Namen für das Schwefel-Atom zu wählen, um absichtlich mit Begriffen, die Jugendliche nicht aus ihrem Alltag kennen, jede Anschaulichkeit zu vermeiden. Diese Vorschläge haben sich allerdings nicht durchgesetzt. Auch BUCK wendet sich gegen jede Anschaulichkeit des Teilchens oder des Atoms und fragt bezeichnend „Wie kann man die ‚Andersartigkeit der Atome' lehren?" [12].

**Unterrichtsvorschlag.** Der wissenschaftliche Teilchenbegriff muss der submikroskopischen Ebene zugeordnet bleiben – er sollte nicht für kleine

Stoffportionen verwendet werden. Man mag auf der makroskopischen Ebene von Eisenfeilspänen sprechen, von Schwefelkriställchen, von Wassertröpfchen oder von Gasbläschen – der Teilchenbegriff sollte somit ohne Schwierigkeiten für den Bereich der Stoffe umgangen werden. Den Jugendlichen wird damit deutlich gemacht, dass das kleinste Teilchen für den nicht sichtbaren Bereich der Modelle reserviert bleibt: Wasser-Teilchen, Zucker-Teilchen, Ethanol-Teilchen (vgl. Kap. 4.1).

Neben der Verwendung des Teilchenbegriffs auf der Ebene des Teilchenmodells ist es zusätzlich üblich, das Teilchen als Oberbegriff für Atome, Ionen und Moleküle zu benutzen. Man fragt etwa danach, welche Teilchenarten sich in einem Kochsalzkristall befinden, und erwartet die Antwort, dass es Natrium-Ionen und Chlorid-Ionen sind. Fragt man nach den Teilchenarten in einer Zuckerlösung, dann mag die Antwort lauten: Zucker-Moleküle und Wasser-Moleküle.

Es ist nach Einführung des Daltonschen Atombegriffs unsinnig, nach den kleinsten Teilchen eines Wasser-Moleküls zu fragen und „H-Atome und O-Atome" als Antwort zu akzeptieren. Der Teilchenbegriff sollte immer gebunden sein an Einheiten, die sich selbständig in einer Substanz bewegen: Ne-Atome im Neongas, $Na^+$-Ionen und $Cl^-$-Ionen in der Kochsalzschmelze, $H_2O$-Moleküle in Wasser. H- und O-Atom bewegen sich im $H_2O$-Molekül nicht unabhängig voneinander, sondern sind darin gebunden. Zudem ist die Frage nach kleinsten Teilchen eines Wasser-Teilchens semantisch ein Widerspruch. Es lässt sich allerdings die Frage beantworten, aus wie viel Atomen das $H_2O$-Molekül besteht: „aus 2 H-Atomen und 1 O-Atom".

Für Schüler bedeutet das, aus dem Zusammenhang erkennen zu müssen, ob in der Diskussion Teilchen im Sinne des Teilchenmodells gemeint sind, oder Teilchen als Oberbegriff für Atome, Ionen oder Moleküle. Kommen mit den Protonen, Neutronen und Elektronen die „Elementarteilchen" ins Spiel, muss auch dieser Begriff aus dem Zusammenhang erkannt werden.

## 4.6 Teilchenverbände und Raumvorstellungsvermögen

„Die Kugel wird von 6, nein – von 8 anderen Kugeln berührt, ich zähle 12 Kugeln – nein, ich denke es sind 14 Kugeln...", „in der Elementarzelle sind es an den Ecken Viertelkugeln, nein – ich sehe sie als Achtelkugeln, ... oder???".

Lässt man Jugendliche dichteste Kugelpackungen als Modelle für einen Silberkristall bauen (V4.5), so ist das Stapeln der Kugelschichten zunächst nur ein mechanisches Problem. Sollen sie allerdings die Koordinationszahl, also die Zahl 12 für die Anzahl von Kugeln finden, die eine zentrale Kugel im Inneren der Packung berühren, dann wird es ein Problem der Raumvorstellung [13]: der eine kann sich sofort vorstellen, dass sich in der Ebene sechs Kugeln um die Zentralkugel befinden, drei Kugeln darüber und drei Kugeln darunter (vgl. V4.5). Ein anderer Schüler muss dagegen jede Kugel abzählen, die sichtbar die Zentralkugel berührt.

In diesen Fällen liegen keine Fehlvorstellungen vor, wie sie bisher diskutiert wurden, sondern es sind – besonders bei jungen Schülern und Schülerinnen – unterschiedliche Entwicklungen im Raumvorstellungsvermögen vorhanden. Um die Fähigkeiten zur Raumvorstellung durch Training zu verbessern, eignen sich Modelle zur Struktur der Materie bestens: sowohl räumliche Modelle wie Kugelpackungen und Raumgitter, als auch entsprechende zweidimensionale Zeichnungen fördern nicht nur das Chemieverständnis, sondern auch das Raumvorstellungsvermögen!

**Unterrichtsvorschlag.** Man weiß sehr lange, dass das Raumvorstellungsvermögen ein Primärfaktor der Intelligenz ist [15] und sich hauptsächlich im Alter von 3–15 Jahren entwickelt (vgl. Abb. 4.11). Zusätzlich weisen viele Untersuchungen aus, dass gerade die Mädchen bei dieser Entwicklung benachteiligt sind (vgl. Abb. 4.12). Empirische Studien fanden für Äthiopien eine Ausnahme: Jungen und Mädchen der „Government Schools“ zeigen gleiche Leistungen in den Klassenstufen 7–10, danach erreichen die Jungen wieder bessere Testwerte [16]. Es steht die Hypothese im Raum, dass die reichen Eltern der Schüler in Private Schools ihren Kindern technisches

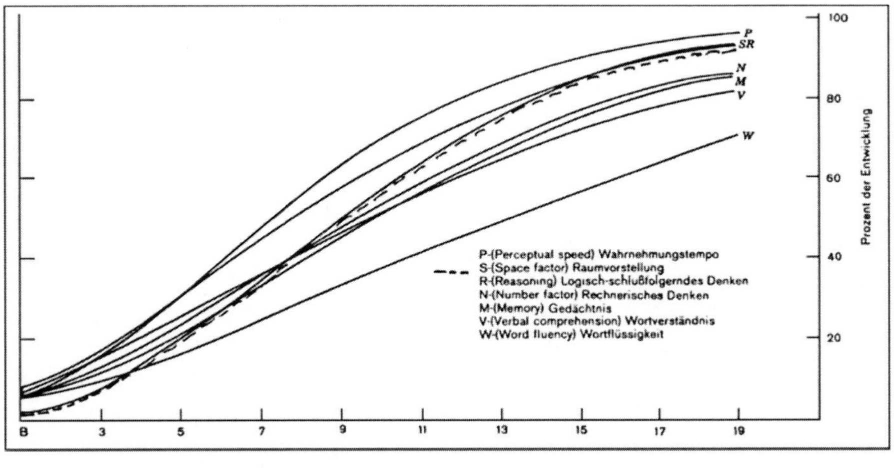


**Abb. 4.11.** Entwicklung einiger Intelligenzfaktoren [14]

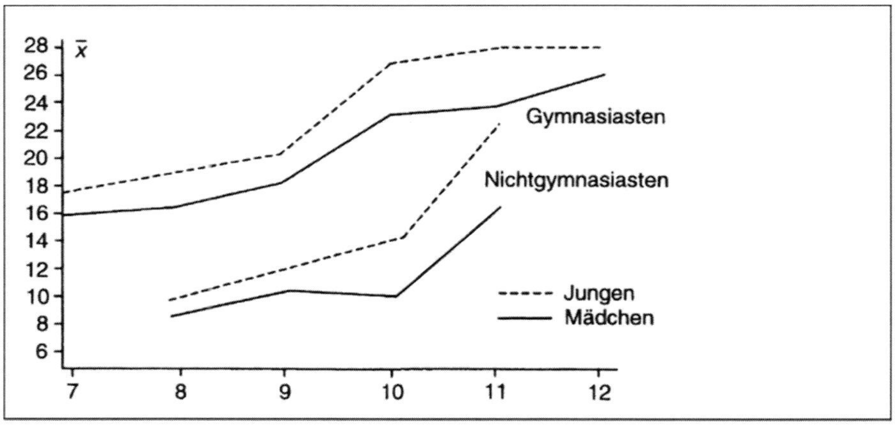


**Abb. 4.12.** Raumvorstellungsvermögen in Abhängigkeit von Klassenstufe und Geschlecht [16]

Spielzeug kaufen, das besonders Jungen zum Training der Raumvorstellung verhilft. Die armen Eltern von Kindern der Government Schools bieten keine besonderen Spielzeuge an, ein Training findet weder bei Jungen noch bei Mädchen statt, das Raumvorstellungsvermögen bleibt gleich groß, aber schwach gegenüber den Kindern von Private Schools [16].

Bei deutschen Probanden zeigt sich durch die vielseitigen Fördermöglichkeiten in Schule und Freizeit, dass im Raumvorstellungstest die Jungen meist signifikant bessere Leistungen erreichen als die Mädchen (vgl. Abb. 4.12). Auch ROST [17] findet in seinen Untersuchungen zu „kognitiven Kompetenzen", „dass es stabile geschlechtsspezifische Kompetenzprofile gibt, die seitens der Mädchen auf einer leichten Überlegenheit in verbaler Kompetenz beruhen, und seitens der Jungen auf einer leichten Überlegenheit in den numerischen und grafischen Repräsentationsformen, vor allem aber beim Umgang mit mentalen Modellen" [17].

Um sowohl Vorteile zum Raumvorstellungsvermögen als auch zu den Kompetenzunterschieden hinsichtlich der mentalen Modelle zu kompensieren, kann ein frühes Training mit dreidimensionalen Strukturmodellen im Chemieunterricht besonders den Mädchen helfen. So können etwa die Modelle gebaut oder gezeichnet werden, die in diesem Kapitel beschrieben worden sind. Die Betrachtung vieler weiterer chemischer Strukturen kommt in Kapitel 5 hinzu.

Ein Test dieses an chemischen Strukturen orientierten Raumvorstellungsvermögens kann Unterschiede und Erfolge eines solchen Unterrichts diagnostizieren. Zwei Aufgaben aus einem solchen Raumvorstellungstest [13] seien demonstriert (vgl. Abb. 4.13): Probanden zählen Bausteine ab und stellen sich auch nicht sichtbare Steine vor, sollen sich jeweils „Bausteine"

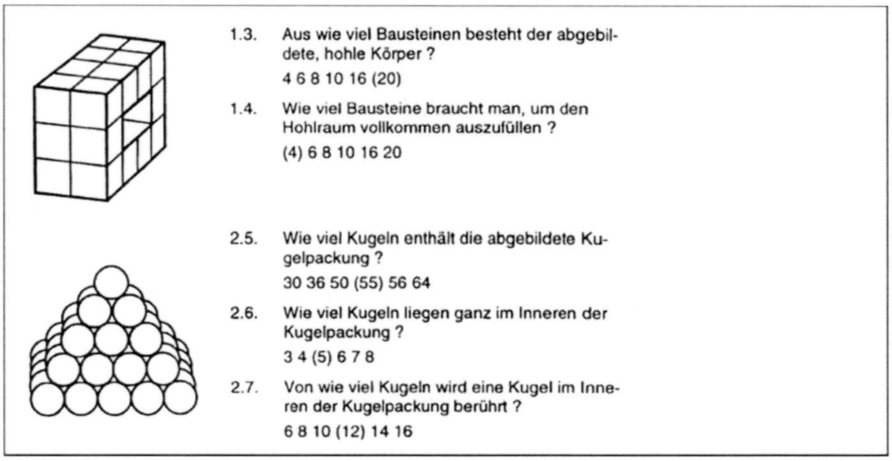


**Abb. 4.13.** Beispiele für Aufgaben des Raumvorstellungstests, Lösungen in Klammern [13]

aus einem hohlen Raumkörper heraus genommen vorstellen und sie gedanklich abzählen. In der zweiten Aufgabe sind Kugeln einer Kugelpackung – wiederum auch nicht sichtbare – zu zählen, die Probanden stellen sich auch die unsichtbaren Kugeln im Inneren einer Kugelpackung vor und bestimmen gedanklich die Zahl 12 der eine Kugel berührenden Nachbarkugeln.

Es gibt weitere Medien, die Kristallstrukturen zeigen und das Raumvorstellungsvermögen beanspruchen bzw. trainieren. So gibt es rot-grüne Stereobilder von Metall- und Salzstrukturen, die mit einer Rot-Grün-Brille betrachtet erstaunliche räumliche 3D-Eindrücke bewirken [18]: diese Bilder entwickeln sich erst nach einigen Sekunden im Kopf des Menschen und lösen im Allgemeinen ein großes Staunen aus. Zum anderen existieren Computerprogramme, die räumliche Effekte dadurch auslösen, dass Perspektivzeichnungen chemischer Strukturen um verschiedene Achsen zur Rotation gebracht werden – ein Beispiel ist die multimediale Lernumgebung „Metall- und Salzstrukturen“ zur interaktiven Bedienung durch Schüler [19]. Mit einem strukturorientierten Chemieunterricht [17] und mit vielen Medien und Modellen zur Struktur der Materie lässt sich das für viele Schulfächer und Berufe so wichtige Raumvorstellungsvermögen verbessern.

Der vielerorts vermutete Zusammenhang von Chemieverständnis und Raumvorstellungsvermögen konnte inzwischen empirisch bestätigt werden [20]: Gute Raumvorstellungsleistungen der Schüler und Schülerinnen in den Klassenstufen 9–12 an Gymnasien im Raum Münster korrelieren mit guten Ergebnissen in Tests für das Chemieverständnis!

## 4.7 Experimente zum Teilchenkonzept

### V4.1 Züchten von Alaunkristallen

**Problem:** Schüler und Schülerinnen sollen staunen darüber, welch gerade Kanten, glatte Flächen, konstante Winkel bei einem Alaunkristall vorkommen, der aus der gesättigten Lösung gezüchtet wird, der in keiner Weise von Menschenhand bearbeitet worden ist. Bei der Diskussion dieser geraden Kanten und glatten Flächen mag der Schüler – mit Hilfe der Lehrperson – darauf kommen, dass der Alaunkristall aus kleinsten Teilchen besteht, die nach einem bestimmten Bauplan im Kristall angeordnet sind. Es ist zu beachten, dass es einige Wochen dauert, ehe der Kristall einige Zentimeter in den Kantenlänge aufweist – dementsprechend muss das Züchten des Kristalls weit vor dem Unterrichtszeitraum begonnen werden.

**Material:** Kristallisierschale, 2 Bechergläser, Trichter, Filterpapier, Glasstab, Nähgarn; Alaunsalz ($KAl(SO_4)_2 \times 12\,H_2O$)

**Durchführung:** Im Becherglas werden etwa 40 g Alaun in 200 mL warmem Wasser gelöst, die Lösung lässt man abkühlen (dabei kristallisiert ein Teil des Alaunsalzes wieder aus, die Lösung ist gesättigt). Die gesättigte Lösung wird in das zweite Becherglas filtriert, ein Teil der Lösung in die Kristallisierschale gegeben. Nach zwei Tagen haben sich in der Schale einige oktaederförmige Kristalle gebildet. Der beste Kristall wird an einem Faden befestigt und so am Glasstab in die gesättigte Lösung gehängt, dass er vollständig eintaucht. Nach einigen Tagen werden zusätzliche Kristalle am Faden entfernt, die Lösung ggf. nochmals filtriert. Gelegentlich wird gesättigte Lösung derselben Temperatur nachgegeben.

**Beobachtung:** Über Wochen und Monate wächst der Kristall faustgroß, seine Form ist die eines Oktaeders. Seine Kanten sind exakt gerade, die Flächen glatt, die Winkel zwischen den Flächen konstant.

### V4.2 Kugelpackungsmodell für den Alaunkristall

**Problem:** Die Erklärung für die symmetrische Oktaederform des Alaunkristalls ist seine chemische Struktur, die sich beschreiben lässt als kubische Packung hydratisierter Kalium-Ionen, deren Oktaeder- und Tetraederlücken mit hydratisierten Aluminium-Ionen bzw. mit Sulfat-Ionen besetzt sind. Geht man im Sinne des einfachen Teilchenmodells von Alaun-Teilchen aus und wählt als Modell eine Kugel, dann lässt sich die didaktisch vereinfachte

Struktur als kubisch dichte Kugelpackung gleicher Kugeln darstellen, die vom Quadratmuster ausgeht. Eine solche Packung lässt sich in Oktederform aufbauen und wird bei der Gegenüberstellung mit dem Originalkristall offensichtlich als Modell erkannt.

**Material:** 100 Zellstoffkugeln (weiß, 30 mm, zu beziehen: Fa Faita, Postfach 1146, 83402 Mitterfelden), Kleber (Ponal)

**Durchführung:** Es wird im Quadratmuster eine Schicht von $5 \times 5$ Kugeln geklebt (Bild), des Weiteren werden zwei Schichten mit $4 \times 4$ Kugeln, mit 3 und mit 2 Kugeln geklebt. Diese Schichten werden so aufeinandergesetzt, wie es Abb. 4.3 zeigt. Den Abschluss bilden zwei einzelne Kugeln.

**Beobachtung:** Oktaederformen von Alaunkristall und Kugelpackung sind gleich.

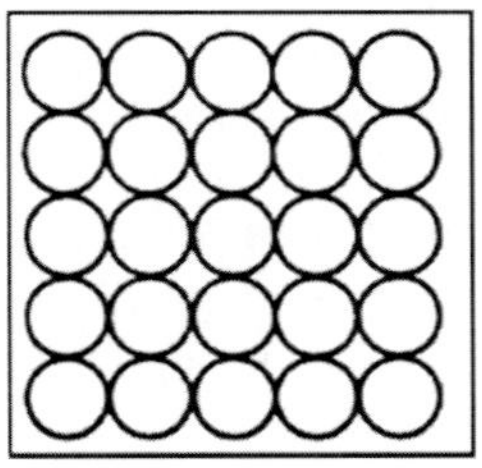

### V4.3 Elektrostatische Kräfte für ein Bindungsmodell

**Problem:** In seiner Vorstellung akzeptiert der Schüler die Kugelpackung mit durch Klebstoff fixierte Kugeln, wird aber nach Anziehungskräften fragen, die die Teilchen im Originalkristall zusammen halten. Reibt man eine neue Folie für den Overheadprojektor an Papier und nähert man beides, so ziehen sich Papier und Folie an. Man kann auch einen Kunststoffstab an Wolle oder am Katzenfell reiben und kleine Papierschnitzel damit vom Tisch abheben. Diese Kräfte werden elektrische Kräfte genannt und sind verantwortlich für das Zusammenhalten von kleinsten Teilchen im Kristallverband.

**Material:** Folien für den Tageslichtprojektor, Papier (Kunststoffstab, Bernstein, Katzenfell)

**Durchführung:** Folie und Papier werden aneinander stark gerieben, getrennt, und von den Händen herunter hängend langsam zueinander bewegt. Zwei Folien werden in der gleichen Weise mit Papier gerieben, beide Folien werden einander genähert. Die Versuche werden mit Kunststoffstab bzw. Bernstein und Katzenfell bzw. Wollstoff wiederholt: nach starkem Aneinanderreiben wird der Kunststoffstab oder der Bernstein einigen Papierschnitzeln auf dem Tisch genähert.

**Beobachtung:** Folie und Papier ziehen sich an, Folie und Folie stoßen sich ab. Kunststoffstab oder Bernstein ziehen die Papierschnitzel stark an.

## V4.4 Silberkristalle durch Fällen aus einer Silbersalz-Lösung

**Problem:** Das Kugelpackungsmodell für den Alaunkristall ist ein didaktisches Modell, es ist fachlich nicht zutreffend. Soll für einen Originalkristall ein fachlich zutreffendes Modell konstruiert werden, so sind Metalle mit kubisch flächenzentrierter Struktur zu wählen: Edelmetalle, Aluminium, Nickel oder Blei. Für diese Kristalle kann eine kubisch dichteste Kugelpackung gebaut werden und als Modell dienen. Da es wenig überzeugende Metallkristalle in der Natur gibt, sollen Silberkristalle durch eine Reaktion aus der Silbersalz-Lösung erzeugt und beobachtet werden.

**Material:** Reagenzglas, Glasstab; Kupferdraht, Silbernitrat-Lösung

**Durchführung:** Der Kupferdraht wird einige Male um einen Glasstab gewickelt und am Ende des Drahtes eine kleine Drahthelix erzeugt. Der Glasstab wird entfernt, die Helix in das Reagenzglas gehängt. Das Reagenzglas wird bis über die Helix mit Silbernitrat-Lösung gefüllt.

**Beobachtung:** Am Kupferdraht bilden sich silberfarbene Kristallnadeln, nach längerer Zeit wird die farblose Lösung hellblau.

**Entsorgung:** Kristalle und Lösungsgemisch werden in den Behälter für Schwermetallsalze gegeben.

## V4.5 Kubisch dichteste Kugelpackung als Silberkristall-Modell

**Problem:** Die Ag-Atome in einem Silberkristall sind angeordnet wie Kugeln in einer dichtesten Kugelpackung. Es ergibt sich also die ganz seltene Möglichkeit, dass Schüler oder Schülerinnen Kugeln so dicht wie es geht aufschichten und ganz beiläufig die korrekte Struktur des Silberkristalls modellieren. Da in die aufgeschichtete Kugelanordnung eine würfelförmige Packung von 14 Kugeln einbeschrieben werden kann, heißt die Struktur auch *kubisch* dichteste Packung – der Elementarwürfel als Ausschnitt spiegelt die Gesamtstruktur wider.

**Material:** Zellstoffkugeln (weiß, 30 mm), Ponal-Kleber, Holzleisten

**Durchführung:** Ein Dreieck „mit Loch" wird aus 27 Kugeln zusammengeklebt (Bild). Darauf werden Kugeln so dicht wie möglich geschichtet. Die Koordinationszahl wird bestimmt. Der Elementarwürfel (Bild) wird aus 14 Kugeln hergestellt und in die Packung eingebaut.

**Beobachtung:** Durch das Aufschichten von Kugeln auf das Dreieck bildet sich ein regelmäßiger Tetraeder, die Koordinationszahl lautet 12. In die tetraedrische Packung lässt sich der abgebildete Elementarwürfel – auf einer Raumdiagonalen im „Loch" der Dreiecksschicht stehend – vollkommen einbauen.

**Hinweis:** Die kubisch dichteste Kugelpackung kann auch ausgehend von einem quadratischen Grundmuster der Kugeln gebaut werden (vgl. V4.2): die Koordinationszahl ist ebenfalls 12, der Elementarwürfel ist in diesem Fall auf einer Seitenfläche stehend einzubauen.

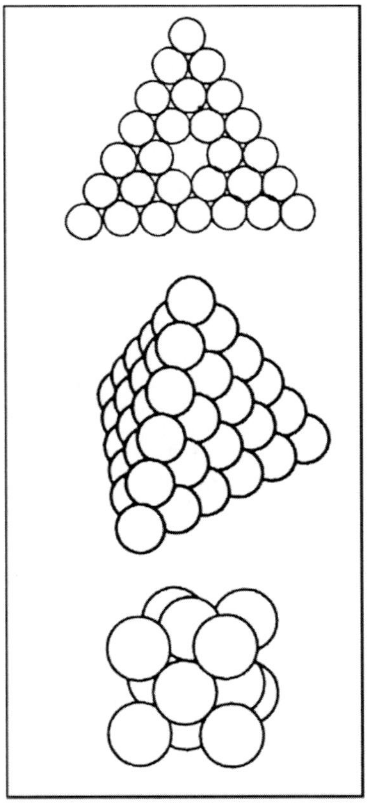

## V4.6 Lösen von Iod in Ethanol

**Problem:** Sowohl Iod als auch Ethanol bestehen aus Molekülen – in der Modellvorstellung auf der Grundlage des Teilchenmodells kann deshalb sachgemäß mit Iod- und Ethanol-Teilchen argumentiert werden. Um das Experiment über das Lösen hinaus interessanter zu machen, soll zusätzlich die größere Dichte der Lösung gegenüber dem Lösungsmittel gezeigt werden. Man kann des Weiteren das Lösen von Iod in Benzin und die violette Farbe dieser Lösung demonstrieren – da allerdings Benzin ein Gemisch aus Kohlenwasserstoffen darstellt, ist das Interpretieren mit dem Teilchenmodell komplexer.

**Material:** Standzylinder (schmale Form) oder Küvette, Glasrohr mit feiner Spitze, Pinzette; Iod, Ethanol (Brennspiritus)

**Durchführung:** Der Standzylinder wird mit Ethanol gefüllt. Die Glaskapillare wird in ein Stativ eingespannt und zur Hälfte in das Ethanol getaucht. Ein Kristall Iod wird mit der Pinzette genommen und in das Glasrohr gegeben (vgl. Abb. 4.4).

**Beobachtung:** Ein feiner Strahl einer braunen Flüssigkeit fließt aus der Kapillare und verteilt sich auf dem Boden des Gefäßes. Nach einiger Zeit ist die gesamte Flüssigkeit hellbraun gefärbt.

## V4.7 Erbsen-Reis-Modell zum Lösen von Iod in Ethanol

**Problem:** Sollen die Jugendlichen mit dem Experiment V4.6 den Teilchenbegriff erst kennen lernen, können sie nicht selbständig auf die Teilcheninterpretation kommen. Man muss aber auch nicht eine ausschließlich verbale Erklärung anbieten, sondern kann – nach erster Diskussion der Beobachtungen – kommentarlos dieses Modellexperiment mit der Erbse als Modell für das Iod-Teilchen und dem Reiskorn als Modell für das Ethanol-Teilchen anschließen und die Jugendlichen auffordern, Aspekte des Modells dem Original V4.6 zuzuordnen. In der Modelldiskussion sind die Merkmale des Modells deutlich herauszustellen, aber auch die irrelevanten Zutaten. Das Modellexperiment ist mit Abb. 4.5 zu vergleichen.

**Material:** große Glasschale (auf Overheadprojektor); Erbsen und Reiskörner

**Durchführung:** Der Boden der großen Glasschale wird zu drei Viertel mit Reiskörnern versehen (Modell für das Lösungsmittel Ethanol). In der Mitte werden die Reiskörner zur Seite geschoben, dafür 16 oder 25 Erbsen in quadratischer Form angeordnet (Modell für den Iodkristall). Die Glasschale wird vorsichtig zitternd bewegt, bis sich alle Erbsen über den Glasschalenboden verteilt haben.

**Beobachtung:** Zunächst bewegen sich Reiskörner und Erbsen zitternd auf der Stelle, in kurzer Zeit vermischen sie sich in der Glasschale und verteilen sich gleichmäßig auf der ganzen Fläche.

### V4.8 Reaktionen von Phosphor (weiß und rot) mit Sauerstoff

**Problem:** Das P-Atom ist weder weiß noch rot – erst die Anordnung sehr vieler P-Atome zu einem Kristall lässt unter einem Mikroskop die Entscheidung zu, ob weißer oder roter Phosphor vorliegt. Werden kleine Portionen beider Phosphor-Modifikationen in Sauerstoff zur Reaktion gebracht, so entsteht in beiden Fällen dasselbe weiße Phosphoroxid, das in Wasser gelöst immer dieselbe saure Lösung erzeugt: Phosphorsäure-Lösung. Diese Sauerstoff-Reaktionen machen deshalb plausibel, dass es keine zwei verschiedenen Arten von P-Atomen gibt, sondern nur eine Art von Atomen, die in den Substanzen unterschiedlich verknüpft sind, also in unterschiedlichen chemischen Strukturen vorkommen.

**Material:** 2 Standzylinder mit Deckgläsern, Verbrennungslöffel; weißer und roter Phosphor, Wasser, Sauerstoff, Universalindikator-Papier

**Durchführung:** Beide Standzylinder werden durch Luftverdrängung mit Sauerstoff aus der Stahlflasche gefüllt. In den Verbrennungslöffel wird ein kleiner Kristall weißen Phosphors gegeben, mit dem Brenner entzündet und in den Zylinder getaucht. Die Reaktion wird mit rotem Phosphor wiederholt. In beide Zylinder wird Wasser gegeben, geschüttelt, die Lösungen werden mit Indikatorpapier geprüft.

**Beobachtung:** Beide Phosphorarten reagieren unter hellem Aufleuchten mit Sauerstoff, dichter weißer Rauch entsteht, der sich zum Teil als weißes Pulver an der Innenwand der Zylinder absetzt. Der Rauch löst sich gut in Wasser, die Lösungen färben das Indikatorpapier rot.

**Entsorgung:** Reste des Phosphors werden unter dem Abzug mit Hilfe der Brennerflamme vollständig umgesetzt oder in konzentrierte Kupfersulfat-Lösung gegeben.

## V4.9 Volumenzunahme beim Verdampfen von Ethanol

**Problem:** Die dramatische Volumenzunahme beim Verdampfen einer Flüssigkeit ist zu erklären durch die weitaus heftigere Bewegung der kleinsten Teilchen und die daraus resultierenden größeren Abstände der Teilchen zueinander: die freie Weglänge der Moleküle in einem Gas nimmt mit der Temperatur zu. Schüler unterliegen dem „horror vacui“ und haben eher die Vorstellung, dass die Teilchen beim Verdampfen größer werden und damit das größere Volumen ausfüllen. Um sie davon zu überzeugen, dass sich die Teilchengröße nicht ändert, wird der Dampf wieder kondensiert und gezeigt, dass nach dem Kondensieren dasselbe Volumen resultiert wie vor dem Verdampfen. Die Diskussion mag die Jugendlichen davon überzeugen, dass der Raum zwischen den Teilchen eines Gases materiefrei ist.

**Material:** 1000 mL-Becherglas, Dreibein und Drahtnetz, Brenner, Luftballon; Ethanol (KP 78°C)

**Durchführung:** Der Luftballon wird mit 2 mL Ethanol beschickt und durch einen festen Knoten verschlossen. Im Becherglas werden 500 mL Wasser zum Kochen gebracht, in das kochende Wasser wird der Luftballon gegeben. Später wird der Ballon aus dem Wasser wieder entfernt.

**Beobachtung:** Der Luftballon bläht sich zu voller Größe auf und bleibt im kochenden Wasser bei dieser Größe. Wird er aus dem Wasser entfernt, schrumpft er auf die ursprüngliche Größe zusammen, dieselbe kleine Menge Ethanol ist wie zuvor im Ballon erhalten geblieben.

## V4.10 Modellexperiment zu den Aggregatzuständen

**Problem:** Mit diesem Modellexperiment soll das große Volumen eines Gases gegenüber derselben Masse der Flüssigkeitsportion oder der Feststoffportion plausibel werden. Dabei soll das heftige Schütteln der gewählten Anzahl von Kugeln in einer großen Glasschale die Volumenzunahme symbolisieren. Es ist in der Modelldiskussion nur zu klären, dass es in der Natur niemanden gibt, der schüttelt – die kleinsten Teilchen bewegen sich selbständig. Außerdem befindet sich bei einem solchen Modell tatsächlich Luft zwischen den Kugeln – im Original befindet sich zwischen den Teilchen nichts.

**Material:** Uhrglas, große Kristallisierschale, gleichgroße Kugellagerkugeln

**Durchführung:** 15 Kugeln werden auf das Uhrglas gegeben, ggf. mit dem Tageslichtprojektor projiziert, das Uhrglas wird mit der Hand leicht bewegt, ohne dass Kugeln ihren Platz verlassen. Die Kugeln werden umgeschüttet in die Glasschale und bei schräg gehaltener Schale so bewegt, dass sie zusammen bleiben, aber ihre Plätze wechseln. Dann wird die Glasschale schnell hin und her bewegt, sodass die Kugeln sich voneinander entfernen und die gesamte Schale ausfüllen (Tageslichtprojektor!).

**Beobachtung:** Auf dem Uhrglas bleiben die Kugeln an ihrem Platz – sie zeigen im Modell, wie Teilchen eines Kristalls bestimmte Anordnungen und damit bestimmte Kristallformen bilden. Werden sie auf dem Uhrglas leicht zitternd hin und her bewegt, symbolisieren die Kugeln sogar die Schwingungen von Teilchen im Kristall. Im zweiten Modell berühren sich die Kugeln auch, wechseln aber durch die ständige Bewegung die Plätze. Im dritten Modell sind durch die rasche Bewegung die Abstände zwischen den Kugeln sehr viel größer und die Kugeln füllen die gesamte große Schale aus.

### V4.11 Ein leeres Glas ist voll Luft

**Problem:** Der Begriff des „leeren Glases“ ist zweideutig: in einem solchen Glas befindet sich weder eine Flüssigkeit noch ein Feststoff, aber die Luft ist immer präsent – das „leere“ Glas ist randvoll mit Luft. Man kann auch die gesamte Luft aus Glasgefäßen mit Hahn herauspumpen – dann enthalten sie „nichts“. Um den Begriff des „leeren“ Glases zu reflektieren, werden folgende kleine Experimente durchgeführt.

**Material:** 200 mL-Becherglas, große Glasschale, Kolbenprober mit Hahn, Glasrohr

**Durchführung:** Die Glasschale wird mit Wasser gefüllt und das Becherglas senkrecht hinein gehalten: die Luft bleibt im Glas. Das Becherglas wird gekippt: es füllt sich mit Wasser. Das mit Wasser gefüllte Becherglas kann sogar etwas herausgehoben und festgehalten werden. Den Kolbenprober verbindet man mit dem Glasrohr und füllt ihn mit 100 mL Luft. Der Kolberprober wird in das mit Wasser gefüllte Becherglas entleert. Eine zweite Kolbenproberfüllung wird dazu gegeben. Durch Ansaugen der Luft mit Hilfe von Kolbenprober und Glasrohr kann die Luft wieder aus dem Becherglas heraus gesogen werden.

**Beobachtung:** Das Becherglas füllt sich zunächst mit 100 mL Luft, beim zweiten Entleeren des Kolbenprobers mit 200 mL Luft – es ist randlos mit Luft gefüllt.

## V4.12 Ein Rundkolben enthält nichts

**Problem:** Da das „Nichts" sehr unanschaulich ist, bedarf es experimenteller Erfahrungen. Wenn vor den Augen der Schüler aus einem Glasgefäß, das zunächst vollständig mit Luft gefüllt ist (vgl. V4.11), die Luft entfernt wird, enthält es weder Luft noch andere Materie: es enthält „nichts". Auf dieser experimentellen Grundlage können die Aussagen „ein Glas ist leer" und „ein Glas enthält nichts" besser reflektiert und entsprechende Unterschiede diskutiert werden. Insbesondere kann der Begriff des „Nichts" dann für das Teilchenmodell wirksam werden und plausibel machen, dass zwischen den Teilchen eines Gases „nichts" ist – auch keine Luft!

**Material:** Rundkolben, Stopfen mit Hahn, Kolbenprober mit Hahn, Wasserstrahlpumpe, Glasschale

**Durchführung:** Der Rundkolben wird mit Stopfen und Hahn versehen. Bei geöffnetem Hahn werden mit dem Kolbenprober 50 mL Luft aus dem Rundkolben gesogen und der Kolben verschlossen. Es wird ein weiteres Mal versucht, 50 mL Luft zu entnehmen. Wenn es zu schwierig wird, weitere Luft mit dem Kolbenprober heraus zu saugen, wird die Wasserstrahlpumpe angeschlossen und eine Minute laufen gelassen (Schutzbrille!). Der verschlossene Rundkolben wird mit dem Hahn in die Glasschale unter Wasser getaucht und der Hahn geöffnet (Schutzbrille!). Der Stopfen wird entfernt, das Wasser aus den Rundkolben heraus gegossen.

**Beobachtung:** Mit dem Kolbenprober lässt sich ein bestimmtes Luftvolumen aus dem Rundkolben entnehmen, dabei bildet sich darin ein Unterdruck. Nachdem der Rest der Luft durch die Wasserstrahlpumpe entfernt worden ist, herrscht im Rundkolben ein Vakuum: im Rundkolben ist „nichts" vorhanden. Öffnet man den Kolben unter Wasser, füllt sich der Kolben vollständig mit Wasser. Lässt man das Wasser ausfließen, füllt sich der Rundkolben mit demselben Volumen Luft: der Kolben ist wie zu Beginn mit Luft gefüllt.

**Hinweis:** In der Diskussion der Beobachtungen kann auf vakuumverpackte Lebensmittel oder auf evakuierte Fernsehbildröhren hingewiesen werden.

## Literatur

1. Stachowiak, H.: Gedanken zu einer allgemeinen Theorie der Modelle. Studium Generale 18 (1965), 432
2. Steinbuch, K.: Denken in Modellen. In: Schäfer, G., u. A.: Denken in Modellen. Braunschweig 1977 (Westermann)

3. Barke, H.-D.: Modelle, Modellvorstellungen. In: Barke, H.-D., Harsch, G.: Chemiedidaktik Heute. Lernprozesse in Theorie und Praxis. Heidelberg 2001 (Springer)
4. Möller, B., Barke, H.-D.: Interaktive Software zum Entdecken chemischer Strukturen. In: Behrendt, H.: Zur Didaktik der Physik und Chemie. Alsbach 2002 (Leuchtturm)
5. Asselborn, W., Jäckel, M., Risch, K. T.: Chemie heute. Hannover 2001 (Schroedel)
6. Pfundt, H.: Das Atom – Letztes Teilungsstück oder Erster Aufbaustein. Chimdid 7 (1981), 7
7. Barke, H.-D.: Der „horror vacui" in den Vorstellungen zum Teilchenkonzept. In: Barke, H.-D., Harsch, G.: Chemiedidaktik Heute. Lernprozesse in Theorie und Praxis. Heidelberg 2001
8. Novick, S., Nussbaum, J.: Pupils' Understanding of the Particulate Nature of Matter: A Cross-Age-Study. Science Education 85 (1981), 187
9. Kircher, E., Heinrich, P.: Eine empirische Untersuchung über Atomvorstellungen bei Hauptschülern im 8. und 9. Schuljahr. Chim. did. 10 (1984), 199
10. Fladt, R.: Kurskorrektur im Chemieunterricht. Dargestellt an der Einführung und Anwendung des Teilchenmodells in der Sekundarstufe I. MNU 37 (1984), 354
11. Weniger, J.: Didaktische und semantische Probleme bei der Einführung der Atomhypothese und der Kern-Elektron-Hypothese. In: Weninger, J., Brünger, H.: Atommodelle im naturwissenschaftlichen Unterricht. Weinheim 1976 (Beltz)
12. Buck, P.: Wie kann man die ‚Andersartigkeit der Atome' lehren? Chem.Sch. 41 (1994), 460
13. Barke, H.-D.: Raumvorstellung zur Struktur von Teilchenverbänden. In: Barke,H.-D., Harsch,G.: Chemiedidaktik Heute. Heidelberg 2001 (Springer)
14. Bloom, B.S.: Stabilität und Veränderung menschlicher Merkmale. Basel 1971 (Beltz)
15. Thurstone, L.L.: Primary mental abilities. Psychometric Monographs 1 (1938)
16. Engida, T.: Structural Chemistry and Spatial Ability in Chemical Education. A Case of selected German and Ethiopian Schools. Dissertation. Münster 2000
17. Barke, H.-D.: Konzeption des strukturorientierten Chemieunterrichts. In: Barke, H.-D., Harsch,G.: Chemiedidaktik Heute. Heidelberg 2001 (Springer)
18. Harsch, G.: Stereobilder zum Training des Raumvorstellungsvermögens. In: Barke, H.-D., Harsch,G.: Chemiedidaktik Heute. Heidelberg 2001 (Springer)
19. Möller, B.: Chemische Strukturen entdecken und verstehen. Entwicklung und Erprobung einer multimedialen Lernhilfe. Dissertation. Münster 2004 (Schüling)
20. Sopandi, W.: Raumvorstellungsvermögen und Chemieverständnis im Chemieunterricht. Dissertation. Münster 2005 (Schüling)

# 5 Struktur-Eigenschafts-Beziehungen

Für den Anfangsunterricht sind an den Beispielen „Diamant/Graphit" und „weißer und roter Phosphor" bereits erste Struktur-Eigenschafts-Beziehungen studiert worden (vgl. Kap. 4.3): die Modifikationen sind jeweils aus denselben C-Atomen bzw. P-Atomen aufgebaut, sie unterscheiden sich allerdings drastisch in der **chemischen Struktur** und deshalb auch in den Eigenschaften. Die Fehlvorstellungen können mit der Überlegung korrigiert werden, dass das einzelne C-Atom oder P-Atom keinerlei Eigenschaften der Stoffe wie Farbe oder Dichte aufweist, dass solche Eigenschaften erst am sichtbaren Kristall, also einem Verband sehr vieler C-Atome oder sehr vieler P-Atome festgestellt werden können (vgl. Kap. 4.3).

Ein größeres Erklärungspotenzial hinsichtlich der Eigenschafts-Struktur-Beziehungen liegt allerdings vor, wenn gleichzeitig mit der Struktur auch die **chemische Bindung** diskutiert wird. So lassen sich Flüchtigkeit, Löslichkeit, Schmelz- oder Siedeverhalten von Stoffen auf die Fragen der Bindung zwischen Atomen, Ionen oder Molekülen zurückführen. Auch für folgende Unterrichtsthemen sind Zusammenhänge von Strukturen und Eigenschaften von großer Bedeutung: homologe Reihen, funktionelle Gruppen, Stereochemie, Farbstoffe, Kunststoffe, Kohlenhydrate, Fette, Eiweiße u. A. Diese vertrauten Themen der Organischen Chemie sollen zunächst nicht berücksichtigt werden, weil es immer auch um Diskussionen der Elektronenpaarbindung geht und damit um den Welle-Teilchen-Dualismus des Elektrons, der naturgemäß unverstehbar ist.

Es sollen eher Struktur-Eigenschafts-Beziehungen an Beispielen hergestellt werden, die keine Modelle zur chemischen Bindung erfordern, sondern mit der chemischen Struktur beantwortet werden können, beispielsweise zum Aufbau der Metalle und Legierungen aus Metall-Atomen und zum Aufbau der Salze aus Ionen.

## 5.1 Struktur und Eigenschaften von Metallen und Legierungen

- „Eisen-Atome können rosten und färben sich rotbraun“,
- „Eisen-Atome sind hart, Blei-Atome sind weich“,
- „Messing-Atome sind gold-glänzend“.

Diese Interferenzen zwischen Eigenschaften der Substanzen einerseits und Eigenschaften von Atomen andererseits bilden sich allzu leicht bei Lernenden im Fach Chemie, weil der Verband vieler Atome im Unterricht zu wenig zur Erklärung von Eigenschaften heran gezogen wird. Solange überwiegend Einzelatome betrachtet werden, bleibt für Lernende „das Gold-Atom gelb“. Diese Tatsache wurde bereits an den Beispielen Diamant/Graphit und roter/weißer Phosphor diskutiert (vgl. Kap. 4.3) und es können entsprechende Strukturunterschiede der Substanzen im Gittermodell abstrakt gezeigt werden, sind allerdings von den Lernenden kaum zu verstehen. Da gerade Verbände von Metall-Atomen sachlich korrekt mit verständlichen Kugelpackungen zu beschreiben sind, bietet es sich an, Metallstrukturen hinsichtlich der Eigenschafts-Struktur-Beziehungen zu betrachten und die genannten Fehlvorstellungen abzubauen.

**Unterrichtsvorschlag.** Metallkristalle sind nicht in den so schönen äußeren Formen zu erhalten wie es für Salzkristalle der Fall ist, etwa für wohlgeformte Alaunsalz-Kristalle (vgl. Abb. 4.3). Sie können aber durch Ausfallen aus Salzlösungen erhalten (V4.4) oder durch elektrolytische Abscheidung leicht hergestellt werden (V.5.1): so scheiden sich etwa Silberkristalle aus einer Silbersalz-Lösung in Form beeindruckender Silber-Bäume ab (vgl. Abb. 5.1).

An dieser Stelle können erste Struktur-Eigenschafts-Beziehungen diskutiert werden: Scheiden sich Ag-Atome aus konzentrierter Silbernitrat-Lösung sehr schnell ab, bilden sich schwarz-farbene amorphe Klumpen des Metalls – wie auch das trockene Metallpulver dem menschlichen Auge schwarz erscheint. Findet die Elektrolyse bei einer komplexierten Lösung mit kleiner Konzentration an freien Silber-Ionen statt (V5.1), dann erscheinen Silberkristalle in der Tat in Form eines silbrig-glänzenden Metallbaums (Abb. 5.1).

Die Anordnung von Ag-Atomen im Silberkristall kann beschrieben werden als dichteste Packung von Kugeln im Raum: jede Kugel entspricht in dem Packungsmodell einem Ag-Atom. Das Studium dichtester Kugelpackungen führt zu zwei verschiedenen Stapelfolgen (V5.2): auf eine Dreiecksschicht als dichtester Anordnung von Kugeln in der Fläche können

**Abb. 5.1.** Fraktale Silberkristalle durch Elektrolyse [1]

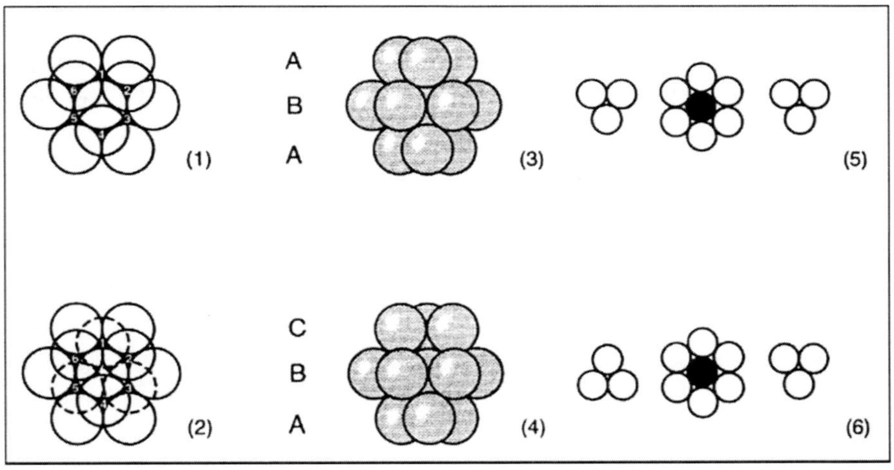


**Abb. 5.2.** Schichtenfolgen ABCA und ABA dichtester Kugelpackungen [2]

Dreiecksschichten in der Folge ABCABC und in der Folge ABABAB gestapelt werden (vgl. Abb. 5.2).

In beiden dichtesten Kugelpackungen ist die Koordinationszahl 12 abzuzählen (vgl. Abb. 5.2): eine Kugel im Inneren der Packung wird in der Ebene von sechs anderen berührt, darüber von drei Kugeln, darunter ebenfalls (V5.2). Beide Stapelfolgen führen zu pyramiden-ähnlichen Körpern, denen man hexagonale Elementarkörper entnehmen kann (vgl. Abb. 5.3).

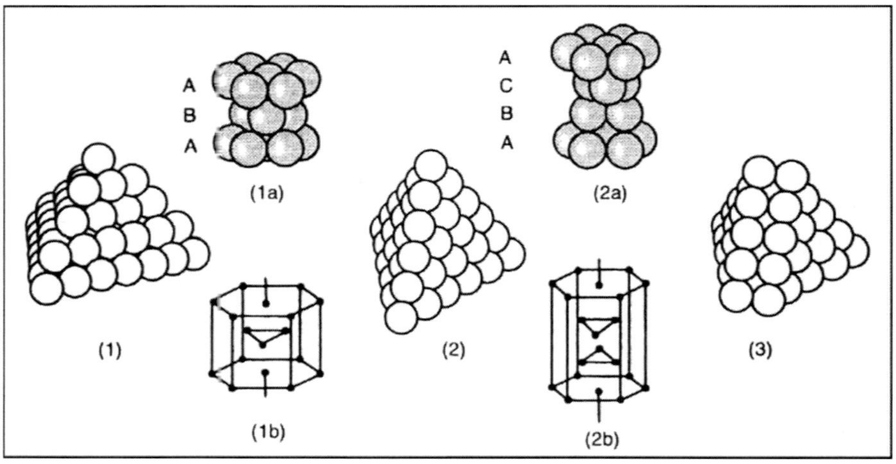


**Abb. 5.3.** Zwei Formen dichtester Kugelpackungen [2]

Allerdings lässt sich in der regelmäßigen Pyramide (vgl. (2) in Abb. 5.3) auch noch zusätzlich ein Elementarwürfel finden, der sich aus 14 Kugeln zusammensetzt (Abb. 5.4): man kann ihn auf der Raumdiagonalen stehend in der Schichtenfolge ABCA in diese Pyramide einbauen (V5.3). Aus diesem Grund wird diese Packung von Kugeln auch **kubisch dichteste Packung** genannt. Sie kann auch ausgehend von quadratischen Kugelschichten

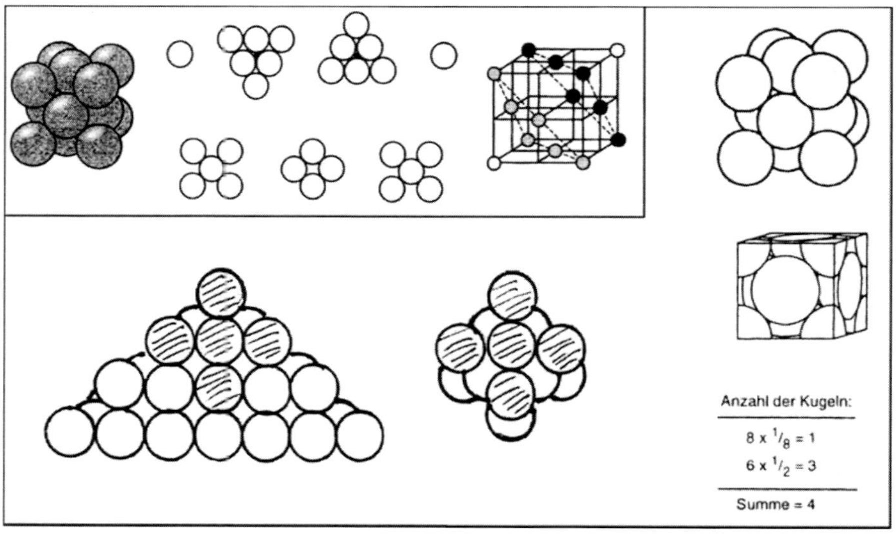


**Abb. 5.4.** Elementarwürfel und Elementarzelle der kubisch dichtesten Kugelpackung [2]

aufgebaut und der Elementarwürfel eingebaut werden: darin steht der Würfel auf einer Quadratfläche (V5.3).

Da jede Seitenfläche des Elementarwürfels im Flächenzentrum eine Kugel besitzt, nennt der Experte die Struktur **kubisch flächenzentriert**. Der Experte kennt auch neben dem Elementarwürfel noch die Elementarzelle (vgl. Abb. 5.4), die durch gedankliches Zerschneiden der Kugeln im Elementarwürfel durch die Mittelpunkte parallel zu den Würfelflächen entsteht: Sie ist geeignet, durch Verschieben in alle Raumrichtungen unendliche oder infinite Kristallstrukturen darzustellen. Fügt man die Kugelteile der Elementarzelle zusammen, so erhält man vier Vollkugeln: man zählt sechs Halbkugeln auf den Würfelflächen und acht Achtelkugeln an den acht Ecken (Abb. 5.4). Zur Anschauung kann eine Elementarzelle auch aus Bastelkarton gebaut werden (V5.3). WIRBS [3] konnte in Klassenstufen 8 und 9 einer Realschule nachweisen, dass ein Verständnis zur Elementarzelle erreicht wird und kubische Elementarzellen erfolgreich ausgezählt werden.

Die kubisch dichteste ABC-Kugelpackung oder kubisch-flächenzentrierte Struktur wird in der Natur realisiert durch alle Edelmetalle, durch Kupfer, Blei, Aluminium, Nickel und viele weitere Metalle: der Bedeutung des Kupfers wegen heißt sie **Kupfer-Typ** (vgl. Abb. 5.5).

Die dichteste ABAB-Kugelpackung wird wegen des hexagonalen Elementarkörpers auch als hexagonal dichteste Struktur bezeichnet und durch Metalle wie Magnesium oder Zink realisiert: **Magnesium-Typ** (vgl. Abb. 5.5).

Als dritte Metallstruktur wird von der Natur eine Packung von Metall-Atomen realisiert, die sich kubisch-innenzentriert nennt: eine Kugel in der Raummitte eines gedachten Würfels wird von acht anderen Kugeln berührt. Diese Metallstruktur stellt keine dichteste Kugelpackung dar – sie kommt bei den Alkalimetallen und bei Wolfram vor: **Wolfram-Typ** (vgl. Abb. 5.5).

Auswirkungen der verschiedenen Metallstrukturen auf ihre Eigenschaften lassen sich am Beispiel der **Duktilität** beobachten: Hämmert man längere Zeit auf ein Kupferblech und auf ein Magnesiumband (V5.4), so stellt man fest, dass Kupferblech zu einer dünnen Folie geschlagen werden kann, wie es auch bei Gold möglich ist (Blattgold). Dagegen zerbröselt das Magnesiumband in viele kleine Stücke – es gibt kein Blatt-Magnesium!

Im Falle der kubisch dicht strukturierten Metallkristalle liegen gleitfähige Atomlagen in vielen Richtungen vor, sodass dem mechanischen Angriff aus verschiedenen Richtungen durch Verschieben der Atomlagen ausgewichen wird. Allein der Elementarwürfel erlaubt das Verschieben von gleitfähigen Dreiecksschichten in vier Richtungen, nämlich senkrecht zu den vier Raumdiagonalen. Die hexagonal dicht strukturierten Metallkristalle

| Gitterstruktur | | Koordinationszahl | Strukturmodell | Beispiele | |
|---|---|---|---|---|---|
| hexagonal |  | 12 | hexagonal dichteste Kugelpackung | Magnesium, Zink: **Mg-Typ** |  |
| kubisch flächenzentriert |  | 12 | kubisch dichteste Kugelpackung | Kupfer, Silber, Gold, Blei: **Cu-Typ** | 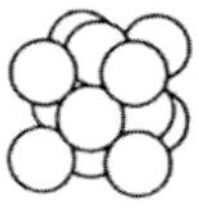 |
| kubisch raumzentriert | 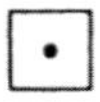 | 8 | raumzentrierte Kugelpackung | Alkalimetalle, Wolfram: **W-Typ** | 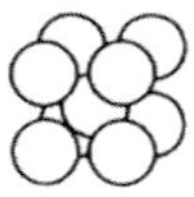 |

**Abb. 5.5.** Gitterstrukturen der Metalle, Modellvorstellungen und Beispiele [2]

weisen im Vergleich dazu nur die eine Richtung der Dreiecksschichten im hexagonalen Elementarkörper auf: diese Metalle sind wenig duktil und zerfallen unter Krafteinwirkung.

Eine ähnliche Erfahrung machen Hufschmiede und Schwertbauer seit allen Zeiten: erst das auf Rotglut erhitzte Eisen lässt sich gut schmieden, nach dem Abkühlen ist das Eisen wieder härter. Die Eisenstruktur ist bei Zimmertemperatur kubisch innenzentriert und ändert sich diffusionslos bei Rotglut von etwa 910°C in die kubisch flächenzentrierte Struktur. Dieses so genannte $\gamma$-Eisen lässt sich wie Kupfer und Edelmetalle schmieden, nach dem Abkühlen zum $\alpha$-Eisen geht die gute Duktilität verloren: das Metall ist wieder hart [2].

Will man das Eisen noch weiter „härten", dann nimmt man eine Eisen-Kohlenstoff-Legierung, die bis zu 2% Kohlenstoff enthält: Stahl. Er ist deshalb viel härter, weil die Einlagerung von C-Atomen in statistisch besetzte Lücken der Packung von Eisen-Atomen die Verschiebbarkeit von Atomschichten behindert. Dasselbe passiert beim Legieren von Silber-Zinn-Gemischen mit Quecksilber zu „Amalgam", dem klassischen Material des Zahnarztes zur Füllung ausgebohrter Zähne. Die genannte Legierung ist viel härter als jedes der Ausgangsmetalle, das gilt auch für Natriumamalgam, das durch Reaktion von Natrium mit Quecksilber entsteht (V5.5).

Mit der **Struktur von Legierungen** und Strukturänderungen bei bestimmten Temperaturen lässt sich auch der Memoryeffekt von Metallen (V5.6) erklären [4], oder die erheblich größere elektrische Leitfähigkeit zweier bestimmter Au-Cu-Überstrukturen (CuAu und $Cu_3Au$) gegenüber beliebig zusammengesetzten Rotgold-Legierungen [2]. Es gibt eine Reihe weiterer Legierungen zur Diskussion von Eigenschaften und Erklärungen mit Hilfe der chemischen Struktur.

## 5.2 Existenz der Ionen und Struktur der Salze

- „Die Wassermoleküle verdampfen, die Salzmoleküle bleiben zurück",
- „es liegt Salz in Form der NaCl-Teilchen auf dem Boden vor",
- „es bleiben nur noch Natriumchlorid-Teilchen übrig" [5].

Während die Begriffe Atom und Molekül frühzeitig von den Lehrern eingeführt und schnell von den Schülern in den Wortschatz aufgenommen werden, tun sich Lehrer und Schüler oftmals schwer mit dem Ionenbegriff. Das Ion wird erst viel später im Unterricht verwendet, und zwar nicht als existentes kleinstes Teilchen der Salze, sondern eher im Zusammenhang mit der Ionenbindung. Einige empirische Untersuchungen sollen das zeigen.

**Ionen bei Fällungsreaktionen.** Schülern und Schülerinnen der gymnasialen Klassenstufe 10, die das Atommodell und den Ionenbegriff im Chemieunterricht bearbeitet hatten, wurden Ausfällungen von Calciumsulfat aus konzentrierten Salzlösungen gezeigt und Modellzeichnungen erbeten, wie sie sich kleinste Teilchen in diesen Lösungen vor der Ausfällung und danach vorstellen [6]. Die erwarteten Ionensymbole wurden hinsichtlich der Ausgangslösungen immerhin zu etwa 50% angegeben, allerdings besaß dafür die andere Hälfte der Probanden deutliche Fehlvorstellungen von „Salz-Molekülen" oder von Elektronenübergängen zur Bildung von Ionen aus Atomen. Hinsichtlich der Produkte der Fällungsreaktion waren dann nur noch 30% akzeptable Modellvorstellungen vorhanden, der Anteil an Fehlvorstellungen wuchs auf 70% [6].

**Ionen in Kochsalzlösung.** Jugendlichen der gymnasialen Oberstufe wurden beteiligte Ionen in einer Kochsalzlösung durch Ionensymbole vorgegeben (vgl. Abb. 5.6, „vor dem Verdampfen"). Dann wurde danach gefragt, was mit den Ionen geschieht, wenn das Wasser der Lösung abgedampft wird [7]. Neben einigen richtigen Antworten, die die Kristallisation von Natriumchlorid sachgemäß mit den Ionen wiedergegeben hatten, musste ein hoher Prozentsatz von Antworten festgestellt werden, der von NaCl-Molekülen im Kristall ausgeht.

Die beteiligten Schüler gaben zwar Ionen in der Lösung an, argumentierten allerdings bei den Modellvorstellungen zum Eindampfen des Wassers aus der Lösung mit dem „Neutralwerden" der Ionen [7], stellten sich

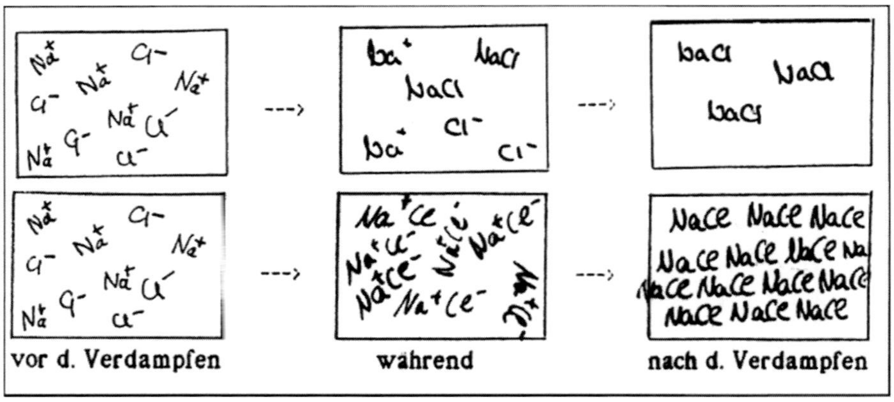


**Abb. 5.6.** Modellvorstellungen zum Verdampfen von Wasser aus Kochsalzlösung [7]

beim Verdampfungsvorgang immer weitergehend das Zusammengehen der Ionen zu Molekülen vor und zeichneten schließlich als Modell für den Kristall oftmals ausschließlich NaCl-Molekülmodelle (vgl. Abb. 5.6).

**Ionen in Mineralwasser.** Jugendlichen wurde in einer Befragung das Etikett einer Bonaqua-Mineralwasserflasche gezeigt, das die Namen der enthaltenen Substanzen wie beispielsweise Calciumchlorid, Magnesiumchlorid und Natriumchlorid ausweist [8]. Die Aufgabe sollte nun prüfen, inwieweit die Probanden den Ionenbegriff kennen und auf angegebene gelöste Salze erfolgreich anwenden können. Falls bereits im Unterricht behandelt, sollen sie sich auch gern zur gelösten „Kohlensäure" oder zu Teilchen des auf dem Etikett angegebenen „Natriumhydrogencarbonats" äußern. Um den zutreffenden Ionenbegriff ins Spiel zu bringen, aber auch Fehlvorstellungen zu „Salz-Molekülen" anzubieten, sind bestimmte Auswahlantworten entworfen worden (vgl. Abb. 5.7). Es wird auch zur „eigenen Begründung" ermutigt, falls die Auswahlantworten nicht die vermuteten Vorstellungen wiedergeben.

Die entscheidenden Aufgaben sind schließlich die Zeichnungen der Probanden hinsichtlich ihrer Modellvorstellungen. Zum einen soll nach sachgerechtem Ankreuzen der zutreffenden Alternative „Ionen mehrerer Salze" detailliert in der Zeichnung aufgeführt werden, welche Ionen sich die Jugendlichen vorstellen. Zum anderen wird geprüft, ob nach richtigem Ankreuzen „Ionen mehrerer Salze" nicht andere Teilchen als Ionen symbolisiert werden, ob der Ionenbegriff an beiden Stellen der Aufgabe stimmig und sachgerecht angewendet wird. An der schriftlichen Befragung nahmen 132 Gymnasiasten der Klassenstufen 9 bis 12 teil [8].

Obwohl der Ionenbegriff im Unterricht aller Befragten behandelt worden ist und in der vierten Auswahlantwort ausdrücklich angeboten wird, erkennen ihn nur etwa 25% als zutreffend an, fast ebenso viele Jugendliche wählen die „Salz-Moleküle" aus. Schaut man sich die Modellzeichnungen an, so zeichnete der sehr kleine Anteil von nur 4% der Stichprobe auch tatsächlich Ionensymbole in die Zeichnung hinein. Sieht man weiterhin nach, welcher Anteil von den 25% der Probanden, die den Ionenbegriff richtig angekreuzt haben, auch eine zutreffende Modellvorstellung zeichnet, so ist dieser Anteil nur noch 2%: nur dieser kleine Anteil hat das richtige Kreuz gesetzt und dazu die stimmige Modellvorstellung wiedergegeben. Viele der Probanden, die zwar Ionen in der Auswahlantwort ankreuzten, entschieden sich in der Modellzeichnung für Symbole von Molekülen (vgl. Abb. 5.7): NaCl oder Na-Cl, $CaCl_2$ bzw. Cl-Ca-Cl, etc.

Weitere Modellzeichnungen zeigen auch folgende Fehlvorstellungen: a) Ionensymbole werden – wie in Struktursymbolen der Moleküle – mit *Bindestrichen* verbunden, b) es wird mit Metall- und Nichtmetall-*Atomen* argumentiert, c) mit dem Schalenmodell des Atoms wird ein „*Übergehen* von Elektronen" von einem auf das andere Atom skizziert (Ionen „entstehen" immer erst), d) es werden gleiche Kugeln eingezeichnet und beispielsweise mit „NaCl" markiert: „Natriumchlorid-*Teilchen*" oder „Salz-*Teilchen*" auf der Grundlage des Teilchenmodells. Diesbezüglich ist besonders gut zu erkennen, dass die Fehlvorstellungen „hausgemacht" sind:

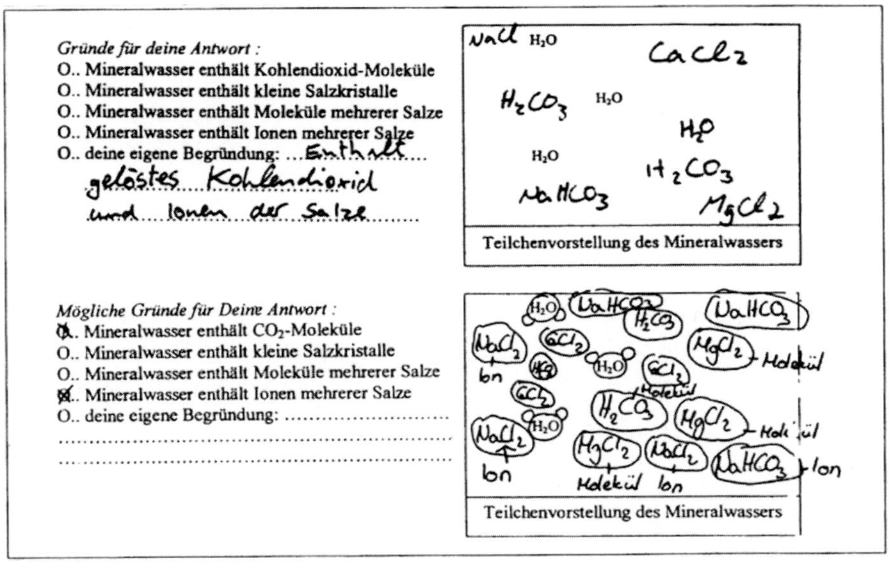


**Abb. 5.7.** Zwei Beispiele für Fehlvorstellungen zu Teilchen in Mineralwasser [8]

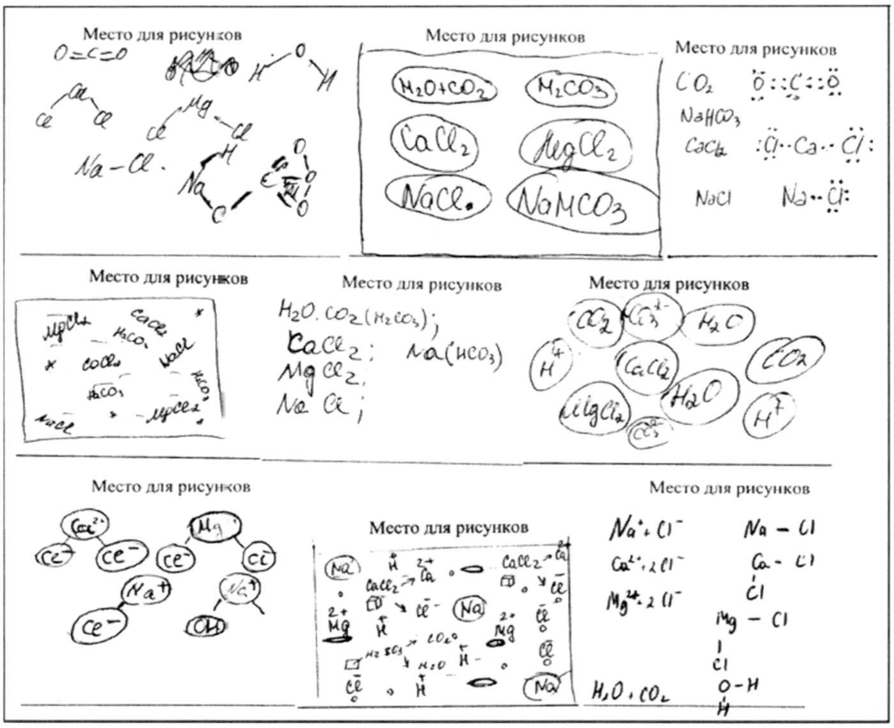


**Abb. 5.8.** Auswahl von Modellvorstellungen zweier russischer Schulklassen [DAVYDOW]

die Jugendlichen kommen ohne Kenntnis des Ionenbegriffs in den Unterricht und lernen ihn definitiv erst mit Hilfe ihres Lehrers oder ihrer Lehrerin kennen. Offenbar gibt es große didaktische Schwierigkeiten, den Ionenbegriff *verständlich* und *nachhaltig* im Chemieunterricht einzuführen.

Diese Schwierigkeiten scheint es überall zu geben, auch in St. Petersburg. Viktor DAVYDOW von der Herzen Pedagogical University hat den oben zitierten Fragebogen zum Mineralwasser in die russische Sprache übersetzt und ebenfalls Modellvorstellungen zeichnen lassen. Schüler und Schülerinnen einer Klasse 9 und Klasse 10 stellen sich Moleküle vor und kennzeichnen sie teilweise mit der Lewis-Schreibweise, geben Ionensymbole mit „Verbindungsärmchen" an, oder beschreiben das momentane „Entstehen der Ionen" in der Lösung (vgl. Abb. 5.8).

**Unterrichtsvorschlag.** Die geschilderten empirischen Erfahrungen zeigen, dass nach einem Unterricht zum differenzierten Atommodell und zur Ionenbindung die Existenz von Ionen als kleinsten Teilchen der Salze nur in dürftiger Weise in Vorstellungen der Jugendlichen verankert ist und Ionensymbole von der Mehrzahl der Probanden in Modellzeichnungen nicht angemessen verwendet werden. Insbesondere werden undifferenzierte Summensymbole wie NaCl und HCl in Reaktionssymbolen verwendet und Lernenden bleibt es überlassen, welche Vorstellungen sie sich zum Aufbau entsprechender Substanzen machen [6].

Diese Erfahrungen beschreibt die Literatur zur Chemiedidaktik seit Jahrzehnten [6] – nur in Ausnahmefällen wird aufgrund dieser Kritiken die Lehre im Fach Chemie vollständig verändert [9]: Den Studenten werden auf der Grundlage des Daltonschen Atommodells nicht nur die Atome und entsprechende Atommassentabellen an die Hand gegeben, sondern auch wichtige Ionenarten (vgl. Abb. 5.9). In Form des besonderen Periodensystems werden „Atome *und Ionen* als Grundbausteine der Materie" [9] übersichtlich angeordnet, sowohl Kugelmodelle der Atome entsprechend ihrer von den Physikern gemessenen Größen als auch Kugelmodelle der Ionen anschaulich dargestellt (vgl. Abb. 5.9). Ähnliche Abbildungen verwendet auch Hans-Rudolf CHRISTEN [10] in seinen Lehrbüchern zur Einführung in die Chemie.

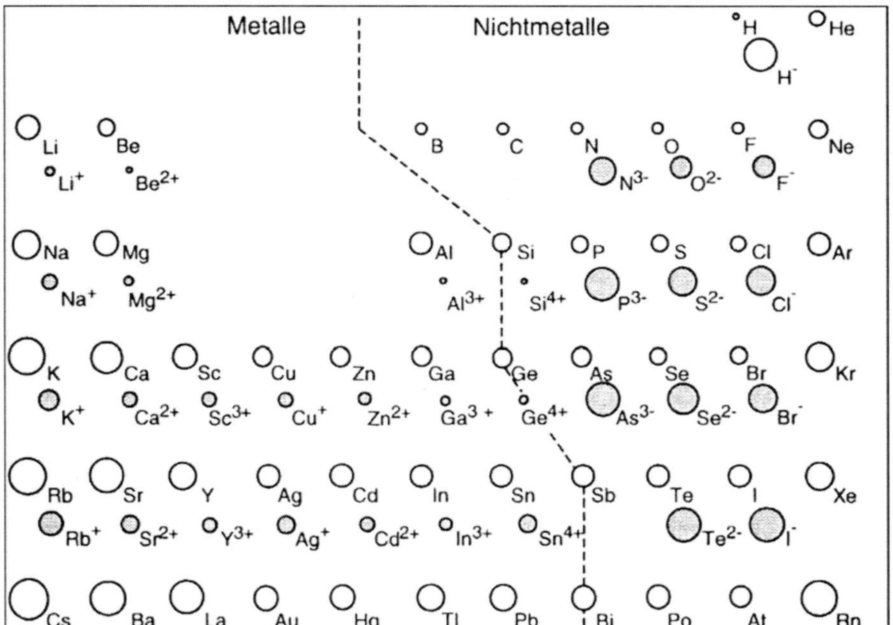


**Abb. 5.9.** PSE-Darstellung einer Auswahl von Kugelmodellen für Atome und Ionen [9]

Über die Ionenladung wird also jeweils aufgrund der Stellung im Periodensystem informiert, sie wird noch nicht mit der Bilanz von Protonen im Atomkern und Elektronen in der Atomhülle veranschaulicht – dies erfolgt an späterer Stelle im Chemiekurs. Zur Orientierung und Kombination sind die Grundbausteine der Materie in „Metalle" und „Nichtmetalle" aufgeteilt worden, dabei stehen Modelle für das H-Atom und das Hydrid-Ion unüblich aber bewusst auf der rechten Seite der Nichtmetalle im Periodensystem (vgl. Abb. 5.9). Da das $H^+$-Ion oder Proton kein eigenständig existierender Baustein für Ionengitter ist, sondern eher in einem Molekül eine Elektronenwolke als Umgebung beansprucht (Kap. 7), wird es in diesem Periodensystem nicht dargestellt.

Sollen auch Experimente zur Einführung der Ionen deren Existenz untermauern, so bieten sich Messungen der Gefrierpunktserniedrigung an [11]. Nimmt man jeweils 1-molare Lösungen von Ethanol, Natriumchlorid und Calciumchlorid und stellt die Temperaturen fest, bei der die Lösungen anfangen zu erstarren, so misst man im Idealfall in der Reihenfolge der genannten Lösungen etwa –1,9°C, –3,8°C und –5,7°C (V5.7). Da Gefriertemperaturen nicht von der Art sondern nur von der Anzahl der Teilchen pro Volumeneinheit abhängen, wird gefolgert [11]:

- 1 mol Ethanol → 1 mol Teilchen → 1 mol $C_2H_5OH$-Moleküle
- 1 mol NaCl → 2 mol Teilchen → 1 mol $Na^+$-Ionen + 1 mol $Cl^-$-Ionen
- 1 mol $CaCl_2$ → 3 mol Teilchen → 1 mol $Ca^{2+}$-Ionen + 2 mol $Cl^-$-Ionen

Mit der PSE-Sammlung von Grundbausteinen (vgl. Abb. 5.9) kann man im Unterricht beispielsweise beginnen, Metall-Atome zu Metallkristallen und Legierungen gedanklich zu verknüpfen und mit Kugelpackungen zu veranschaulichen. Hilde WIRBS [3] konnte empirisch nachweisen, dass dieses Periodensystem als „roter Faden" für den Chemieunterricht angenommen wird, dass Jugendliche der Klassenstufe 8 einer Realschule Verknüpfungen der Metall-Atome „links und links im PSE" gedanklich nachvollziehen, Kugelpackungsmodelle verstehen, erfolgreich Elementarzellen auszählen und daraus etwa Formeln wie CuAu und $Cu_3Au$ ableiten [3].

Mit der Sammlung von Grundbausteinen lassen sich auch sachlich zutreffende Definitionen für die Begriffe Element und Verbindung ableiten: In einem Element sind Atome einer Atomart verknüpft, in einer Verbindung mindestens Atome oder Ionen zweier Arten. Mit dieser Definition werden alle Salze als Verbindungen mit erfasst, die mit „Salz-Teilchen", „Atomen", „Formeleinheiten" oder Verbindungseinheiten" [6] sachlich unzutreffend beschrieben würden.

Nachdem Metall-Atome verknüpft worden sind, können Ionenarten „links und rechts im PSE" kombiniert werden, etwa modellhaft und exemplarisch

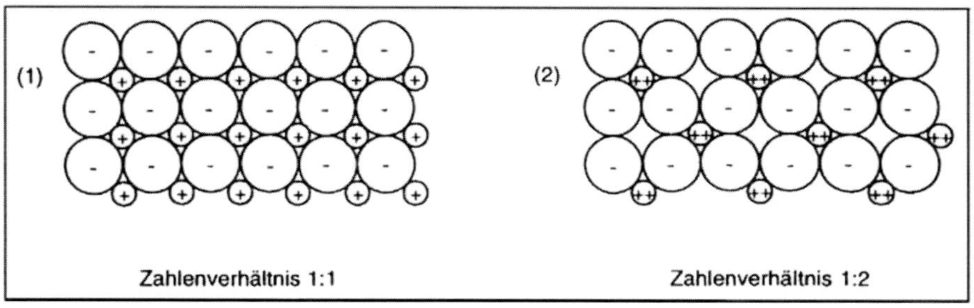


**Abb. 5.10.** Mögliche Modellzeichnungen für Ionenverbände in Salzkristallen [2]

zu einfachen Salzkristallen (vgl. Abb. 5.10). Allein aufgrund der Ionenladungen und des Ausgleichens der elektrischen Ladungen für einen Ionenverband werden Formeln wie $(Na^+)_1Cl^-)_1$ bzw. NaCl oder $(Mg^{2+})_1(Cl^-)_2)$ bzw. $MgCl_2$ gefunden. Nina STREHLE [12] konnte durch die wissenschaftliche Begleitung von strukturorientiertem Chemieunterricht in der Klassenstufe 9 einer Realschule im Raum Münster zeigen, dass das gedankliche Verknüpfen von Ionen „links und rechts im PSE“ für die Jugendlichen keine Schwierigkeiten bereitet, dass das Zeichnen von zweidimensionalen Modellen und Bauen von räumlichen Packungen zu einem guten Verständnis vom Aufbau der Salze aus Ionen führt, dass der Ionenbegriff nachhaltig in den Modellvorstellungen der Jugendlichen verankert wird.

Auch für Salzlösungen findet man das zutreffende Zahlenverhältnis und kann durch entsprechende Modellzeichnungen signalisieren, dass Ionen voneinander getrennt vorliegen. Will man hydratisierte Ionen angeben, wählt man zusätzlich das bekannte Zeichen (aq). Sollen Fällungsreaktionen gezeigt und mit Hilfe der beteiligten Ionen interpretiert werden, dann können zur Veranschaulichung didaktisch verkürzte Modellzeichnungen angefertigt werden (vgl. Abb. 5.11). Daraus sind Reaktionssymbole abzuleiten, insbesondere solche Beschreibungen, die allein die Arten von Ionen symbolisieren, die zum Feststoff zusammentreten (vgl. Abb. 5.11, letzte Zeile).

Um zur wichtigen **Natriumchlorid-Struktur** zu gelangen, können ausgehend von der kubisch dichtesten Kugelpackung die Lücken in diesen Packungen entdeckt und diskutiert werden [2]: Oktaederlücken und Tetraederlücken (V5.8). Füllt man alle Oktaederlücken mit kleineren Kugeln, so gelangt man zur Natriumchlorid-Struktur (vgl. Abb. 5.12): die großen Kugeln symbolisieren die Chlorid-Ionen, die kleinen Kugeln die Natrium-Ionen. Die Struktur lässt sich also beschreiben als kubisch dichte Packung von Chlorid-Ionen, deren Oktaederlücken vollständig mit Natrium-Ionen gefüllt sind. Für andere Salzstrukturen wird auch lediglich ein Teil der Oktaederlücken besetzt, etwa wenn für Aluminiumoxid das Ionenzahlenverhältnis 2 : 3 gilt [2].

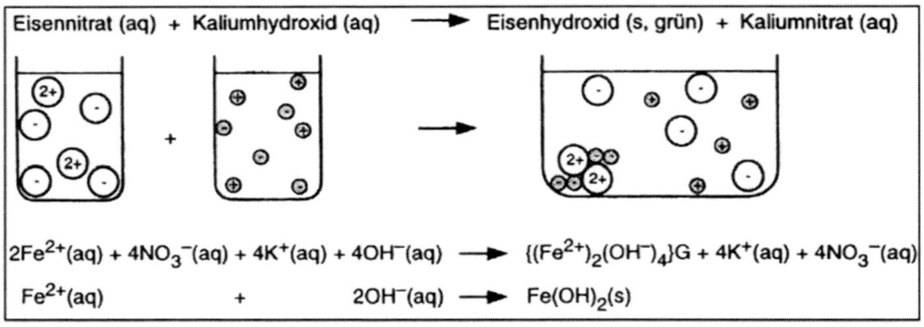


**Abb. 5.11.** Mögliche Modellzeichnungen für eine Fällungsreaktion [2]

Die Koordinationszahlen für beide Ionenarten lauten in der NaCl-Struktur sechs: das $Na^+$-Ion wird von 6 $Cl^-$-Ionen umgeben, das $Cl^-$-Ion von 6 $Na^+$-Ionen (V5.8). Diese Zahlen sind auch am Elementarwürfel der NaCl-Kugelpackung zu ermitteln (Abb. 5.12). Aus dem Elementarwürfel leiten sich schließlich Elementarzelle und Raumgitter ab (V5.8): so werden mehrere Anschauungsmodelle zur Natriumchlorid-Struktur verglichen und irrelevante Zutaten diskutiert, entsprechend angemessene Denkmodelle in den Köpfen der Jugendlichen aufgebaut (vgl. Abb. 4.1).

Viele andere Salzstrukturen können durch unterschiedliche Besetzungsgrade für Oktaederlücken oder Tetraederlücken beschrieben werden [2], als Beispiele für Besetzungen der Tetraederlücken seien die **Zinksulfid-Struktur** und die **Lithiumoxid-Struktur** abgebildet (vgl. Abb. 5.12).

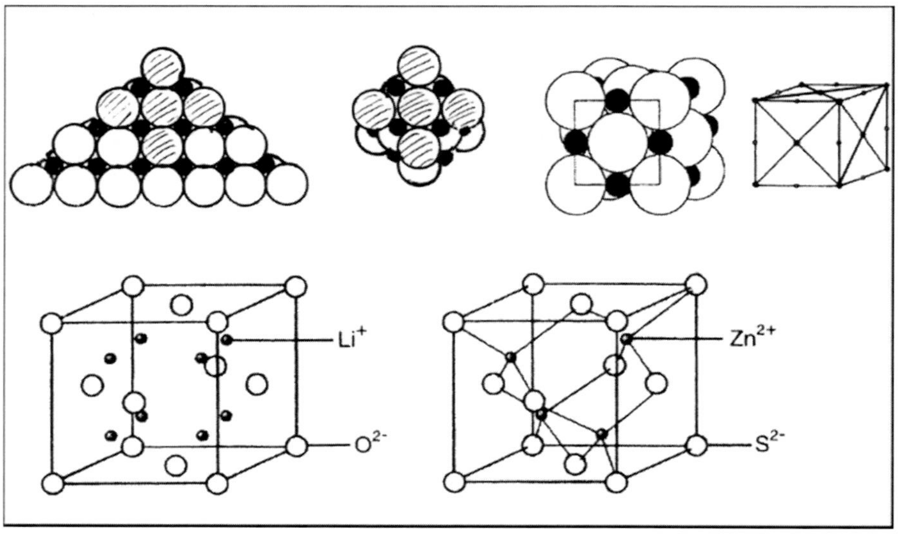


**Abb. 5.12.** Modelle für kubische Salzstrukturen wie NaCl, ZnS und $Li_2O$ [2]

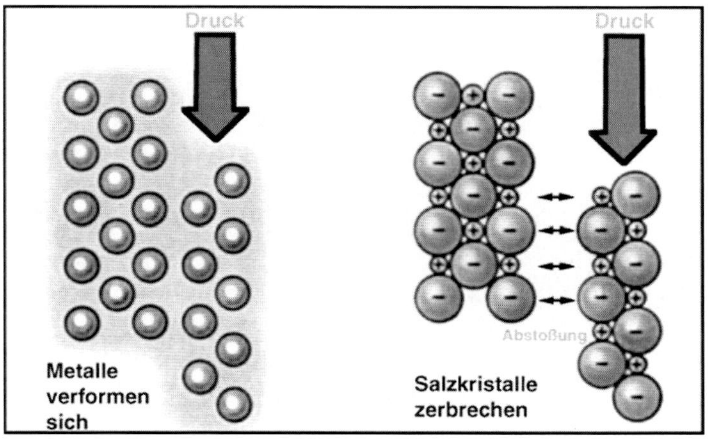


**Abb. 5.13.** Struktur-Eigenschafts-Vergleiche von Metall- und Salzkristallen

Der Aufbau der Salzkristalle aus Ionen hat bestimmte Konsequenzen für die Eigenschaften: Hämmert man auf einen Metallblock, so wird er entsprechend der Angriffskräfte verformt, übt man einen gezielten Schlag auf einen Salzkristall aus, so zersplittert der Kristall oder es brechen bestimmte Kristallstücke ab (V5.9). Die Erklärung liegt in der Natur der Abstoßung gleichsinnig geladener Ionen: Geraten bei mechanischer Beanspruchung jeweils die Anionen und jeweils die Kationen gegenüber positioniert nahe aneinander, so können Abstoßungskräfte wirksam werden und die Anziehungskräfte unterschiedlich geladener Ionen überwinden (vgl. Abb. 5.13).

Auch die Eigenschaft der elektrischen Leitfähigkeit resultiert aus der Anwesenheit beweglicher Ionen: Ein Steinsalzkristall leitet bei Zimmertemperatur zunächst nicht den elektrischen Strom, allerdings führt die starke Erhitzung des Kristalls zu einer immer stärkeren Leitfähigkeit (V5.10). Wird ein Salz geschmolzen oder in Wasser gelöst, dann sind jeweils gute Leitfähigkeiten nachzuweisen (V5.10), die diesbezügliche Anwendung von Gleichspannungen führt zur Elektrolyse und bekanntermaßen zur elektrolytischen Zersetzung der Salzschmelze bzw. der Salzlösung.

Verdampft man das Wasser aus Salzlösungen, dann entstehen feste Salzkristalle: die beteiligten Ionen bilden Ionengitter und entsprechende Salzstrukturen aus. Lässt man das Wasser langsam aus der gesättigten Lösung verdunsten, dann formen sich oftmals große und schöne Kristalle. Insbesondere das Alaunsalz hinterlässt beim Züchten von Kristallen aus gesättigten Lösungen (V4.1) schön geformte Oktaeder (vgl. Abb. 4.3): bei diesem Vorgang treten $K^+$(aq)-Ionen, $Al^{3+}$(aq)-Ionen und $SO_4^{2-}$-Ionen zu einem Ionengitter kubischer Symmetrie zusammen. Fügt man einer gesättigten Natriumchlorid-Lösung etwa 10% Harnstoff hinzu, kristallisieren

Kochsalzkristalle nicht in der erwarteten Würfelform aus, sondern in Oktaederform: es entsteht eine andere äußere Kristallform mit allerdings identischen Symmetrieelementen.

Schmilzt man spezifische Salze, etwa Natriumacetat, und lässt die Schmelze abkühlen, bleibt sie erstaunlicherweise auch bei Zimmertemperatur bestehen und kristallisiert nicht aus. Wirft man einen kleinen Natriumacetat-Kristall in diese Schmelze, dann bilden sich augenblicklich weiße Salzkristalle und die Kristallisationswärme wird spontan abgegeben (V5.11). Diese Reaktion wird verwendet, um sogenannte „Taschenwärmer" herzustellen. Auch Fällungsreaktionen sind geeignet, um das Zusammengehen bestimmter Ionenarten zu demonstrieren (V5.12).

## 5.3 Vorstellungen zur Ionenbindung

Der Zusammenhalt von Ionen im festen Kristall wird in zweidimensionalen Modellen bereits anschaulich (vgl. Abb. 5.10): die Ionenbindung beschreibt einen Gleichgewichtszustand von elektrostatischen Anziehungskräften *unterschiedlich* geladener Ionen und von elektrostatischen Abstoßungskräften *gleichsinnig* geladener Ionen. Diese oder ähnliche von der Elektrostatik ausgehenden Erklärungen liegen bei Schülern und Schülerinnen meistens nicht vor.

Empirische Erhebungen zum Verständnis der Ionenbindung weisen andere Konzepte auf. Auf der Grundlage des Unterrichts zum Atommodell und zu Atomkern und Atomhülle kommt es überwiegend zu Vorstellungen von gedachten momentanen Transfers von Elektronen bei einer Redoxreaktion, von der Ionen*bindung* durch Ionen*bildung*, von Einfachbindungen zwischen einzelnen Ionen oder von Ionenpaaren, auch Salz-Moleküle oder Salz-Teilchen existieren in den Köpfen der Jugendlichen. Claus HILBING [13] hat diese ermittelten Fehlvorstellungen in einem Cartoon zusammengefaßt (vgl. Abb. 5.14). Cosima SCHWÖPPE [14] recherchierte diesbezüglich weitere Vorstellungen ausführlich und unterbreitet ihre Unterrichtsvorschläge zu deren Korrektur. Beide Arbeiten seien zusammengefaßt und ergänzt.

**Ionenbindung und Salz-Teilchen.** In seinen Untersuchungen befragt HILBING [13] eine Gruppe von Gymnasiasten der Klassenstufe 10 vor dem Unterricht zur Ionenbindung, wie sie sich das feste Salz nach Verdunsten von Wasser aus Kochsalzlösung vorstellen: überwiegend antworteten und zeichneten die Probanden „Salz-Teilchen" oder „NaCl-Teilchen". Es erscheint selbstverständlich, auf die am besten vertraute Teilchenvorstellung zurück zu greifen.

**Abb. 5.14.** Empirisch ermittelte Schülervorstellungen zur Ionenbindung [13]

Auch direkt nach der traditionellen Unterrichtseinheit zur Ionenbindung durch einen Gymnasiallehrer findet er diese Vorstellungen von Salz-Teilchen oder NaCl-Teilchen wieder: „Obwohl die Schüler in 10 Unterrichtsstunden über Ionen und Ionenladungen vieles erfahren haben, zeichnen sie eine Vorstellung, die dem Status quo vor der Unterrichtseinheit entspricht“ [13].

„Das bedeutet, dass diese Vorstellung die Unterrichtseinheit überdauert hat. Es bedeutet *nicht*, dass die Schüler die ‚richtige’ im Unterricht intendierte Vorstellung nicht kennen würden, die Schüler scheinen von der neuen Modellvorstellung nur noch nicht überzeugt zu sein: sie äußern ‚sicherheitshalber’ die ihnen vertraute Vorstellung von Salz- oder NaCl-Teilchen“.

„Solche Vorstellungen werden als kognitive Schicht im Sinne Niedderers bezeichnet. Es bedeutet, dass der Schüler sowohl eine Vorstellung von Salz-Teilchen als auch von $Na^+$-Ionen und $Cl^-$-Ionen aufgebaut hat, die er konkurrierend vielleicht sogar untereinander vermischt denkt. Auf unsere Frage im Fragebogen haben die Schüler und Schülerinnen die kognitive Schicht des Kugelteilchenmodells aktiviert, nicht aber die intendierte und vom Lehrer vermittelte Vorstellung von Ionen und von der Ionenbindung. Für den späteren Unterricht muss man also erwarten, dass die alternative Vorstellung von Salz-Teilchen einen Anknüpfungspunkt für neue Inhalte darstellt, etwa beim Thema Säuren und Basen: wer kennt sie nicht, die H-Cl-Moleküle in Salzsäure oder die Na-O-H-Moleküle in Natronlauge?“ [5].

**Ionenbindung gleich Elektronentransfer.** Die Jugendlichen verstehen zwar die Entstehung von Ionen aus den Atomen durch den Elektronentransfer, setzen gemäß der Erfahrungen von Keith TABER [15] aber häufig auch die Ionenbindung mit diesem Elektronentransfer gleich und behaupten, dass der Elektronentransfer das Konzept der Ionenbindung selbst darstellt. Die Modellzeichnung eines Schülers zur Ionenbindung (vgl. Abb. 5.15) zeigt exemplarisch die Modellvorstellung, dass aus zwei Atomen durch Elektronentransfer die beiden zugehörigen Ionen entstehen – für den Schüler beinhaltet dieser Elektronentransfer allerdings die Ionenbindung selbst: „ionic bonding“ schreibt er selbst zu seiner Modellzeichnung (vgl. Abb. 5.15).

Die Schüler unterscheiden also nicht zwischen der Ionenbildung und der Ionenbindung und entwickeln somit unangemessene Vorstellungen von der Ionenbindung. TABER stellt fest, dass etwa 58% der von ihm befragten Schülern der Meinung seien, dass eine ionische Bindung nur dadurch zustande kommt, dass die Atome „eine volle äußere Schale erhalten“ – sie stellen sich zur Ionenbindung folglich den Elektronentransfer vor und stellen ihn in Zeichnungen dar [17]. Ähnliche Erfahrungen mit Interferenzen von Konzepten zur Ionenbildung und Ionenbindung zeigen auch unsere Untersuchungen in Deutschland [5].

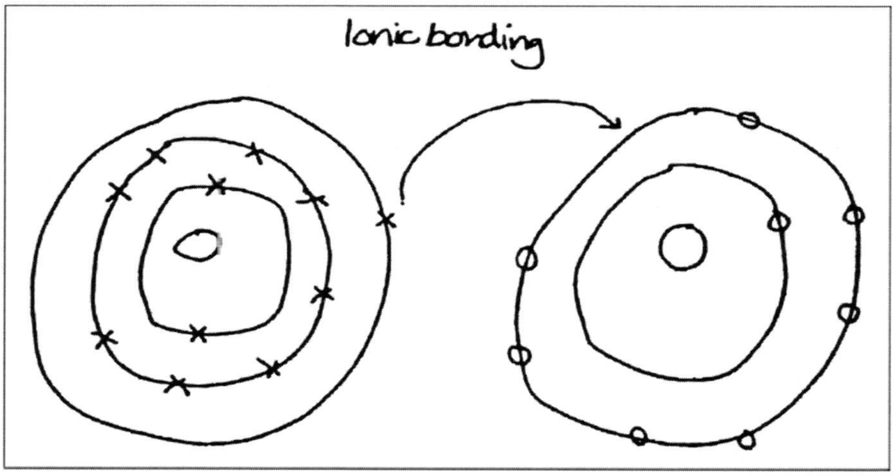


**Abb. 5.15.** Modellvorstellung eines Schülers zur Ionenbindung [16]

**Ionen*bildung* und Ionen*bindung*.** Das Problem der Unterscheidung zwischen der Ionenbildung (also der Bildung der Ionen aus den Atomen) und der Ionenbindung deutete sich im Text zuvor bereits an: die Schüler setzen die Entstehung der Ionen durch den Elektronentransfer mit der Ionenbindung gleich. Dies lässt sich dadurch erklären, dass der Aufbau der Salze meist im Kontext des eingeführten Kern-Hülle-Modells und einer Redoxreaktion behandelt wird, die Ionen*bindung* damit im Zusammenhang mit der Ionen*bildung* zu erarbeiten ist. Dem Schüler gelingt es naturgemäß nicht, beide Konzepte sachgerecht voneinander zu trennen. So stellt HILBING [13] fest, „dass die Schüler ihre Vorstellungen vom Aufbau von Kochsalz mit der Bildung des Salzes aus den Elementen verbinden. Der Elektronentransfer und damit die Ionenbildung ist somit immer entscheidender Teil der Vorstellung vom Aufbau der Salze".

Aufgrund seiner Unterrichtsbeobachtungen kritisiert HILBING [5] weiterhin, dass die Erklärung der Ionenladung durch gedankliches Entfernen und Addieren der Elektronen von Atomen die Ionenbildung in den Vordergrund rückt und das eigentliche Thema Ionenbindung völlig aus dem beobachteten Unterricht verdrängt: Die unterrichteten Inhalte „gehören samt und sonders zum Thema ‚Ionen*bildung*' – also zur Redoxreaktion. Die Ionen*bindung* und damit der Aufbau der Salze hat mit der Redoxreaktion nichts aber auch gar nichts zu tun! Zur Modellbeschreibung der Ionen*bindung* ist die Genese der Ladung völlig unerheblich – es geht doch ausschließlich um die Beschreibung der Kräfte zwischen den unterschiedlich geladenen Ionen. ... Die ausführliche Behandlung der Redoxreaktion führt zu einer Überbetonung der Begriffe aus dem Kern-Hülle-Modell: Elektron, Ionen*bildung* durch Elektronenübertragung und Verwendung der Oktettregel, Elektronentransfer und Ionen*bindung* durch bindende Elektronen. Sie führt nicht zu angemessenen Vorstellungen bezüglich des Aufbaus der Salze aus Ionen – insgesamt stellt der Unterricht also keinen Königsweg dar, sondern führt eher auf eine ‚falsche Fährte'" [5].

Auch TABER [17] merkt an, dass die Ionenbildung für Schüler immer auch mit der sehr plausiblen Oktettregel verknüpft wird. Er bemerkt, dass Schüler die Oktettregel häufig stark generalisieren und als eine Methode ansehen, mit der man stabile Atome oder Ionen identifizieren kann. Weiterhin wird diese Regel von ihnen häufig als eine allgemeine Erklärung dafür genutzt, warum chemische Reaktionen stattfinden. Er macht zusätzlich deutlich, dass viele der Bemerkungen und Diagramme in Schulbüchern die Lernenden dazu ermutigen, chemische Reaktionen, welche zwischen ungebundenen Atomen ablaufen, so anzusehen, dass sie aktiv danach streben würden, ihre äußeren Schalen „mit Hilfe der chemischen Bindung" zu füllen, sprich, durch den auftretenden Elektronentransfer die

Form zu erreichen, in welcher die äußeren Schalen mit jeweils acht Außenelektronen gefüllt sind [16].

Vanessa BARKER [18] bemerkt zusätzlich, dass Lehrer eine viel zu große Betonung auf die Oktettregel legen, um Formeln und Bindungen chemischer Spezies zu bestimmen. Infolgedessen bedienen sich auch die Schüler vornehmlich dieser Regel, um die Formeln von Verbindungen zu ermitteln. Während der Unterrichtseinheit zur ionischen Bindung wird diese Regel von Lehrern angeführt, um zu zeigen, dass einige Atome ihre Schalen durch den Elektronentransfer füllen können anstatt sich die Elektronen zu teilen, wie es bei der kovalenten Bindung der Fall ist. Weiterhin weist sie darauf hin, dass die Schüler nur mit Hilfe dieser Begründung nicht wirklich verstehen können, wie sich Ionengitter bilden [18].

In Ergänzung zu BARKER ist festzustellen, dass im Unterricht die Ionenbildung oft am Beispiel isolierter *einzelner* Atome erläutert wird, die sich zu *einzelnen* Ionen umbilden: dadurch wird weder die räumliche Struktur der Ausgangsstoffe deutlich, noch die Struktur entstehender Salze. Die Ionenbindung kann aber erst verstanden werden, wenn der räumliche Aufbau von Salzkristallen aus *vielen* Ionen demonstriert und damit die Bindungsart im Ionen*verband* veranschaulicht wird. Dieser Zusammenhang wird Grundlage für die Unterrichtsvorschläge zur Korrektur sein.

**Ionenbindung und elektrische Leitfähigkeit.** Der Ionenbegriff wird – wie berichtet – meist mit Hilfe einer Redoxreaktion und des Elektronentransfers bzw. der Ionenbildung eingeführt, aber auch aufgrund experimenteller Beobachtungen der elektrischen Leitfähigkeit von Salzlösungen oder deren Elektrolyse. Bei seinen Unterrichtsbeobachtungen findet HILBING [13] ebenfalls Experimente zur elektrischen Leitfähigkeit und zur Elektrolyse vor. Er konstatiert, dass diesbezügliche Messungen ungeeignet zur Einführung des Ionenbegriffs sind: „Mit dem Wissen aus dem Physikunterricht der Jahrgangsstufe 8 scheint es für die Schüler völlig stimmig zu sein, die Leitfähigkeit mit der Modellvorstellung von Elektronen in wässeriger Salz-Lösung zu beschreiben, wie sie es für die Leitfähigkeit von Metallen kennen gelernt haben – keinesfalls können sie zur Idee der Ionen gelangen" [15] – und schon gar nicht zur Idee der Ionenbindung.

So beschreiben SUMFLETH, PLOSCHKE und GEISLER [19], dass ein Lehrer in seiner Unterrichtsstunde die Ionen experimentell durch die elektrische Leitfähigkeit verschiedener Säuren einführt. Er weist mehrfach darauf hin, dass die Existenz von Ionen in den Lösungen durch die elektrische Leitfähigkeit bewiesen wird, wohingegen die Schüler der Meinung sind, dass die Ionenbindung und damit der Elektronentransfer durch die elektrische

**Tab. 5.1.** Ausschnitt aus einem Unterrichtsgespräch zur „Ionenbindung" [19]

| | |
|---|---|
| L: | Was haben wir jetzt nachgewiesen? |
| S: | Dass die Lösung leitfähig ist. |
| S: | Ne Ionenbindung |
| L: | So, das ist es. Es müssen doch Ionen in der Lösung sein. Welche Aussagen können wir machen über die Bindung zwischen dem Chloratom und dem Wasserstoffatom im HCl-Molekül? |
| S: | Ja, ich würde sagen, das ist ne Ionenbindung. |
| S: | Ja, das stimmt, das haben wir in der letzten Stunde überprüft. |

Leitfähigkeit untermauert wird und sehen keinen Unterschied zwischen den Ionen und der Ionenbindung (vgl. Tab. 5.1).

Das Gespräch zeigt, dass der Lehrer den Standpunkt des Schülers nicht klärt und die Fehlvorstellung des Schülers hervorgerufen oder sogar zementiert hat. So denkt der Schüler daran, dass die elektrische Leitfähigkeit einer Lösung eine Ionenbindung nachweise, während sie für den Lehrer das Vorhandensein von frei beweglichen Ionen in der Lösung bestätigt. Dies führt dazu, dass der Schüler keinen Unterschied zwischen den Ionen und der Ionenbindung sieht, dass die Schüler die Leitfähigkeit einer Lösung mit einer Ionenbindung gleichsetzen – es gelingt ihnen nicht, die Ionenbindung und die Existenz der freien Ionen voneinander zu trennen.

**Isolierte Bindung zwischen einzelnen Ionen.** TABER stellt ein weiteres Problem zur angemessenen Vorstellung der Ionenbindung dar. In einer seiner Untersuchungen nahmen mehr als einhundert A-level students (Sekundarstufen II-Schüler) Stellung zu Aussagen hinsichtlich der chemischen Bindung. Das Ergebnis war in Anbetracht der Tatsache, dass die Schüler zuvor im Unterricht die Grundlagen zur chemischen Bindung erarbeitet hatten, erstaunlich: 60% der Schüler waren der Meinung, dass ein Natrium-Atom nur *eine einzige* ionische Bindung eingehen kann, da es nur *ein* abzugebendes Elektron in seiner äußeren Schale hat. Ebenso stimmten 58% zu, dass auch ein Chlor-Atom nur eine ionische Bindung eingehen kann, da es in seiner äußeren Schale nur noch ein Elektron aufnehmen kann [15].

Gleichermaßen berichtet TABER über Schüler, denen zweidimensionale Modellzeichnungen vorgelegt (vgl. Abb. 5.16) und Fragen gestellt wurden, wie viel Chlorid-Ionen an ein Natrium-Ion gebunden wären. Er berichtet exemplarisch über die Antwort einer Schülerin, welche zunächst angab, dass nur ein Chlorid-Ion an ein Natrium-Ion gebunden sein könnte. Nach einer erneuten Betrachtung der Abbildung bemerkte sie jedoch, dass jedes $Na^+$-Ion in der Darstellung von 4 $Cl^-$-Ionen umgeben zu sein schien. Dies

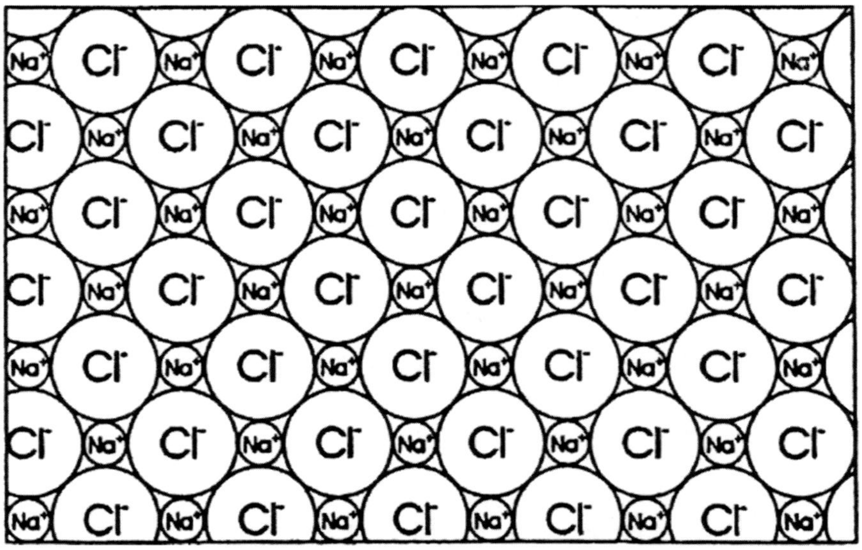

**Abb. 5.16.** Zutreffende Modellvorstellung von der Natriumchlorid-Struktur [16]

irritierte sie, da ja jedes Natrium-Teilchen ihrer Meinung nach nur mit einem Chlor-Teilchen eine ionische Bindung aufbauen konnte. Sie war jedoch nicht in der Lage, diese eine einzige Bindung zu identifizieren, da sie nicht angeben konnte, welches Natrium-Teilchen nun genau ein Elektron an welches Chlor-Teilchen abgeben würde. Daher geht TABER davon aus, dass sie der Meinung war, dass die Darstellung falsch sei. Im Laufe weiterer Überlegungen erklärte die Schülerin schließlich doch mit Nachdruck, dass sie sich nur eine einzige Bindung zwischen jeweils einem Chlor-Teilchen und einem Natrium-Teilchen vorstellen könnte [16].

Es lässt sich wiederum erkennen, dass die Fehlvorstellungen im Wesentlichen darauf beruhen, die Begriffe Elektronentransfer und Ionenbindung im Unterricht gleichzusetzen. Die Schüler und Schülerinnen beschäftigen sich demnach nur mit isolierten Ionen anstatt mit dem Ionenverband. Sie begründen entsprechend die Anzahl der Bindungen, die ein Ion ausbilden kann, mit isolierten Bindungen zwischen einzelnen Ionen: sie untermauern ihre Vorstellung zusätzlich mit der Oktettregel und der dadurch erreichten Edelgaskonfiguration einzelner Ionen.

**Ionenpaare und Moleküle.** Wie schon beschrieben, lassen Schüler grundsätzliche Fehlvorstellungen zum Bindungsverhalten der Ionen erkennen, auch wenn man sie mit dem sachlich zutreffenden zweidimensionalen Modell eines Ionenverbandes konfrontiert und um die Erläuterung der Bindungverhältnisse in dieser Darstellung bittet (vgl. Abb. 5.16). So gehen sie

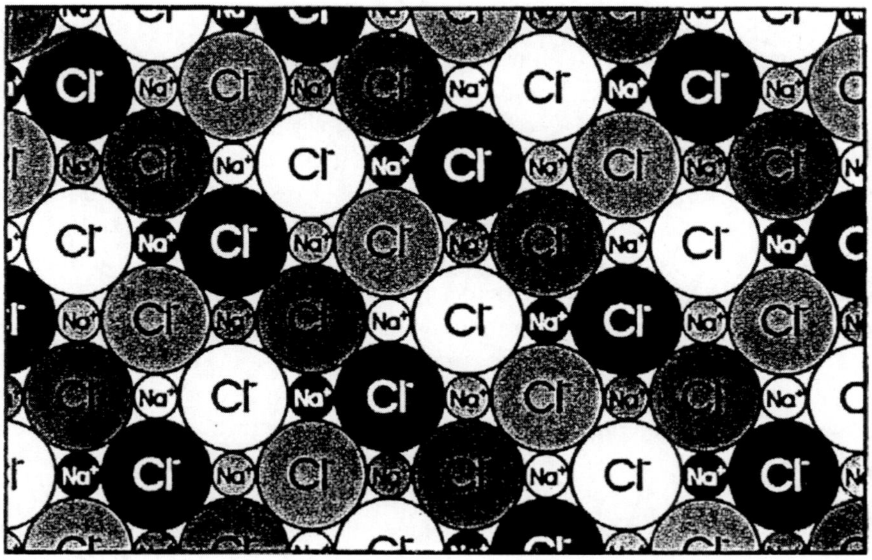


**Abb. 5.17.** Fehlvorstellungen von Ionenpaaren in der Natriumchlorid-Struktur [16]

davon aus, dass sich immer nur jeweils ein positives und ein negatives Ion durch eine Ionenbindung aneinander binden und zu anderen Ionen im Ionenverband nur schwache Anziehungskräfte wirken. Daher ist es verständlich, dass die Schüler bei der Betrachtung von Darstellungen sachlich richtiger Ionengitter einzelne Ionenpaare oder Moleküle identifizieren und jeweils genau zwei Ionen miteinander verbunden sehen wollen (vgl. Abb. 5.17).

Diese Fehlvorstellungen über zwei verschiedene Arten von Bindungen im Ionengitter lassen sich nicht nur bei HILBING [13] und TABER [15] finden, sie sind auch in den Untersuchungen der australischen Wissenschaftler BUTTS und SMITH [20] identifiziert worden. Sie fanden darüber hinaus Schülervorstellungen, die – in Analogie zur historischen Entwicklung der Wissenschaft – davon ausgehen, dass in Feststoffen zunächst Moleküle vorliegen und die Ionen erst durch das Lösen der Feststoffe in Wasser entstehen.

Demzufolge zeichnen Schüler in Modellen für eine eindampfende Lösung eine Mischung aus Ionen- und Molekülsymbolen ein, wohingegen sie den Kristall nur noch durch Molekülsymbole darstellen (vgl. Abb. 5.6). Der Meinung der Schüler nach werden „Natriumchlorid-Moleküle" gebildet, indem sich die einzelnen Ionen miteinander verbinden und sich dabei die Ladungen gegenseitig aufheben: die Ionen *neutralisieren* sich sozusagen gegenseitig [7].

Auch eine Untersuchung zur chemischen Bindung und Reaktionsenergie durch BOO aus Singapur [21] führte zur Erkenntnis, dass Schüler beim Aufbau der Salze mit neutralen Teilchen argumentieren. HILBING fand in

Deutschland zusätzlich heraus, dass die Schüler den Elektronentransfer zwischen den Atomen bzw. Ionen als bindungsbildendes Element anführen und so von „elektrostatisch neutralisierten Ionenpaaren“ sprechen [13].

Aufgrund der geschilderten fehlerhaften Vorstellungen der Schüler, dass sich die Ionen immer als Paare oder Moleküle anordnen, erscheint es verständlich, dass sie gleichermaßen große Probleme bei den Vorstellungen zur Anordnung der Ionen aufweisen. So lassen die Arbeiten von BUTTS und SMITH [20] enorme Defizite der Schüler zum Aufbau räumlicher Ionenverbände erkennen. Sie bemerken, dass die meisten Schüler eine Vorstellung zum zweidimensionalen Aufbau der Kristallgitter zeichnen: „Only four students demonstrated a clear and accurate understanding of the notion of a three dimensional lattice of sodium and chloride ions, although more were able to draw two dimensional diagrams which indicated that they did have only some understanding of the crystal structure of salt" [20]. HILBING [13] kommt zu ähnlichen Erkenntnissen: Obwohl einige von ihm untersuchte Schüler Vorstellungen über infinite Anordnungen der Teilchen aufweisen, ist diese nur ein- oder zweidimensional, die meisten Schüler zeichnen allerdings nur eine kleine Anzahl von Ionen und spiegeln damit finite Moleküle wider.

**Animistische Vorstellung von Ionen.** In der Literatur wird auch die animistische Vorstellung der Ionen, also deren Personifikation, als Fehlvorstellung genannt. Dieses kann mit der anthropomorphen Sprache gleichgesetzt werden, mit welcher die „Wünsche oder Vorlieben der Ionen“ beschrieben werden. Beispielsweise geben Schüler an, dass Elektronen zu bestimmten Atomen *gehören,* oder sie formulieren ihre Aussagen zur Reaktion zweier Atome in der Form, dass sie angeben, dass ein Atom eine Bindung eingehen *will* oder ein Elektron aufnehmen *möchte*, weil es eine volle äußere Schale zu erhalten *wünscht.* So führt TABER an, dass „atoms – according to students – *like* to be stable, *wish* to be stable, *prefer* to be stable and indeed can be *very eager* to be stable" [17]. Eine solche animistische Sprache wurde von den unterschiedlichsten Wissenschaftlern bei Schülern und Schülerinnen sowohl in Bezug auf die Ionenbildung als auch auf die Ionenbindung vorgefunden (z. B. [16], [22], [23]).

Allerdings soll dieses Phänomen hier nicht weiter verfolgt werden, da es keine Fehlvorstellung im eigentlichen Sinne darstellt, die den weiteren Lernprozessen und Entwicklungen des wissenschaftlichen Verständnisses maßgeblich im Wege steht. Auf der einen Seite bedienen sich auch viele Lehrer dieser animistischen Beschreibungen der Phänomene, auf der anderen Seite sind sich auch viele Jugendliche dessen bewusst, dass Ionen keine Lebewesen sind und gebrauchen die Personifikationen allein für anschauliche

Beschreibungen angelehnt an ihre Lebenswelt. Die animistische Ausdrucksweise kann den Schülern auch eine Brücke zu einer angemessenen Fachsprache sein, da sie es zunächst ermöglicht, die Phänomene rein intuitiv und mit der ihnen bekannten Sprache zu beschreiben. Dadurch verlieren sie die Hemmungen, die ihnen unbekannten Phänomene zunächst auf einer sehr einfachen Ebene zu erläutern. Diese Situation ermöglicht es ihnen, sich anschließend mit der Fachsprache auseinander zu setzen und mit ihrer Hilfe die nun verstandenen Vorgänge zu interpretieren. Daher sollte der Lehrer im fortgeschrittenen Unterricht eine solche personifizierende Sprache durch die angemessene Fachsprache ersetzen, um diesen Lernprozess erfolgreich zu gewährleisten.

**Unterrichtsvorschlag.** In der historischen Entwicklung von Vorstellungen zum Aufbau der Materie aus kleinsten Teilchen war erst das Atom postuliert worden (John Dalton, 1808) und viel später das Ion (Svante Arrhenius, 1884). Entsprechendes gilt für Vorstellungen zur „Atombindung" und zur „Ionenbindung": mit der Valenztheorie beschrieb Kekulé ab 1865 viele Moleküle der Organischen Chemie so angemessen, dass diese Beschreibungen noch heute zutreffen. Soll im aktuellen Chemieunterricht die historische Entwicklung dieser Modellvorstellungen thematisiert werden, dann müsste die genannte Reihenfolge sicher auch so eingehalten werden.

Argumentiert man nicht historisch, sondern chemiedidaktisch, so bleibt die Reihenfolge offen. Christiane REINERS empfiehlt, erst die kovalente Bindung und danach die Ionenbindung als einen Grenzfall zu unterrichten [24]. Sie führt nicht nur Argumente von TABER [25] an, sondern zitiert auch aus dem Lehrbuch des renommierten Autors HUHEEY [26]. In einem Leserbrief wird entgegnet: „Er liefert in demselben Lehrbuch der Anorganischen Chemie allerdings auch Argumente entgegengesetzter Richtung: ‚Da die reine Ionenbindung mit einem elektrostatischen Modell beschrieben werden kann, ist es vorteilhaft, sie zuerst zu behandeln'. HUHEEY macht auf diese Weise deutlich, wie Lernschwierigkeiten im Unterricht zur chemischen Bindung vermeidbar sind: ‚Die Ionenbindung kann bereits auf der Modellebene des Daltonmodells unter Berücksichtigung der Ionen und der elektrostatischen Anziehung bzw. Abstoßung eingeführt werden'. Das Kern-Hülle-Modell liefert für die Ionen*bindung*, also für die Verknüpfung von Ionen, keinerlei Hilfe. Bei der *Bildung* der Ionen aus Atomen und umgekehrt ist es jedoch zur Beschreibung unverzichtbar" [27]. Das Argument von HUHEEY würde das Konzept für einen Unterricht der Ionenbindung ohne ein Kern-Hülle-Modell also stark unterstützen.

REINERS wendet sich dagegen und führt aus, dass auf einem solchen Weg „die Bildung der Ionen nicht erklärt werden kann" [28]. Dieses Argument veranlasst SAUERMANN umgehend zu folgenden Bemerkungen: „Hinter diesem Satz steckt eine Art Erklärungszwang, der den jungen Chemielehrern häufig bereits an den Hochschulen eingeimpft wird. Er resultiert aus der Zwangsvorstellung, dass Ionen aus Atomen gebildet werden müssen, was zur ‚Erklärung' den Atombau voraussetzt. Dieses Verfahren kann ich nur als Mogelpackung bezeichnen. Denn bei genauer Betrachtung steht überhaupt nichts dagegen, mit den Schülern ins Bergwerk zu fahren, den Kochsalzkristall zu betrachten und die Ionen direkt in ihrer Kraftqualität und räumlichen Kraftwirkung zu beschreiben" [29].

Wie bereits ausgeführt (vgl. Kap. 5.2), wird vorgeschlagen, auf der Grundlage des Daltonschen Atombegriffs „Atome und Ionen als Grundbausteine der Materie" mit dem Periodensystem zu setzen (vgl. Abb. 5.9) und mit Kombinationen der „Ionen links und rechts im PSE" (vgl. Kap. 5.2) auch die Ionenbindung einzuführen. Entweder werden erste Kombinationen von Ionen mit Hilfe von Modellzeichnungen veranschaulicht (vgl. Abb. 5 10) und die Anziehung unterschiedlich geladener Ionen bzw. die Abstoßung gleichsinnig geladener Ionen verglichen und verbal behandelt. Oder es werden dichteste Packungen zweier Kugelsorten hergestellt (vgl. Abb. 5.12), um deren Anordnung auf den Realkristall zu übertragen: der Zusammenhalt der Ionen im Kristall wird erläutert durch ungerichtete elektrische Kraftwirkungen um jedes Ion herum.

Sollen die elektrischen Kräfte der Ionenbindung erfahrbar werden, lassen sich viele Experimente zur elektrostatischen Anziehung oder Abstoßung realisieren. So ist es möglich, eine frische Folie für den Tageslichtschreiber an einem üblichen Schreibpapier zu reiben und deren Anziehung zu beobachten, oder zwei Folien auf dieselbe Art mit Papier zu behandeln und die Abstoßung zu demonstrieren (V5.13). Es ist auch möglich, kleine runde Magnete zweier Größen jeweils mit dem Nordpol nach oben, die andere Sorte mit dem Nordpol nach unten zu orientieren und in einem flachen durchsichtigen Kasten – ggf. auf dem Tageslichtprojektor – zu schütteln (V5.14): die Magnete bilden eine Anordnung, die einem ebenen Ausschnitt aus der Kochsalzstruktur vergleichbar ist, die ungerichteten Kräfte um jeden Magneten herum veranlassen eine möglichst dichte Packung der Scheiben mit der Koordinationszahl 4 (vgl. Abb. 5.18). Es ist nur festzuhalten, dass diesem Modell magnetische Kräfte zugrunde liegen, die Ionen in einem Salzkristall allerdings durch elektrische Kräfte zusammengehalten werden.

Soll schließlich gar das Feld ungerichteter Kraftwirkungen demonstriert werden, das von einem Magneten ausgeht, so lassen sich leicht Eisenfeilspäne auf einer Glasplatte in Gegenwart eines darunter gehaltenen Stabmagneten orientieren (V5.15): nach Vibration der Glasplatte durch kurzes Klopfen darauf bilden die Feilspäne die bekannte spezifische Anordnung gemäß

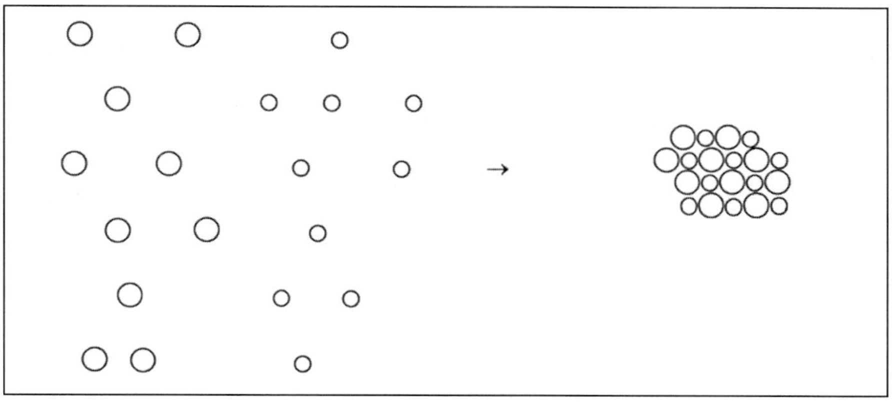

**Abb. 5.18.** Veranschaulichung ungerichteter Kräfte am Beispiel von Magneten (V5.13)

der magnetischen Kraftwirkungen (vgl. Abb. 5.19). Es bleibt wiederum festzuhalten: die demonstrierten Fernwirkungskräfte sind magnetischer Art, in allen Substanzen und auch in den Salzkristallen sind es elektrische Kräfte, die zwischen den Teilchen wirken.

Zur Vertiefung und Anwendung der Ionenbindung können Experimente zur Kristallzüchtung (V4.1), zur Löslichkeit von Salzen und zur spontanen Kristallisation aus übersättigten Lösungen (V5.11), oder zu Fällungsreaktionen gezeigt werden (V5.12): in allen Fällen finden Umgruppierungen von

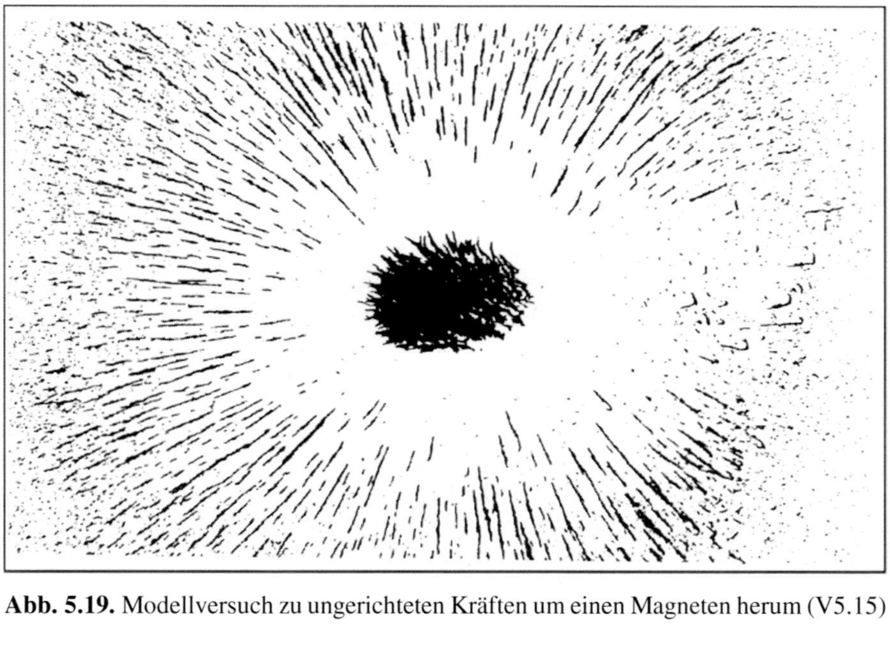

**Abb. 5.19.** Modellversuch zu ungerichteten Kräften um einen Magneten herum (V5.15)

Ionen statt. Formuliert man diesbezüglich nicht nur abstrakte Reaktionssymbole, sondern stellt auch zweidimensionale Modellzeichnungen möglichst mit Angabe entsprechender Ionensymbole her (vgl. Abb. 5.10 und 5.11), dann erhalten Schüler und Schülerinnen zusätzliche visuelle Lernhilfen, die angemessene Modellvorstellungen von der Ionenbindung aufbauen.

Die genannten Reaktionen sind so gewählt, dass die beteiligten Ionen erhalten bleiben und nur ihre Anordnung ändern. Es werden also mit Absicht keine traditionell üblichen Redoxreaktionen demonstriert und Veränderungen der Ionen zu Atomen (Elektrolyse) oder der Atome zu Ionen (Metall-Nichtmetall-Reaktionen) an dieser Stelle vorgeschlagen. Damit wird nicht nur die unerwünschte Verquickung der Begriffe Ionen*bindung* und Ionen*bildung* verhindert und ein Lernen erleichtert, sondern Ionen werden als wichtige Teilchensorte neben Atomen und Molekülen frühzeitig eingeführt: „Man beschreibt den Aufbau von Salzkristallen nicht aus ‚gedachten Molekülen' oder ‚Verbindungseinheiten' oder ‚veränderten Atomen' oder ‚Verbindungsteilchen' und umgeht damit den Ionenbegriff" [30]. Im Gegenteil: man betrachtet Ionen wie Atome als essentielle „Grundbausteine der Materie", die sehr viele Substanzen der Erde aufbauen!

## 5.4 Chemische Strukturen und Symbolsprache

- „$H_2O$ gefriert bei 0 Grad und hat einen Winkel",
- „Na schmilzt leicht und besitzt 11 Protonen",
- „das Atom hat einen Kern, darum herum flitzen die Elektronen".

Liegen im fortgeschrittenen Unterricht differenzierte Informationen zu kleinsten Teilchen der Materie vor, die über die üblichen Teilchenarten wie Atome, Ionen und Moleküle hinaus auch die Elementarteilchen Proton, Neutron und Elektron vorstellen und mit Fragen der chemischen Bindung verknüpfen, so kann es wiederum zu Fehlvorstellungen kommen, die winklig gebaute Wasser-Moleküle oder elf Protonen enthaltene Atomkerne mit makroskopischen Eigenschaften der Stoffe unreflektiert zu vermischen (vgl. Kap 4.3). Da insbesondere die Elektronen keine Bausteine der Materie im üblichen Sinne sind, sondern durch Ladungswolken, Orbitale oder durch den Teilchen-Welle-Dualismus gekennzeichnet werden, ist das Vermischen von Eigenschaften makroskopischer und submikroskopischer Art noch dramatischer zu beurteilen.

Dieses Vermischen solcher Eigenschaftsebenen passiert bewusst oder unbewusst auch bei Lehrern und Professoren. So erklärt der Organiker in Vorlesungen den Mechanismus elektrophiler Substitutionen am Beispiel der Bromierung von Benzol etwa so: „Das Brom kommt in die Nähe des

Benzols... Brom greift den Benzolkern an ... die Elektronen verschieben sich und das Brom spaltet sich ... es entsteht das Brombenzol.... ein Brom hat ein Wasserstoff substituiert".

Der Dozent *meint* natürlich ein angreifendes $Br_2$-Molekül, er *meint* selbstverständlich das Entstehen eines Monobrombenzol-Moleküls, er *meint*, dass H-Atome durch Br-Atome substituiert werden. In der Gewissheit, dass alle verstehen, was er *meint*, vermischt er Stoffe und Teilchen, er spricht den bekannten „Laborjargon". Dieser Laborjargon wird in der Tat unter Laboranten und Chemikern verstanden – nur bei Lernenden, die erst in die Fachsprache eingeführt werden sollen, kann der Laborjargon nicht helfen, bei Anfängern muss man sich die Mühe machen, zu sagen was man meint, man muss schon $Br_2$-Moleküle von Br-Atomen unterscheiden, von H-Atomen oder Br-Atomen im Brombenzol-Molekül sprechen – wenn man das meint!

Dabei bleibt die Frage völlig offen, in welcher Weise man von beteiligten Elektronen sprechen soll. Ist die Anzahl von Elektronen eines Atoms oder Moleküls zu beurteilen, wird man eher von den Elektronen als Elementarteilchen sprechen. Werden Elektronen hinsichtlich chemischer Bindungen betrachtet, sollte eher die Elektronen- oder Ladungswolke diskutiert werden, sollten Schwerpunkte elektrischer Ladung verglichen und Dipolmoleküle diskutiert werden.

Auch hinsichtlich des Formulierens von Reaktionssymbolen gibt es reichlich hausgemachte Fehlvorstellungen. So fanden MULFORD und ROBINSON [32] in der Auswertung empirischer Erhebungen aufgrund ihrer Fragen 5 und 6 (vgl. Abb. 5.20) folgende Situation vor: „Responses to question 5 suggest that our students came to us with a very poor understanding of chemical formulas and equations. Only 11% selected the correct answer d. When we consider the number of students who selected responses a, c and e, we see that 65% chose responses that do not conserve atoms. Combining responses a, b and e indicates that 74% appear not understand the difference between the coefficient „2" and the subscript „3" in 2 $SO_3$" [32].

In „Question 6" der Untersuchung wurde gefragt, welche Teilchen nach dem Kochen von Wasser vorliegen (vgl. Abb. 5.20): „Only 39% chose widely separated molecules, 37% selected response a, b or d, which represent, respectively, $H_2$ and $O_2$ molecules, a mixture of $H_2O$ molecules, H atoms, and O atoms. 24% chose response c with no particles at all" [32]. Die bekannte $H_2O$-Formel verführt die Jugendlichen immer wieder dazu, an $H_2$- bzw. $O_2$-Moleküle beim Kochen von Wasser zu denken – auch wenn sie die Knallgasreaktion kennen!

In Bezug auf die Formeln für Ionenverbände schlagen HILBING [13] und TABER [34] vor, mit den Schülern deutlich über die Bedeutung der Formelindices nachzudenken und die Ionenanzahlverhältnisse entspre-

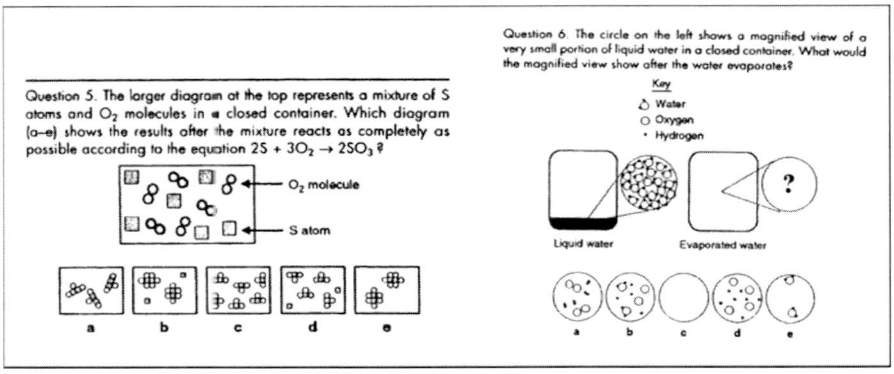


**Abb. 5.20.** Zwei Fragen zu chemischen Symbolen und Modellvorstellungen [32]

chend zu interpretieren. Die Formeln beschreiben Zahlenverhältnisse an Ionen, die elektrisch ausgeglichene Ionenverbände eingehen: $Ca^{2+}$-Ionen ordnen sich beispielsweise mit $Cl^-$-Ionen doppelter Anzahl im Ionenverband an: $(Ca^{2+})_1(Cl^-)_2(s)$ (vgl. Abb. 5.10).

Als Koeffizienten bezeichnet man die Ziffern vor den einzelnen in einer Reaktionsgleichung stehenden Ionen, Molekülen und Atomen: sie geben an, wie viele Ionen, Moleküle oder Atome der einen Art mit Ionen, Molekülen und Atomen der anderen Art mindestens reagieren, damit eine vollständige Elementarumsetzung stattfindet. Als Beispiel sei hier die bekannte Reaktion von Calciumchlorid- und Silbernitrat-Lösung zu unlöslichem Silberchlorid angeführt:

$$1\,CaCl_2\,(aq) + 2\,AgNO_3\,(aq) \rightarrow 2\,AgCl\,(s) + 1\,Ca(NO_3)_2\,(aq)$$

Bei dieser Reaktion gehen eigentlich nur die Silber-Ionen mit den Chlorid-Ionen zusammen und bilden ein Ionengitter:

$$2\,Ag^+(aq) + 2\,Cl^-(aq) \rightarrow (Ag^+)_2(Cl^-)_2(s)$$

$$\text{oder } Ag^+(aq) + Cl^-(aq) \rightarrow Ag^+Cl^-(s)$$

Aufgrund seiner empirischen Erhebungen findet SCHMIDT [33] weitere Fehlvorstellungen, die die Zuordnungen der unterschiedlichsten Ziffern betreffen. Zum einen erwähnt er, dass Schüler keine angemessene Vorstellung von der Art der Ionen haben, so dass ihnen dadurch die Zuordnung schon Schwierigkeiten bereitet. So können Schüler bei einer gegebenen Ionenverbindung nicht eindeutig zuordnen, aus welchen Ionen diese besteht. Solche Schwierigkeiten zeigen die Schüler bei der gedanklichen Zerlegung von Salzen aufgrund ihrer Formeln in die beteiligten Ionen oder umgekehrt. So wird beispielsweise gefunden, dass Schüler sich aufgrund der Formel $Na_3PO_4$ die Substanz in $Na^+$, $Na_3^+$, $Na_3^{3+}$, $PO_4^{3-}$, $PO_4^-$, $NaPO_4^{2-}$,

$Na_2PO_4^-$ sowie vollständig in die Ionen $Na^+$, $P^{5+}$ und $O^{2-}$ zerlegt vorstellen [33]. Viele Schüler sind folglich nicht in der Lage, Ionenverbindungen sachgerecht in die beteiligten Bausteine des Ionengitters zu zerlegen.

Zum anderen treten Fehlerquellen hinsichtlich der Auswertung von Massenverhältnissen zur Bestimmung des Ionenanzahlverhältnisses und die damit verbundenen mathematischen Rundungen auf [33]. Aufgabenstellungen, welche nach dem Zahlenverhältnis von Natrium- zu Carbonat-Ionen in Natriumcarbonat-Lösungen fragen, ziehen häufig falsche Argumentationen nach sich. So setzen Schüler unzutreffenderweise das Massenverhältnis $m(Na) : m(CO_3)$ gleich dem Anzahlverhältnis $n(Na^+\text{-Ion}) : n(CO_3^{\ 2-}\text{-Ion})$ der Ionen in der Verbindung. Entsprechend wird anschließend von Schülern großzügig das Massenverhältnis 46 : 60 auf ein Anzahlverhältnis der Ionen von 2 : 3 gerundet, welches doch eine völlig andere Bedeutung hat: Die Ableitung des tatsächlichen Ionenanzahlverhältnis von 2 : 1 der Natrium- und Carbonat-Ionen aus dem Massenverhältnis gelingt den Schülern der Oberstufe nicht.

Weiterhin scheinen die Schüler Formelindices, Ladungszahlen und Koeffizienten in großem Maße zu verwechseln und somit unangemessen zu gebrauchen. So führt SCHMIDT beispielsweise spezifische Fehlvorstellungen an, die Schüler bei der Deutung der Formel $Me_2CO_3$ zeigen. Sie kennen die Gitterbausteine der Ionenverbindung nicht, interpretieren die Formel als $Me_2(CO)_3$ und leiten rein formal ein Ionenzahlenverhältnis von 2 : 3 ab. Folglich setzen sie hier wiederum zwei Verhältnisse miteinander gleich, die eigentlich nicht miteinander vereinbar sind. Sie setzen „das Verhältnis der Formelindizes $a : b = 2 : 3$ für das Stoffmengenverhältnis der Ionen ein“ [33]. Diesbezüglich weist auch HILBING [13] auf das Problem der Unterscheidung zwischen den Koeffizienten und Formelindices hin (vgl. Tab. 5.2).

TABER [34] findet eher ungewöhnlichere Probleme, welche mit den

**Tab. 5.2.** Ausschnitt aus einem Unterrichtsgespräch zu „Faktor und Index“ [13]

| | |
|---|---|
| 1/ 40 L: | Das können wir jetzt mit einem beliebigen Halogen kombinieren. Wer nennt mir jetzt solch ein Salz? Ich nehme dieses oder jenes Metall und ein Halogen. Dann komme ich zu folgendem Stoff: |
| 1/ 41 Paul: | MgCl. |
| 1/ 42 L: | Jetzt! |
| 1/43 Paul: | Zwei MgCl! |
| 1/ 44 L: | Von mir aus auch fünfzehn, das ist mir egal. Aber MgCl scheint schon falsch zu sein. Er guckt schon zum Periodensystem. |
| 1/45 Paul: | MgCl zwei. |

Plus- und Minus-Zeichen der Ionensymbole zu tun haben. So weist eine Testschülerin eine sehr eigentümliche Auslegung der Bedeutung der Ladungszahlen auf. Für sie bedeutet eine positive Ladung, dass das Ion ein Elektron mehr besitzt als es Protonen im Kern hat, so dass es dazu neigt, dieses Elektron abzugeben, um im Einklang mit der Oktettregel eine stabile Konfiguration zu erreichen. Analog deutet sie ein Ion mit einer negativen Ladung. Bei der Bildung einer neutralen Verbindung aus Aluminium-Ionen ($Al^{3+}$) und Sulfat-Ionen ($SO_4^{2-}$) schlägt sie vor, vier Aluminium-Ionen und zwei Sulfat-Ionen zu einer neutralen Verbindung zusammenzusetzen. Diese Behauptung erscheint der Schülerin insofern sinnvoll, als dass acht extra Elektronen übrig blieben: vier mal 3 Elektronen der Aluminium-Ionen zu viel minus zwei mal 2 Elektronen der Sulfat-Ionen zu wenig = 12 Elektronen – 4 Elektronen = 8 Elektronen. Diese acht Elektronen würden nach Ansicht der Schülerin wiederum zu einer vollen äußeren Schale führen [34].

**Unterrichtsvorschlag.** Das Problem der Formelindizes und Faktoren ist ein Dauerproblem im Unterricht zur chemischen Fachsprache bzw. zur Symbolsprache. Dieses Problem geht so weit, dass Lernende, die die Formelsprache nicht verstehen, eine negative Einstellung zur Chemie bzw. zum Chemieunterricht entwickeln. Nina STREHLE [35] konnte bei Gymnasiasten der Klassenstufen 9 und 10 signifikante Korrelationen nachweisen und die Hypothese bestätigen: „Es besteht ein Zusammenhang zwischen den Einstellungen der Schülerinnen und Schüler zur chemischen Symbolsprache und zum Chemieunterricht" [35]. Es wird mit einem guten Verständnis der Symbolsprache also nicht nur das Chemieverständnis gefördert, sondern sogar eine positive Einstellung zum Chemieunterricht entwickelt – eine wesentliche Voraussetzung für Erfolg in jedem Chemieunterricht überhaupt!

Wie im letzten Beispiel des vorangehenden Kapitels gezeigt, werden Probleme mit der Symbolsprache verschärft, wenn Ionensymbole im Zusammenhang mit der Bilanz von Protonen im Atomkern und Elektronen in der Hülle behandelt werden: Elektronenübergang, Oktettregel und Edelgaskonfiguration schaffen diesbezüglich mehr Konfusion als Hilfestellung. Mit den Argumenten des Kapitels 5.3 könnten Schwierigkeiten vermieden werden, wenn die erste Begegnung mit den Ionen wiederum im Sinne des Daltonschen Modells erfolgt und die Ionensymbole im Zusammenhang mit dem Periodensystem (vgl. Abb. 5.9) mitgeteilt werden.

Zum anderen sollten Dozenten oder Lehrer für Anfänger in ihrem Unterricht in jedem Fall die Sprachebenen sorgfältig voneinander trennen: Man spricht beispielsweise von

- Eis, Wasser und Wasserdampf – nicht von $H_2O$! – auf der Ebene der Substanzen,
- von Wasser-Teilchen oder von $H_2O$-Molekülen auf der Ebene der Teilchen,
- auf der Modellebene von einer Kugel, die ein Wasser-Teilchen darstellt (Teilchenmodell)
- oder von zwei gleichen Kugeln, die winklig mit einer dritten Kugel verknüpft sind und als Modell für ein $H_2O$-Molekül gelten sollen (Daltonsches Atommodell).

Bezüglich des ersten Zitats dieses Unterkapitels kann Wasser mit der Gefriertemperatur von 0°C beschrieben werden, der „Winkel" bezieht sich allerdings nicht auf Eigenschaften der Substanz, sondern auf Eigenschaften des $H_2O$-Moleküls und ist der Sprachebene der Teilchen zuzuordnen: $H_2O$-Moleküle sind winklig gebaut. Hinsichtlich des Natriums kann die Schmelztemperatur mit 98°C angegeben werden, die 11 Protonen beziehen sich aber nicht auf „Natrium", sondern auf den Kern eines Na-Atoms oder eines $Na^+$-Ions. Im Anfangsunterricht sind diese Sprachebenen sorgfältig zu unterscheiden – zumindest sind die Notizen an der Tafel oder auf der Folie in diesem Sinne zu gestalten, damit Schüler und Studenten beim Nacharbeiten keine diesbezüglichen Fehlvorstellungen aufbauen.

Eine andere wertvolle Hilfe beim Aufbau angemessener Vorstellungen hinsichtlich des Ionenbegriffs sind Visualisierungen, etwa in Form von Modellzeichnungen (vgl. Abb. 5.10 und 5.11). Werden in solche Skizzen zusätzlich die Ionensymbole beteiligter Salze im realen Zahlenverhältnis eingetragen, dann haben auch weniger abstrakt denkende Schüler die Chance, zutreffende Vorstellungen aufzubauen. Angesichts der Schwierigkeiten mit Formeln für Salze (vgl. Tab. 5.2) können beispielsweise für *feste* Salze die Ionensymbole im entsprechenden Zahlenverhältnis in einer ebenen und regelmäßigen Anordnung skizziert werden, für die *Lösung* in unregelmäßiger Anordnung (vgl. Abb. 5.21). Werden beispielsweise Mineralwässer [8] im Unterricht behandelt und diesbezüglich die kleinsten Teilchen diskutiert, dann ist es über das Aufzählen der enthaltenen Moleküle ($H_2O$ und $CO_2$) und Ionen (etwa $Ca^{2+}$(aq), $Mg^{2+}$(aq), $Na^+$(aq), $Cl^-$(aq), $SO_4^{2-}$(aq), $HCO_3^-$(aq)) ganz wichtig, die Zeichnung eines stilisiertes Trinkglases anzubieten und die Lernenden darin die entsprechenden Symbole der vorkommenden Molekül- und Ionenarten einzeichnen zu lassen (vgl. Abb. 5.21). Durch weitere Modellzeichnungen für Leitungswasser und Meerwasser können Unterschiede in der Zusammensetzung auch visuell erfasst werden.

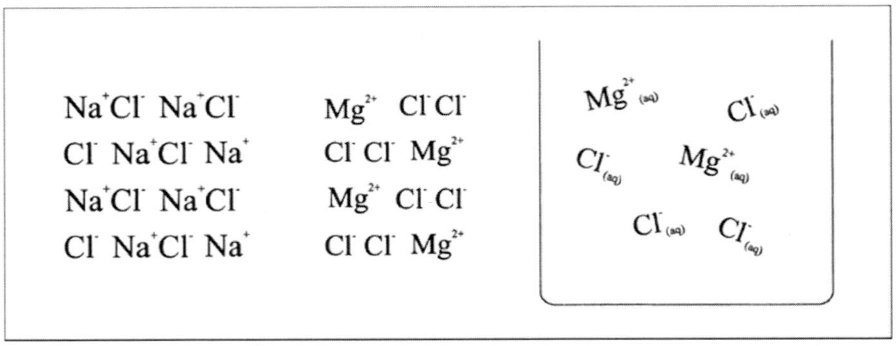


**Abb. 5.21.** Ionensymbole zur Visualisierung des Aufbaus von Salzen und Salzlösungen

Soll zusätzlich zu den formalen Zeichnungen für Modellvorstellungen in der Ebene exemplarisch der räumliche Aufbau von Salzkristallen aus Ionen demonstriert werden, so sind zum einen die Kugelpackungen für die Natriumchlorid-Struktur geeignet (Abb. 5.12), zum anderen auch die Raumgitter der Schulsammlung (Abb. 5.12). Es sind ebenfalls rot-grüne 3D-Bilder verfügbar, die beim Betrachten mit einer Rot-Grün-Brille dreidimensional erscheinen [36]. Meistens sind die Schüler und Studenten sehr motiviert, solche 3D-Bilder kennen zu lernen und einige Zeit spielerisch damit zu arbeiten. Kennzeichnet man bei Strukturen solcher 3D-Bilder von Salzkristallen ebenfalls die Art der Ionen durch entsprechende Ionensymbole und lässt die Schüler reduzierte Zeichnungen in ihren Heften machen, dann hilft auch in diesem Fall die Visualisierung zu einem besseren Verständnis.

Auch hinsichtlich des Beispiels der Silberchlorid- oder Bariumsulfat-Fällung aus entsprechenden Lösungen sorgen Ionensymbole in Modellzeichnungen besser für ein Verständnis als nur formale Reaktionsgleichungen. So können im Unterricht *vor* der Fällungsreaktion zunächst die Ionen der Ausgangslösungen benannt und mit (aq)-Symbolen skizziert werden. Erst nach Durchführung der Fällung wird über die Art des Feststoffes nachgedacht und entsprechend Festkörper und verbleibende Lösung nach der Reaktion symbolisiert (vgl. Abb. 5.22).

Für das wichtige Thema der Säure-Base-Reaktionen und speziell der Neutralisation sind ähnliche Modelle für die Lösungen vor und nach der Neutralisation äußerst hilfreich – zu sehr überwiegen erfahrungsgemäß die Fehlvorstellungen von HCl-Molekülen in Salzsäure und NaOH-Molekülen in Natronlauge. Deshalb ist zu vermeiden, ausschließlich von HCl als „Abkürzung" für Salzsäure zu sprechen und von NaOH als „Abkürzung" für Natronlauge – wo es möglich ist, sind die Ionen in den Lösungen zu kennzeichnen. Noch wichtiger erscheinen Modellzeichnungen,

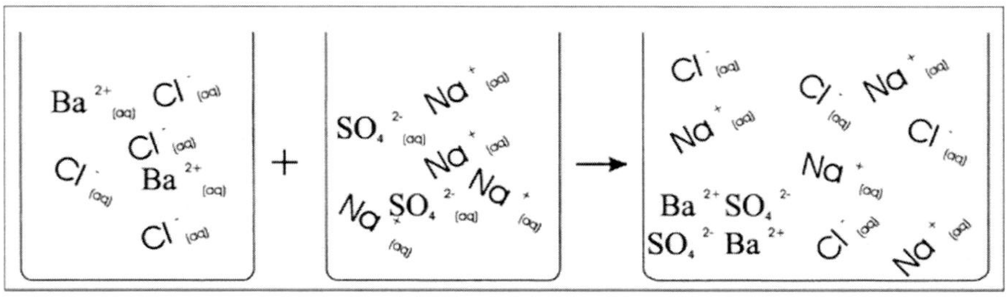

**Abb. 5.22.** Ionensymbole zur Visualisierung einer Fällungsreaktion (vgl. Abb. 5.11)

die in stilisierten Bechergläsern die Art der Ionen mit (aq)-Symbolen wiedergeben (vgl. Abb. 5.23).

Ebenso wichtig sind solche Modellzeichnungen zum Unterschied von starker und schwacher Säure: während man für das Modell einer starken Säure ausschließlich Ionensymbole verwendet, sind für das Modell der schwachen Säure überwiegend Molekülsymbole und – entsprechend des kleinen Protolysegrades – nur wenige Ionensymbole einzuzeichnen (vgl. Abb. 5.23). Zur Neutralisation schwacher Säuren mit Natronlauge sind entsprechend des genannten Beispiels (vgl. Abb. 5.23) die Reaktionen der HAc-Moleküle *und* der $H^+$(aq)-Ionen mit $OH^-$(aq)-Ionen vorzusehen und entsprechend zu visualisieren (vgl. auch Kap. 7).

Schließlich können Bau und Reaktionen der Salze mit Ionensymbolen auf dem Computerbildschirm simuliert und durch entsprechende Programmierungen sogar zu bewegten Symbolen animiert werden. Es existieren interaktive Lernumgebungen zu dieser Thematik, die gerade junge Schüler

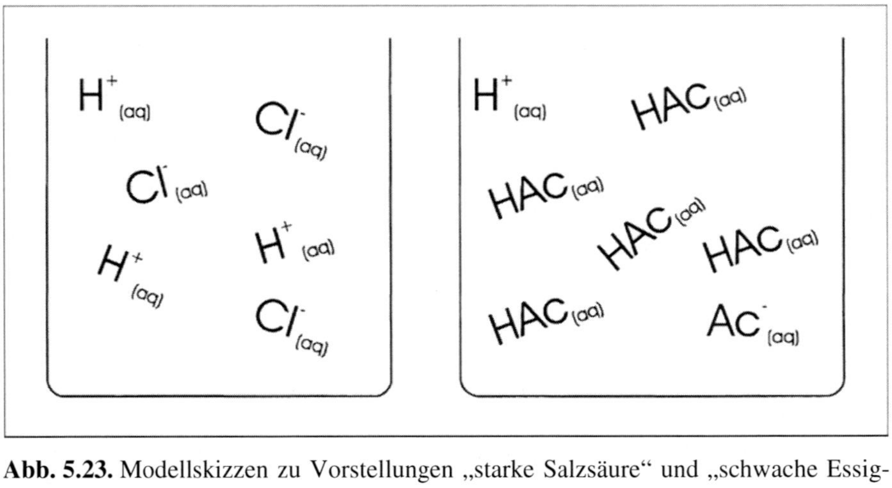

**Abb. 5.23.** Modellskizzen zu Vorstellungen „starke Salzsäure" und „schwache Essigsäure"

wegen des Spiels am Computerbildschirm zum Chemielernen motivieren. So kreierte Birte MÖLLER [37] die Lernumgebung „Strukturen der Metalle und Salze" und führt die Jugendlichen interaktiv zu Begriffen wie Ionengitter, Elementarwürfel und Elementarzelle. Die Benutzer können nicht nur Kugelpackungen, Raumgitter und Elementarzellen anschauen, sondern diese spielerisch manipulieren und chemische Strukturen entdecken [38].

Vielleicht werden die virtuellen Modelle auf dem Bildschirm von den Lernenden noch eher als Modelle im naturwissenschaftlichen Sinn empfunden und weisen nicht die irrelevanten Zutaten wie die Modelle aus Kugeln, Stäben und Klebstoff auf. Die vielfältigen Entwicklungen von diesbezüglichen Computerprogrammen und Lernumgebungen lassen eine große Vielzahl neuartiger Modelle erwarten – eine gute Auswahl *mehrerer* Darstellungen für *ein und denselben* Sachverhalt wäre für das Modellverständnis ein großer Vorteil!

## 5.5 Experimente zu Struktur-Eigenschafts-Beziehungen

### V5.1 Silberkristalle durch Elektrolyse

**Problem:** Metalle kristallisieren nicht ohne weiteres gut sichtbar, weil sie sehr kleine Kristallite und daraus beliebige Konglomerate bilden. Manchmal sind an polierten Zinkpfosten Zinkkristalle zu finden, die wie „Eisblumen" am Fenster erscheinen. In Mineraliensammlungen findet man oftmals aus Wismutschmelzen kristallisierte schöne würfelige Kristallkaskaden mit Anlauffarben des Regenbogens. Eine Möglichkeit im Schullabor, bei der man Metallkristalle erhält, kann durch Zementation realisiert werden (V4.4). Eine andere Möglichkeit zeigt das Wachsen von fraktalen Silberkristallen bei der spezifischen Elektrolyse einer Silbersalz-Lösung – sie ist besonders gut in der Overheadprojektion zu beobachten.

**Material:** Kristallisierschale, Krokodilklemmen, Kabel, Eisendrähte als Elektroden, Transformator oder drei hintereinander geschaltete Flachbatterien (3×4,5 V); verdünnte Silbernitrat-Lösung, konzentrierte Ammoniak-Lösung

**Durchführung:** Etwa 100 mL Silbernitrat-Lösung werden so mit wenig Ammoniak-Lösung versetzt, dass ein anfänglich entstehender Niederschlag wieder gelöst wird. Die Lösung wird in die Glasschale gegeben. Die beiden Eisendrähte werden so befestigt, dass ein Draht als rundgeformte Elektrode in der Schale positioniert ist, der andere in der Schalenmitte soeben in die Lösung taucht. An die Elektroden wird so eine Gleichspannung von etwa 10 – 20 V angelegt, dass der Minuspol die letztgenannte zentrisch in die Lösung eintauchende Elektrode bildet (vgl. Abb. 5.1).

**Beobachtung:** Ausgehend von der zentrischen Elektrode bilden sich Kaskaden von Kristallen: fraktale Silberkristalle (vgl. Abb. 5.1).

## V5.2 Dichteste Kugelpackungen als Modelle für Metallkristalle

**Problem:** Die Struktur vieler Metallkristalle lässt sich sachlich zutreffend mit der dichtesten Packung gleich großer Kugeln beschreiben – mit der Packung, die man vielfach auch bei Obsthändlern findet, die ihre Apfelsinen platzsparend aufschichten. Da es zwei Möglichkeiten gibt, systematisch Kugeln dicht zu packen, sollen diese zunächst vorgestellt werden (vgl. auch Abb. 5.2 und 5.3). Beide Packungen werden durch die Schichtenfolge ABAB und ABCA unterschieden – es ist aber immer die Folge der dicht gepackten Dreiecksschichten gemeint, nicht die von Quadratschichten.

**Material:** Zellstoffkugeln (30 mm) Ponal-Kleber

**Durchführung und Beobachtung: a)** Es werden aus jeweils 3 Kugeln Dreiecke und jeweils aus 7 Kugeln hexagonale Schichten hergestellt. Sie werden in zwei verschiedenen Schichtenfolgen aufeinander geschichtet: ABAB entspricht der hexagonal dichtesten Packung, ABCA der kubisch dichtesten Packung (vgl. Abb. 5.2). In beiden Packungen wird die Koordinationszahl 12 ermittelt: eine Kugel wird jeweils von 12 anderen Kugeln umgeben. **b)** Ein gleichseitiges Dreieck mit der Seitenlänge 7 Kugeln wird mit einem Loch in der Mitte hergestellt, darauf werden Kugeln systematisch mit der Schichtenfolge ABAB und ABCA geschichtet: zwei verschiedene dreieckige Kugelpyramiden resultieren (vgl. Abb. 5.3).

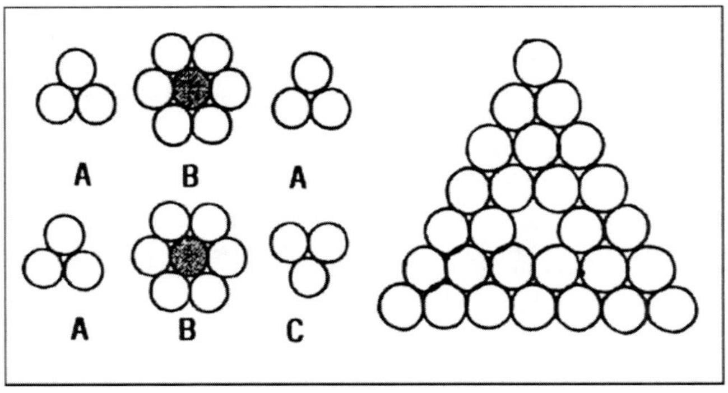

**Hinweis:** Kugelpackungen mit der Schichtenfolge ABAB werden hexagonal genannt, die Metalle Magnesium und Zink realisieren sie. Liegt die Schichtenfolge ABCA vor, wird die Packung kubisch dichteste Kugelpackung genannt, die Edelmetalle, Kupfer, Blei, Nickel und viele andere Metalle realisieren sie.

## V5.3 Kubisch dichteste Kugelpackungen als Modelle für den Silberkristall

**Problem:** Von den zwei möglichen Formen dichtester Kugelpackungen ist die *kubisch* dichteste Packung das zutreffende Modell für den Silberkristall: Ag-Atome sind im Silberkristall angeordnet wie Kugeln in der kubisch dichtesten Kugelpackung. Die Packung heißt kubisch, weil sie eine würfelförmige Packung enthält: einen Elementarwürfel. Er soll gebaut und in die kubisch dichteste Packung eingebaut werden. Ausgehend vom Elementarwürfel wird auch die Elementarzelle hergestellt – als Vorbereitung kubischer Elementarzellen als Modelle für Salzkristalle.

**Material:** Zellstoffkugeln (30 mm) Ponal-Kleber, „Himbeer-Bonbons" der Firma Haribo, Bastelkarton

**Durchführung und Beobachtung: a)** Ein gleichseitiges Dreieck mit der Seitenlänge 7 Kugeln wird mit einem Loch in der Mitte hergestellt (Bild V5.2), auf das Dreieck werden so viele Kugeln als möglich mit der Schichtenfolge ABCA geschichtet: Tetraeder-förmige Kugelpackung (vgl. V5.2 und Abb. 5.3). **b)** Der Elementarwürfel wird aus 14 Kugeln zusammen geklebt, entweder 1 + 6 + 6 + 1 oder 5 + 4 + 5 Kugeln (vgl. Bild und Abb. 5.4). Der Würfel wird in die Kugelpackung von (a) eingebaut: er steht auf der Raumdiagonalen die Schichtenfolge lautet ABCA. **c)** Kugeln werden im Quadratmuster dicht angeordnet, der Elementarwürfel wird in spezifischer Weise in diese Form der kubisch dichtesten Packung eingebaut (vgl. Abb. 4.3): er steht auf einer Würfelfläche. **d)** Mit weichen Himbeer-Bonbons und Zahnstochern wird das Raumgitter des Elementarwürfels gebaut (Bild). Die Bonbons werden nach einigen Tagen sehr hart, das Modell damit für immer verwendbar. **e)** Das Würfelnetz (siehe Bild) wird auf Bastelkarton vergrößert, genau ausgeschnitten und zu einem Elementarzellen-Modell verklebt (vgl. Abb. 5.4): alle Kugelteile addiert ergeben 4 Vollkugeln.

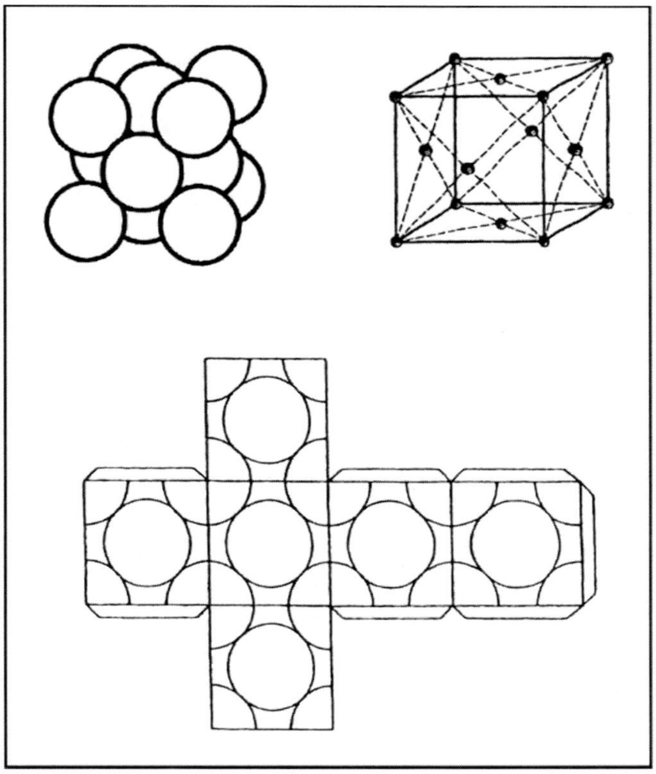

## V5.4 Duktilität verschiedener Metalle

**Problem:** Struktur-Eigenschaftsbeziehungen lassen sich durch Vergleich der Duktilität von Metallen kubisch flächenzentrierter Struktur und der Duktilität von Metallen hexagonaler Struktur gut zeigen. In Kristalliten von Kupfer oder Gold liegen dicht gepackte Atomschichten der kubischen dichtesten Struktur vor. Ausgehend vom Elementarkörper können die dicht gepackten Dreiecksschichten in die vier verschiedenen Richtungen senkrecht zu den vier Raumdiagonalen im Würfel verschoben werden, wenn Kräfte aus beliebigen Richtungen angreifen: es gibt Blattgold oder Blattkupfer. In Kristalliten von Magnesium oder Zink gibt es wegen der hexagonalen Struktur nur eine Vorzugsrichtung zur Verschiebung dicht gepackter Dreiecksschichten – es existiert kein „Blattmagnesium" oder „Blattzink".

**Material:** feste Stahlunterlage, Hammer; Kupferblech, Magnesiumband

**Durchführung:** Beide Metallproben werden mit Hammerschlägen auf der Unterlage so bearbeitet, dass die Blechstärke immer weiter abnimmt.

**Beobachtung:** Die Fläche des Kupferbleches wird größer, es wird zu Blattkupfer platt geschlagen. Die Magnesiumprobe zerfällt nach einigen Schlägen in Bruchstücke, sie zerbröselt nach weiterer Behandlung mit dem Hammer in Magnesiumspäne.

## V5.5 Bildung und Zerlegung von Natriumamalgam

**Problem:** Legierungen werden deshalb hergestellt, weil sie andere Eigenschaften haben als die Ausgangsmetalle: man kann je nach Anwendungswünschen ganz bestimmte Eigenschaften erzeugen. Ein Beispiel für Änderungen von Eigenschaften ist die Bildung des Natriumamalgams aus den Elementen: Natrium ist silberfarben und weich, Quecksilber ebenfalls silberfarben und bei Normaltemperatur flüssig, Natriumamalgam ist dunkelgrau und sehr spröde, es zerbricht bei minimaler Krafteinwirkung. Der Lichtblitz bei der Reaktion von Natrium und Quecksilber zeigt an, dass eine exotherme chemische Reaktion vorliegt – damit kann gegen die Vorstellung argumentiert werden, Legierungsbildungen seien keine chemischen Reaktionen sondern lediglich Mischungsprozesse. Auch der Zahnarzt stellt bestimmte Amalgam-Legierungen aus Silber, Zinn und Quecksilber her, um zunächst eine formbare Masse zu haben, die nach einiger Zeit der Füllung des Zahns sehr fest wird.

**Material:** 200 mL-Becherglas, Reagenzglas, Pipette, Glasstab, Pinzette, Messer; Natrium, Quecksilber, Universalindikatorpapier

**Durchführung:** Ein Quecksilbertropfen wird mit Hilfe einer Pipette in das Reagenzglas gegeben, das Reagenzglas zum Schutz gegen Auslaufen von Quecksilber in ein Becherglas gestellt. Ein erbsengroßes Stück Natrium wird frisch geschnitten, in das Reagenzglas gegeben und mit einem Glasstab im Quecksilbertropfen zerquetscht. Die Probe des entstehenden Feststoffs wird ins Becherglas gegeben und mit der Pinzette zerbrochen. Es werden einige mL Wasser hinzugegeben, die Lösung mit Indikatorpapier geprüft.

**Beobachtung:** Beim Zerquetschen des Natriums in Quecksilber ist ein heller Lichtblitz zu sehen, es entsteht ein mattgrauer Feststoff, der sehr spröde ist und zerbrochen werden kann: Natriumamalgam. Bei der Reaktion mit Wasser entstehen kleine Bläschen (Wasserstoff) und Lösungen, die

Indikatorpapier blau färben (Natronlauge). Flüssiges Quecksilber bleibt zurück und kann in den Vorratsbehälter zurück gegeben werden.

## V5.6 Nitinol – ein Memorymetall

**Problem:** Bestimmte Legierungen wie Nitinol, eine Nickel-Titan-Legierung, haben die Eigenschaft, sich an eine programmierte Form „zu erinnern". Man nennt sie deshalb auch Formgedächtnislegierungen: sie werden beim Bau von Motoren und vielen anderen Geräten verwendet, bei denen es darauf ankommt, bei einer bestimmten Temperatur eine bestimmte Form anzunehmen, etwa um ein Ventil zu verschließen. Die Umwandlungstemperatur des üblichen Nitinols der Zusammensetzung $Ni_1Ti_1$ ist ungefähr 50°C. Proben solcher Memorymetalle, etwa Nitinoldrähte, können bei der Firma Rau in Pforzheim erworben werden: Kaiser-Friedrich-Str. 7, 75172 Pforzheim, Tel. 07231 208 – 210

**Material:** Becherglas; Proben von Memorydraht, Memorymetall-Federn

**Durchführung:** Der „R"-förmige Draht (Firma Rau) wird beliebig verformt und in die Flamme eines Streichholzes oder Feuerzeugs gehalten: die R-Form bildet sich spontan zurück (ggf. mit Hilfe des Tageslichtprojektors zeigen). Der nochmals verformte Draht wird in 80 Grad heißes Wasser getaucht: die R-Form bildet sich erneut. Federn werden zusammen gedrückt oder auseinander gezogen und in heißes Wasser geworfen (Tageslichtprojektor): die frühere Form bildet sich spontan zurück.

**Hinweis:** Ein Nitinoldraht kann auch auf andere Formen umprogrammiert werden: die neue Drahtform muss zwischen zwei Stahlplatten fixiert und in der Brennerflamme für einige Minuten auf Rotglut erhitzt werden. Ist ein Ofen vorhanden, können die Stahlplatten mit dem fixierten Draht auch 10 Minuten bei etwa 500°C erhitzt werden. Diese neue Form entsteht jeweils, wenn nach beliebigem Verformen des Drahtes in kaltem Zustand erneut erwärmt und die Umwandlungstemperatur überschritten wird.

## V5.7 Gefriertemperaturen von Lösungen

**Problem:** Wasser gefriert unter Normbedingungen genau bei 0°C. Lösungen erniedrigen die Gefriertemperatur je nach Konzentration des Lösemittels: 0,1-molare Ethanollösung gefriert bei –0,19°C, 1-molare Lösung bei 1,9°C – je höher die Teilchenkonzentration, desto niedriger die Gefriertemperatur. Diese Tatsache lässt sich zur Einführung des Ionenbegriffs nutzen: eine 1-molare Kochsalzlösung liefert nicht den erwarteten Messwert –1,9°C, sondern den doppelt so großen Wert von etwa –3,8°C. Die Auswertung ergibt, dass das Lösen von 1 mol Natriumchlorid-Salz zwei mol Teilchen erzeugt: 1 mol Natrium-Ionen und 1 mol Chlorid-Ionen. Eine 1-molare Natriumchlorid-Lösung ist 2-molar an Ionen!

**Material:** Glasschale, Reagenzgläser, Thermometer; Traubenzucker, Kochsalz, Eis

**Durchführung:** Es werden 1-molare Lösungen von Traubenzucker und Kochsalz hergestellt, einige mL in zwei Reagenzgläser gefüllt. Die Lösungen werden in eine Kältemischung aus Eis und Salz gestellt und mit einem Thermometer gerührt. Zur Beobachtung werden die Reagenzgläser kurzfristig aus der Kältemischung herausgenommen, sobald die ersten Kristalle erscheinen, werden die Temperaturen gemessen.

**Beobachtung:** Die Traubenzuckerlösung gefriert bei etwa –2°C, die Kochsalzlösung bei etwa –4°C.

**Hinweis:** Es kann als weiteres Beispiel auch 1-molare Calciumchlorid-Lösung untersucht werden: sie gefriert erst bei etwa –6°C, sie enthält 3 mol Ionen pro Liter!

### V5.8 Strukturmodelle zur Natriumchlorid-Struktur

**Problem:** Die Strukturen vieler Metallkristalle entsprechen der kubisch dichtesten Kugelpackung (V5.3). Diese Packungen weisen zum einen relativ große, von 6 Kugeln geformte Lücken auf: Oktaederlücken (siehe Bild). Des weiteren sind auch kleine, von 4 Kugeln geformte Lücken festzustellen: Tetraederlücken (siehe Bild). Die Strukturen vieler Salze lassen sich ausgehend von dichtesten Packungen der Anionen beschreiben, in denen die Lücken zum Teil oder vollständig durch die kleineren Kationen besetzt sind. Die Struktur des Natriumchlorids entspricht der kubisch dichtesten Packung von Chlorid-Ionen, in der alle Oktaederlücken mit Natrium-Ionen gefüllt sind. Das Raumgitter kann als Verkürzung des Kugelpackungsmodells zusätzlich angeboten werden: es bildet nur noch die Positionen der Ionen ab und nicht mehr ihr Größenverhältnis.

**Material:** Zellstoffkugeln (weiss 30 mm und rot 12 mm), Kleber, Zeichenkarton, „Haribo"-Himbeeren und Brombeeren, Zahnstocher

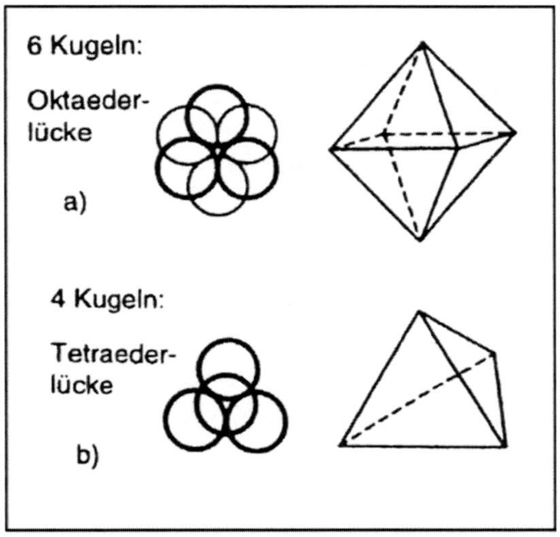


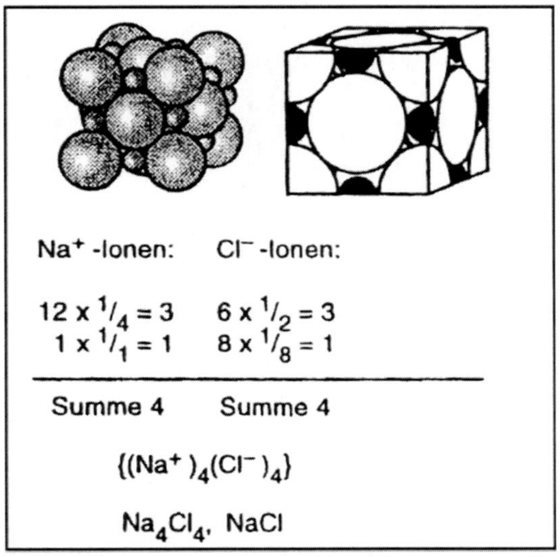


**Durchführung und Beobachtung: a)** Schichtet man auf die dreieckige Kugelschicht erneut weiße Kugeln in Form der kubisch dichtesten Packung (vgl. V5.3), so findet man die Formen beider Lückenarten: Oktaeder- und Tetraederlücke. **b)** Füllt man die Oktaederlücken vollständig mit den kleinen roten Kugeln, so erhält man ein **Kugelpackungsmodell** der Natriumchlorid-Struktur (vgl. Abb. 5.12). Es ist sowohl für die große Kugel als auch für die kleine Kugel die Koordinationszahl 6 festzustellen: sie gilt für beide Ionenarten. **c)** Der **Elementarwürfel** (Bild) wird aus 14 weißen und 13 roten Kugeln hergestellt und auf der Raumdiagonalen stehend in die Packung eingebaut (vgl. Abb. 5.12). Der Elementarwürfel zeigt gut die Würfelform von Kochsalzkristallen an, ebenfalls das Größenverhältnis der Ionen und die Anordnung der Ionen – er stellt nicht das Ionenanzahlenverhältnis 1:1 dar. **d)** Die **Elementarzelle** erhält man durch das Zerteilen der äußeren Kugeln des Elementarwürfels senkrecht durch die Kugeln (Bild) – im Falle von Styroporkugeln ließe sich das Zerteilen mit einem heißen Draht realisieren. Einfacher ist es, die Zelle aus einem Würfelnetz zu bauen, das zuvor auf Karton gezeichnet wird (vgl. V5.3e). Das Auszählen der Elementarzelle führt zum Ionenzahlenverhältnis 4:4 bzw. 1:1 (Bild). **e)** Um besser in die Struktur hinein sehen zu können, ist als Strukturmodell auch das **Raumgitter** üblich (vgl. Abb. 5.12): es zeigt nur die räumlichen Positionen der Ionen an. Mit Hilfe von „Haribo"-Himbeeren (rot), Brombeeren (schwarz) und Zahnstochern ist das Gitter leicht zu realisieren (vgl. V5.3d).

## V5.9 Zersplittern von Salzkristallen bei Krafteinwirkung

**Problem:** Hämmert man auf die Probe eines Metalls mit kubisch dichter Struktur (Blei oder Kupfer), so verformt sich das Metall zu beliebigen Formen (vgl. V5.4), die Arbeit des Kupferschmieds beruht darauf. Hämmert man dagegen auf die Probe eines Steinsalzes, so splittert der Kristall in kleine Stücke oder bricht an bestimmten Stellen zu Kristallblättern auseinander. Die Struktur erklärt diese Eigenschaft: bei Krafteinwirkungen verschieben sich die Schichten von Ionen eines Kristalls, gleichsinnig geladene Ionen stehen sich gegenüber und ergeben die abstoßende Wirkung von Kristallschichten (vgl. Abb. 5.13).

**Material:** Hammer, Fliese als Unterlage, Messer; Kupferprobe, Steinsalzprobe

**Durchführung:** Sowohl Metallproben als Salzprobe werden mit dem Hammer bearbeitet. Auf einen größeren würfligen Steinsalzkristall wird gezielt ein Messer aufgesetzt und senkrecht zur Würfelfläche ein heftiger Hammerschlag ausgeführt.

**Beobachtung:** Metallproben verformen sich je nach Richtung und Heftigkeit der Krafteinwirkung zu verschiedenen Formen. Salzkristalle zerbrechen beim Hammerschlag in würflige Formen, bei gezielter Krafteinwirkung platzen Schichten des Kristalls parallel zu einer Würfelfläche ab.

## V5.10 Elektrische Leitfähigkeit von Salzkristallen, Schmelzen und Lösungen

**Problem:** Salze sind Substanzen, die aus Ionen aufgebaut sind – wegen ihrer elektrischen Ladung sind sie in der Lage, sich im elektrischen Feld zu bewegen. Da die Ionen im festen Kristall unbeweglich eingebaut vorliegen, ist bei Zimmertemperatur keine Leitfähigkeit festzustellen. Sobald sie durch starkes Erhitzen beweglich werden, lässt sich das durch Leitfähigkeitsmessungen nachweisen. In Schmelzen und Lösungen sind die Ionen gut beweglich und für eine gute Leitfähigkeit verantwortlich. Es wird eine Mischung aus Lithiumchlorid und Kaliumchlorid geschmolzen, weil Natriumchlorid mit 800°C eine sehr hohe Schmelztemperatur besitzt.

**Material:** Dreibein und Drahtnetz, Stative und Klemmen, zwei Eisennägel, Kabel, Krokodilklemmen, Porzellanschale, 4,5-Volt-Flachbatterie, Bechergläser, Graphit-Elektroden, Strommesser, Glühlampe; Steinsalzkristalle, Lithiumchlorid, Kaliumchlorid

**Durchführung:** Ein Steinsalzkistall wird auf dem Drahtnetz zwischen zwei Eisennägeln kräftig eingespannt, beide Nägel mit der 220-Volt Netzspannung über den Strommesser verbunden (Vorsicht!). Der Kristall wird kräftig erhitzt und der Strommesser beobachtet. Ein Stromkreis aus Batterie, Strommesser, Glühlampe und zwei Graphitelektroden wird vorbereitet. Eine Mischung aus 21 g Lithiumchlorid und 7 g Kaliumchlorid wird in der Porzellanschale kräftig erhitzt, bis die klare Schmelze vorliegt. In die Schmelze werden die beiden Graphitelektroden eingetaucht. Der Versuch wird mit Lösungen aller drei Salze wiederholt.

**Beobachtung:** Der Kristall leitet den elektrischen Strom bei Zimmertemperatur nicht, allerdings bei starker Erhitzung, an den Berührstellen der Eisennägel erscheinen Lichtblitze und farbliche Veränderungen des Kristalls. Salzschmelze und Lösungen leiten den Strom bereits bei der Spannung von 4,5 V: Die Glühlampe leuchtet auf, der Strommesser zeigt bestimmte Stromstärken an, die von den Elektrodenabständen und Konzentrationen der Lösungen abhängen.

## V5.11 Kristallisationswärme beim Kristallisieren aus der Salzschmelze

**Problem:** Das Trennen der Ionen aus einem Ionengitter erfordert beim Schmelzen eines Kristalls eine bestimmte Energie, die spezifische Schmelzwärme. Beim Zusammengehen der Ionen aus der Schmelze zu einem festen Salz wird dieselbe Energie frei. Im Experiment lässt sich das dann überzeugend demonstrieren, wenn eine unterkühlte Salzschmelze, etwa von Natriumacetat-Hydrat, auch bei Zimmertemperatur flüssig bleibt und erst wieder kristallisiert, wenn ein Impfkristall hinzu gegeben wird. Solche Salze werden deshalb auch gern in käuflichen Wärmekissen verwendet, die auf Knopfdruck angenehme Wärme liefern und deshalb auch „Taschenwärmer" genannt werden. Durch kochendes Wasser kann der entstandene Kristallbrei wieder in die unterkühlte Schmelze zurück verwandelt werden.

**Material:** kleiner Rundkolben, Brenner, Thermometer, Stativ und Klemmen; Natriumacetat-Hydrat

**Durchführung:** Der Rundkolben wird zur Hälfte mit Natriumacetat-Hydrat gefüllt und am Stativ befestigt. Das Salz wird durch Erhitzen vollständig geschmolzen, die Schmelze wird erschütterungsfrei zur Luftkühlung stehen gelassen. Das Thermometer wird hineingehalten und Zimmertemperatur beobachtet. Ein Kristall des Salzes wird hinein geworfen und beobachtet.

**Beobachtung:** Beim Hineinwerfen des Impfkristalls kristallisiert die Schmelze augenblicklich aus, dabei steigt die Temperatur des Kristallbreis auf mehr als 50°C an. Durch erneutes Schmelzen kann der Versuch wiederholt werden.

## V5.12 Ausfällen von Salzen aus Lösungen

**Problem:** Das Zusammengehen von Ionen kann im Experiment auch durch Zusammengeben bestimmter Lösungen für den Fall gezeigt werden, dass die Kombination zweier bestimmter Ionenarten zur Ausfällung eines Salzes führt. In einer ersten Interpretation wird man von unlöslichen Salzen sprechen, sie sind aber meist in sehr geringem Maße löslich und werden deshalb schwerlöslich genannt (das Löslichkeitsprodukt gibt quantitativ die sehr geringe Löslichkeit an). Da bestimmte Niederschläge gut erkennbar sind, spricht man auch von den Nachweisreaktionen für bestimmte Ionenarten: Chlorid- oder Sulfat-Nachweis.

**Material:** Reagenzgläser; verdünnte Lösungen von Silbernitrat, Natriumchlorid, Salzsäure, Bariumchlorid, Natriumsulfat, Schwefelsäure

**Durchführung:** Kleine Volumina verdünnter Silbernitrat-Lösung werden mit einigen Tropfen der anderen Lösungen zusammen gegeben, kleine Volumina der Bariumchlorid-Lösung werden mit wenigen Tropfen der anderen Lösungen versetzt.

**Beobachtung:** Aus Silbernitrat-Lösung fällt ein weißer, käsiger Niederschlag aus, wenn Salzsäure oder Chlorid-Lösungen hinzu kommen: Chlorid-Nachweis. Aus Bariumchlorid-Lösung fällt ein weißer, kristalliner Niederschlag aus, wenn Schwefelsäure oder Sulfat-Lösungen hinzu kommen: Sulfat-Nachweis.

## V5.13 Elektrische Anziehungs- und Abstoßungskräfte

**Problem:** Man kann Gravitationsfelder, magnetische oder elektrische Felder nicht sehen – das ist eine grundsätzliche Schwierigkeit bei der Beurteilung von Anziehungskräften. Man kann sie aber spüren: das Schwerefeld der Erde lässt alle Gegenstände nach unten fallen, Magnete ziehen Eisengegenstände stark an, man spricht von elektrischen Kräften, wenn man sich bei einem Teppichboden elektrisch aufgeladen hat und an einer Türklinke schmerzhaft entlädt. Diese elektrischen Kräfte sind es, die als Bindungskräfte zwischen kleinsten Teilchen der Materie wirken. Um sie zu veranschaulichen, werden Folien verwendet.

**Material:** neue Transparentfolien, Papier

**Durchführung:** Eine Folie wird mit einem Blatt Papier stark gerieben, Folie und Papier werden nach unten hängend einander genähert. Zwei Folien werden in gleicher Weise an Papier gerieben und einander genähert.

**Beobachtung:** Im ersten Fall ziehen sich Folie und Papier stark an, das Papier „klebt“ geradezu an der Folie: elektrisch unterschiedlich aufgeladene Gegenstände ziehen sich an. Im zweiten Fall stoßen sich beide Folien voneinander ab: elektrisch gleichsinnig aufgeladene Gegenstände stoßen sich ab.

## V5.14 Magnetmodell zur Ionenbindung

**Problem:** Im Kochsalzkristall binden sich unterschiedlich geladene Ionen ($Na^+$ und $Cl^-$), und es stoßen auch gleich geladene Ionen ($Cl^-$ und $Cl^-$) aneinander. Das ist damit zu erklären, dass um ein jedes Ion herum elektrische Kräfte herrschen und sich ein Gleichgewicht von Anziehungskräften und Abstoßungskräften einstellt. Ein solches Modell mit *elektrischen* Kräften zu realisieren, ist schwierig. Es ist aber möglich, ein anschauliches Modell vom Gleichgewicht *magnetischer* Anziehungs- und Abstoßungskräfte zu realisieren und damit das zweidimensionale Modell eines Kristalls zu simulieren.

**Material:** runde Permanentmagnete (10 mm), Kunststoffmantel (5 mm für große Scheiben und 2 mm für kleine Scheiben), flacher Holzkasten mit durchsichtigem Plexiglas

**Durchführung:** Die großen Scheiben werden alle mit deren Nordpol nach oben orientiert, sie stoßen sich ab. Die kleinen Scheiben werden mit dem Nordpol nach unten orientiert, sie stoßen sich ebenfalls ab. Große und kleine Scheiben ziehen sich an. Alle Scheiben werden im geschlossenen Kasten stark bewegt, sie ordnen sich selbständig in bestimmter Weise an (mit Tageslichtprojektor projizieren, vgl. Abb. 5.18).

**Beobachtung:** In der Anordnung ist jede große Scheibe von vier kleinen Scheiben umgeben, jede kleine Scheibe von vier großen (vgl. Abb. 5.18): es erscheint ein Strukturmodell, dem ein ebener Ausschnitt aus der Kochsalzstruktur entspricht. Ähnlich wie im Magnetmodell erhält die Kochsalzstruktur ihre Stabilität aus dem Gleichgewicht zwischen elektrischen Anziehungs- und Abstoßungskräften.

**Hinweis:** Vor jedem neuen Experiment sind die kleinen und großen Magneten möglichst zu trennen: die einen auf eine Seite des Holzkastens, die anderen auf die gegenüber liegende Seite. Erst dann sind durch Schütteln alle Magnete zu vermischen und die entstehenden Anordnungen zu beobachten.

## V5.15 Magnetische Kraftfelder

**Problem:** Wie bereits ausgeführt sind elektrische oder magnetische Kräfte nicht zu sehen. Die Kraftwirkungen können aber sichtbar gemacht werden, im Falle magnetischer Wirkungen mit Eisenfeilspänen. Mit einem solchen Modellversuch ist es möglich, auf die ungerichteten Kräfte zu verweisen, die von einem Magneten ausgehen. Solche ungerichteten Kraftfelder umgeben auch jedes Ion – allerdings sind es elektrische Feldwirkungen, die kugelsymmetrisch um das Ion verteilt sind und deshalb die Kraftwirkung in jede Richtung des Raumes bewirken.

**Material:** Glasplatte, Stabmagnet; Eisenfeilspäne (im Streuer)

**Durchführung:** Die Glasplatte wird mit einer feinen, durchsichtigen Schicht an Feilspänen bestreut. Der Stabmagnet wird von unten genähert, zusammen mit der Glasplatte auf den Tageslichtprojektor gelegt. Mit einem Metallgegenstand wird durch Klopfen die Glasplatte in Vibration versetzt.

**Beobachtung:** Die Feilspäne orientieren sich in ganz spezifischer Weise (vgl. Abb. 5.18): sie geben die Richtung der magnetischen Kraftwirkungen an.

## Literatur

1. Roesky, H., Möckel, K.: Chemische Kabinettstücke. Weinheim 1996 (VCH)
2. Barke, H.-D.: Konzeption des strukturorientierten Chemieunterrichts. In: Barke, H.-D., Harsch, G.: Chemiedidaktik Heute. Heidelberg 2001 (Springer)
3. Wirbs, H.: Modellvorstellungen und Formelverständnis im Chemieunterricht. Dissertation. Münster 2002 (Schüling)
4. Barke, H.-D., Sauermann, D.: Memorymetalle – sie besitzen ein Formgedächtnis. Praxis Chemie 47 (1998), Heft 3, 7
5. Hilbing, C., Barke, H.-D.: Ionen und Ionenbindung: Fehlvorstellungen hausgemacht! Ergebnisse empirischer Erhebungen und unterrichtliche Konsequenzen. CHEMKON 11 (2004)
6. Barke, H.-D.: Chemiedidaktik zwischen Philosophie und Geschichte der Chemie. Frankfurt 1998 (Lang)
7. Barke, H.-D.: pH-neutral oder elektroneutral? Über Schülervorstellungen zur Struktur von Salzen. MNU 43 (1990), 415
8. Barke, H.-D., Selenski, T., Sopandi, W.: Mineralwasser und Modellvorstellungen. PdN-ChiS 52 (2003), H.2, 15
9. Sauermann, D., Barke, H.-D.: Chemie für Quereinsteiger. Band 1: Strukturchemie und Teilchensystematik. Münster 1997 (Schüling)
10. Christen, H.R., Baars, G.: Chemie. Frankfurt 1997 (Diesterweg)
11. Barke, H.-D.: Einführung des Ionenbegriffs durch Experimente zur Gefrierpunktserniedigung. NiU-Chemie 23 (1992), 93
12. Strehle, N.: Der Ionenbegriff im Chemieunterricht. MNU 58 (2005),45
13. Hilbing, C.: Alternative Schülervorstellungen zum Aufbau der Salze als Ergebnis von Chemieunterricht. Dissertation. Münster 2003 (Schüling)
14. Schwöppe, C.: Fehlvorstellungen zum Ionenbegriff und Vorschläge zu deren Korrektur. Staatsexamensarbeit. Münster 2004
15. Taber, K.S.: Understanding Ionisation Energy: Physical, Chemical and Alternative Conceptions. CERP 4 (2003), 149
16. Taber, K.S.: Chemical misconcetions – prevention, diagnosis and cure. London 2002 (Royal Society of Chemistry)
17. Taber, K.S.: Building the Structural Concepts of Chemistry. Some Considerations from Educational Research. CERP 2 (2001), 123

18. Barker, V.: Beyond Appearances: Students' misconceptions about basic chemical ideas. London 2000 (Royal Society of Chemistry)
19. Sumfleth, E., Floschke, B., Geisler, A.: Schülervorstellungen und Unterrichtsgespräche zum Thema Säure-Base. Münster 1999 (LIT)
20. Butts, B., Smith, R.: HSC chemistry students' understanding of the structure and properties of molecular and ionic compounds. Research in Science Education 17 (1987), 192
21. Boo, H.K.: Students' understanding of chemical bonds and the energetics of chemical reactions. J.Research in Science Teaching 35 (1998), 569
22. Griffith, A.K., Preston, K.R.: Grade-12 Students' Misconceptions Relating to Fundamental Characteristics of Atoms and Molecules. J.Research in Science Teaching 29 (1992), 611
23. Harrison, A.G , Treagust, D.F.: Secondary students' mental models of atoms and molecules: Implications for teaching chemistry. Science Education 80 (1996), 509
24. Reiners, Ch.: Die chemische Bindung – Lernhindernisse und mögliche Lernhilfen. CHEMKON 10 (2003), 17
25. Taber, K.: The truth about ionic bonding. Essex 1995
26. Huheey, J.E.: Anorganische Chemie – Prinzipien von Struktur und Reaktivität. Berlin 1988
27. Barke, H.-D., Hilbing, C.: Leserbrief zu Reiners, Ch.: Die chemische Bindung – Lernhindernisse und mögliche Lernhilfen. CHEMKON 10 (2003), 93
28. Reiners, Ch.: Leserbrief zu [27], CHEMKON 10 (2003), 152
29. Sauermann, D.: Leserbrief zu [28], CHEMKON 11 (2004), 75
30. Barke, H.-D.: Salze – Strukturvorstellungen und Symbole. NiU P/C 33 (1985), 169
31. Pfundt, H.: Ursprüngliche Vorstellungen der Schüler für chemische Vorgänge. MNU 29 (1975)
32. Mulford, D.R., Robinson, W.R.: An Inventory for Alternate Conceptions among First-Semester General Chemistry Students. J.ChemEd 79 (2002), 739
33. Schmidt, H.J : Stolpersteine im Chemieunterricht. Frankfurt 1990 (Diesterweg)
34. Taber, K.S.: Student conceptions of chemical bonding: using interviews to follow the devellopement of A-level students' thinking. Konferenzpapier 1993
35. Strehle, N.: Die chemische Symbolsprache und deren Einfluss auf Einstellungen der Schüler und Schülerinnen zum Chemieunterricht. Staatsexamensarbeit. Münster 2002
36. Harsch, G.: Stereobilder zum Training des Raumvorstellungsvermögens. In: Barke, H.-D., Harsch, G.: Chemiedidaktik Heute. Heidelberg 2001 (Springer)
37. Möller, B., Barke, H.-D.: Interaktive Software zum Entdecken chemischer Strukturen. In: GDCP: Zur Didaktik der Physik und Chemie. Probleme und Perspektiven. Berlin 2001 (Leuchtturm)
38. Möller, B., Barke, H.-D.: Salze und Metalle. Computervisualisierungen von Strukturmodellen im Unterricht der Sekundarstufe I. Unterricht Chemie 16 (2005), Heft 90, 28

# 6 Das Chemische Gleichgewicht

Das chemische Gleichgewicht ist für das Verständnis vieler Basiskonzepte ungemein wichtig: für das Verstehen von Löslichkeitsvorgängen, Säure-Base-Reaktionen, Redoxreaktionen, Komplexreaktionen und vieles mehr. So kennzeichnen es auch BERQUIST und HEIKKINEN [1]: „Yet equilibrium is fundamental to student understanding of other chemical topics such as acid and base behavior, oxidation/reduction reactions, and solubility. Mastery of the concepts associated with equilibrium facilitates the mastery of these other chemical concepts".

Leider scheint es ein schwieriges Thema für Lehre und Unterricht zu sein. So untersuchten FINLAY, STEWART und YARROCHI [2] den Schwierigkeitsgrad verschiedener Themengebiete der Chemie und berichten über 100 zufällig ausgewählte Chemielehrer und Lehrerinnen aus Wisconsin, die das chemische Gleichgewicht als das komplizierteste Thema überhaupt benannten. BERQUIST und HEIKKINEN [1] bemerken dazu: „Equilibrium, considered one of the more difficult chemical concepts to teach, involves a high level of students misunderstanding".

Somit wird entsprechend der Schwierigkeiten, die das Thema Gleichgewicht sowohl für Lehrer in der Vermittlung als auch für Schüler im Verständnis darstellt, eine große Vielfalt von Fehlvorstellungen erwartet.

## 6.1 Überblick zu häufigen Fehlvorstellungen

In ihren Studien haben TYSON, TREAGUST und BUCAT [3], BANERJEE und POWER [4], HACKLING und GARNETT [5] das Verständnis der Schülerinnen und Schüler zum chemischen Gleichgewicht untersucht. Mit diesen Studien wurden folgende Fehlvorstellungen gefunden:

„you cannot alter the amount of a solid in an equilibrium mixture … the concentrations of all species in the reaction mixture are equal at equilibrium" [3].

„Large values of an equilibrium constant imply a very fast reaction ... increasing the temperature of an exothermic reaction would decrease the rate of the forward reaction; ... the Le Chatelier principle could be used to predict equilibrium constant" [4].

„The rate of the forward reaction increases with the time from the mixing of the reactants until equilibrium is established …
… a simple arithmetic relationship exists between the concentrations of reactants and products at equilibrium (e. g. concentrations of reactants equals concentrations of products) …
… when a system is at equilibrium and a change is made in the conditions, the rate of the favoured reaction increased but the rate of the other reaction decreases (e. g. when the temperature is increased the rate of the endothermic reaction increases but the rate of the exothermic reaction decreases) …
… the rates of the forward and reverse reactions could be affected differently by addition of a catalyst" [5]

BERGQUIST und HEIKKINEN [1] haben in ihrer Studie die Fehlvorstellungen von Schülerinnen und Schüler zum chemischen Gleichgewicht für vier Bereiche zusammengefasst:

1. Students show confusion regarding amounts (moles) and concentration (molarities) by attempting to compute concentrations when given molarity, expressing an uncertainty when to use volume, assuming stoichiometric mole ratios apply among product and reactant concentrations, assuming molar amounts are equal even when one is in excess.
2. Students show confusion over the appearance and disappearance of material by assuming concentrations fluctuate as equilibrium is established, a reaction is reversible yet goes to completion, that the forward reaction must be completed before the reverse one starts, that addition of more reactant changes only the product concentration.
3. Students show confusion over the meaning of $K_c$ by describing it as varying in value while at constant temperature, assuming that the value changes with amounts of reactant or products.
4. Students show confusion over the use of Le Chatelier's principle by attempting to adjust a system that is already at equilibrium, to change concentration of the added reactant only, to change concentration values of all species present except the added reactant, uncertainty how a temperature, volume, or pressure change (including the addition of a nonreacting gas) will alter the equilibrium concentrations.

Eine andere Zusammenfassung von Fehlvorstellungen zu verschiedenen Unterthemen hinsichtlich des chemischen Gleichgewichts liefern KOUSATANA und TSAPARLIS [6].

KIENAST [7] hat in der Zeit von 1992 bis 1994 mit über 12000 Schülerinnen und Schüler in vier Untersuchungszyklen Tests zum chemischen Gleichgewicht in Deutschland durchgeführt. Dabei werden die folgenden Fehlvorstellungen besonders häufig beobachtet, die auch die bisher genannten Autoren beschreiben:

„Im Gleichgewichtszustand ist die Summe der Stoffmengen (Konzentrationen) der Edukte gleich der Summe der Stoffmengen (Konzentrationen) der Produkte ... im Gleichgewichtszustand sind die Stoffmengen (Konzentrationen) aller am Gleichgewicht beteiligten Stoffe gleich ... die Summe der Stoffmengen (Konzentrationen) bleibt im Laufe einer Reaktion erhalten ... Stoffmengenangaben (Konzentrationsangaben) müssen mit stöchiometrischen Koeffizienten aus der Reaktionsgleichung multipliziert werden, um die „wahre“ Stoffmenge (Konzentration) zu erhalten...“ [7].

## 6.2 Aktuelle empirische Untersuchungen

Mit Hilfe eines Fragebogens, der auf der Grundlage geschilderter empirischer Erhebungen entstanden ist, zeigt Tanja OSTHUES [8] typische Fehlvorstellungen, wie sie bei Schülerinnen und Schülern der Klassenstufen 12–13 an Gymnasien im Raum Münster anzutreffen sind. Die Ergebnisse der Studie werden auf der Grundlage der Aufgaben des Fragebogens diskutiert.

Die Schülerinnen und Schüler waren im Vorfeld durch den Kurslehrer gefragt worden, ob sie einer schriftlichen Befragung zu einem Themengebiet der Chemie zustimmen, ohne das genaue Thema zu erfahren. Die Kurse konnten also selbst entscheiden, ob sie an dieser Befragung teilnehmen wollten oder nicht. Die Lehrerinnen und Lehrer haben den Fragebogen erst am Tag der empirischen Untersuchung gesehen, so dass eine vorherige Besprechung der Fragen im Unterricht und damit ein falsches Ergebnis ausgeschlossen werden konnte. Lediglich der Schulleiter bzw. die Schulleiterin hat zur Genehmigung der Umfrage den Fragebogen im Vorfeld erhalten.

Zu Beginn des Fragebogens stehen allgemeine Fragen zur Person. So wird nach dem Alter und dem Geschlecht der bearbeitenden Person gefragt, bevor dann die Schulform, die Jahrgangstufe und Kursart anzugeben ist.

Um einen Überblick des Leistungsstandes der Schülerinnen und Schüler in den Fächern Chemie und Physik zu erhalten, wird nach beiden letzten Zeugnisnoten gefragt. Zwar kann aufgrund einer Zeugnisnote kein einwandfreies Bild über die Fähigkeiten der Schülerin bzw. des Schülers erstellt werden, jedoch erscheint eine grobe Einschätzung der Korrelation von Leistungen durchaus möglich.

Da Fehlvorstellungen zum chemischen Gleichgewicht in der Literatur in Zusammenhang gebracht werden mit fehlendem Verständnis der Schülerinnen und Schüler einfacher mathematischer Grundlagen, wird ebenfalls nach der letzten Zeugnisnote in Mathematik gefragt. Dadurch soll zumindest ein grober Überblick erreicht werden, ob es einen Unterschied bei den Fehlvorstellungen zum chemischen Gleichgewicht zwischen guten und schlechten Schülerinnen und Schülern im Fach Mathematik gibt.

**Der Fragebogen.** Er enthält 10 Aufgaben, von denen die ersten mitsamt der bewusst gewählten Distraktoren der zitierten Untersuchung von KIENAST [7] entnommen worden sind. Die Aufgaben werden einzeln vorgestellt und wo möglich prozentuale Ergebnisse der Distraktorenwahl mit Säulendiagrammen gespiegelt. Die wichtigsten geforderten Begründungen, die die Probanden zu ihrer Antwortauswahl aufführen, werden wörtlich zitiert.

**Aufgabe 1**

In einem geschlossenen System kann sich zwischen den Stoffen Ethan ($C_2H_6$), Wasserstoff ($H_2$) und Ethen ($C_2H_4$) folgendes Gleichgewicht einstellen:

$$C_2H_6 \rightleftharpoons C_2H_4 + H_2$$

Zu Beginn der Reaktion werden 8 mol $C_2H_6$ eingesetzt. Zu dem Zeitpunkt haben sich $C_2H_4$ und $H_2$ noch nicht gebildet.
Im Gleichgewicht sind 3 mol $C_2H_4$ entstanden. Wie viel $C_2H_6$ und $H_2$ sind im Gleichgewicht vorhanden?

a) 2mol $C_2H_6$ und 3mol $H_2$
b) 3mol $C_2H_6$ und 3mol $H_2$
c) 4mol $C_2H_6$ und 1mol $H_2$
d) 5mol $C_2H_6$ und 3mol $H_2$
e) 6mol $C_2H_6$ und 3mol $H_2$

Bitte begründen Sie Ihre Antwort ausführlich.

**Antwort a** beinhaltet die falsche Vorstellung, dass „die Summe der Stoffmengen im Laufe einer chemischen Reaktion erhalten bleibt“ [7]. Die Schülerinnen und Schüler begründeten ihre Antwort folgendermaßen:

*Die Gesamtmenge verändert sich nicht. Es müssen insgesamt 8 mol bleiben.*

*Da 3 mol auf der anderen Seite sind (von den 8) müssen ja noch 5 auf der einen Seite sein.*

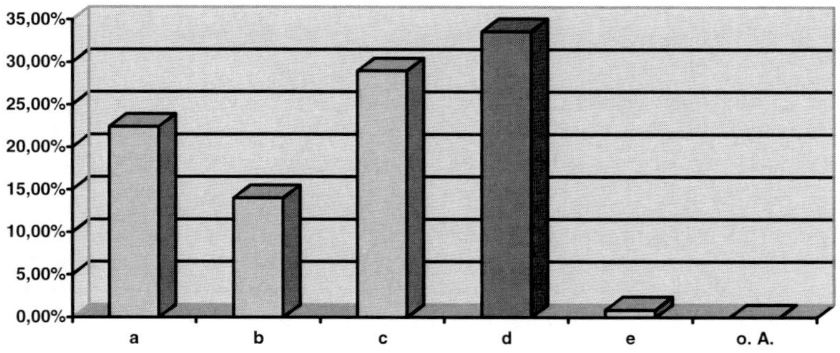


**Aufgabe 1** Antwortmuster (richtige Antwort ist d)

*Antwort a ist richtig, da insgesamt 8 mol verteilt werden müssen. Da nach der Reaktion 3 mol $C_2H_4$ entstanden sind, müssen $C_2H_6$ und $H_2$ insgesamt 5 ausmachen. 2 + 3 = 5*

*Wenn 3 mol $C_2H_4$ entstehen, entstehen auch 3 mol $H_2$. Um die 8 mol $C_2H_6$ zu erreichen können nur noch 2 mol $C_2H_6$ entstehen.*

*Mit Antwort a kommt man auf die Gesamtmenge von 8 mol.*

In den Schülerkommentaren zu der **Auswahlantwort b** lässt sich ausschließlich die erwartete falsche Vorstellung, dass „im Gleichgewicht die Stoffmengen aller am Gleichgewicht beteiligten Stoffe gleich sind" [7], auffinden.

*Es müssen bei allen 3 mol sein.*

*Ein Gleichgewicht liegt vor, wenn auf beiden Seiten dieselbe Menge vorliegt.*

**Auswahlantwort c** ist unter den falschen Antworten die meist gewählte. Die Vorstellung, dass „die Summe der Stoffmengen im Laufe einer chemischen Reaktion erhalten bleibt" und „gleichzeitig die Summe der Stoffmengen der Edukte gleich der Summe der Stoffmengen der Produkte ist" [7] kann in den Schülerkommentaren nachgewiesen werden:

*Auf beiden Seiten der Reaktion entstehen 4 mol, so ist die Reaktion im Gleichgewicht, zudem ergibt die Summe die Ausgangsmasse 8 mol.*

*Auf der Seite der Produkte und Edukte sind insgesamt 8 mol vorhanden. Da 3 mol $C_2H_4$ entstanden sind und auf der Seite der Produkte 4 mol sein müssen, ist $C_2H_6$ = 4 mol und $H_2$ = 1 mol, da 1 mol + 3 mol = 4 mol ist.*

*Ein Gleichgewicht stellt sich ein, wenn auf beiden Reaktionsseiten sich die selbe Masse anlagert. Aus 8 mol ergeben sich rechts (Produktseite)*

*3 mol $C_2H_4$ und 1 mol $H_2$ dementsprechend auf der Eduktseite 4 mol $C_2H_6$.*

*Es müssen 8 mol vorhanden sein. Allerdings müssen bei einem Gleichgewicht auch auf beiden Seiten gleichviel mol vorhanden sein, also c.*

Hinter **Antwort d** versteckt sich die richtige Lösung. In den Schülerkommentaren konnten keine falschen Vorstellungen gefunden werden.

---

**Aufgabe 2**

In einem geschlossenen System kann sich zwischen den Stoffen Kohlendioxid ($CO_2$), Wasser ($H_2O$) und Kohlensäure ($H_2CO_3$) folgendes Gleichgewicht einstellen:

$$CO_{2\,(aq)} + H_2O_{\,(l)} \rightleftharpoons H_2CO_{3\,(aq)}$$

Zu Beginn der Reaktion werden 5mol $CO_2$ und 5mol $H_2O$ eingesetzt.
Zu dem Zeitpunkt hat sich $H_2CO_3$ noch nicht gebildet.
Im Gleichgewicht sind 2mol $H_2CO_3$ entstanden. Wieviel $CO_2$ und $H_2O$ sind im Gleichgewicht vorhanden?

a) 1mol $CO_2$ und 1mol $H_2O$
b) 2mol $CO_2$ und 2mol $H_2O$
c) 3mol $CO_2$ und 3mol $H_2O$
d) 4mol $CO_2$ und 4mol $H_2O$
e) 3mol $CO_2$ und 5mol $H_2O$

Bitte begründen Sie Ihre Antwort ausführlich.

---

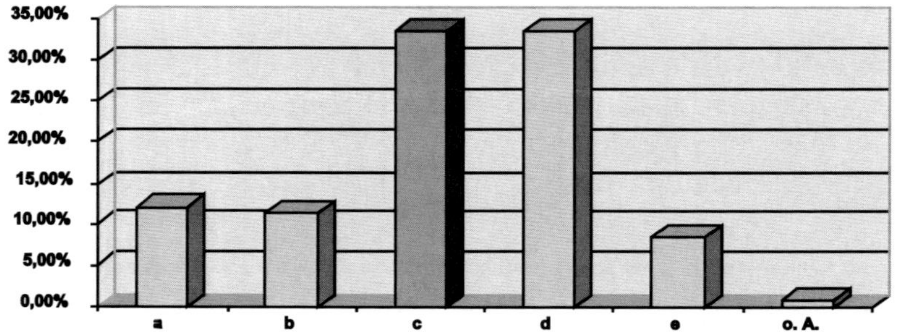


**Aufgabe 2** Antwortmuster (richtige Antwort ist c)

In den Schülerkommentaren zur **Auswahlantwort a** lässt sich ausschließlich die erwartete falsche Vorstellung, dass „im Gleichgewichtszustand die Summe der Konzentrationen der Edukte gleich der Summe der Konzentrationen der Produkte ist“ [7], auffinden.

*1 mol + 1 mol sind 2 mol, auf anderer Seite sind 2 mol $H_2CO_3$ entstanden Gleichgewicht*

*Seite der Produkte muss die gleiche molare Masse haben wie Seite der Edukte 2 mol*

*Ein Gleichgewicht liegt vor, wenn auf beiden Seiten dieselbe Menge vorliegt.*

**Antwort b** wird durch die falsche Vorstellung, dass „im Gleichgewichtszustand die Konzentrationen aller am Gleichgewicht beteiligten Stoffe gleich sind“ [7], erhalten. Die Begründungen der Schülerinnen und Schüler zeigen diese falsche Vorstellung:

*Da ein Gleichgewicht herrscht und auf der rechten Seite 2 mol $H_2CO_3$ entstanden sind, müssen auf der linken Seite ebenfalls 2 mol $CO_2$ vorhanden sein, folglich sind auch 2 mol $H_2O$ vorhanden.*

**Antwort c** ist die richtige Lösung. Diese Antwort wurde etwa von jeder dritten Schülerin bzw. von jedem dritten Schüler gewählt. In den Schülerkommentaren wurde ausschließlich richtige Begründungen gefunden.

Genauso viele Schülerinnen und Schüler, die sich für die richtige Antwort entschieden haben, haben auch **Antwort d** gewählt. Die falsche Vorstellung, dass „die Summe der Konzentrationen im Laufe einer chemischen Reaktion erhalten bleibt“ [7], werden in den Begründungen der Schülerinnen und Schüler bestätigt.

*Ich müsste insgesamt also wieder 10 mol haben. Ich geh davon aus, dass von den 5 mol $H_2O$ und 5 mol $CO_2$ jeweils gleichviel in die 2 mol $H_2CO_3$ übergeht. Also müsste von beiden gleichviel bleiben und das wären dann noch jeweils 4 mol $H_2O$ und 4 mol $CO_2$*

*Zu Beginn 10 mol, es bilden sich 2 mol, es fehlen 8 mol, also Antwort d*

*Wenn 5 mol $H_2O$ und 5 mol $CO_2$ reagieren und 2 mol $H_2CO_3$ entstehen, müssen jeweils 4 mol $H_2O$ und 4 mol $CO_2$ reagieren um insgesamt 10 mol zu erreichen.*

*Um das Gleichgewicht wieder herzustellen fehlen noch 8 mol. Da zu Beginn auch gleich viel $H_2O$ und $CO_2$ vorhanden war muss am Ende auch die gleiche Menge vorhanden sein.*

*Auch hier muss man wieder auf die Gesamtmenge von 10 mol kommen. Entstehen 2 mol $H_2CO_3$, so müssen 4 mol $H_2O$ und 4 mol $CO_2$ gebildet werden.*

Hinter **Antwort e** steckt die falsche Vorstellung, dass „die Summe der Stoffmengen im Laufe einer chemischen Reaktion erhalten bleibt“ und gleichzeitig dass „die Anfangsstoffmenge des Wassers erhalten bleibt“ [7]. Diese Fehlvorstellung ließ sich jedoch in den Schülerkommentaren nicht nachweisen.

**Aufgabe 3**

Zwischen den Stoffen Stickstoffdioxid ($NO_2$) und Distickstofftetraoxid ($N_2O_4$) kann sich folgendes Gleichgewicht einstellen:

$$2\ NO_{2\,(g)} \rightleftharpoons N_2O_{4\,(g)}$$

Zu Beginn der Reaktion werden 7mol $NO_2$ eingesetzt. Zu dem Zeitpunkt hat sich $N_2O_4$ noch nicht gebildet.
Im Gleichgewicht sind 2mol $N_2O_4$ entstanden. Wie viel $NO_2$ sind im Gleichgewicht vorhanden?

a) 1mol $NO_2$
b) 2mol $NO_2$
c) 3mol $NO_2$
d) 5mol $NO_2$
e) 6mol $NO_2$

Bitte begründen Sie Ihre Antwort ausführlich.

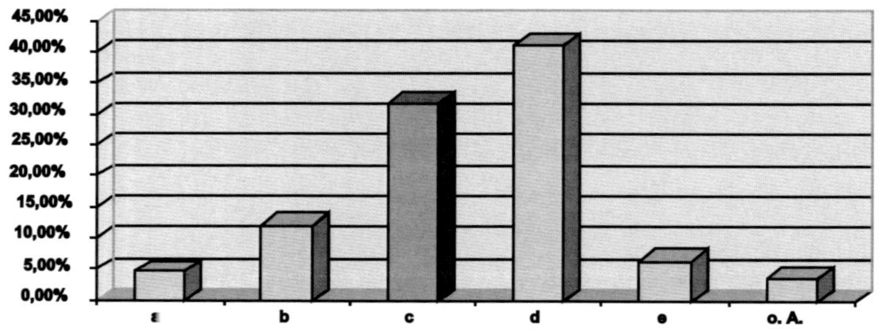


**Aufgabe 3** Antwortmuster (richtige Antwort ist c)

Zur **Auswahlantwort a** führt die Vorstellung, „dass im Gleichgewichtszustand die Summe der Konzentrationen der Edukte gleich der Summe der Konzentrationen der Produkte ist, und gleichzeitig die Konzentrationsangaben mit den stöchiometrischen Koeffizienten aus der Reaktionsgleichung multipliziert werden müssen, um die ‚wahren' Konzentrationen zu erhalten“ [7]. Die Begründungen der Schülerinnen und Schüler belegen diese Vorstellung.

*Weil $NO_2$ die Hälfte von $N_2O_4$ ist, muss hier die molare Masse die Hälfte sein 2 mol : 2 = 1 mol*

Ausgleich $2 \cdot 1mol \leftrightarrow 2mol$

*Im Gleichgewicht ist 1 mol $NO_2$ vorhanden, da 2 $NO_2$-Moleküle vorhanden sind und so auf beiden Seiten 2 mol vorhanden sind.*

Viele Schülerinnen und Schüler schätzten **Antwort b** als richtig ein und zeigten in ihren Begründungen die erwartete Fehlvorstellung, dass „im Gleichgewichtszustand die Konzentrationen aller am Gleichgewicht beteiligten Stoffe gleich sind“ [7].

*Um das Gleichgewicht zu wahren muss das Gleichgewicht innerhalb der Gleichung stimmen. Wenn 2 mol $N_2O_4$ entstehen braucht man beim Edukt auch 4 N-Moleküle, das erreicht man indem man 2mol $NO_2$ beim Edukt hat.*

*Da auf der rechten Seite 2 mol $N_2O_4$, also 4 N-Atome entstanden sind, müssen links auch 4 N-Atome, also 2 mol $NO_2$ vorhanden sein.*

Hinter **Antwort c** verbirgt sich die richtige Lösung, sie wurde auch jeweils richtig begründet.

„Die Vorstellung, dass die Summe der Konzentrationen im Laufe einer chemischen Reaktion erhalten bleibt“ [7], führt zur Wahl der **Antwort d**, die die häufigste Antwort der Schülerinnen und Schüler ist. Die Kommentare unterstützen diese Fehlvorstellung durchgängig.

*Ein Gleichgewicht liegt vor, wenn auf beiden Seite dieselbe Menge ist: 7mol – 2mol = 5mol*

**Antwort e** erhalten die Schülerinnen und Schüler durch die falsche Vorstellung, dass „die Summe der Konzentrationen im Laufe einer chemischen Reaktion erhalten bleibt, und gleichzeitig die Konzentrationsangaben mit den stöchiometrischen Koeffizienten aus der Reaktionsgleichung multipliziert werden müssen, um die „wahren“ Konzentrationen zu erhalten“ [7].

*6mol $NO_2 \rightarrow$ 2mol $N_2O_4$ ; 2 • 7mol $NO_2$ = 14mol $NO_2$ ; 14mol $NO_2$ –2 = 12; 12 : 2 = 6mol; aus 2 • 7mol $NO_2$ ; also 14mol $NO_2$, entstehen 2mol $N_2O_4$. Es bleiben 12mol über (auf der linken Seite der Reaktionsgleichung). 12 : 2 = 6, also sind 6mol 2 $NO_2$ vorhanden.*

**Aufgabe 4**
In einem geschlossenen System kann sich zwischen den Stoffen Wasserstoff ($H_2$), Iod ($I_2$) und Iodwasserstoff (HI) folgendes Gleichgewicht einstellen:

$$2\,HI \rightleftharpoons H_2 + I_2$$

Zu Beginn der Reaktion werden 6mol HI eingesetzt. Zu dem Zeitpunkt haben sich $H_2$ und $I_2$ noch nicht gebildet.
Im Gleichgewicht sind 1mol $H_2$ entstanden. Wie viel HI und $I_2$ sind im Gleichgewicht vorhanden?

a) 1mol HI und 1mol $I_2$
b) 2mol HI und 1mol $I_2$
c) 3mol HI und 2mol $I_2$
d) 4mol HI und 1mol $I_2$

Bitte begründen Sie Ihre Antwort ausführlich.

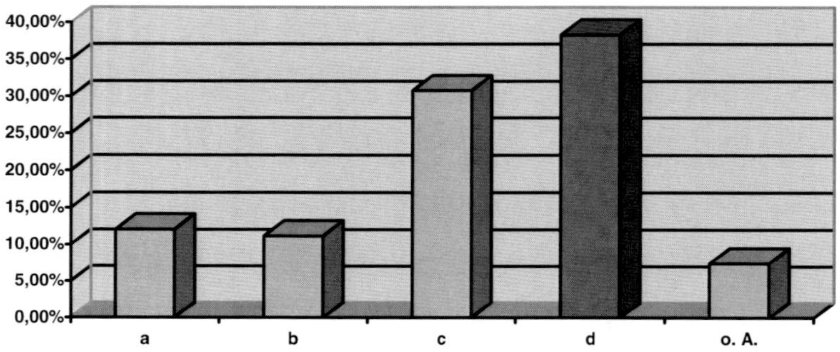


**Aufgabe 4** Antwortmuster (richtige Antwort ist d)

Die Antworten und Begründungen beinhalten Fehlvorstellungen, wie sie bei den bisherigen Aufgaben bereits diskutiert worden sind.
Die folgenden Aufgaben schildern einen Zusammenhang zum chemischen Gleichgewicht und es werden – ohne Auswahlantworten anzubieten – von den Probanden kurze Antworten mit möglichst ausführlichen Begründungen gefordert.

**Aufgabe 5**
Bei dem Haber-Bosch-Verfahren zur Herstellung von Ammoniak finden in einem geschlossenen System folgende Reaktionen statt:

$$N_{2\,(g)} + 3\,H_{2\,(g)} \rightleftharpoons 2\,NH_{3\,(g)}$$

Nachdem sich das Gleichgewicht eingestellt hat, wird bei konstanter Temperatur der Druck erhöht. Was passiert?
Bitte begründen Sie Ihre Antwort ausführlich.

Die richtige Lösung ist, dass sich das Gleichgewicht auf die Seite der Produkte verschiebt, weil die Anzahl der Moleküle halbiert wird und dadurch ein Ausweichen vor dem „Zwang Druck" stattfindet. Ein Großteil der Probanden hat dieses richtig erkannt und auch richtig begründet. Für einige Schülerinnen und Schüler passiert durch eine Druckerhöhung allerdings „nichts", sie begründen ihre Antworten folgendermaßen:

*Es würde sich an dem Gleichgewichtszustand nichts mehr ändern, da er ausgeglichen ist, er verändert sich nicht mehr. Es findet trotzdem noch ein Austausch zwischen beiden Seiten statt.*

*Das Gleichgewicht wird nicht verschoben, da es ein geschlossenes System ist.*

Die Betonung des geschlossenen Systems verursacht offenbar die Vorstellung, dass keinerlei Veränderung eines Gleichgewichts möglich ist, auch nicht durch Änderungen des Drucks.
Bei der nächsten Aufgabe geht es nicht um die Abgeschlossenheit eines Reaktionsraumes, sondern um eine farbig schön anzusehende Reaktion, bei der Farben jeweils wechseln – je nach Richtung der Gleichgewichtsreaktionen.

**Aufgabe 6**
Betrachten Sie die folgende reversible Reaktion, die sich im Gleichgewicht als blaue Lösung befindet:

$$[Co(H_2O)_6]^{2+}{}_{(aq)} + 4\,Cl^{-}{}_{(aq)} \rightleftharpoons [CoCl_4]^{2-}{}_{(aq)} + 6\,H_2O_{(l)}$$

pink blau — blau

Was passiert, wenn Wasser diesem System hinzugefügt wird?
Bitte begründen Sie Ihre Antwort ausführlich.

Wie erwartet hat ein Großteil der befragten Schülerinnen und Schüler diese Aufgabe richtig beantwortet und den Farbwechsel nach pink zugunsten der Edukte beschrieben. Doch viele Begründungen der richtigen

Aussagen sind anfechtbar, da in den Vorstellungen wiederum eine räumliche Trennung der im Gleichgewicht befindlichen Substanzen stattfindet (Markierung mit Fettschrift durch den Autor):

*Wenn diesem System Wasser hinzugefügt wird, entsteht auf der* ***rechten Seite*** *ein Übergewicht. Da dieses ausgeglichen wird, entsteht mehr von den Stoffen auf der linken Seite.*

*Das Gleichgewicht wird sich* ***nach links*** *verschieben. Das zusätzliche Wasser sorgt für eine Umverteilung des Gleichgewichts. Damit sich auf beiden Seiten wieder die gleichen molaren Mengen befinden, muss das Gleichgewicht nach links verschoben werden.*

*Nach dem Prinzip des kleinsten Zwangs wird die Lösung pink, da der zugefügte Stoff* ***auf der rechten Seite*** *verbraucht wird.*

*Das Gleichgewicht verschiebt sich nach links, da durch die Erhöhung der Konzentration von Wasser* ***auf der rechten Seite****, wo sich die blaue Lösung befindet, vermehrt die Rückreaktion abläuft.*

Einige Schülerinnen und Schüler sind der Meinung, dass durch das Hinzufügen des Wassers eine Verdünnung der blauen Farbe stattfindet. Sie geben folgende Begründungen an:

*Die Farbe verdünnt sich, jede Farbe verdünnt sich durch Wasserzugabe.*

*Die Farben werden heller, da die Stoffe lediglich verdünnt werden, jedoch ihre Wirkung nicht verlieren.*

*Da im Gleichgewichtszustand die Lösung blau ist, kann sich diese beim Hinzufügen von Wasser höchstens so verändern, dass das Blau schwächer wird, da die Gleichung verdünnt wird. Aus dem Gleichgewicht gerät sie dabei nicht, daher kann die pinke Farbe nicht überwiegen.*

Es liegen auch falsche Antworten und entsprechende Fehlvorstellungen vor, dass etwa das Hinzufügen von Wasser keinen Einfluss auf die Gleichgewichtsreaktion hat:

*Es passiert nichts, denn Wasser verändert die Reaktion nicht.*

*Wasser ändert nichts an der Reaktion.*

Es mag für Lernende grundsätzlich schwierig sein, in wässerigen Lösungen zwischen dem Lösungsmittel Wasser und einem etwaigen zusätzlichen Reaktionspartner Wasser zu unterscheiden. Schülern und Schülerinnen, die Komplexreaktionen nach dem Muster der Aufgabe 6 angemessen beurteilen sollen, müssen diese Unterschiede deutlich gemacht werden. Auch bei der nächsten Reaktion geht es um das Wasser als Reaktionspartner und als Lösungsmittel.

**Aufgabe 7**
In einer 0.5M Lösung von Natriumdichromat ($Na_2Cr_2O_7$) stellt sich nach einiger Zeit folgendes Gleichgewicht ein:

$$2\ CrO_4^{2-}{}_{(aq)} + 2\ H^+{}_{(aq)} \rightleftharpoons Cr_2O_7^{2-}{}_{(aq)} + H_2O_{(l)}$$

Was passiert, wenn man 10 mL einer 0.5M Lösung von Natriumdichromat zu der Ursprungslösung hinzu gibt?
Bitte begründen Sie Ihre Antwort ausführlich.

Unerwartet wenige Schülerinnen und Schüler haben die Aufgabe 7 bearbeitet – mehr als die Hälfte hat keine Antwort für diese Aufgabe gegeben. Erwartet wurde, dass sie diese Aufgabe als einfach empfinden und zur falschen Lösung kommen würden: das Gleichgewicht verschiebt sich auf die Seite der Edukte. Einige Begründungen weisen das aus:

*Wenn man Natriumdichromat hinzugibt, entsteht auf der rechten Seite ein Übergewicht. Also entstehen mehr von den Stoffen auf der linken Seite, während die Konzentrationen der Stoffe auf der rechten Seite abnehmen.*

*Gleichgewicht verschiebt sich nach links, weil mit mehr $Na_2Cr_2O_7$ mehr $Cr_2O_{72}$- der Reaktion zugeführt wird und mit Wasser zu mehr $CrO_{42}$- und H+ reagieren kann.*

*Wenn man Natriumdichromat hinzugibt, erhöht sich die Konzentration von $Cr_2O_{72}$-. Nach dem Prinzip des kleinsten Zwangs verschiebt sich das Gleichgewicht dadurch nach links. Daher wird die Lösung gelb.*

Lediglich ein Zehntel der befragten Schülerinnen und Schüler hat richtig erkannt, dass sich an dem Gleichgewicht nichts verändert, da dieselben 0.5-molaren Lösungen zusammen gegeben werden, also dieselben Konzentrationen der Teilchenarten in beiden Lösungen vorliegen und nach Zugabe keinerlei Änderungen der Konzentrationen stattfinden.

Es scheint, als würden sie ihr gelerntes Wissen über das Prinzip des kleinsten Zwangs anwenden ohne auf die genannten Bedingungen zu achten. Ob sich tatsächlich eine Fehlvorstellung hinter diesen Antworten verbirgt, lässt sich nicht feststellen – auch ein hastiges Überlesen der beiden Konzentrationsangaben kann zu den genannten unzutreffenden Antworten führen.
In einer weiteren Aufgabe soll ermittelt werden, ob die formale Zugabe eines Feststoffes zu einem im Gleichgewicht befindlichen Stoffgemisch zur Anwendung des Prinzips vom kleinsten Zwang führt – ohne darüber nachzudenken, dass die Masse eines Feststoffs für die Gleichgewichtslage keine Rolle spielt.

**Aufgabe 8**
Festes Calciumcarbonat ($CaCO_3$) reagiert durch starkes Erhitzen zu Calciumoxid ($CaO$) und Kohlenstoffdioxid ($CO_2$):

$$CaCO_{3\,(s)} \rightleftharpoons CaO_{(s)} + CO_{2\,(g)}$$

Was passiert mit der Konzentration von $CO_2$, wenn festes Calciumoxid zu der sich im Gleichgewicht befindenden Reaktion hinzugefügt wird? Bitte begründen Sie Ihre Antwort ausführlich.

Die richtige Lösung, dass sich durch die Zugabe eines Feststoffes das Gleichgewicht nicht verändert, hat ein Zehntel der Schülerinnen und Schüler erkannt. Die gegebenen Kommentare liefern ausschließlich richtige Begründungen.
Allerdings zeigt Aufgabe 8 deutlich wie zuvor, dass viele Schülerinnen und Schüler das Prinzip des kleinsten Zwangs anwenden ohne genau zu überlegen, ob in diesem Fall überhaupt ein Zwang auf das sich im Gleichgewicht befindliche System ausgeübt wird. Eine Abnahme der Konzentration von $CO_2$ und damit eine Verschiebung des Gleichgewichts auf die Seite der Edukte vermuten die meisten Probanden und begründen ihre Vorstellung folgendermaßen:

*Die Konzentration von $CO_2$ nimmt ab, da dieses mit dem hinzugefügten CaO zu $CaCO_3$ reagiert. Das Gleichgewicht verschiebt sich also nach links.*

*Das Gleichgewicht wäre gestört, da nun mehr Calciumoxid vorhanden wäre. Die Konzentration von $CO_2$ würde abnehmen.*

*Die Konzentration verringert sich, denn es reagiert $CO_2$ mit CaO. Das Gleichgewicht verschiebt sich also nach links.*

*Die Konzentration von $CO_2$ geht zurück, da CaO im Überschuss vorhanden ist und deshalb mit $CO_2$ zu $CaCO_3$ reagiert. $CO_2$ wird also verbraucht, deshalb der Rückgang der Konzentration.*

*Die Konzentration von $CO_2$ wird sich erniedrigen, da es zusammen mit dem Calciumoxid verbraucht wird. Gesetz des kleinsten Zwangs.*

*Wenn der CaO-Gehalt erhöht wird, muss der Gehalt von $CO_2$ kleiner werden, um das Gleichgewicht zu erhalten.*

*Die Konzentration von $CO_2$ sinkt, da ein Überschuss an CaO die Reaktion nach links begünstigt.*

Es gibt auch Schülerinnen und Schüler, die sich daran erinnern, dass das Hinzufügen eines Feststoffes eine sich im Gleichgewicht befindliche

Reaktion nicht stört, aber denken, dass sich Calciumoxid nach einiger Zeit auflöst und Einfluss auf die Gleichgewichtsreaktion nimmt:

*Das feste Calciumoxid muss sich zuerst lösen um reaktionsfähig zu werden. Dann wird das Gleichgewicht auf die Seite verschoben, auf der der zugeführte Stoff verbraucht wird.*

*Mehr* $CaCO_3$ *entsteht, da sich das Calciumoxid lösen kann und Einfluss auf* $CO_2$ *nimmt.*

In Aufgabe 3 wird bereits das Gleichgewicht $2NO_{2\,(g)} \rightleftharpoons N_2O_{4\,(g)}$ einer Befragung zugrunde gelegt, um Vorstellungen zum Einfluss von Konzentrationen und Stoffmengen darauf zu untersuchen. In Aufgabe 9 wird dasselbe Gleichgewicht verwendet, um den Einfluss der Temperatur auf die Lage von Gleichgewichten zu diskutieren.

---

**Aufgabe 9**

Die Reaktion von Stickstoffdioxid ($NO_2$) zu Distickstofftetraoxid ($N_2O_4$) verläuft exotherm:

$$2\ NO_{2\,(g)} \rightleftharpoons N_2O_{4\,(g)}$$

*braun* *farblos*

Nachdem sich das Gleichgewicht eingestellt hat wird bei konstantem Druck die Temperatur erhöht. Was passiert?
Bitte begründen Sie Ihre Antwort ausführlich.

---

Die meisten Schülerinnen und Schüler haben – wie erwartet – die Aufgabe richtig beantwortet: das Gleichgewicht weicht der höheren Temperatur aus, indem die endotherme Rückreaktion einsetzt und eine neue Lage des Gleichgewichts zugunsten der Edukte eingenommen wird. Es können in den Begründungen auch keine Fehlvorstellungen nachgewiesen werden.

Eine Verschiebung des Gleichgewichts auf die Seite der Produkte haben einige Schülerinnen und Schüler allerdings ebenfalls angegeben und folgendermaßen begründet:

*Das Gleichgewicht verschiebt sich nach rechts, damit mehr Wärme abgegeben werden kann.*

*Das Gleichgewicht verschiebt sich nach rechts, da exotherme Reaktion und zusätzliche Temperaturerhöhung.*

Hieraus lässt sich die Fehlvorstellung ableiten, dass die Erhöhung der Temperatur nach eingestelltem Gleichgewicht die exotherme Reaktion begünstigt.

Es kommen überraschenderweise häufig Antworten vor, die sich auf die RGT-Regel beziehen:

*Die Reaktionsgeschwindigkeit erhöht sich aufgrund der RGT-Regel.*

*Es wird Wärme frei. Durch die Temperatur wird die Reaktion beschleunigt (RGT-Regel).*

In einer letzten Aufgabe geht es noch einmal um den Einfluss der Temperatur, allerdings in Gegenwart eines Feststoffs, der einem Gleichgewicht entzogen oder zugefügt werden soll.

---

**Aufgabe 10**
Die Reaktion von Kohlenstoff (C) mit Kohlenstoffdioxid ($CO_2$) zu Kohlenstoffmonoxid (CO) verläuft endotherm.

$$C_{(s)} + CO_{2(g)} \rightleftharpoons 2\,CO_{(g)}$$

Nachdem sich das Gleichgewicht (Boudouard-Gleichgewicht) eingestellt hat, wird bei konstantem Druck die Temperatur erhöht.
Was passiert?
Bitte begründen Sie Ihre Antwort ausführlich.

---

Ähnlich wie in Aufgabe 9 gibt es eine Menge richtiger Antworten und Begründungen, die die Bildung von zusätzlichem Kohlenstoffmonoxid zur Grundlage haben.

Allerdings wird auch mit einer Verschiebung des Gleichgewichts auf die Seite der Edukte argumentiert und wie folgt begründet:

*Hier würde die exotherme Reaktion (Bildung von C + $CO_2$) angekurbelt werden. So würde mehr von diesen Stoffen als von 2CO entstehen. Das Gleichgewicht wäre gestört.*

*Man muss Energie hinzufügen, damit Kohlenstoffmonoxid entsteht. Wenn nun die Temperatur erhöht wird (mehr Energie hinzugefügt wird), dann hätte das Kohlenstoffmonoxid sehr viel Energie. Ich könnte mir vorstellen, dass CO wieder zurückgebildet wird in C und $CO_2$, da die Reaktionsgleichung reversibel ist.*

In dieser Antwort kommt zum Ausdruck, dass die Begriffe Temperatur und Energie nicht sachlich angemessen unterschieden werden und deshalb Fehlvorstellungen resultieren. Auf der anderen Seite sind es verschiedene Energieformen – hier etwa kinetische Energien der Moleküle und chemische Energien der Substanzen, die die Lernenden noch nicht sachgerecht differenzieren. In Kapitel 8 werden diesbezüglich Befragungen ausgewertet und Vorschläge zu entsprechenden Verbesserungen des Unterrichts gemacht.

## Zusammenfassung der Ergebnisse

Im Rahmen dieser empirischen Untersuchung konnte eine Vielzahl der in der Fachliteratur erwähnten Fehlvorstellungen zum chemischen Gleichgewicht auch für Schüler und Schülerinnen an Gymnasien im Raum Münster nachgewiesen werden.

Bei den Betrachtungen zu Konzentrationen und Stoffmengen in chemischen Gleichgewichten treten zwei Fehlvorstellungen besonders häufig auf. Ein Drittel der Schülerinnen und Schüler ist zum einen der Auffassung, dass „die Summe der Stoffmengen (Konzentrationen) bei chemischen Reaktionen erhalten bleibt“, zum anderen, dass „im Gleichgewichtszustand die Summe der Konzentrationen der Edukte gleich der Summe der Konzentrationen der Produkte ist“. Denkt man diesbezüglich an das Beispiel der schwachen Säuren, so ist es völlig anders: die Konzentration der Säure-Moleküle beträgt 99%, die der Ionen je nach Protolysegrad nur 1% im Gleichgewicht.

Zwei Drittel richtiger Antworten zur Auswirkung von Druckänderungen in Gleichgewichten lassen erkennen, dass der Unterricht zum Prinzip von Le Chatelier verstanden wird. Die Antworten der Jugendlichen zeigen zwar, dass Unterscheidungen bezüglich des Gesamtdrucks und der einzelnen Partialdrucke in den Diskussionen fehlen – vorliegende Aufgabestellungen bereiten in dieser Richtung allerdings auch keine Probleme.

Bedeutsamer sind Fehlvorstellungen bezüglich des Einflusses von Feststoffen, die zu Gleichgewichtsmischungen gegeben werden, etwa zu Löslichkeits- und Zersetzungsgleichgewichten: Diesbezüglich sehen die Schülerinnen und Schüler nicht, dass Konzentrationsangaben bei festen Stoffen in einem bestimmten Reaktionsraum nicht möglich bzw. unsinnig sind und deshalb solche Einflüsse nicht ernsthaft diskutiert werden können.

Erstaunlich ist, dass die Schülerinnen und Schüler die „linke und rechte Seite“ eines Gleichgewichts nicht nur formal ausgehend vom Gleichgewichtssymbol her sehen, sondern sich oftmals konkret räumliche Trennungen zweier Stoffportionen für Edukte und Produkte vorstellen, die sich bei der Verschiebung der Lage eines Gleichgewichts gegebenenfalls verändern.

Teilt man ihnen mit, dass ein geschlossenes System vorliegt, erscheint für manchen Schüler das vorhandene Gleichgewicht als unveränderbar. Auch die Zugabe von Wasser zeigt in der Vorstellung einiger Lernender für

Gleichgewichte keine Auswirkungen, da das Wasser oftmals nicht als Reaktionsteilnehmer, sondern lediglich als Verdünnungsmedium gesehen wird.

Bei den Aufgaben zu Temperaturänderungen eines sich im Gleichgewicht befindlichen Systems ist für immerhin die Hälfte der Schülerinnen und Schüler die richtige Vorstellung vermittelt worden, dass sich Gleichgewichtslagen verändern, nämlich nach dem Prinzip des kleinsten Zwangs die Reaktion begünstigt wird, die die Temperaturänderung kompensiert. Allerdings verbleiben auch diesbezüglich bei vielen Jugendlichen fehlerhafte Vorstellungen.

Es lässt sich feststellen, dass sich im üblichen Chemieunterricht zum chemischen Gleichgewicht viele Fehlvorstellungen gar nicht vermeiden lassen, weil die Thematik übereinstimmend bei vielen Experten als so schwierig eingeschätzt wird – sowohl in der Vermittlung für die Lehrer als auch im Verständnis für die Lernenden. Die Analyse festgestellter Fehlvorstellungen soll im Folgenden zu einem Unterrichtsvorschlag führen, der aus bisherigen Erfahrungen einen möglichen Weg darstellt, das chemische Gleichgewicht zu verstehen. Es sollen dazu wiederum Modellvorstellungen auf der Grundlage der Struktur von Materie vermittelt werden.

## 6.3 Unterrichtsvorschlag

Es ist nicht einfach und überzeugend möglich, den meist genannten Fehlvorstellungen entgegen zu treten, dass chemische Gleichgewichte „gleiche Konzentrationen der Edukte und Produkte“ aufweisen. Zum Einstieg mag es hilfreich sein, Eis-Wasser-Mischungen mit verschiedenen Anteilen Eis vorzustellen (V6.1): ob wenig Eis und viel Wasser oder viel Eis und wenig Wasser gemischt vorliegen ist gleichgültig – in allen Fällen ist die Temperatur von 0°C zu messen:

$$\text{Eis (s, 0°C)} \rightleftharpoons \text{Wasser (l, 0°C)}$$

Das **Schmelzgleichgewicht** hängt nicht von der Eis- oder Wassermenge ab, sondern es liegt in jedem Eis-Wasser-Gemisch vor. Erhitzt man das Gemisch, so wird ein Teil des Eises schmelzen, nach gutem Durchrühren ist wiederum die Temperatur von 0°C zu messen (V6.1).

In gleicher Weise lässt sich das **Verdampfungsgleichgewicht** im abgeschlossenen Raum diskutieren (vgl. Abb. 6.1): die Wasser-Moleküle treten aus ihrem Verband in der Flüssigkeit aus und in die Dampfphase über, in gleichem Maße gehen andere Moleküle aus dem Dampf in die Flüssigkeit zurück. Auch in diesem Fall ist die Menge der Flüssigkeit gleichgültig. Wird von einem Vakuum ausgegangen, so sind keine zusätzlichen Luft-Moleküle zu diskutieren (vgl. Abb. 6.1).

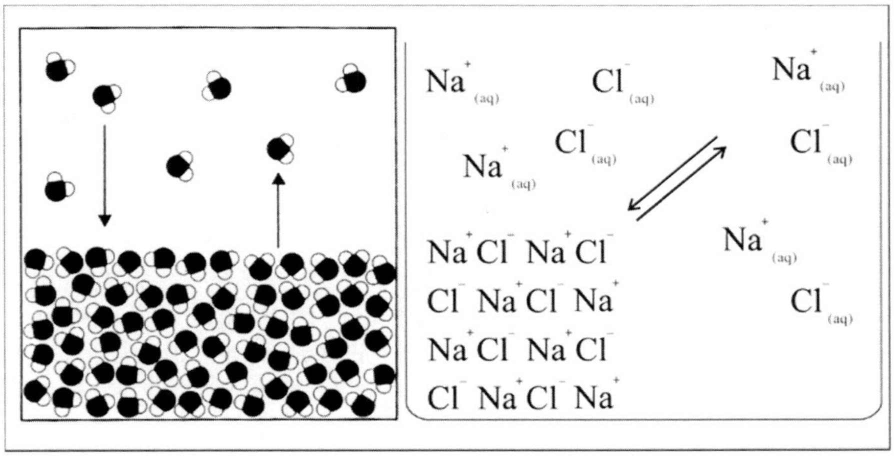


**Abb. 6.1.** Modellvorstellungen zum Verdampfungs- und Löslichkeitsgleichgewicht [9]

**Löslichkeitsgleichgewicht.** Die Fehlvorstellungen von zu berücksichtigenden Mengen der Feststoffe in Gleichgewichten und der dynamische Aspekt sind ebenfalls gebührend zu diskutieren. Betrachtet man eine gesättigte Natriumchlorid-Lösung, die über einem Bodenkörper aufbewahrt wird, und gibt erneut eine Portion Natriumchlorid hinzu, dann sinkt diese Portion unter (V6.2). Misst man die Dichte der gesättigten Lösung vor und nach Zugabe von Salzportionen, dann stellt man gleiche Messwerte fest (V6.2): es kommt für die Konzentration der gesättigten Lösung nicht darauf an, wie viel Bodenkörper neben der Lösung vorliegt, es stellen sich Gleichgewichte zwischen der gesättigten Lösung und beliebigen Mengen von Bodenkörper ein (vgl. Abb. 6.1):

$$Na^+Cl^-(s, weiß) \rightleftharpoons Na^+(aq) + Cl^-(aq)$$

Es gibt eine Form des Natriumiodids, die radioaktiv strahlt: sie enthält radioaktive Isotope des Iodid-Ions. Gibt man in eine gesättigte Lösung von Natriumiodid eine kleine Probe des festen radioaktiv strahlenden Salzes, dann sinkt sie unter und man stellt mit dem Zähler die radioaktive Strahlung am Boden des Becherglases fest. Testet man einige Tage später, dann findet man sie auch in der Lösung vor, obwohl dieselbe Menge an Bodenkörper beobachtet wird: aus dem Bodenkörper sind Kalium- und Iodid-Ionen in die gesättigte Lösung übergegangen, aus der Lösung andere Ionen zurück in den Feststoff. Chemische Gleichgewichte sind nicht statisch, sondern **dynamisch**: Hin- und Rückreaktion finden in gleichem Ausmaß ständig statt. Man kann auch die Oberfläche des Bodenkörpers über längere Zeit mit der Lupe beobachten oder fotografieren: ständig werden einige

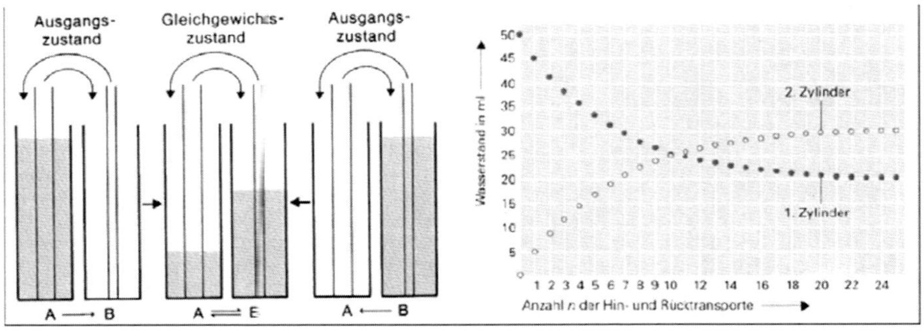


**Abb. 6.2.** Modellexperiment zum dynamischen Gleichgewicht und Auswertungsgrafik [10]

Kristalle immer größer, während sich andere verkleinern. Zwischen dem Bodenkörper und der gesättigten Lösung findet also ein dynamischer Stoffaustausch statt, es finden Hin- und Rückreaktion ständig statt: ein dynamisches Gleichgewicht liegt vor.

In gesättigten Salz-Lösungen mit Bodenkörper sieht man die ständige Hin- und Rückreaktion nicht, man muss sie sich vorstellen. Um eine bessere Anschauung des dynamischen Gleichgewichts zu erhalten, greift man gern auf ein Modellexperiment zurück (V6.3): Zwei gleiche Messzylinder werden vorbereitet, in einen Zylinder gibt man 50 mL Wasser, der andere bleibt leer (vgl. Abb. 6.2). Mit zwei Glasrohren gleichen Durchmessers wird mit beiden Händen ständig Wasser gleichzeitig hin und her transportiert: nach einigen Transportvorgängen verbleiben in beiden Messzylindern 25 mL Wasser, die Höhe des Wasserspiegels ändert sich trotz andauernder Transportvorgänge nicht mehr. Wiederholt man das Experiment mit Glasrohren unterschiedlicher Durchmesser, dann befinden sich beispielsweise 20mL in einem und 30 mL im anderen Messzylinder „im Gleichgewicht“: die Höhe des Wasserspiegels ändert sich nicht mehr, obwohl der Wassertransport gleicher Mengen Wassers beliebig lange weiter erfolgt (vgl. Abb. 6.2).

Eine andere Modellvorstellung des dynamischen Gleichgewichts geht von der „Apfelschlacht“ zwischen altem Mann und Nachbarsjungen aus [11]: Der Junge soll wertlose Holzäpfel entfernen und schmeißt sie einfach in Nachbars Garten. Der Nachbar wird aktiv und wirft die Äpfel zurück – er hat es einfach, weil sein Garten schon voller Äpfel liegt („große Konzentration“). Während der Junge hetzen muss, um genug Äpfel aufzusammeln („kleine Konzentration“), langt der alte Mann nur hinter sich, um dieselbe Zahl zurück zu werfen: im Gleichgewicht werden schließlich sechs Äpfel hin und sechs Äpfel zurück geworfen (vgl. Abb. 6.3).

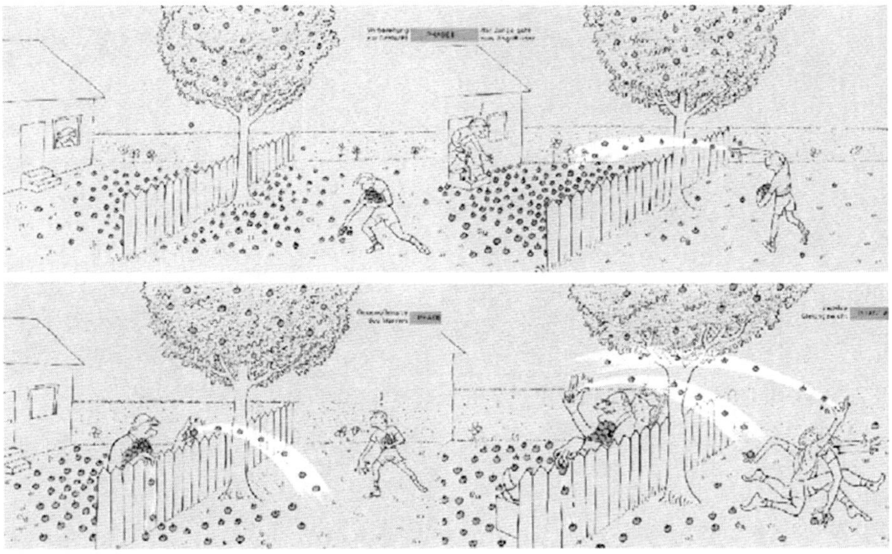

**Abb. 6.3.** Modellvorstellungen von der Apfelschlacht zwischen Mann und Jungen [11]

**Veränderung des Löslichkeitsgleichgewichts.** Wird in klare gesättigte Kochsalzlösung, die sich über einem Bodenkörper befindet, konzentrierte Salzsäure gegeben (V6.4), dann fällt weißes Natriumchlorid in feinen Kristallen aus, es „rieselt" im Glas von oben nach unten und setzt sich ab. Die drastische Zunahme der Konzentration an $Cl^-$(aq)-Ionen bewirkt eine Störung des Gleichgewichts und es fällt soviel Natriumchlorid aus, bis sich ein neues Gleichgewicht mit höherer $Cl^-$-Konzentration als der $Na^+$-Konzentration einstellt (vgl. Abb. 6.4). Die neue gesättigte Lösung enthält neben den Ionen des Salzes selbstverständlich $H^+$(aq)-Ionen der Salzsäure.

Es zeigt sich durch die Zugabe von Salzsäure, dass die hohe Konzentration der $Cl^-$(aq)-Ionen in der gesättigten Natriumchlorid-Lösung das Gleichgewicht stört und dieses der hohen Konzentration dadurch ausweicht, dass festes Salz gebildet wird und als Bodenkörper nach unten sinkt. Deshalb sind im neuen Gleichgewicht die Ionenkonzentrationen nicht mehr gleich groß: die der $Na^+$(aq)-Ionen ist erheblich kleiner als die der $Cl^-$(aq)-Ionen. Man nennt dieses Prinzip vom „Ausweichen vor einem Zwang" auch das **Prinzip von Le Chatelier**: im vorliegenden Fall weicht das dynamisch chemische Gleichgewicht vor dem Zwang der großen Konzentration an $Cl^-$(aq)-Ionen aus, indem festes Natriumchlorid als Bodenkörper gebildet wird (vgl. Abb. 6.4).

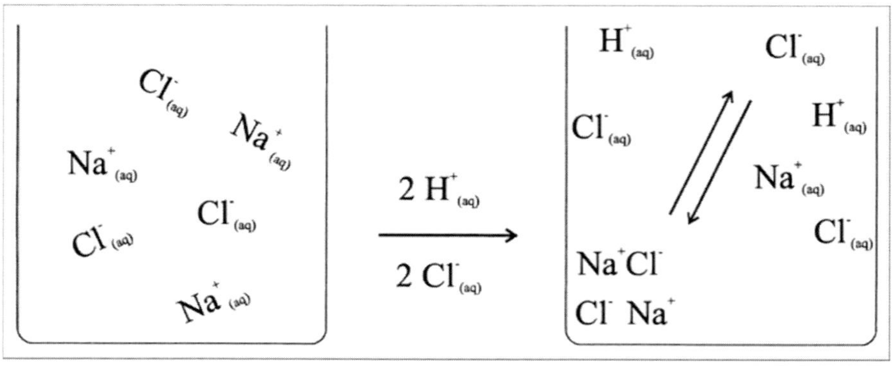

**Abb. 6.4.** Modellvorstellungen zur Reaktion von gesättigter Kochsalz-Lösung mit Salzsäure

**Löslichkeitsprodukt.** Wird Calciumsulfat-Pulver bzw. Gips mit Wasser intensiv geschüttelt und die Suspension stehen gelassen, so setzt sich ein weißer Bodenkörper ab (V6.5). Es stellt sich aufgrund der Menge von Bodenkörper die Frage, ob überhaupt etwas vom Calciumsulfat gelöst vorliegt oder ob die Substanz unlöslich ist. Die Prüfung der elektrischen Leitfähigkeit (V6.5) zeigt allerdings im Vergleich mit destilliertem Wasser einen erheblich höheren Stromfluss an: Calciumsulfat löst sich in sehr geringem Maße, es ist schwerlöslich und es bildet sich ein dynamisches Gleichgewicht zwischen Bodenkörper und gesättigter Lösung:

$$Ca^{2+}SO_4^{2-}(s, \text{weiß}) \rightleftharpoons Ca^{2+}(aq) + SO_4^{2-}(aq)$$

Magnesiumsulfat- und Calciumsulfat-Lösung gleicher Konzentrationen zeigen etwa gleiche elektrische Leitfähigkeiten [9]. Vergleicht man die Leitfähigkeit der gesättigten Calciumsulfat-Lösung mit den Leitfähigkeiten verschieden konzentrierter Magnesiumsulfat-Lösungen, so findet man Übereinstimmung für die Konzentration c (Calciumsulfat) = $10^{-2}$ mol/L (V6.5).

In der reinen gesättigten Calciumsulfat-Lösung gilt dementsprechend (vgl. Abb. 6.5):

$$c\,(CaSO_4) = 10^{-2}\ \text{mol/L, also } c\,(Ca^{2+}) = 10^{-2}\ \text{mol/L und } c\,(SO_4^{2-}) = 10^{-2}\ \text{mol/L}$$

$$k_L\,(CaSO_4) = c\,(Ca^{2+}) \times c\,(SO_4^{2-}) = 10^{-4}$$

Geht man von einer verdünnten Calciumsulfat-Lösung aus, so kann man die Sättigung auf drei Wegen erhalten (vgl. Punkt A in Abb. 6.5): Man gibt weiterhin festes Calciumsulfat hinzu und gelangt zur Sättigung (Punkt B). Es ist aber ebenfalls möglich, konzentrierte Calciumchlorid-Lösung dazu zu

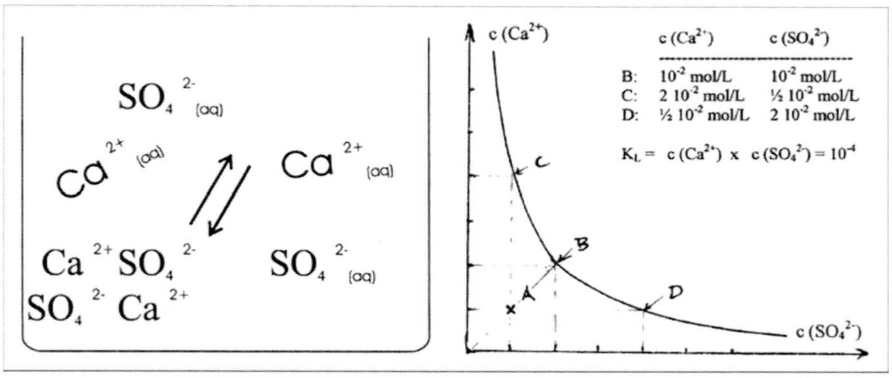


**Abb. 6.5.** Modellvorstellungen zum Löslichkeitsgleichgewicht des Calciumsulfats

tropfen und die Konzentration der $Ca^{2+}$(aq)-Ionen zu erhöhen, bis erste Kristalle von Calciumsulfat ausfallen (Punkt C). Auch der Zusatz von Natriumsulfat-Lösung ist möglich und damit die Erhöhung der Konzentration von $SO_4^{2-}$(aq)-Ionen, bis erstes festes Calciumsulfat ausfällt (Punkt D). In allen Fällen existieren Wertepaare für das Sättigungsgleichgewicht auf der Hyperbelkurve, für sie gilt: $k_L = c\ (Ca^{2+}) \times c\ (SO_4^{2-}) = 10^{-4}$ (vgl. Tabelle in Abb. 6.5).

Variiert man also Konzentrationen der am Gleichgewicht beteiligten Ionen durch gleichionige Zusätze, so erkennt man, dass das Produkt beider Ionenkonzentrationen immer gleich groß ist, dass es immer dem konstanten Wert $k_L = 10^{-4}$ entspricht. Es ist zwar in einigen Schulbüchern üblich, diesem Wert die Einheit $mol^2/L^2$ zu geben, allerdings ergibt die fachwissenschaftliche Herleitung eine dimensionslose Konstante. Sie heißt auch **Löslichkeitsprodukt**. Tabelle und Hyperbeldarstellung zeigen die Abhängigkeiten der Konzentrationen (vgl. Abb. 6.5).

Das Löslichkeitsgleichgewicht des Calciumsulfats lässt sich auch durch Zusammengeben von Portionen Natriumsulfat- und Calciumchlorid-Lösungen demonstrieren (V6.5): bei genügend hoher Konzentration der Lösungen fällt festes Calciumsulfat als Bodenkörper aus, die Lösung enthält neben den $Ca^{2+}$(aq)- und $SO_4^{2-}$(aq)-Ionen auch $Na^+$(aq)-Ionen und $Cl^-$(aq)-Ionen:

$$Ca^{2+}(aq) + SO_4^{2-}(aq) \rightleftharpoons Ca^{2+}SO_4^{2-}(s,\ weiß)$$

Das Gleichgewicht stellt sich sowohl vom Feststoff als auch von der Lösung ausgehend ein: Modellvorstellungen der Abbildungen 6.2 und 6.3 veranschaulichen diesen Sachverhalt.

**Boudouard-Gleichgewicht.** Gleichgewichte lassen sich gut demonstrieren, wenn Gase beteiligt sind. Zur Gewinnung von Eisen aus Eisenoxid-Erzen wird Kohle verwendet, um im Hochofenprozess das Eisenoxid zu reduzieren. Allerdings wirkt Kohle selbst kaum als Reduktionsmittel, sondern das gasförmige Kohlenstoffmonoxid CO. Es entsteht bei den Hochofenreaktionen aus gasförmigem Kohlenstoffdioxid und der bei etwa 1000°C heißen, glühenden Kohle:

$$C(s,\ \text{glühend}) + CO_2(g) \rightleftharpoons 2\ CO(g)$$

Im Experiment leitet man mit Hilfe zweier Kolbenprober 50 mL Kohlenstoffdioxid über körnige Aktivkohle, die in einem Quarzrohr mit der rauschenden Flamme eines guten Brenners stark zum Glühen erhitzt wird (V6.6). Bei wiederholtem Durchleiten des Kohlenstoffdioxid-Gases durch die glühenden Kohlestücke vergrößert sich das Gasvolumen: nach Abkühlen der Apparatur misst man im Vergleich zu 50 mL farblosen Gases vor der Reaktion 60 mL nach der Reaktion, mit Dräger-Röhrchen (V6.6) lässt sich deutlich die Anwesenheit von Kohlenstoffmonoxid nachweisen, mit Kalkwasser die gleichzeitige Existenz von Kohlenstoffdioxid.

Um das Vorliegen eines Gleichgewichts deutlich zu machen, kann man zunächst die beteiligten Gasvolumina vor und nach der *vollständigen* Reaktion vergleichen, dann im Gleichgewicht:

| | C(s, glühend) + $CO_2$(g) | $\rightleftharpoons$ | 2 CO (g) |
|---|---|---|---|
| vor der Reaktion: | 50 mL | | 0 mL |
| nach vollständiger Reaktion: | 0 mL | | 100 mL |
| im Gleichgewicht: | (50 − x) mL | | 2 x mL |
| | 40 mL | $\rightleftharpoons$ | 20 mL |

Da 50 mL $CO_2$ bei vollständiger Reaktion 100 mL CO liefern, müssen bei einem Gleichgewichtsvolumen von 60 mL beide Gase gemischt vorliegen, und zwar (50 − x) mL $CO_2$ und 2x mL CO. Löst man die Gleichung „$(50 - x) + 2x = 60$ mL", so erhält man $x = 10$ mL: im Gleichgewicht befinden sich 40 mL $CO_2$ und 20 mL CO bzw. 66 Vol% und 33 Vol%.

Sieht man im Temperatur-Volumen-Diagramm des Boudouard-Gleichgewichts (vgl. Abb. 6.6) nach, so stellt man fest, dass das erreichte Gleichgewicht bei etwa 650°C existiert, also bei einer Temperatur, die mit einem guten Brenner durchaus erreicht wird. Man erkennt ebenfalls, dass bei noch höheren Temperaturen die Anteile an Kohlenstoffmonoxid im Gleichgewicht stark zunehmen, dass also die Lage des Gleichgewichts wiederum mit der Temperatur variiert.

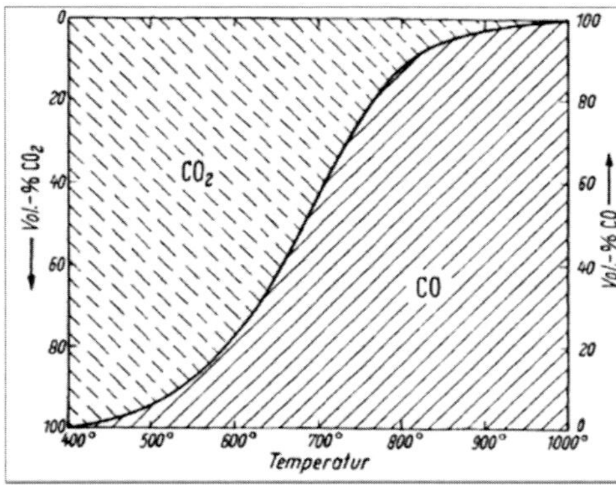


| | 400° | 500° | 600° | 700° |
|---|---|---|---|---|
| $CO_2$ | 99 | 95 | 77 | 42 |
| CO | 1 | 5 | 23 | 58 |

| 800° | 900° | 1000 °C |
|---|---|---|
| 10 | 3 | 1 Vol.-% |
| 90 | 97 | 99 Vol.-%. |

**Abb. 6.6.** Temperatur-Volumen-Diagramm des Boudouard-Gleichgewichts [12]

**Gleichgewichtskonstante.** Die Lage des Gleichgewichts lässt sich mit der Gleichgewichtskonstanten beschreiben, in die entweder die Partialdrücke oder Konzentrationen der Gase eingehen. In keinem Fall ist fester Kohlenstoff bei Betrachtung einzubeziehen: er trägt weder zum Gesamtdruck bei, noch lässt sich eine Konzentration angeben. Aus kinetischen Überlegungen folgt, dass für die Gleichgewichtskonstante der CO-Partialdruck oder die Konzentration an CO zur Potenz 2 zu erheben und der Quotient mit Partialdruck oder Konzentration an $CO_2$ zu berechnen ist:

$$C(s) + CO_2(g) \rightleftharpoons 2\ CO\ (g)\ ;\ p^2(CO) / p(CO_2) = k_p$$

Für p(gesamt) = 1 bar bei 650°C ergibt sich:
$p(CO) = 0{,}33$ bar, $p(CO_2) = 0{,}66$ bar, es folgt
$k_p = p^2(CO) / p(CO_2) = 0{,}33^2 / 0{,}66 = 0{,}17$

**Iodwasserstoff-Gleichgewicht.** Dieses Beispiel soll durch anschauliche Modelldarstellungen erläutern, dass sich ein Gleichgewicht ausgehend von beiden Reaktionsrichtungen einstellt (vgl. Abb. 6.7): Ob man von einem äquimolaren Gemisch aus Ioddampf und Wasserstoff ausgeht, oder von reinem Iodwasserstoff ist gleichgültig – in beiden Fällen kommt man zum identischen Gleichgewichtsgemisch. Füllt man je 1 mol $H_2$-Moleküle und $I_2$-Moleküle in einen 10L-Kolben und erhitzt auf eine Temperatur von 448°C, dann stellt sich ein Gemisch mit 1,56 mol HI-Molekülen, 0,22 mol $H_2$-Molekülen und 0,22 mol $I_2$-Molekülen ein. Füllt man denselben Kolben bei dieser Temperatur mit 2 mol HI-Molekülen, so werden identische Gleichgewichtkonzentrationen erreicht. Dasselbe Ergebnis weisen die experimentell ermittelten Gleichgewichtskurven aus (vgl. Abb. 6.8) und können mit dem Modellexperiment anschaulich werden (vgl. Abb. 6.2):

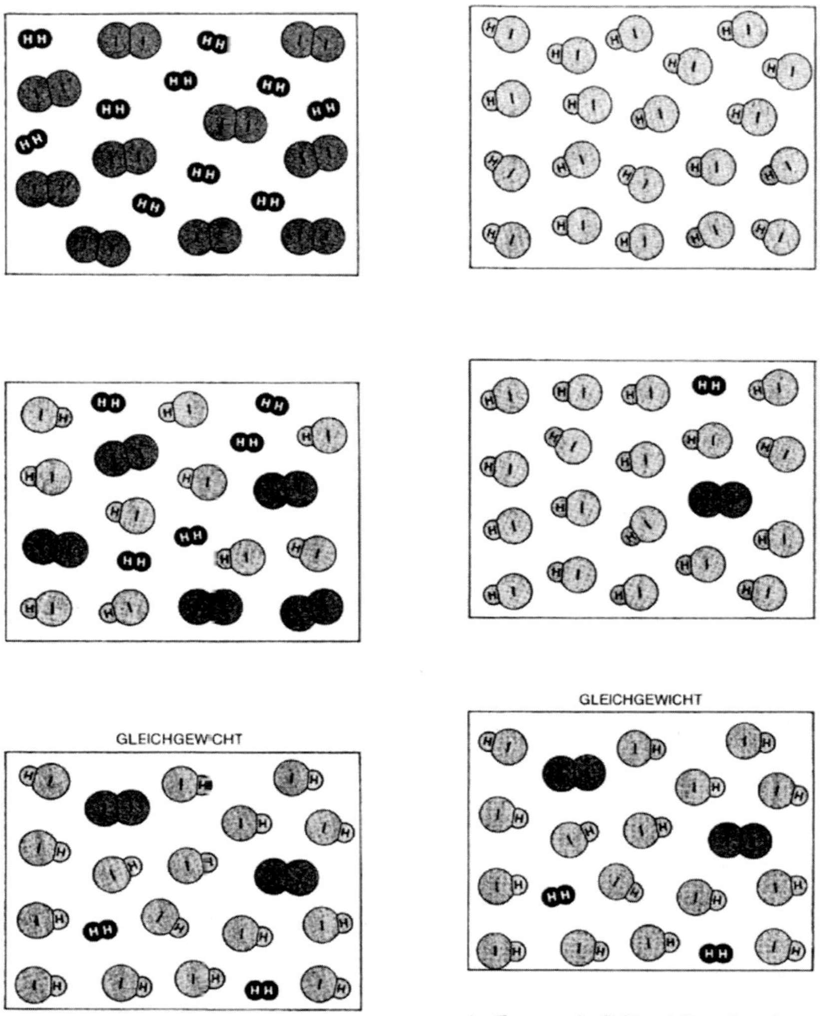


Gleichgewicht zwischen den Molekülen $H_2$, $I_2$ und HI. In der obersten Zeichnung befinden sich je ein Mol $H_2$ und $I_2$ bei 448 °C in einem 10 l-Gefäß. Nach ein paar Stunden ist aus der Hälfte der $H_2$- und $I_2$-Moleküle HI entstanden (Mitte), und die Reaktion geht weiter. Schließlich wird mit 0.22 mol $H_2$, 0.22 mol $I_2$ und 1.56 mol HI das Gleichgewicht erreicht (unten). Die Zusammensetzung der Gasmischung ändert sich dann nicht mehr.

Annäherung an das Gleichgewicht von der anderen Seite. Im obersten Bild ist dasselbe Gefäß mit 2 mol HI gefüllt. Nach einiger Zeit sind meßbare Mengen von $H_2$ und $I_2$ vorhanden (Mitte). Wenn das Gleichgewicht erreicht ist, bleibt die Zusammensetzung des Gefäßinhalts konstant; man findet dieselben Gleichgewichtskonzentrationen wie vorher, nämlich je 0.22 mol $H_2$ und $I_2$ und 1.56 mol HI. Die Gleichgewichtsbedingungen sind unabhängig davon, aus welcher Richtung man sich dem Gleichgewicht nähert.

**Abb. 6.7.** Modellvorstellungen zum Iodwasserstoff-Gleichgewicht [11]

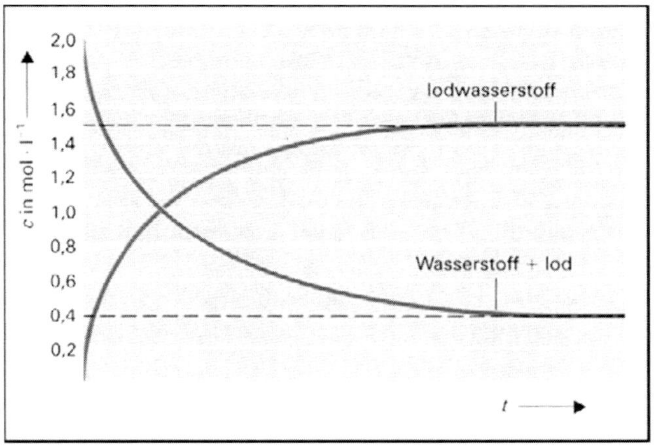


**Abb. 6.8.** Einstellung des $H_2/I_2/HI$-Gleichgewichts von beiden Seiten [9]

| | |
|---|---|
| $H_2(g) + I_2(g) \rightleftharpoons 2\ HI(g)$ | $H_2(g) + I_2(g) \rightleftharpoons 2\ HI(g)$ |
| vor der Reaktion: 1 mol + 1 mol 0 mol | 0 mol + 0 mol 2 mol |
| im Gleichgewicht: 0,22 + 0,22 1,56 | 0,22 + 0,22 1,56 |

Stellt man in Rechnung, dass Stoffmengen pro 10 L angegeben sind, so lauten die Konzentrationen in mol pro Liter:

$c(H_2) = 0{,}022$ mol/L, $c(I_2) = 0{,}022$ mol/L, $c(HI) = 0{,}156$ mol/L
und es resultiert die Konstante $k(HI) = c^2(HI) / c(H_2) \times c(I_2) = 50{,}3$

**Ammoniak-Gleichgewicht.** Im Schulversuch lässt sich Ammoniakgas mit Hilfe eines Nickel-Katalysators quantitativ in die Elemente zerlegen: aus 50 mL Ammoniak entstehen 100 mL Gas, und zwar 25 mL Stickstoff und 75 mL Wasserstoff (V6.7). Allerdings ist es bei Normdruck nicht möglich, den umgekehrten Vorgang, nämlich die Ammoniaksynthese aus den Elementen zu realisieren. Das bestätigt das Diagramm (vgl. Abb. 6.9): bei einem Druck von 1 bar sind keine nennenswerten Volumenanteile an Ammoniak zu erwarten. Dagegen lässt sich bei 200°C und dem Druck von 1000 bar das Ammoniak fast vollständig aus den eingesetzten Gasen herstellen:

$$N_2(g) + 3\ H_2(g) \rightleftharpoons 2\ NH_3(g);\ \text{Hinreaktion exotherm}$$

An dem Diagramm lassen sich hervorragend Einflüsse von Temperatur und Druck auf die Lage des Gleichgewichts diskutieren. Die exotherme Reaktion der Elemente verlangt zunächst eine relativ niedrige Temperatur. Da bei der Hinreaktion aus 4 mol Molekülen 2 mol Moleküle werden, wird durch hohen Druck die Bildung von $NH_3$-Molekülen bevorzugt (vgl. Abb. 6.9): große Anteile von Ammoniak zeigen sich bei Kurven des Diagramms, die hohen Drucken entsprechen. Die Modellvorstellung (vgl. Abb. 6.9) macht diesen Zusammenhang besonders anschaulich: 12 Molekülmodelle sind vor Ausübung eines Drucks zu zählen, 11 Molekülmodelle nachher [13].

Die Industrie arbeitet aus ökonomischen Gründen bei mittleren Temperaturen und Drucken von 450°C und 300 bar: Ammoniak-Ausbeuten von etwa 40 Vol% sind groß genug, um durch Entfernen des Ammoniaks aus dem Gleichgewicht den Herstellungsprozess zu optimieren.

**Fazit.** Die diskutierten Gleichgewichte zeigen in Fällen, in denen die tatsächlichen Konzentrationen der Reaktionspartner berechnet werden, dass die Werte nicht zwangsläufig gleichgroß sind, wie es die Schüler und Schülerinnen so sehr vermuten: für die beteiligten Konzentrationen im Boudouard-Gleichgewicht sind völlig unterschiedliche Wertepaare möglich (vgl. Abb. 6.6), das gilt ebenfalls für das Iodwasserstoff-Beispiel (vgl. Abb. 6.7 und 6.8) und für das Ammoniak-Beispiel (vgl. Abb. 6.9).

Das Boudouard-Gleichgewicht zeigt ebenfalls, dass der Überschuss des Feststoffes keine Rolle spielt: im Experiment (V6.6) ist es gleichgültig, welches Verbrennungsrohr oder welche Menge an Aktivkohle verwendet wird, ob ein Teil der Aktivkohle erhitzt wird oder der gesamte Vorrat. Auch für den Hochofenprozess ist es für die Lage der Gleichgewichte nicht wichtig, welche Menge Koks jeweils mit dem Eisenerz gemischt und in den Hochofen eingefüllt wird – es muss zur optimalen Reaktionsführung nur ein Überschuss sein.

Dasselbe Experiment zeigt auch an, dass die Reaktionsräume „links und rechts" eines Gleichgewichts nicht tatsächlich vorhanden sind: die beiden beteiligten Gase und die Aktivkohle liegen vermischt vor, „C und $CO_2$ befinden sich weder links" noch befindet sich „CO rechts im Gleichgewicht". Die Löslichkeitsgleichgewichte mit Bodenkörper können in gewissem Maße von den Lernenden als Gleichgewichte mit getrennten Substanzräumen betrachtet werden:

Der Bodenkörper befindet sich zwangsläufig immer unten, die gesättigte Lösung darüber. Vielleicht wäre es von Vorteil, diese Gleichgewichte nicht nur mit *Boden*körpern vorzustellen, sondern den Feststoff auch einmal mit dem Magnetrührer *verteilt* im Becherglas zu zeigen.

Schließlich können an Temperatur-Diagrammen (vgl. Abb. 6.6) und an Temperatur-Druck-Diagrammen (vgl. Abb. 6.9) Einflüsse dieser Parameter auf die Lage von Gleichgewichten diskutiert und anschaulich werden. Insbesondere die Modellzeichnungen zur Dynamik chemischer Gleichgewichte und zum Teilchengeschehen (vgl. Abb. 6.1, 6.4, 6.5, 6.7 und 6.9) erscheinen enorm wichtig für das Verständnis der Lernenden: sie müssen auf diesem Weg nicht unverstandene Reaktionssymbole auswendig lernen, sondern nehmen durch die Zeichnungen die Existenz der beteiligten Atome,

Ionen und Moleküle zur Kenntnis und können deren Reaktionen daraufhin besser einordnen und schließlich verstehen. Zeichnen sie diese Modellzeichnungen gar selbst als Hausaufgabe oder von der Tafel des Lehrers ab, dann wäre der Lernerfolg optimal.

Im nächsten Kapitel werden zu den Donator-Akzeptor-Reaktionen ebenfalls chemische Gleichgewichte studiert und entsprechende Zeichnungen von Modellvorstellungen für ein besseres Verständnis abgebildet. In diesen Zusammenhängen kann das Verständnis von chemischen Gleichgewichten vertieft und endgültig erworben werden.

## 6.4 Experimente zum Chemischen Gleichgewicht

### V6.1 Schmelzgleichgewichte von Wasser

**Problem:** Eine weit verbreitete Fehlvorstellung zum chemischen Gleichgewicht geht davon aus, dass die Konzentrationen der Edukte und Produkte gleich groß seien. Mit verschiedenen Mischungen unterschiedlicher Eis- und Wasser-Portionen soll gezeigt werden, dass im Schmelzgleichgewicht beliebige Stoffportionen bei der Schmelztemperatur von 0°C gemischt vorhanden sein können.

**Material:** zwei Bechergläser, Thermometer, Dreibein und Drahtnetz; Eisstücke

**Durchführung:** Ein Becherglas wird zur Hälfte mit Wasser gefüllt und wenig Eis dazu gegeben, das zweite wird zur Hälfte mit Wasser und zur anderen Hälfte mit Eis gefüllt. Die Mischungen werden mit dem Thermometer bis zur Temperaturkonstanz gerührt und Temperaturen bestimmt. Mit dem Brenner wird das zweite Becherglas einige Zeit erhitzt, nach Umrühren die Temperatur der Mischung erneut gemessen.

**Beobachtung:** Sowohl die Mischung mit wenig Eis als auch die mit viel Eis weist die Temperatur von 0°C aus. Auch nach Erhitzen der Eis-Wasser-Mischungen liegen Schmelzgleichgewichte mit der Temperatur von 0°C vor – gleichgültig, welche Substanzmengen an Eis und Wasser präsent sind.

## V6.2 Löslichkeitsgleichgewichte von Kochsalz

**Problem:** Vielfach glauben die Schüler, es komme bei einem Löslichkeitsgleichgewicht auf die Menge des festen Bodenkörpers an, oder sie unterliegen dem Trugschluss, dass in den Term der Massenwirkungsbeziehung die Konzentration des festen Stoffes mit einzurechnen sei. Es soll gezeigt werden, dass es gleichgültig ist, wie viel Bodenkörper mit einer gesättigten Kochsalzlösung im Gleichgewicht stehen.

**Material:** Große Reagenzgläser, Aräometer (Spindel); Natriumchlorid, gesättigte Natriumchlorid-Lösung

**Durchführung:** Ein Reagenzglas wird zu zwei Drittel mit gesättigter Natriumchlorid-Lösung gefüllt und deren Dichte mit der Spindel gemessen. Es wird ein Löffel festes Natriumchlorid hinzu gegeben, gerührt und die Dichte erneut gemessen. Mehrere Löffel des Salzes werden zur Lösung gegeben und verrührt, die Dichtemessung wird wiederholt.

**Beobachtung:** Die Dichte beträgt bei Zimmertemperatur etwa 1,2 g/mL. Sie bleibt konstant, auch wenn kleine oder größere Portionen des Salzes hinzu gegeben werden. Die Salz-Portionen werden beim Rühren umher gewirbelt, lösen sich aber nicht, sondern setzen sich auf dem Grund des Reagenzglases ab.

**Hinweis:** Die abgesetzten Festkörper mögen den Lernenden die falsche Vorstellung vermitteln, dass die Substanzen in Gleichgewichten „links" bzw. „rechts" wie im Reaktionssymbol getrennt voneinander existieren. Beim Umrühren oder Verwirbeln des Bodenkörpers mit der gesättigten Lösung mag durchaus darauf hingewiesen werden, dass im Kochsalz-Löslichkeitsgleichgewicht „Edukte und Produkte" nicht getrennt voneinander, sondern vermischt vorliegen.

## V6.3 Modellexperiment zum dynamischen Gleichgewicht

**Problem:** Zu den diskutierten Schmelz- oder Löslichkeitsgleichgewichten ist das Dynamische nicht zu beobachten. Es sind aber Modellexperimente möglich, von denen man ausgehen und nachträglich das dynamische Gleichgewicht vermitteln kann. Werden etwa zwei Messzylinder genommen und deren Wasserinhalte jeweils als Modelle für beteiligte Stoffmengen von Gleichgewichten verabredet, dann können die Füllmengen von Glasrohren, die jeweils die Wasserinhalte transportieren, Modelle für das Maß von Hin- und Rückreaktion in einem Gleichgewicht darstellen (vgl.

auch Abb. 6.2). Sind diese Füllmengen gleich groß, dann ist das Modellgleichgewicht erreicht. Auch das Modell von der „Holzapfelschlacht“ ist geeignet, das Dynamische eines chemischen Gleichgewichts zu veranschaulichen (vgl. Abb. 6.3).

**Material:** Zwei gleiche 50-mL-Messzylinder, jeweils zwei 30 cm lange Glasrohre von 8 mm und 6 mm Durchmesser

**Durchführung:** Ein Messzylinder wird mit 50 mL Wasser gefüllt (es modelliert die Stoffmenge der Ausgangssubstanz vor Einstellung eines Gleichgewichts), ein Messzylinder bleibt leer (kein Produkt am Anfang). Zwei gleiche Glasrohre (8 mm) werden in beide Hände genommen, in beide Messzylinder getaucht, mit dem Zeigefinger verschlossen, herausgehoben und die jeweiligen Wasserportionen in den jeweils anderen Messzylinder transportiert. Diese Vorgänge werden solange wiederholt, bis sich die Wassermengen in beiden Messzylindern nicht mehr ändern. Das Experiment wird mit Glasrohren verschiedenen Durchmessers wiederholt.

**Beobachtung:** Am Ende der ersten Versuchsreihe werden in beiden Messzylindern jeweils 25 mL abgelesen, die Glasrohre können weiterhin Wasser transportieren: die 25 mL-Marken bleiben unverändert.

Am Ende der zweiten Versuchsreihe werden in einem Messzylinder 30 mL Wasser, im anderen 20 mL gemessen, mehrfaches Wiederholen der Wassertransporte verändern die Gleichgewichtsmengen nicht.

**Hinweis:** Das Experiment zeigt sowohl die dynamische Hin- und Rückreaktion eines im Gleichgewicht befindlichen Systems im Modell, als auch die Tatsache, dass im Gleichgewicht nicht gleiche Stoffmengen 50 : 50 vorliegen müssen, sondern je nach Durchmesser der verwendeten Glasrohre alle anderen Werte ebenfalls angenommen werden können: 40 : 60, 20 : 80, 10 : 90, etc.

## V6.4 Löslichkeitsgleichgewichte von Natriumchlorid

**Problem:** Das Löslichkeitsgleichgewicht eines Salzes ist nicht beschränkt auf die Konzentrationen der Ionen, die die reine Salzlösung liefern. Wird beispielsweise der gesättigten Natriumchlorid-Lösung durch Zugabe konzentrierter Salzsäure eine große Menge von Chlorid-Ionen zugeführt („gleichioniger Zusatz“), dann weicht das Gleichgewicht dieser hohen Konzentration an Chlorid-Ionen dadurch aus, dass festes Natriumchlorid gebildet wird und als Niederschlag ausfällt (Prinzip vom Ausweichen vor dem Zwang). Dadurch wird die Lage des Gleichgewichts verändert, konstant bleibt aber das Produkt der Konzentrationen an Natrium- und Chlorid-Ionen (Löslichkeitsprodukt).

**Material:** Großes Reagenzglas, Tropfpipette; gesättigte Natriumchlorid-Lösung, konzentrierte Salzsäure

**Durchführung:** Das Reagenzglas wird zur Hälfte mit gesättigter Natriumchlorid-Lösung gefüllt und mit einigen Tropfen Salzsäure versetzt. Die Zugabe von Salzsäure wird wiederholt.

**Beobachtung:** Unmittelbar mit der Zugabe an konzentrierter Salzsäure fällt ein weißes Salz kristallin aus der Lösung aus, die Kristalle setzen sich als Bodenkörper im Reagenzglas ab.

## V6.5 Löslichkeitsgleichgewicht von Calciumsulfat – quantitativ bestimmt

**Problem:** Viele Stoffe wie etwa Sand sind vollkommen unlöslich und in Lösung nicht nachzuweisen. Viele Salze lösen sich in so geringem Maße, dass bei Zugabe und Schütteln in Wasser nicht zu beobachten ist, dass eine wesentliche Stoffportion in Lösung geht. Auch Calciumsulfat bzw. Gipspulver gehört zu den schwerlöslichen Salzen: man kann den kleinen Anteil an gelöster Substanz lediglich durch Abdampfen des Wassers einer großen Portion von Lösung oder durch die elektrische Leitfähigkeit nachweisen. Der quantitative Nachweis der gelösten Stoffmenge ist möglich durch den Vergleich der Leitfähigkeiten mit ähnlich konzentrierten Lösungen von Magnesiumsulfat: es unterscheidet sich durch die bessere Löslichkeit gegenüber dem Calciumsulfat und lässt das Ansetzen von Maßlösungen zu. Da gleich konzentrierte Lösungen beider Salze dieselben elektrischen Leitfähigkeiten aufweisen, kann man durch Leitfähigkeitsvergleiche die Konzentration gesättigter Calciumsulfat-Lösung bestimmen.

**Material:** Kleine Bechergläser, Leitfähigkeitsprüfer mit 4,5-Volt-Batterie, Kabel und Strommesser, Waage, Messzylinder; Calciumsulfat, Magnesiumsulfat

**Durchführung:** Einige Spatelspitzen Calciumsulfat werden mit Wasser lange Zeit gerührt, das Gemisch wird bis zum nächsten Tag stehen gelassen: die Lösung klärt sich, ein Bodenkörper ist zu beobachten. Der Leitfähigkeitsprüfer wird zunächst in das destillierte Wasser getaucht, dann in die gesättigte Lösung. Eine 0,1-molare Magnesiumsulfat-Lösung wird angesetzt, mit Hilfe des Messzylinders einmal 1 : 2 verdünnt und einmal 1 : 10. Die Leitfähigkeiten dieser Lösungen werden gemessen und mit der Leitfähigkeit der gesättigten Calciumsulfat-Lösung verglichen.

**Beobachtung:** Die gesättigte Calciumsulfat-Lösung weist bei der vorgelegten Spannung von 4,5 V eine elektrische Leitfähigkeit von 6 mA auf. Im Vergleich mit den Magnesiumsulfat-Lösungen kommt ihr die 1/100-molare Lösung am nächsten: die Konzentration kann deshalb mit diesem Wert angenommen und für die Berechnung des Löslichkeitsprodukts verwendet werden.

## V6.6 Boudouard-Gleichgewicht – quantitativ bestimmt

**Problem:** Reaktionen unter Gasen sind gut geeignet, unvollständige Reaktionen durch Messen der Volumina direkt zu beobachten und Gleichgewichte zu erkennen. Es ist durch die Avogadro-Beziehung auch leicht möglich, die Gaskonzentrationen auszurechnen und in den Term für das Massenwirkungsgesetz einzusetzen: Gleichgewichtskonstanten sind auf diesem Weg quantitativ gut zu bestimmen. Zu diesen Gleichgewichten gehört auch das Boudouard-Gleichgewicht, das eine große Rolle im Hochofenprozess spielt: erst durch die Reaktion von glühender Kohle mit Sauerstoff zu Kohlenstoffdioxid und dessen darauf folgende Reaktion mit Kohle zu Kohlenstoffmonoxid macht die Reduktion der Eisenoxide zu Roheisen möglich.

Dieses Gleichgewicht zeigt experimentell außerdem, dass eine Mischung der Edukte und Produkte vorliegt und diese nicht getrennt gemäß der „linken und rechten Seite des Gleichgewichts" vorhanden sind. Schließlich wird die Tatsache vermittelt, dass verschiedene Anteile von Feststoffen die Lage des Gleichgewichts nicht beeinflussen: es kommt nur auf den Überschuss des festen Stoffes an.

**Material:** Zwei Kolbenprober, Reaktionsrohr aus Quarz, zwei gute Brenner, Gasspürgerät („Dräger") mit Prüfröhrchen für Kohlenstoffmonoxid, kleine Bechergläser; Aktivkohle-Stücke, Quarzglaswolle, Kohlenstoffdioxid (Stahlflasche), Kalkwasser

**Durchführung:** Das Quarzglasrohr wird mit Aktivkohle gefüllt, an beiden Enden mit Quarzglaswolle verschlossen. Beide Kolbenprober werden angeschlossen, einer mit 50 mL Kohlenstoffdioxid-Gas gefüllt, der andere bleibt leer. Die Kohle wird mit zwei Brennern kräftig bis zur Rotglut erhitzt, das

Gas langsam darüber geleitet, bis das Volumen konstant bleibt. Das Gasspürgerät wird an den halb mit Gas gefüllten Kolbenprober angeschlossen, ein Teil des Gases durch das Prüfröhrchen gesogen. Ein zweiter Teil des Gases wird durch wenig Kalkwasser geleitet.

**Beobachtung:** Das mögliche Maximalvolumen von 100 mL wird nicht erreicht, ein Volumen von etwa 60 mL stellt sich als konstant heraus. Das Prüfröhrchen zeigt die Anwesenheit von Kohlenstoffmonoxid an, das Kalkwasser die Anwesenheit von Kohlenstoffdioxid.

**Hinweis:** Berechnungen mit Hilfe des Ausgangs- und des Endvolumens führen zu dem Gleichgewichtsvolumen von 40 mL $CO_2$ und 20 mL CO, der Vergleich der Volumenverhältnisse mit dem bekannten Temperatur-Volumen-Diagramm (vgl. Abb. 6.6) führt zu einer zugrunde liegenden Temperatur von etwa 650°C. Bezieht man die Volumina auf das Gesamtvolumen, so berechnen sich die Partialdrucke oder Konzentrationen – sie können in die Massenwirkungsbeziehung eingesetzt werden, um die Gleichgewichtskonstante zu bestimmen (Kap. 6.3).

## V6.7 Quantitative Zersetzung von Ammoniak

**Problem:** Das Ammoniak-Gleichgewicht ist zum einen ein Gleichgewicht, dessen Lage in Bezug auf Druck- oder Temperaturänderungen im Zusammenhang mit dem Prinzip von Le Chatelier gut diskutiert und abgeschätzt werden kann, weil ausschließlich Gase vorliegen (vgl. Abb. 6.9). Zum anderen ist es Grundlage für das Haber-Bosch-Verfahren, das die industrielle Ammoniak-Herstellung aus dem Stickstoff der Luft realisiert und damit die Gewinnung vieler wichtiger Stickstoffverbindungen ermöglicht.

Leider ist die experimentelle Herstellung von Ammoniak aus den Elementen bei Normaldruck kaum zu realisieren, allerdings die Zersetzung von Ammoniak in die Elemente. Nach der Zersetzung in die Elemente Stickstoff und Wasserstoff kann in einer zweiten Reaktion der Wasserstoff mit Kupferoxid zu Wasser umgesetzt und vom Stickstoff abgetrennt werden: dieser wird schließlich nachgewiesen.

**Material:** Gasentwickler, zwei Kolbenprober, zwei Reaktionsrohre aus Quarz, Brenner, kleiner Standzylinder mit Deckglas, Glasschale; konzentrierte Ammoniak-Lösung, Natriumhydroxid, Nickeldraht-Stücke, Kupferoxid (Drahtform), Holzspan

**Durchführung:** a) Ammoniak wird gewonnen, indem Ammoniak-Lösung im Gasentwickler auf festes Natriumhydroxid getropft wird. Das Gas wird in einen Kolbenprober gefüllt, das Volumen von 50 mL einreguliert. Der Kolbenprober wird mit dem anderen leeren Kolbenprober über das Reaktionsrohr verbunden, das mit einigen Nickeldraht-Stücken versehen ist. Das Nickel wird erhitzt, Ammoniak solange darüber geleitet, bis das Gasvolumen konstant bleibt. b) Ein zweites Reaktionsrohr, das Kupferoxid enthält, wird anstelle des ersten Rohres zwischen beide Kolbenprober gesetzt, das im ersten Experiment entstandene Gasgemisch bis zur Volumenkonstanz über erhitztes Kupferoxid geleitet. Das übrig bleibende Gasvolumen wird beobachtet, es wird pneumatisch in einen kleinen Standzylinder überführt und mit einem brennenden Holzspan geprüft.

**Beobachtung:** a) Es bildet sich aus 50 mL Ammoniak ein Volumen von 100 mL eines farblosen Gases. b) Beim Überleiten des Gasgemischs über erhitztes schwarzes Kupferoxid bildet sich rotbraun glänzendes Kupfer, ein Wasserbeschlag entsteht, etwa 25 mL eines Gases bleiben übrig. Dieses Gas löscht Flammen des brennenden Holzspans sofort aus.

**Hinweis:** Falls das Überleiten von 50 mL Ammoniak über nur gering erhitztes Nickelmetall zu einem konstant bleibendem Volumen von etwa 70 mL führt, ist ein Gleichgewicht in der Kolbenproberapparatur erreicht. Es lässt sich aus den Volumenangaben berechnen, dass unter diesen Bedingungen 47,2 mL Ammoniak, 5,7 mL Stickstoff und 17,1 mL Wasserstoff nebeneinander im Gleichgewicht vorliegen.

## Literatur


1. Bergquist, W., Heikkinen, H.: Student Ideas Regarding Chemical Equilibrium: What Written Test Answers Do Not Reveal. J. Chem. Ed. 67 (1990), 1000
2. Finley, F.N., Stewart, J., Yarroch, W.L.: Teachers` perceptions of important and difficult science content. Science Education, Ausgabe 4, 1982, S. 531 – 538
3. Tyson, L., Treagust, D.F.: The Complexity of Teaching and Learning Chemical Equilibrium. J. Chem. Ed. 76 (1999), 554
4. Banerjee,A.C., Power, C.N.: The development of modules for the teaching of chemical equili-brium. Int. J. Sc. Ed. 13 (1991), 358
5. Hackling, M.W. und Garnett, P.J.: Misconceptions of chemical equilibrium. European Journal of Science Education 7 (1985), 205
6. Kousathana, M., Tsaparlis, G.: Students'Errors in Solving Numerical Chemical Equilibrium Problems. CERAPIE 3 (2002), 5
7. Kienast, S.: Schwierigkeiten von Schülern bei der Anwendung der Gleichgewichtsvorstellung in der Chemie: Eine empirische Untersuchung über Schülervorstellungen. Aachen 1999 (Shaker)

8. Osthues, T.: Chemisches Gleichgewicht: Empirische Erhebung von Fehlvorstellungen im Chemieunterricht. Staatsexamensarbeit. Münster 2005
9. Amann, W., u. A.: Elemente Chemie II. Stuttgart 1998 (Klett)
10. Asselborn, W., Jäckel, M., Risch, K.T.: Chemie heute Sekundarstufe II. Hannover 1998 (Schroedel)
11. Dickerson, R.E., Geis, I.: Chemie – eine lebendige und anschauliche Einführung.Weinheim 1981 (Chemie)
12. Holleman, A.F., Wiberg, E: Lehrbuch der Anorganischen Chemie. Berlin 1985 (de Gruyter)
13. Dehnert, K., u. A.: Allgemeine Chemie. Braunschweig 2004 (Schroedel)

# 7 Donator-Akzeptor-Prinzip

Mit dem Prinzip des „Gebens und Nehmens“ ist man lebensweltlich allseits vertraut – weniger in naturwissenschaftlicher Hinsicht mit dem „Geben und Nehmen“ eines Protons oder Elektrons bzw. dessen Transfer vom Donator-Teilchen zum Akzeptor-Teilchen. Diese Interpretation vieler chemischer Reaktionen wird auch als Donator-Akzeptor-Prinzip bezeichnet.

Historisch hatte E. A. Stahl [1] mit seiner **Phlogistontheorie** am Ende des 17. Jahrhunderts eine Form des Donator-Akzeptor-Prinzips entworfen. Durch Beobachten des Brennens von Stoffen wie Kohle und Metallpulver vermutete er das Entweichen eines „Feuerstoffs“, des Phlogistons:

Kohle → Asche + Phlogiston
Metall → Metallasche + Phlogiston

Bei der Beobachtung von Verhüttungsvorgängen in Thüringischen Zink- und Bleihütten und dem geheimnisvollen Erscheinen der glänzenden Metallschmelzen folgerte Stahl den Übergang des Phlogistons von der brennenden Kohle auf das hocherhitzte Erz:

Erz (Metallasche) + Phlogiston (Kohle) → Metall

Das Entweichen eines unsichtbaren „Feuerstoffs“ ist auch heute noch die allseits verbreitete Vorstellung bei Kindern, die das Herunterbrennen großer Holzhaufen oder von Grillkohle bzw. das vollständige Verbrennen von Brennspiritus fasziniert beobachtet haben (vgl. Kap. 3.5).

Nach dem Sturz der Phlogistontheorie am Ende des 18. Jahrhunderts postulierte A. Lavoisier [1] die **Oxidationstheorie** und interpretierte Verbrennung und Metallgewinnung durch die Übertragung von Sauerstoff. Mit den heutigen Begriffen lässt sich seine neue Erkenntnis so beschreiben:

| | |
|---|---|
| Oxidation: | Kohle + Sauerstoff → Kohlenstoffdioxid |
| Reduktion: | Metalloxid → Metall + Sauerstoff |
| Redoxreaktion: | Metalloxid + Kohle → Metall + Kohlenstoffdioxid |

Viele Lehrpläne und Schulbücher wählen diese historische Oxidationstheorie im Sinne der genannten Reaktionen für den Anfangsunterricht im Fach Chemie und veranschaulichen diese Reaktionen mit vielen Experimenten. Allerdings werden dadurch die ersten massiven Fehlvorstellungen bei Lernenden provoziert: Diese stellen sich naturgemäß das Freiwerden von Sauerstoff vor und postulieren die Übertragung von „Sauerstoff" als Substanz. Auch im Sinne der Übertragung von O-Atomen ist die Interpretation sachlich problematisch: in den Metalloxid-Strukturen existieren keine O-Atome, sondern meistens Oxid-Ionen. Als sachlich akzeptable Interpretation bleibt in der Tat nur die Vorstellung von der Elektronenübertragung, beispielsweise von Fe-Atomen auf die $Cu^{2+}$-Ionen einer Kupfersulfat-Lösung oder des festen Kupferoxids.

Dieses ist dann eine Donator-Akzeptor-Reaktion im Sinne der Elektronenübertragung. Es gibt weitere Übertragungsreaktionen: Bei Modellvorstellungen zu Säure-Base-Reaktionen werden Protonen von einer Teilchenart auf eine andere Teilchenart übertragen, bei einfachen Komplexreaktionen werden Liganden von einem Zentral-Teilchen auf das andere übertragen. Im Unterricht erworbene, also „hausgemachte" Fehlvorstellungen zu diesen Übertragungsreaktionen sollen im Folgenden vorgestellt und unterrichtliche Korrekturen vorgeschlagen werden.

## 7.1 Protonenübertragungen bei Säure-Base-Reaktionen

Der Säurebegriff wurde von Boyle im 17. Jahrhundert zunächst völlig auf das Phänomen bezogen interpretiert: Säuren sind Stoffe, die bestimmte Pflanzenfarbstoffe rot färben und Kalkstein lösen [1]. Glauber, Lavoisier, Davy, Liebig und Arrhenius entwickelten weitere Säure-Base-Konzepte, die auf die jeweiligen Erkenntnisse ihrer Zeit aufbauten und auf neue Phänomene oder auf die Zusammensetzung entsprechender Substanzen fixiert waren (vgl. Abb. 7.1).

Erst **Brönsted** entwickelte 1923 ein Konzept, das nicht mehr auf Substanzen bezogen wurde, sondern auf die Funktion von kleinsten Teilchen: Säure-Teilchen sind Protonendonatoren und vermögen bei geeigneten Reaktionspartnern Protonen an Base-Teilchen abzugeben: Protonenakzeptoren. Beispielsweise übertragen HCl-Moleküle als Säure-Teilchen beim Zusammenstoß mit $H_2O$-Molekülen jeweils ein Proton (vgl. Abb. 7.2). In diesem Sinne sind die Protonendonatoren der reinen Schwefelsäure die $H_2SO_4$-Moleküle, die Säure-Teilchen der Schwefelsäure-Lösung die Hydronium-Ionen (oder in konzentrierten Lösungen auch die Hydrogensulfat-Ionen). Bei schwachen Säuren tritt zusätzlich das Phänomen des Protolyse-Gleichgewichts der beteiligten Teilchen auf, das mit entsprechenden Protolysekonstanten quantitativ erfasst werden kann.

Da man im Sinne der Theorie von **Arrhenius** fast gleichbedeutend Dissoziationsgleichgewichte und entsprechende Dissoziationskonstanten diskutiert, treten beim parallelen Gebrauch der Begriffspaare oftmals sprachliche Interferenzen und sachliche Ungenauigkeiten hinsichtlich der Säuren als Substanzen oder der Säuren als kleinste Teilchen auf, die anfangs der Lernende naturgemäß nicht durchschauen kann. Diesbezüglich kann man massive Fehlvorstellungen bei den Lernenden geradezu voraussagen, wenn beide Säure-Base-Konzepte im Chemieunterricht eine Rolle spielen. Solche und andere Fehlvorstellungen zum Unterrichtsthema „Säure-Base-Reaktionen“ werden im Folgenden referiert.

**Abb. 7.1.** Historische Säure-Base-Konzepte [2]

Das Lösen von HCl-Gas in Wasser ist eine *chemische Reaktion*. $Cl^-$-Ionen entstehen beim Zusammenstoß eines HCl-Moleküls mit einem $H_2O$-Molekül durch heterolytische Trennung der H – Cl-Bindung. Das gleichzeitig gebildete $H^+$-Ion (ein *Proton!*), wird von einem freien Elektronenpaar eines $H_2O$-Moleküls gebunden:

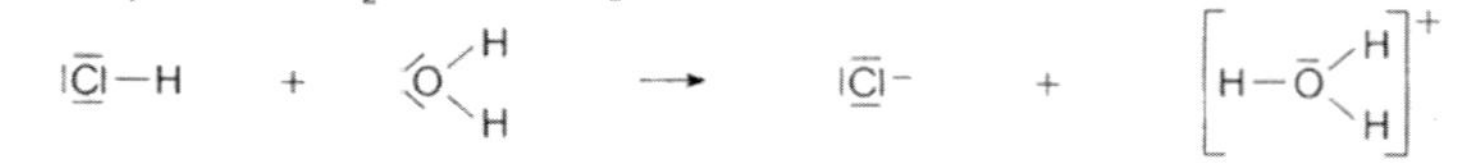

Es treten also keine freien, selbständig existierenden $H^+$-Ionen auf (wie es 1883 von Arrhenius postuliert worden war); das anfänglich durch ein Elektronenpaar an das Chloratom gebundene Proton löst sich von der anziehenden Wirkung der Elektronen, «schlüpft» dann in eine der mit zwei Elektronen besetzten Wolken des Sauerstoffatoms und wird durch diese Elektronen gebunden:

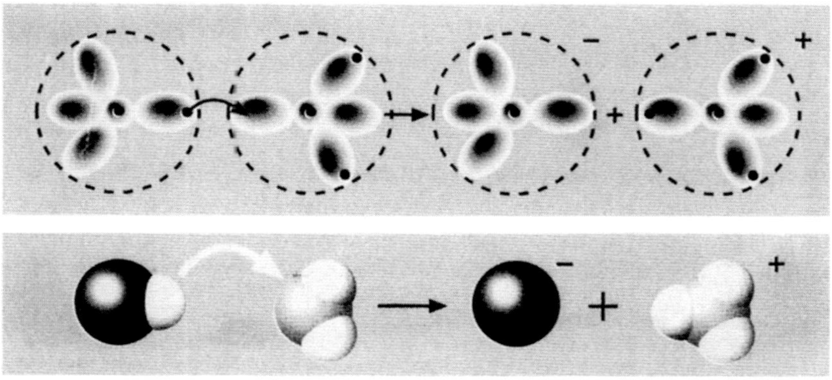

**Abb. 7.2.** Protonenübertragung am Beispiel der Reaktion von HCl- mit $H_2O$-Molekülen [3]

## 7.2 Fehlvorstellungen zum Säure-Base-Begriff

Neben einigen Ausführungen aus der chemiedidaktischen Literatur werden die empirischen Erhebungen von Sebastian MUSLI [4] zugrunde gelegt: der von ihm verwendete Fragebogen zur Ermittlung hausgemachter Fehlvorstellungen bei etwa 100 Lernenden der Sekundarstufe II liegt in seiner Arbeit abgedruckt vor [4]. Es werden auffallende Aussagen von Schülern und Schülerinnen zum Säure-Begriff allgemein zitiert, dann spezifisch zu Unterschieden der reinen Säuren und Säure-Lösungen, zur Neutralisation und zu starken und schwachen Säuren.

**Säure-Begriff.** Erstaunlicherweise wird oftmals nur den Säuren eine aggressive Wirkung zuschrieben, obwohl Laugen ebenfalls diese Eigenschaft besitzen: „Säuren ätzen, Säuren zerstören, Essigsäure ist in der Chemie eine ätzende und gefährliche Substanz, im alltäglichen Gebrauch nicht“ [4].

Auch aus dem englischen Sprachraum werden ähnliche Aussagen zitiert: „An acid is something which eats material away or which can burn you; testing for acids can only be done by trying to eat something away, the difference between a strong and a weak acid is that strong acids eat material away faster than a weak acid" [5]. BARKER kommentiert diese Schülerantworten folgendermaßen: „No particle ideas are used here: the students give descriptive statements emphasing a continous, non-particulate model for acids and bases, some including active, anthropomorphic ideas such as 'eating away'..." [5].

Bei der Frage „was verstehst du unter einer Säure, einer Base?" argumentieren viele Jugendliche zum einen mit dem pH-Wert (Säuren haben einen kleinen pH-Wert) oder mit einfachen, aber falsch verstandenen Phänomenen, die sie etwa so formulieren: „Säuren sind ätzend, gefährlich, gelb, rot oder sauer" [4]. Zum anderen offenbaren die Antworten Säure-Konzepte, die lediglich angelernt wurden: etwa 15% der Antworten zeigen das Arrhenius-Konzept (Säuren enthalten $H^+$-Ionen), etwa 30% zeigen das Brönsted-Konzept (Säuren geben Protonen ab), wobei es nicht sicher ist, ob die Jugendlichen fachlich zutreffend Säuren als Säure-Teilchen verstehen.

Im Übrigen fällt auf, dass sich die Antworten überwiegend auf Säuren beziehen und Basen schlicht weggelassen worden sind. Bei der Zusatzaufgabe „Gib Beispiele für saure und basische Atome/Ionen/Moleküle" werden überwiegend Formeln für Salzsäure, Schwefelsäure und Essigsäure notiert, für Basen überwiegend „NaOH". Im Sinne des Brönsted-Konzepts sind als richtige Antworten für basische Teilchen nur zu etwa 15% die Hydroxid-Ionen aufgeführt worden, in der gleichen Größenordnung Hydronium-Ionen als Säure-Teilchen in verdünnten Lösungen.

Auch SUMFLETH [6] kommt bei ihren Recherchen zu ähnlichen Untersuchungsergebnissen und stellt fest, „dass die Begriffe Protonenaufnahme, -abgabe und -übertragung von den Schülern wohl gelernt werden und im Zusammenhang mit Definitionen von Säuren und Basen auch richtig reproduziert werden, aber in einem anderen Kontext nicht angewendet werden können" [6]. Entsprechend zeigen SUMFLETH und GEISLER [7], „dass zwar eine Zunahme an Brönsted-Definitionen in den Klassen 11 und 12 zu verzeichnen ist, Basen im gleichen Zusammenhang noch überwiegend nach Arrhenius interpretiert werden. Ein beliebiges Vertauschen beider Säure-Base-Definitionen zeigt letztlich, dass das Wissen nicht tief verankert und deshalb nicht in Form des Transfers angewendet wird" [7]. SUMFLETH geht mit ihrem Urteil so weit, dass sie formuliert: „Die Schüler können mit dem Hauptthema des Chemieunterrichts, nämlich Säure-Base-Theorien, nahezu gar nichts anfangen. Und dies gilt für Schüler, die in der Sekundarstufe II Chemie gewählt haben" [6].

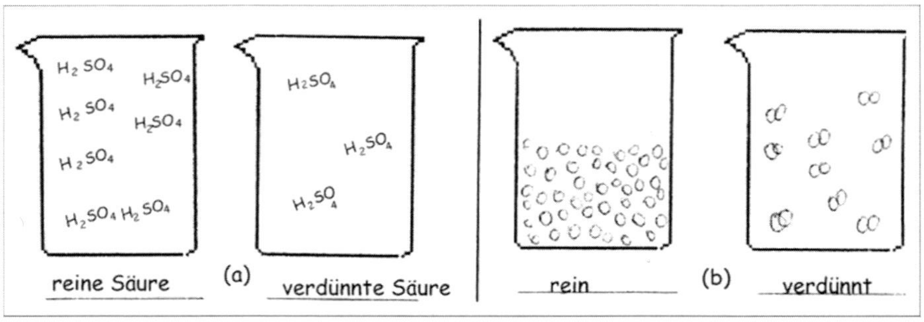


**Abb. 7.3.** Beispiele für falsche Modellvorstellungen zur Schwefelsäure-Lösung [4]

**Reine Säure und Säure-Lösung.** In dieser Aufgabe sollen Gemeinsamkeiten und Unterschiede einer reinen Schwefelsäure und der 0,1-molaren Lösung angegeben und kleinste Teilchen in beiden Lösungen schematisch gezeichnet werden. Richtige Antworten hinsichtlich der Hydronium-Ionen bzw. Sulfat-Ionen in der verdünnten Lösung liegen nur bei 10% der Antworten bzw. Modellzeichnungen vor – etwa 45% der Antworten gehen lediglich von dem Verdünnungseffekt aus: die Zeichnungen weisen beispielsweise entweder Symbole für Schwefelsäure-Moleküle mit größeren Abständen für die Lösung aus oder undurchschaubare Kugelmodelle (vgl. Abb. 7.3).

Vielen anderen Antworten liegen unterschiedlichste Behauptungen, meist zu Phänomenen zugrunde: pH-Werte der reinen Säure seien kleiner, pH-Werte sind bei Säure und Säure-Lösung verschieden (ohne pH-Werte anzugeben oder Unterschiede zu erläutern), die Dichten unterscheiden sich, reine Säure sei weitaus ätzender, sei reaktionsfreudiger als die Lösung, etc.

Nur etwa 10% der Befragten geben richtige verbale Antworten an *und* zeichnen dazu stimmige Modellvorstellungen mit den erwarteten Ionensymbolen für die verdünnte Lösung. Erstaunlich ist, dass andere zwei Schüler, die in der verbalen Antwort richtig die Dissoziation in der verdünnten Schwefelsäure anführen, in der Zeichnung keine Ionensymbole notieren: der erste Schüler sieht die $H_2SO_4$-Symbole auch für die Säure-Lösung vor (vgl. (a) in Abb. 7.3), der zweite Schüler bietet vom Kugelteilchenmodell ausgehend schwer interpretierbare Kugelmodelle an (vgl. (b) in Abb. 7.3). Der Begriff Dissoziation scheint demnach bei diesen beiden Schülern völlig unverstanden zu sein – lediglich das Wort wird für die nächste Klassenarbeit reproduziert.

Insgesamt haben 30% der Befragten weder eine verbale Antwort gegeben noch eine Modellzeichnung angeboten – auch diese Zahl spricht bei Schülern und Schülerinnen der Sekundarstufe II eine deutliche Sprache: im Unterricht zu Säure-Base-Reaktionen bleiben wichtige Inhalte unverstanden, die erst Voraussetzung für schwierige Inhalte sind, etwa für Unterschiede bei starken und schwachen Säuren oder für Gleichgewichte und Säurekonstanten bei den schwachen Säuren.

**pH-Wert.** Die Aufforderung nach Erläuterung von pH-Wert und pH-Skala wird von vielen Probanden insofern erfüllt, als sie richtig den „negativen dekadischen Logarithmus der $H^+$-Ionen-Konzentration" anführen, ohne nachzuweisen, dass sie diese Definition auch anwenden können. Viele Schüler haben nämlich die genannte Definition sinnlos verändert („der pH-Wert ist der negativ dekadische Logarithmus"), ein Schüler hat gar einen „Logarithmus der $H^+$-Ionen-Konstellation" in Erinnerung gehabt. Es gibt auch rein phänomenologische Antworten: „pH 7 ist hautneutral; pH gibt's bei Shampoos, hat was mit Hautverträglichkeit zu tun".

Der zweite Teil der Aufgabe fordert die Schüler auf, Lösungen zu benennen, die den pH-Wert 1 besitzen: lediglich 15% führen die 0,1 molare Lösung von Salzsäure an, 30% nennen Säurelösungen wie Salzsäure und Schwefelsäure ohne die Angabe einer Konzentration, 45% antworten sicherheitshalber erst gar nicht. Diese Verteilung von Antworten bestätigt reines Merkwissen und überwiegendes Unverständnis von Lernenden der Sekundarstufe II bezüglich des pH-Werts – oder die wegen der Abstraktion enorme Schwierigkeit, mit pH-Werten konkret umzugehen.

**Neutralisation.** Hinsichtlich dieser Aufgabe wird angegeben „Salzsäure und Natronlauge reagieren miteinander" und einerseits nach der Reaktionsgleichung gefragt, andererseits nach Teilchenarten, die an der Reaktion beteiligt sind. Rund 80% der Schüler sind zunächst in der Lage, die formale, übliche Reaktionsgleichung anzugeben: $HCl + NaOH \rightarrow NaCl + H_2O$.

Die Hälfte dieser Probanden notiert die Reaktionsgleichung sogar mit Ionensymbolen und bringt zum Ausdruck, dass die $H^+$-Ionen und die $OH^-$-Ionen zu $H_2O$-Molekülen reagieren. Allerdings lassen auch 40% der Befragten erkennen, dass bei der Reaktion „NaCl" gebildet wird, ohne die entsprechenden Ionen anzuführen, einige geben gar „festes NaCl" als Reaktionsprodukt an.

Ähnliche Denkweisen bestätigen sich in der zweiten Teilfrage nach reagierenden Teilchen: neben den etwa 40% richtigen Antworten gibt es bei vielen Befragten die Auffassung, dass „alle Teilchen" oder „positive und negative Ladungen" miteinander reagieren, dass „bei der Reaktion NaCl-Moleküle entstehen". Wie unsicher viele Schüler mit der Formulierung der Reaktionsgleichung und der Angabe der Teilchen sind, offenbart Abbildung 7.4. Auch die Frage nach dem Namen dieser Reaktion wird nur von etwa 35% der Probanden richtig mit „Neutralisation" beantwortet, für andere Schüler liegt eine Redoxreaktion vor, eine Chlorierung oder Titration.

| |
|---|
| HCl + Natronlauge $\longrightarrow$ Natronlauge + $Cl^-$ + $H^+$ |
| HCl(aq) + Ni $\longrightarrow$ $H_2O$ + NiCl |
| HCl + NiCl $\longrightarrow$ H + Ni + $Cl_2$ |
| Salzsäure + Natronlauge $\longrightarrow$ Salzlauge und Natronsäure |
| HCl + NaCl $\longrightarrow$ $NaCl_2$ + H |
| Salzsäure + Natronlauge $\longrightarrow$ Natronsalzsäure |
| 2 HCl + HNaO3 $\longrightarrow$ $2Cl^-$ + $Na_2$ + $3OH^-$ |
| 2 HCl + 2 NaOH $\longrightarrow$ $H_2$ + 2Na + $H_2O$ |
| HCl + H2O + NaOH $\rightleftharpoons$ $2Na^+$ + $Cl^-$ + $OH^-$ + $2H^+$ + $H_2O$ (Rest) |
| HCl + NaOH $\longrightarrow$ Cl + Na + $H_2O$ |
| HCl + NaCl $\longrightarrow$ $Cl_2$ + Na + H |
| Der pH – Wert 7 entsteht. |
| HCl + NaOH $\longrightarrow$ ______ + $H_2O$ |

**Abb. 7.4.** Beispiele für falsche Reaktionssymbole zur Neutralisation [4]

Auch BARKE [8] hatte mit einer empirischen Untersuchung gezeigt, dass das Verdampfen von Wasser aus einer Kochsalzlösung und das Ausfallen von festem Natriumchlorid dahingehend gedeutet wird, dass sich Natrium- und Chlorid-Ionen zu NaCl-Molekülen zusammenschließen, dass die Ladungen sich dabei „neutralisieren" (vgl. Abb. 7.5). Die Lernenden vermischen mit diesen Vorstellungen die Konzepte der Säure-Base-Neutralität und der Elektroneutralität: „NaCl-Lösung ist neutral, da sich $Na^+$- und $Cl^-$-Ionen verbinden und neutralisieren; die Ladungen neutralisieren sich im Kristall; gleiche Zahl von $Na^+$- und $Cl^-$-Ionen neutralisiert sich, der Kristall ist das Ergebnis einer Neutralisation, also ist er neutral; in der Verbindung gleichen sich die Ladungen aus, die Verbindung ist neutral" [8]. Es wird deshalb vorgeschlagen, den Begriff Neutralität ganz der Säure-Base-Thematik zuzuordnen und statt von der

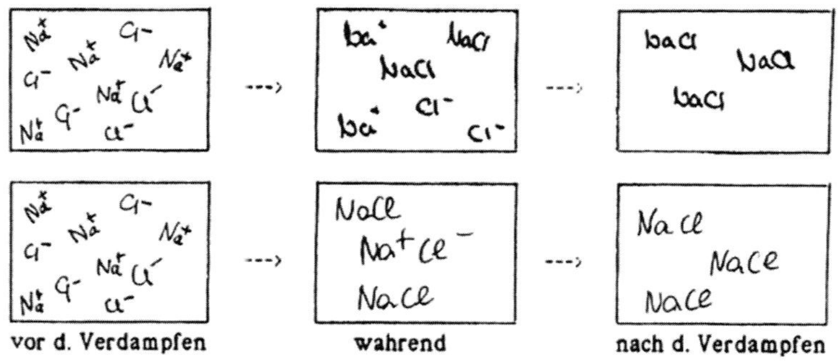


**Abb. 7.5.** Modellvorstellungen zum Abdampfen von Wasser aus der Kochsalzlösung [8]

Elektroneutralität von Ionen in einer Lösung oder im Kristall mit dem „Kräftegleichgewicht der Anionen und Kationen" oder mit der „Ausgeglichenheit der Ladungen" zu argumentieren [8].

**Starke und schwache Säuren.** Die weit verbreitete Fehlvorstellung, dass die Säurestärke allein durch den pH-Wert der jeweiligen Lösung bestimmt sei, stellen schon SUMFLETH [6] und SUMFLETH und GEISLER [7] fest. Demnach sei die Säurestärke im Experiment mit einem Indikator feststellbar, etwa mit der Universalindikatorlösung, die quantitativ pH-Werte durch Farbvergleiche abzuschätzen gestattet. Die Schüler übersehen dabei, dass etwa durch Verdünnung einer 1-molaren Salzsäure-Lösung mit dem pH-Wert 0 jeder größere pH-Wert bis wenig unterhalb 7 zu erhalten ist. Die Fragen hinsichtlich der Säure-Konzentration und der Säurestärke vermischen sich auf diese Weise fehlerhaft in den Vorstellungen von Lernenden.

In einer diesbezüglichen Aufgabe werden Darstellungen von Unterschieden und Gemeinsamkeiten der 0,1-molaren Lösungen von Salzsäure und Essigsäure erwartet, ebenfalls Modellzeichnungen der vorliegenden Atome/Ionen/Moleküle in den schematisierten Bechergläsern. Etwa die Hälfte der Befragten gibt keine Antwort auf die Frage nach Gemeinsamkeiten und Unterschieden, 20% nennen immerhin die Säurestärke und 10% pH-Werte als Unterschiede. Dabei werden allerdings einige Male fehlerhaft oder zufällig der Salzsäure höhere pH-Werte zugeschrieben, einige Male richtigerweise der Essigsäure-Lösung. Sogar der +I-Effekt der Methylgruppe des Essigsäure-Moleküls wurde zur Begründung bemüht: „HCl(aq) ist die schwächere Säure, da bei HAc(aq) ein großer +I-Effekt zu verzeichnen ist und so das Proton leichter abgespalten werden kann" [4]. Dieses Zitat weist aus, dass die zufällig im Halbjahr der Untersuchung erfolgte Behandlung der Organischen Chemie die Schüler dazu verführt, unverstandene Zusammenhänge auf beliebige Inhalte unreflektiert zu übertragen.

Zeichnungen, die in angemessener Weise für ein Essigsäure-Modell sowohl Moleküle als auch die Ionen vorsehen, kommen zu etwa 15% vor (vgl. erste Zeichnung in Abb. 7.6), in gleichem Maß zeichnen die Jugendlichen zwar die richtigen aber ausschließlich die Ionensymbole, oder sie stellen sich jeweils ausschließlich Moleküle vor (vgl. Abb. 7.6) – und weisen damit aus, dass sie den Unterschied zwischen starken und schwachen Säure nicht verstanden haben.

Einige weitere Zeichnungen lassen erkennen, dass falsche Modellvorstellungen von der Art der beteiligten Ionen in den nachgefragten Säurelösungen vorliegen, oder dass ausschließlich fehlerhaft an Moleküle gedacht wird (vgl. Abb. 7.7). Struktursymbole für Schwefelsäure- und Essigsäure-Moleküle sind dann wiederum erstaunlich richtig. Die Tatsache, dass einige Lernende der Klassenstufen 12 und 13 nicht nachvollziehbare Kugelmodelle

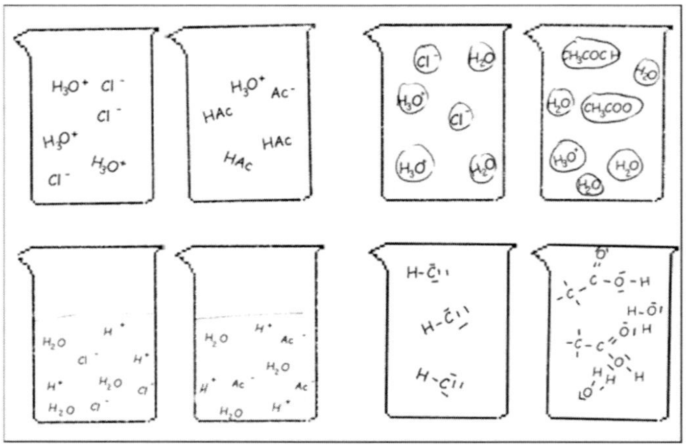

**Abb. 7.6.** Beispiele für angemessene und falsche Modellvorstellungen zu schwachen Säuren [4]

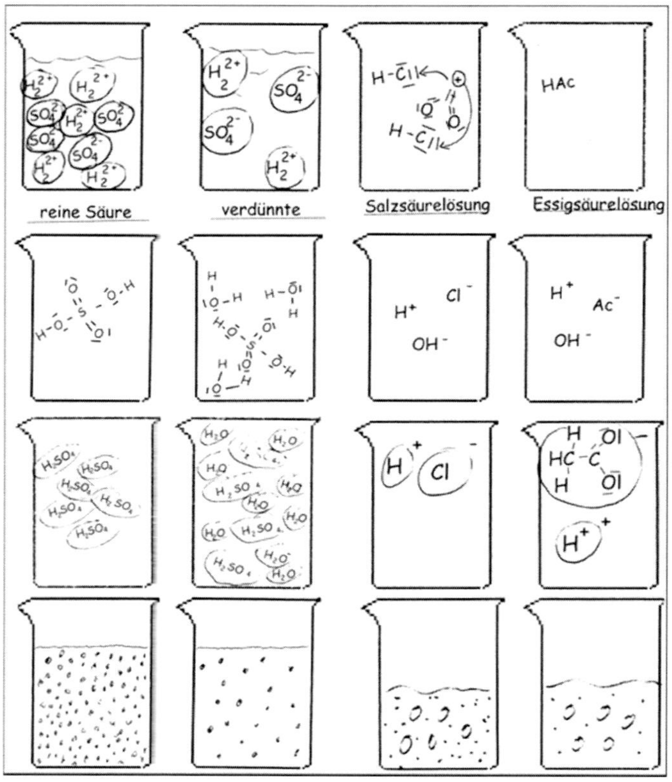


**Abb. 7.7.** Beispiele für fehlerhafte Modellvorstellungen zu Säuren und Säurelösungen [4]

**Aufgabe 6:**

Worin unterscheidet sich eine starke Säure von einer schwachen Säure ?
a) Kreuze an (nur ein Kreuz).

□ Molmasse der Säure-Moleküle
□ Konzentration der Hydroniumionen (pH-Wert)
□ Grad der Dissoziation (ks-Wert)
□ Stärke der Wasserstoffbrückenbindungen
□ Dichte der Säure
□ Konzentration der Metallionen

b) Begründe deine Wahl

**Abb. 7.8.** Aufgabe 6 des Fragebogens zu starken und schwachen Säuren [4]

in die stilisierten Bechergläser hinein zeichnen, weist aus, dass die erwarteten Modellzeichnungen im Unterricht wohl auch nicht üblich sind. Fast die Hälfte der Probanden verweigert jede Zeichnung – sie besitzt keine Modellvorstellung bzw. ist nicht in der Lage, sie in eine konkrete Zeichnung zu überführen.

Mit der letzten Aufgabe wird den Probanden die Auswahl zwischen sechs Alternativ-Antworten gelassen und die Begründung für die markierte Antwort gefordert (vgl. Abb. 7.8). Die Markierungen verteilen sich fast vollständig auf die falsche Antwortmöglichkeit „pH-Wert" (40%) und die richtige Antwort „Dissoziationsgrad" (55%). Bei den Begründungen zum „Dissoziationsgrad" wird erfreulich mit der Lage des Gleichgewichts und mit den Unterschieden der Dissoziation argumentiert – leider gab nur ein kleiner Teil der Probanden mit richtig markierten Antworten eine Begründung an. Es bleibt deshalb festzuhalten, dass fast die Hälfte der Probanden den pH-Wert als Kriterium zur Unterscheidung von starken und schwachen Säuren angeben und damit die erwarteten und von SUMFLETH [6] angesprochenen Fehlvorstellungen ausweisen.

**Zusammenfassend** lassen sich folgende Aspekte der Fehlvorstellungen skizzieren: Viele Schüler und Schülerinnen sprechen Säuren die **Eigenschaften** zu, „etwas zu zerstören, alles zu verätzen", Hydroxide und konzentrierten Laugen werden diesbezüglich nicht genannt.

Sie unterscheiden oftmals nicht zwischen den reinen Säuren, die aus Molekülen aufgebaut sind, und den verdünnten Säure-Lösungen, die weitgehend aus Ionen bestehen. Bei den Konzepten um den Säure-Begriff werden Modellvorstellungen nach **Arrhenius** „Säuren sind Stoffe, die $H^{+}$(aq)-Ionen enthalten" mit der Vorstellung nach **Brönsted** „Säuren sind Teilchen, die Protonen abgeben" vermischt – man argumentiert etwa mit der Aussage: „Salzsäure ist ein Protonendonator".

Zur **Neutralisation** wird gern mit der Bruttogleichung argumentiert und die Salzbildung in den Vordergrund gerückt, in vielen Fällen wird die Neutralisation auch auf das Entladen der Ionen bei der Kristallisation zu einem Salzkristall übertragen: die Ionen werden zu „Salz-Molekülen".

Die Unterscheidung von **starken und schwachen Säuren** führt – wie erwartet – zu falschen Fragen nach Konzentrationen der Lösungen bzw. zum pH-Wert. Dissoziations- oder Protolysegrad sind im Unterricht sicherlich behandelt worden, aber wahrscheinlich nur verbal zur Sprache gekommen und deshalb nicht in die Vorstellungswelt der Lernenden eingedrungen.

Insgesamt scheinen die Vorstellungen lediglich auf Formulierungen von unverstandenen Reaktionssymbolen gegründet zu sein, **Modellvorstellungen** sind nicht als Modellzeichnungen veranschaulicht worden und deshalb nur sehr vorläufig und fehlerhaft vorhanden. Vor allem solche Modellzeichnungen sollen deshalb ins Zentrum folgender Unterrichtsvorschläge rücken.

## 7.3 Unterrichtsvorschläge zum Säure-Base-Begriff

Zunächst können durchaus die Phänomene zur Reaktion von **Säuren und Laugen als Substanzen** deutlich gemacht werden, beispielsweise die aggressive Wirkung nicht nur der Säuren, sondern auch die der Hydroxide und Laugen. Hinsichtlich der Säuren wird etwa die spektakuläre Reaktion konzentrierter Schwefelsäure mit Zucker gezeigt (V7.1) oder die der Säure-Lösungen mit unedlen Metallen (V7.2). In beiden Fällen ist zu diskutieren, dass die Aussage „an acid is something which eats material away" [5] nicht im Sinne einer Vernichtung gilt: der Zucker reagiert zu schwarzem Kohlenstoff und farblosen Wasserdampf, das Metall reagiert zu Wasserstoff und Salzlösung, aus der durch Eindampfen festes weißes Salz (Magnesiumchlorid oder -sulfat) gewonnen wird. Auch saure Haushaltsreiniger wie etwa Kalkentferner können vorgestellt werden, es ist zu demonstrieren, dass sich Kalk löst und Kohlenstoffdioxid entwickelt (V7.3).

Hinsichtlich der Aggressivität von Metallhydroxiden wird in Form von „Abflussfrei" ebenfalls ein Haushaltsreiniger ins Spiel gebracht (V7.4): Es zeigt sich, dass organische Materialien wie Kleiderstoff, Papier oder Haare in der konzentrierten Lösung aufgelöst werden. Auch verdünnte Laugen wie Natronlauge oder Kalilauge wirken auf Kleidung aggressiv: sobald Lösungswasser verdunstet, tritt die aggressive Wirkung konzentrierter Lösungen auf und die bekannten Löcher entstehen im Kleiderstoff. In diesem Zusammenhang sollte das feste *Natriumhydroxid* immer auch deutlich unterschieden werden von dessen Lösung in Wasser bzw. der *Natronlauge*.

Hinsichtlich der Aggressivität von Säuren sollten die Schüler und Schülerinnen auch wissen, dass die Reaktionen verdünnter Lösungen erwünscht sind: Magensäure liegt als verdünnte Salzsäure vor, die für Verdauungsvorgänge im Magen unentbehrlich ist, Zitronen- oder Essigsäure sind Substanzen, die zum Würzen in der Küche verwendet werden, Phosphorsäure ist säuerlicher Bestandteil von Coca-Cola-Getränken, verdünnte Schwefelsäure oft in Mineralwasser zu finden.

Allerdings verursachen Spritzer von verdünnter Schwefelsäure auf Kleidung Löcher, weil mit der Zeit durch Verdunsten des Wassers die höher siedende Säure konzentriert wird und dann für Kleiderstoffe aggressiv reagiert – anders als es bei Salzsäure oder Essigsäure der Fall ist.

Natürlich sind die **Säure-Base-Indikatoren** besondere Farbstoffe, die von Säuren in anderer Weise gefärbt werden als von Laugen und deshalb wichtige Phänomene darstellen, die die Lernenden kennen sollen (V7.5). Der Universalindikator ist diesbezüglich eine besonders ausgezeichnete Substanz: sie zeigt nicht nur mit der Farbe grün die neutrale Reaktion von Lösungen, sondern gibt durch verschiedene Rottöne auch Konzentrationen bzw. pH-Werte von Säure-Lösungen an bzw. durch verschiedene Blautöne die der Laugen. Mit den Indikatorfarben können schließlich die Begriffe sauer, neutral und alkalisch festgelegt werden.

Ob eine operationale Einführung des pH-Werts an dieser Stelle erfolgen soll und mit Operationen des Prüfens mit pH-Indikatorpapier oder mit pH-Meter verknüpft werden soll, ist zu diskutieren. Wenn man sich dafür entscheidet, können die pH-Werte vieler Lösungen des Haushalts und der Küche mit Farbindikatoren untersucht (V7.6) und in einer Tabelle festgehalten werden (vgl. Abb. 7.9).

**Säure-Base-Konzepte.** Im Unterricht stellt sich nach dem Kennenlernen vieler Phänomene zu den Säuren und Basen als Substanzen die Frage, ob das eher Substanz-bezogene **Arrhenius-Konzept** unterrichtet werden soll oder das Teilchen-bezogende **Brönsted-Konzept** – oder die genetische Entwicklung beider Konzepte in Form des historisch orientierten Unterrichts.

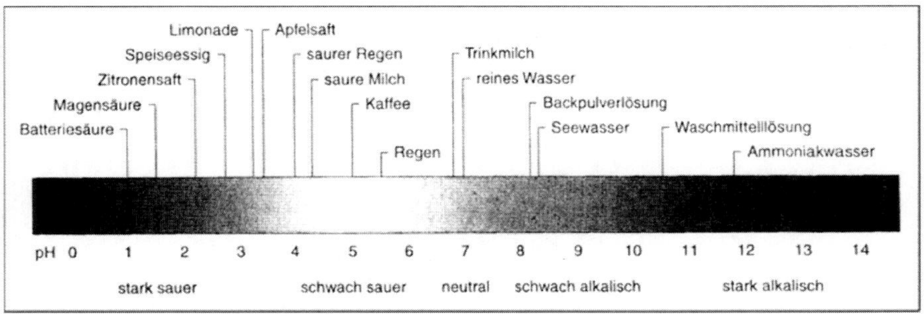


**Abb. 7.9.** pH-Werte einiger Chemikalien aus Alltag und Umwelt [2]

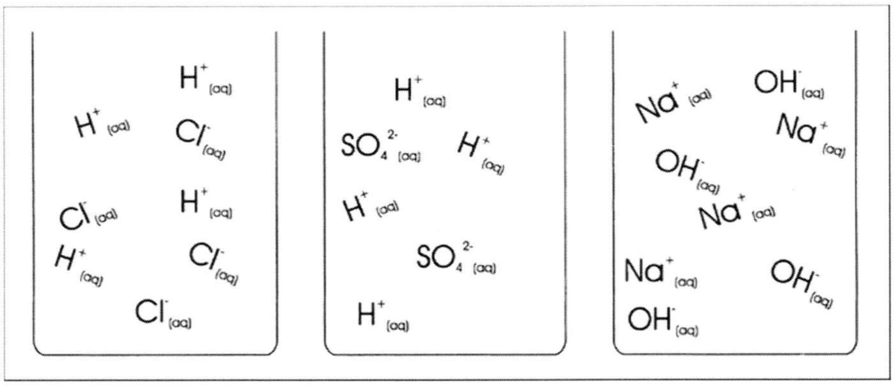


**Abb. 7.10.** Beispiele für Modellvorstellungen von sauren und alkalischen Lösungen

Ausgehend von Leitfähigkeitsprüfungen (V7.7) kann hinsichtlich starker Säuren und Basen zunächst festgestellt werden, dass saure, wässerige Lösungen $H^+$(aq)-Ionen, alkalische Lösungen $OH^-$(aq)-Ionen enthalten. Werden dazu Modellzeichnungen angeboten und von den Jugendlichen selbst gezeichnet (vgl. Abb. 7.10 und Abb. 7.11), weist man bei der Diskussion der Zeichnungen immer auch mit Nachdruck auf die beteiligten Ionen hin und darauf, dass das (aq)-Symbol die völlige Trennung aller Ionen kennzeichnet. Für konzentrierte Salzsäure als gesättigte Lösung gilt als Modellvorstellung die Zusammensetzung aus Ionen, hinsichtlich reiner Schwefelsäure oder Salpetersäure gilt dies nicht: beide reinen Säuren sind mit Molekülen zu beschreiben. Es werden Modellvorstellungen aufgebaut, die zunächst für beide Säure-Konzepte zutreffen: sowohl für das Konzept nach Arrhenius als auch für das nach Brönsted.

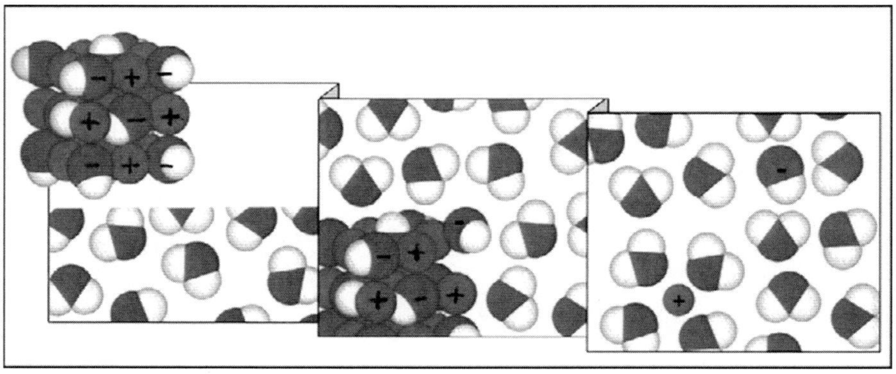

**Abb. 7.11.** Reaktion von Natriumhydroxid mit Wasser im Modell [10]

Das Arrhenius-Konzept erklärt manche Erscheinungen im Bereich der Säuren und Basen, etwa auch die Neutralisation von Lösungen starker Säuren und Basen. Begriffe der schwachen Säure oder abgeleitete Konzepte wie Säurekonstante oder Puffer stellen bereits die Grenze der Modellvorstellung von Arrhenius dar. Das **Brönsted-Konzept** für Säure-*Teilchen* und Base-*Teilchen* ist sehr viel umfassender und beschreibt alle soeben genannten Inhalte zutreffend. Es ist deshalb zu überlegen, den Unterricht so früh als möglich auf das Brönsted-Konzept aufzubauen und von den Säuren als Donator-*Teilchen* und von den Basen als Akzeptor-*Teilchen* zu sprechen und dieses konsequent in Fachsprache und Tafelbild durchzuhalten.

Eine Möglichkeit der Einführung in das Konzept ist das Experiment zur Herstellung von gasförmigem Chlorwasserstoff aus reiner Schwefelsäure und Kochsalz (V7.8) und anschließender Reaktion des Gases mit Wasser zur Salzsäure (V7.9): Im ersten Fall geben $H_2SO_4$-Moleküle jeweils ein Proton an Chlorid-Ionen des Kochsalzes ab und bilden HCl-Moleküle und $HSO_4^-$-Ionen:

$H_2SO_4$-Molekül + $Cl^-$-Ion → HCl-Molekül + $HSO_4^-$-Ion

Im zweiten Fall sind die HCl-Moleküle die **Säure-Teilchen** und geben an $H_2O$-Moleküle als **Base-Teilchen** jeweils ein Proton ab (vgl. Abb. 7.2): es entstehen $H_3O^+$(aq)-Ionen und $Cl^-$(aq)-Ionen. In konzentrierter Salzsäure und den verdünnten Lösungen sind nach entsprechendem Sprachgebrauch Hydronium-Ionen die Säure-Teilchen, die ihrerseits das Proton abgeben können. Um die mögliche Abgabe des Protons an Base-Teilchen zu signalisieren, wird im Brönsted-Konzept neben Symbolen wie $H^+$(aq)-Ionen überwiegend mit $H_3O^+$(aq)-Symbolen gearbeitet.

Werden Fachsprache und Schreibweise der Reaktionssymbole an weiteren Beispielen geübt, so durchschauen die Lernenden das Konzept immer besser: beim Verdünnen von reiner Schwefelsäure tritt nicht lediglich ein Verdünnungseffekt und eine Konzentrationsänderung der Teilchen auf, sondern es findet eine stark exotherme Reaktion zu neuen Teilchen statt (V7.10):

$H_2SO_4$-Molekül + 2 $H_2O$-Moleküle → 2 $H_3O^+$(aq)-Ionen + $SO_4^{2-}$(aq)-Ion

$H_2SO_4$-Moleküle der reinen Säure reagieren als Säure-Teilchen mit $H_2O$-Molekülen als Base-Teilchen zu $H_3O^+$(aq)-Ionen und $HSO_4^-$(aq)-Ionen bzw. zu $SO_4^{2-}$(aq)-Ionen. Bei der exothermen Reaktion von Calciumoxid mit Wasser (V7.11) sind $O^{2-}$-Ionen die Base-Teilchen, während $H_2O$-Moleküle in dieser Reaktion als Säure-Teilchen funktionieren:

$O^{2-}$-Ion + $H_2O$-Molekül → $OH^-$(aq)-Ion + $OH^-$(aq)-Ion

Da $H_2O$-Moleküle sowohl die Funktion einer Säure als auch Base übernehmen können, werden sie auch Ampholyt-Teilchen genannt. Ein weiteres solches Ampholyt-Teilchen ist das $HSO_4^-$-Ion: je nach Reaktionspartner reagiert es als Säure-Teilchen oder als Base-Teilchen.

In **festen Hydroxiden** ist das $OH^-$-Ion als Baustein des Kristallgitters bereits vorhanden: reagiert festes Natriumhydroxid mit Wasser, so werden die im Ionengitter bereits bestehenden $Na^+$-Ionen und $OH^-$-Ionen lediglich hydratisiert: $Na^+$(aq)- und $OH^-$(aq)-Ionen bilden sich (vgl. Abb. 7.11).

**pH-Wert.** Eine operationale Anwendung des pH-Begriffs kann immer insofern erfolgen, dass Lernende mit Universalindikator-Papier verschiedene Lösungen des Haushalts testen und pH-Werte abschätzen (vgl. Abb. 7.9). Schwieriger ist es, die quantitative Bedeutung des pH-Werts zu erfassen, weil es selten gelingt, den Mol-Begriff im Unterricht verständlich zu vermitteln. Es ist vorteilhaft, die Bedeutung der Stoffmenge 1 mol als bestimmte Anzahl kleinster Teilchen zu verstehen, die Art der Teilchen anzugeben, die gezählt wird: 18 g Wasser enthalten nicht „1 mol Wasser", sondern „1 mol $H_2O$-Moleküle"! Ein Liter einer 1-molaren Salzsäure enthält 1 mol $H_3O^+$(aq)-Ionen und 1 mol $Cl^-$(aq)-Ionen, die Konzentrationen entsprechen 1 mol/L für beide Ionenarten. Die Verdünnung im Volumenverhältnis 1 : 10 entspricht einer an $H^+$(aq)-Ionen 0,1-molaren Lösung, die Verdünnung 1 : 100 einer an $H^+$(aq)-Ionen 0,01-molaren Lösung.

Da es für pH-Werte („**p**otenta **h**ydrogenii", Potenz der $H_3O^+$(aq)-Ionen) auf die Konzentration der Hydronium-Ionen ankommt, wird nur diese zugrunde gelegt. Schreibt man Konzentrationen in Form von Zehnerpotenzen, so lässt sich der pH-Wert leicht als Hochzahl mit anderem Vorzeichen festlegen: eine $10^{-2}$-molare Salzsäure-Lösung besitzt den pH-Wert 2, die $10^{-3}$-molare Lösung den pH-Wert 3. Dazu müssen keine „negativ dekadischen Logarithmen" angeführt werden, logarithmische Rechnungen sind erst bei gebrochenen Exponenten notwendig.

Wichtiger ist es, dass die Lernenden verstehen, dass eine Verdünnung einer Säure-Lösung um den Faktor 1 : 10 die Vergrößerung des pH-Werts um eine Einheit nach sich zieht (V7.12). Das heißt wiederum, dass der pH-Wert 4 von Mineralwasser einer Konzentration von $c = 10^{-4}$ mol/L an $H_3O^+$(aq)-Ionen entspricht und damit einer solch geringen sauren Wirkung, dass eine $10^{-1}$-molare Salzsäure-Lösung des Labors um den Faktor 1 : 1000 verdünnt werden muss (V7.12). Soll gar der pH-Wert 6 des Regenwassers, das durch die Reaktion mit Kohlenstoffdioxid in der Luft schwach sauer ist, simuliert werden, so müsste 1 mL $10^{-1}$-molarer Salzsäure noch weiter mit destilliertem Wasser verdünnt werden: 1 mL auf eine Badewanne voll Lösung mit $10^5$ mL oder mit 100 Litern.

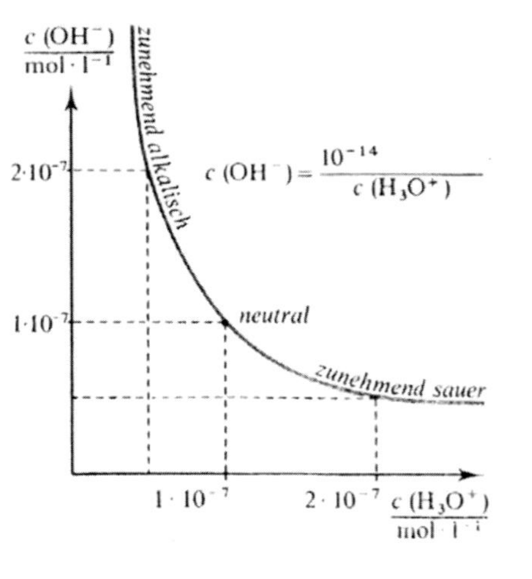


| Reaktion | pH-Wert | $c(H_3O^+)$ in $mol \cdot l^{-1}$ | $c(OH^-)$ in $mol \cdot l^{-1}$ |
|---|---|---|---|
| zunehmend sauer | 0 | $10^0$ | $10^{-14}$ |
| | 3 | $10^{-3}$ | $10^{-11}$ |
| | 5 | $10^{-5}$ | $10^{-9}$ |
| neutral | 7 | $10^{-7}$ | $10^{-7}$ |
| zunehmend alkalisch | 9 | $10^{-9}$ | $10^{-5}$ |
| | 11 | $10^{-11}$ | $10^{-3}$ |
| | 14 | $10^{-14}$ | $10^0$ |

**Abb. 7.12.** Zusammenhänge zwischen pH-Werten und Konzentrationen [11]

Mit diesen Vergleichen erhält man ein erstes Gespür für Aussagen hinsichtlich der pH-Werte.

Vermittelt man mit dem Ionenprodukt des Wassers den Zusammenhang von Konzentrationen der Hydronium-Ionen und der Hydroxid-Ionen in wässerigen Lösungen, so lassen sich auch die pH-Werte von alkalischen Lösungen ableiten. Für solche Überlegungen sind Tabellen und Graphen sehr nützlich (vgl. Abb. 7.12). Ein beliebtes Experiment, solche Zusammenhänge mit der Messung von pH-Werten und elektrischen Leitfähigkeiten zu verfolgen, ist das Einleiten von Kohlenstoffdioxid in gesättigte Calciumhydroxid-Lösung bzw. in „Kalkwasser" (V7.13).

**Neutralisation.** Zur Interpretation der Reaktionen von Säurelösungen mit Laugen (V7.14) werden im Unterricht überwiegend Bruttogleichungen der Art „$HCl + NaOH \rightarrow NaCl + H_2O$" verwendet und damit verschiedene Fehlvorstellungen erzeugt: Lernende erkennen zum einen nicht die beteiligten Ionen der Ausgangslösungen und der gebildeten Kochsalzlösung, zum anderen „entstehen Salze" in ihren Vorstellungen, oftmals leider auch „Salz-Moleküle".

Hat man Modellvorstellungen von Ionen in den Ausgangslösungen bereits erfolgreich vermittelt (vgl. Abb. 7.10) und diskutiert die Modellvorstellung der Neutralisationsreaktion, so kommt man ganz zwangsläufig zur zutreffenden Interpretation, dass Hydronium-Ionen durch Übertragung von Protonen auf Hydroxid-Ionen miteinander zu Wasser-Molekülen reagieren und dass dabei die Ionen der Salze einfach übrig bleiben – sie

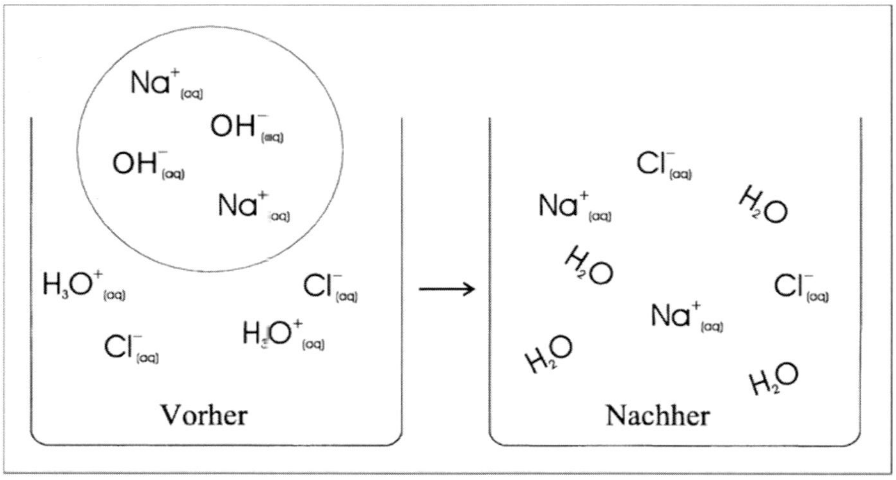


**Abb. 7.13.** Modellvorstellungen zur Neutralisation von Salzsäure durch Natronlauge

werden nicht erst gebildet (vgl. Abb. 7.13). Englisch sprachige Chemiecurricula nennen die übrig bleibenden Ionen auch „spectator ions“: sie sind bei Reaktionen der anderen Ionen „als Beobachter anwesend“, reagieren aber nicht selbst.

Erst das Eindampfen der übrig bleibenden Salzlösung (V7.14) würde das feste Salz zu Tage befördern – und in der Modellvorstellung die Ionen in den erhaltenen Salzkristallen belassen (vgl. auch Kap. 4 und 5).

Neutralisationsreaktionen können auch durch Leitfähigkeitsprüfungen experimentell veranschaulicht werden. Titriert man Salzsäure mit verdünnter Natronlauge (V7.14), so wird am Äquivalenzpunkt zwar ein gewisses Minimum der elektrischen Leitfähigkeit erreicht, sie ist aber nicht Null (vgl. Abb. 7.15): in der Lösung bleiben $Na^+$(aq)-Ionen und $Cl^-$(aq)-Ionen übrig und sind verantwortlich für das Minimum der Leitfähigkeit. Das Absinken der elektrischen Leitfähigkeit wird gern damit erklärt, dass die absolute Anzahl der Ionen kleiner würde, dass im Elementarschritt aus „vier Ionen vorher zwei Ionen nachher entstünden“:

$$H_3O^+(aq) + Cl^-(aq) + Na^+(aq) + OH^-(aq) \rightarrow Na^+(aq) + Cl^-(aq) + 2\,H_2O(l)$$

Oder man stellt sich vor, dass im Elementarschritt „zwei Ionen zusammen gehen, Moleküle bilden und somit für die elektrische Leitfähigkeit wirkungslos würden“:

$$H_3O^+(aq) + OH^-(aq) \rightarrow 2\,H_2O(l)$$

Man macht in diesen Fällen darauf aufmerksam, dass bei Neutralisationsreaktionen zwar $H_3O^+$(aq)-Ionen zu $H_2O$-Molekülen reagieren, dass aber jedes dazu erforderliche $OH^-$(aq)-Ion ein $Na^+$(aq)-Ion mitbringt: formal wird jedes $H_3O^+$(aq)-Ion in der Säurelösung durch ein $Na^+$(aq)-Ion aus der Lauge ersetzt (vgl. Abb. 7.13). Das Absinken der Leitfähigkeit hat mit unterschiedlichen Beweglichkeiten der Ionen zu tun: $H^+$(aq)-Ionen und $OH^-$(aq)-Ionen sind in ihren Lösungen beweglicher und leisten einen größeren Beitrag zur Leitfähigkeit als $Na^+$(aq)- und $Cl^-$(aq)-Ionen.

Das Ausfällen schwerlöslicher Salze kann die elektrische Leitfähigkeit allerdings zu Null werden lassen. Führt man etwa die Leitfähigkeitstitration einer Bariumhydroxid-Lösung („Barytwasser") mit verdünnter Schwefelsäure durch, so beobachtet man ebenfalls das Absinken der elektrischen Leitfähigkeit (V7.15), allerdings fällt zusätzlich weißes, schwerlösliches Bariumsufat aus und die Leitfähigkeit sinkt auf nahezu Null ab: die $Ba^{2+}$-Ionen und $SO_4^{2-}$-Ionen bleiben nicht beweglich, sondern bilden das Ionengitter des festen Bariumsulfats.

Um im Experiment davon zu überzeugen, dass bei Neutralisationen starker Säuren und Basen (ohne Fällungsreaktionen!) ausschließlich $H_3O^+$(aq)-Ionen mit $OH^-$(aq)-Ionen reagieren, werden äquivalente Portionen verschiedener Säuren und Laugen zusammen gegeben und der Anstieg der Temperaturen gemessen (V 7.16): der Anstieg ist immer gleich groß, es errechnet sich die immer konstante Neutralisationswärme von 56 kJ pro 1 mol gebildeter Wasser-Moleküle.

In jedem Fall sind entsprechende Modellvorstellungen von Neutralisationen starker Säuren mit starken Basen mit Jugendlichen zu diskutieren und zu zeichnen (vgl. Abb. 7.13) – erst mit den Modellzeichnungen werden angemessene Interpretationen durch die Lernenden übernommen.

**Schwache Säuren und Basen.** Der Begriff „schwach" suggeriert bereits die wichtigste Fehlvorstellung: schwache Säuren sind „schwach konzentriert". Verbal mögen im Unterricht Protolysegleichgewichte am Beispiel der Essigsäure behandelt worden sein, vielleicht sind sogar Säurekonstanten ins Spiel gekommen und pH-Werte bestimmter Essigsäure-Lösungen berechnet worden – angemessene Vorstellungen lassen sich trotzdem nur bei wenigen Schülern feststellen.

Um Protolysegrade und damit Protolysegleichgewichte zu veranschaulichen, sollen gut durchschaubare Experimente helfen. Werden etwa die pH-Werte 1-molarer und 0,1 molarer Lösungen von Salzsäure und Essigsäure mit einem geeichten pH-Meter gemessen (V7.17), so stellt man für die Salzsäure-Lösungen die erwarteten pH-Werte 0 und 1 fest – und erwartet diese Werte wegen gleicher Konzentrationen zunächst auch für die Essigsäure-Lösungen. Man erhält allerdings die pH-Werte von ca. 2,4 und 2,9 und damit einen klassischen kognitiven Konflikt: was ist anders bei der Essigsäure? Von einem pH-Wert 3 ausgehend gilt für $H^+$(aq)-Ionen lediglich

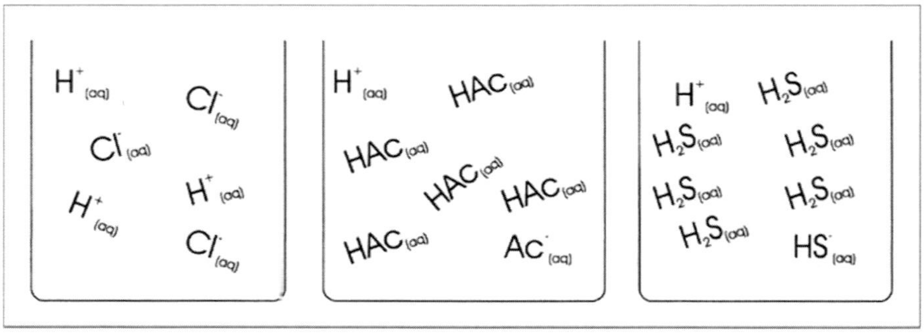


**Abb. 7.14.** Modellvorstellungen von schwachen Säuren im Vergleich zur starken Salzsäure

$c = 10^{-3}$ mol/L gegenüber der Konzentration der Essigsäure-Moleküle („HAc-Moleküle") von etwa $c = 10^{-1}$ mol/L: entsprechend ist nur 1% der HAc-Moleküle zu Ionen protolysiert (vgl. Abb. 7.14).

Ein anderes Experiment löst ebenfalls Erstaunen aus: Ein Kolbenprober wird mit 24 mL Chlorwasserstoff, ein zweiter mit 24 mL Schwefelwasserstoff gefüllt (V7.18): sie enthalten bei Zimmertemperatur jeweils 1 mmol Moleküle, also gleiche Anzahlen von etwa $6 \times 10^{20}$ Molekülen. Es werden jeweils 10 mL destilliertes Wasser durch den geöffneten Hahn angesaugt und kräftig geschüttelt – beide Gasportionen lösen sich vollkommen: 1 mmol Moleküle haben sich in 10 mL gelöst, also mit einer Konzentration von $c = 0{,}1$ mol Moleküle pro Liter. Es werden die pH-Werte beider Lösungen bestimmt: der pH-Wert 1 der Salzsäure stellt sich erwartungsgemäß ein, der pH-Wert der Schwefelwasserstoff-Lösung liegt dagegen bei 4! Geht man von der Protolyse zu Hydronium-Ionen und Hydrogensulfid-Ionen aus, dann ist der Protolysegrad nur noch 1 Promille: nur 1 von 1000 Molekülen hat zu Ionen reagiert (vgl. Abb. 7.14).

In einer statischen Modellvorstellung ist es also erforderlich, pro 100 HAc-Moleküle nur ein Hydronium-Ion und ein Acetat-Ion vorzusehen, pro 1000 $H_2S$-Moleküle nur ein Hydrogenium-Ion und ein Hydrogensulfid-Ion (vgl. Abb. 7.14). Entsprechende Modellzeichnungen sind zu zeichnen und zu diskutieren, bis die Idee des Protolysegrades deutlich ist. Soll zur statischen eine dynamische Vorstellung hinzukommen, so ist darauf zu verweisen, dass ein chemisches Gleichgewicht, also ein dynamisches Gleichgewicht vorliegt (siehe auch Kap. 6).

Mit diesen Modellvorstellungen wird klar: Essigsäure- und Schwefelwasserstoff-Lösungen können nicht die kleinen pH-Werte von 0 oder 1 wie Salzsäure oder Schwefelsäure erreichen, eine Säure wird wegen des geringen Protolysegrades als schwach bezeichnet. Säuren wie Salzsäure,

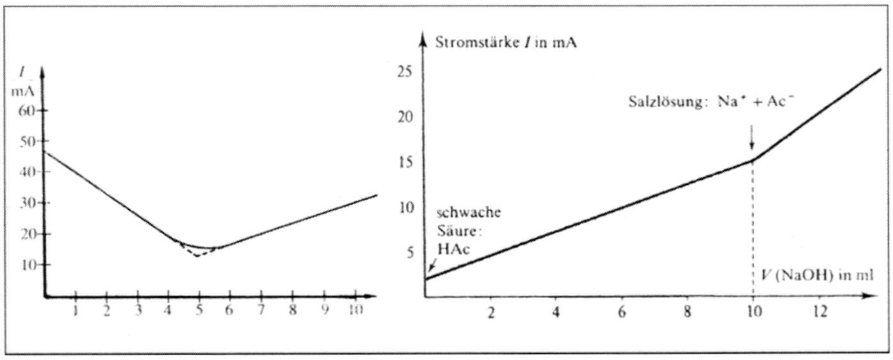


**Abb. 7.15.** Graphen der Leitfähigkeitstitrationen von Salzsäure- und Essigsäure-Lösung [12]

Salpetersäure oder Schwefelsäure sind starke Säuren, weil eine 100%ige Protolyse vorliegt – es können beliebige Konzentrationen erreicht werden, etwa mit pH-Werten wie 0, 1 oder 2.

Im Übrigen lassen sich aus $H_2S$-Lösungen viele Metallsulfide ausfällen: Kupfersulfat-Lösung fällt beispielsweise aus der Lösung schwarzes festes Kupfersulfid aus (V7.18 „Hinweis"). Gleichzeitig ist zu beobachten, dass aus der $H_2S$-Lösung des pH-Werts 4 eine stark saure Lösung mit dem pH-Wert 1 wird: durch den Entzug der Sulfid-Ionen aus dem Gleichgewicht und dessen Veränderung bildet sich eine schwefelsaure Lösung. Die pH-Abhängigkeit von Protolysegleichgewichten bei Metallsulfid-Fällungen aus Schwefelwasserstoff-Lösungen begründet den bekannten, historischen Trennungsgang für viele Metall-Kationen.

Auch die Prüfung von elektrischen Leitfähigkeiten führt zu der Idee des Protolysegleichgewichts bei schwachen Säuren. Bereits der Vergleich von gleich konzentrierten starken und schwachen Säuren ergibt die erheblich geringere Leitfähigkeit der schwachen Säuren. Führt man eine Leitfähigkeitstitration mit Essigsäure-Lösung durch (vgl. V7.14), so ergeben sich im Vergleich mit Titrationen starker Säuren ganz andere Formen der Leitfähigkeitskurven (vgl. Abb. 7.15): bei der Zugabe von Natronlauge fallen die Messwerte nicht wie üblich ab, sondern steigen an, bei der Reaktion der HAc-Moleküle mit $OH^-$(aq)-Ionen werden die Moleküle gegen Acetat-Ionen ausgetauscht und damit die Leitfähigkeiten vergrößert. In Essigsäure-Lösung setzen sich bei Zugabe von $OH^-$(aq)-Ionen neben den HAc-Molekülen natürlich auch die $H_3O^+$(aq)-Ionen um:

1. $HAc(aq) + OH^-(aq) \rightarrow H_2O + Ac^-(aq)$
2. $H_3O^+(aq) + OH^-(aq) \rightarrow 2\,H_2O$

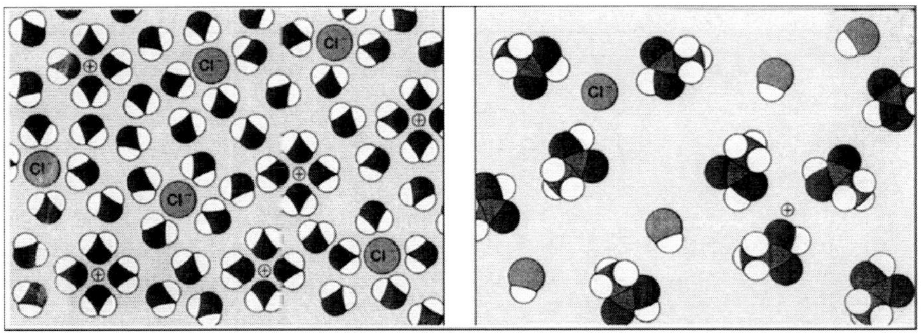

**Abb. 7.16.** Modellvorstellungen von HCl-Lösungen in Wasser und in reiner Essigsäure [2]

Starke Säuren sind nicht für immer und für alle Zeit starke Säuren. Wird Chlorwasserstoff anstatt in Wasser in reiner Essigsäure gelöst, so wird sie in diesem Lösungsmittel zur schwachen Säure (vgl. Abb. 7.16). So wie es vom Reaktionspartner abhängt, ob ein bestimmtes Teilchen als Säure oder als Base reagiert, so kommt es auch darauf an, auf welche Lösungsmittel-Teilchen Säure-Moleküle treffen, um als starke oder schwache Säuren oder Basen zu wirken.

Werden diese Zusammenhänge nicht nur mit Hilfe von Summenformeln vermittelt, sondern immer auch beteiligte Ionenarten aufgeführt und deren Konzentrationen diskutiert, dann bilden sich angemessene Vorstellungen von den Sachverhalten. Zeichnen die Lernenden zusätzlich zu allen experimentellen Erfahrungen entsprechende Modellvorstellungen auf (vgl. Abb. 7.10, 7.11, 7.13, 7.14 und 7.16) und vergleichen im Sinne der Modelldiskussion diese Zeichnungen, dann wird sich das Verständnis für Säure-Base-Reaktionen nachhaltig entwickeln.

## 7.4 Experimente zu Säuren und Basen

### V7.1 Zersetzung von Zucker durch konzentrierte Schwefelsäure

**Problem:** Lernende haben aus ihrer Lebenswelt von den Säuren als gefährliche Substanzen gehört und meinen, sie würden im Sinne des Vernichtungskonzepts „alles zersetzen oder vernichten". Zum einen sind lebenswichtige Funktionen von Säuren zu vermitteln, etwa als Konservierungsmittel, als Würzmittel oder als Magensäure im Verdauungssystem. Zum anderen ist das Vernichtungskonzept zu reflektieren, indem auf Reaktionsprodukte verwiesen wird, die eher für einen chemischen Vorgang sprechen als für die Vernichtung eines Stoffes. Die Reaktion von Zucker mit konzentrierter Schwefelsäure sei ein spektakuläres Beispiel: es zeigt, dass Zucker sich in irgendeiner Weise in Kohlenstoff und Wasserdampf umsetzen lässt – er deshalb auch als Kohlenhydrat bezeichnet wird.

**Material:** kleines Becherglas (hohe Form), Glasstab; Haushaltszucker, reine Schwefelsäure (Vorsicht!), Wasser, Alufolie

**Durchführung:** Alufolie wird ausgebreitet und das Becherglas darauf gestellt, es wird zur Hälfte mit Zucker gefüllt, der Zucker mit Wasser angefeuchtet. Mit dem halben Volumen an Schwefelsäure überschichtet man den Zucker und rührt kurz und kräftig um.

**Beobachtung:** Der Zucker reagiert zu einer schwarzen Masse, diese Masse beginnt zu brodeln, Wasserdampf entweicht. Die poröse schwarze Substanz steigt in Form einer Wurst aus dem Becherglas einige Zentimeter hervor, bricht ggf. ab und fällt auf die Alufolie.

**Hinweis:** Der schwarze Kohlenstoff ist noch mit konzentrierter Schwefelsäure befeuchtet, er ist mit dem Glasstab aus dem Becherglas zu entfernen, in Alufolie einzuwickeln und in den Festmüll zu entsorgen. Das Becherglas wird ausgewaschen.

### V7.2 Reaktion unedler Metalle mit Schwefelsäure

**Problem:** Verdünnte Säuren lösen unedle Metalle unter Wasserstoffentwicklung, dabei geht das Metall in Lösung: es ist Magnesiumsulfat-Lösung im Falle der Reaktion mit verdünnter Schwefelsäure.

Konzentrierte Säuren lösen Metalle auch auf, es entsteht allerdings kein Wasserstoff, sondern bei der Reaktion von Schwefelsäure mit Zink bildet sich – deutlich zu riechen – das Gas Schwefelwasserstoff.

Es ist deshalb wichtig, im Fall der Schwefelsäure die reine Säure von der Säurelösung zu unterscheiden, verdünnte Säuren sollten möglichst als Säure*lösung* gekennzeichnet werden.

**Material:** Reagenzgläser, Brenner; Magnesiumband, Zinkpulver, reine Schwefelsäure, Schwefelsäure-Lösung (2M)

**Durchführung:**
a) Das Reagenzglas wird zu einem Drittel mit Schwefelsäure-Lösung gefüllt, ein 5 cm langes Band Magnesium wird hinzu gegeben, ein leeres, gleich großes Reagenzglas mit der Öffnung nach unten auf das andere

aufgesetzt. Nach der Reaktion wird das leere Reagenzglas einer Flamme genähert. Aus dem anderen Reagenzglas wird aus der Lösung vorsichtig das Wasser abgedampft.
b) Ein Reagenzglas wird zu einem Zehntel mit reiner Schwefelsäure gefüllt und mit einer Spatelspitze Zinkpulver versetzt. Das gasförmige Reaktionsprodukt wird vorsichtig mit der Nase geprüft.

**Beobachtung:**
a) Eine lebhafte Gasentwicklung beginnt, die Lösung im Reagenzglas wird heiß, das Stück Magnesium wird immer kleiner und löst sich in der Säure vollkommen auf. Das im zweiten Reagenzglas aufgefangene Gas reagiert mit pfeifendem Ton an der Flamme: Wasserstoff. Aus der Lösung lässt sich durch Abdampfen des Wassers ein weißes Salz kristallisieren: Magnesiumsulfat.
b) Eine geringe Gasentwicklung ist zu sehen, das Gas erweist sich als Schwefelwasserstoff.

**Hinweis:** Da beide Reaktionen klassische Redoxreaktionen sind, sollen sie im Zusammenhang mit dem Thema Säuren und Basen nicht gedeutet werden – hier sollen lediglich die Eigenschaften gezeigt werden. Das Thema Redoxreaktionen (Kap. 7.5) greift beide Reaktionen wieder auf.

## V7.3 Kalkentferner – saure Haushaltsreiniger

**Problem:** Auch das „Entfernen" von Kalkresten mit einer Säurelösung kann von den Lernenden als ein „Vernichten" gedeutet werden – es ist Aufgabe des Unterrichts, die Fehlvorstellung zu enttarnen und das „Entfernen von Kalk" als chemische Reaktion auszuweisen. Diese chemische Reaktion ist in der Tat auch eine Säure-Base-Reaktion, die mit Protonenübergängen beschrieben werden kann.

**Material:** Bechergläser, Reagenzgläser; Calciumcarbonat-Pulver, verdünnte Salzsäure, Kalkentferner aus dem Haushalt, Kerze

**Durchführung:** Wenig Calciumcarbonat-Pulver wird in das Becherglas gegeben und mit wenig Salzsäure überschichtet. Nach kurzer Zeit wird eine brennende Kerze in das Becherglas gesenkt. Nach vollständiger Reaktion wird die übrig bleibende Lösung im Reagenzglas abgedampft.

Die Reaktion wird mit sauren Haushaltsreinigern wiederholt, die Art der reagierenden Säure wird jeweils auf den Etiketten der Behälter studiert, gedeutet und protokolliert.

**Beobachtung:** Eine lebhafte Gasentwicklung beginnt, in dem Gas geht eine Kerze aus: Kohlenstoffdioxid hat sich gebildet. Nach dem Abdampfen bleibt eine weiße Substanz übrig: Calciumchlorid.

## V7.4 Abflussfrei – ein alkalischer Haushaltsreiniger

**Problem:** Die Jugendlichen kennen meist die Säuren als Substanzen, die andere Stoffe zersetzen können. Sie wissen meist nicht, dass auch Hydroxid-Lösungen aggressive Substanzen sind, die nicht auf die Haut und schon gar nicht in die Augen gelangen dürfen. Die zersetzende Eigenschaft wird deshalb genutzt, um organische Reste in Abflüssen der Küche oder des Badezimmers aufzulösen und zu entfernen. Die Aluminiumsplitter, die in der „Abflussfrei"-Substanz mit Natriumhydroxid-Perlen und Natriumnitrat vermischt vorliegen, haben die Aufgabe, die Gase Wasserstoff und Ammoniak zu erzeugen, um durch den Wirbeleffekt ein besseres Lösen und Wegspülen der organischen Reste zu erreichen.

**Material:** Bechergläser, Thermometer, Glasstab; Natriumhydroxid, Abflussfrei, Wollfaden, Papierreste

**Durchführung:** Im Becherglas werden einige Perlen Natriumhydroxid mit Wasser überschichtet und mit dem Thermometer gerührt. Wollfäden und Papierreste werden zur Lösung gegeben und gut vermischt. Der Versuch wird mit Abflussfrei wiederholt, das Etikett auf dem Behälter ist zu studieren.

**Beobachtung:** Das Natriumhydroxid löst sich unter großer Wärmeentwicklung auf, die Wollfaden- und Papierreste lösen sich in der Natronlauge auf. Dasselbe passiert in der Abflussfrei-Lösung.

**Hinweis:** Die Lösungsreste sind sorgfältig mit viel Wasser zu spülen. Auch verdünnte Lösungen der Hydroxide sind gefährlich, weil nach Verdunsten des Wassers eine Konzentrierung einsetzt und die dann konzentrierte Natronlauge die bekannten Löcher in Kleidungsstücken entstehen lässt.

## V7.5 Reaktionen einiger Säure-Base-Farbindikatoren

**Problem:** Sowohl saure als auch alkalische Lösungen sind meist farblos und nicht einfach zu identifizieren. Um nur entscheiden zu können, ob eine Lösung sauer oder alkalisch ist, sind Farbindikatoren geeignet: man kennt sie in Form der Indikatorlösungen oder Indikatorpapiere. Spezielles

Universalindikator-Papier kann noch mehr: es zeigt durch unterschiedliche Rottöne und Blautöne den ungefähren pH-Wert einer Lösung an. Auf dieser Basis kann der pH-Wert operational eingeführt werden, ohne dass es der Reflexion von Konzentrationen oder gar Logarithmen bedarf.

**Material:** kleine und große Bechergläser, Reagenzgläser, Tropfpipette; saure und alkalische Lösungen des Labors, Natriumchlorid-Lösung, konzentrierte Schwefelsäure, Universalindikator-Lösung und -papier, Phenolphthalein-Lösung

**Durchführung:**
a) Wenig Universalindikator-Lösung wird mit Leitungswasser verdünnt, die grüne Lösung auf drei kleine Bechergläser verteilt, ggf. mit dem Tageslichtprojektor projiziert. In ein Glas wird Salzsäure getropft, in das zweite Natronlauge, in das dritte Kochsalzlösung. Einige Tropfen der Lösungen werden auf Universalindikator-Papier gegeben und beobachtet.
b) Ein großes Becherglas wird mit Leitungswasser gefüllt und mit wenigen mL Phenolphthalein-Lösung versetzt. Ein zweites gleich großes Becherglas wird mit wenigen Tropfen Natronlauge präpariert, ein drittes mit wenigen Tropfen konzentrierter Schwefelsäure. Das erste Becherglas wird in das zweite Glas entleert, das zweite Glas in das dritte Glas.

**Beobachtung:** a) Salzsäure färbt die Indikatorlösung sofort rot, Natronlauge blau. Das Indikatorpapier weist dieselben Farben auf, durch Vergleich mit den Farben der pH-Skala auf der Indikator-Papierrolle können jeweils die pH-Werte abgeschätzt werden. b) Die farblose Flüssigkeit wird durch Umschütten ins zweite Becherglas schlagartig weinrot, diese Lösung entfärbt sich wieder beim Umschütten in Glas 3.

**Hinweis:** Aus Rotkohlsaft und ausgekochten Radieschen können ebenfalls Farbstoffe gewonnen werden, die die Farbumschläge bei Gegenwart von Säuren und Laugen anzeigen.

## V7.6 pH-Werte einiger Lösungen aus Küche und Bad

**Problem:** Die pH-Skala der Säuren ist aus fachimmanenten Gründen leider so aufgebaut, dass mit Zunahme der Konzentrationen an Hydronium-Ionen der pH-Wert kleiner wird, dass für 1-molare Salzsäure oder Salpetersäure der pH-Wert 0 resultiert und alle Verdünnungen pH-Werte größer als 0 aufweisen. Diese ungewöhnliche Skala kann mit Lösungen aus Küche, Bad und Labor vertieft werden, pH-Werte werden in einer Tabelle numerisch geordnet (vgl. Abb. 7.9).

**Material:** Reagenzgläser; saure und alkalische Lösungen aus Labor, Küche und Badezimmer (siehe Abb. 7.9), Universalindikator-Papier

**Durchführung:** Proben der sauren und alkalischen Lösungen werden mit dem Indikatorpapier geprüft, die pH-Werte abgeschätzt und in einer Tabelle festgehalten (vgl. Abb. 7.9).

### V7.7 Elektrische Leitfähigkeiten von Säuren und Laugen

**Problem:** Lernende sehen oftmals nur die Formeln der Säuren und Laugen, stellen sich nicht die beteiligten Ionen in den Lösungen vor und entwickeln Fehlvorstellungen von Molekülen in den Lösungen (vgl. Kap. 5). Um deutlich auf die Anwesenheit der Ionen hinzuweisen, sind die elektrischen Leitfähigkeiten zu prüfen und mit denen gleich konzentrierter Kochsalz-Lösungen zu vergleichen.

**Material:** kleine Bechergläser, Apparatur zur Messung der elektrischen Leitfähigkeit mit Strommesser; 1-molare Lösungen von starken Säuren und Basen des Labors, 1-molare Kochsalz-Lösung, Mineralwasser, destilliertes Wasser

**Durchführung:** Bei Vorgabe einer konstanten Wechselspannung werden die Leitfähigkeiten in Form der Stromstärken angegeben und verglichen. Die Lösungen werden stark verdünnt und erneut untersucht, mit den Leitfähigkeiten von Mineralwasser, Leitungswasser und destilliertem Wasser verglichen.

**Beobachtung:** Die Stromstärken, die für Säuren und Laugen des Labors beobachtet werden, sind größer als die der gleich konzentrierten Kochsalz-Lösung. Stark verdünnte Lösungen leiten den elektrischen Strom in kleinerem Ausmaß, zum einen wie Mineralwasser, zum anderen noch schwächer wie etwa Leitungswasser. Destilliertes Wasser leitet den elektrischen Strom nicht.

### V7.8 Salzsäure – aus Salz und Säure

**Problem:** Der Name Salzsäure lässt naturgemäß immer die Frage aufkommen, was die Säure mit einem Salz zu tun hat. Da historisch das Chlorwasserstoff-Gas tatsächlich erstmals aus Natriumchlorid und reiner Schwefelsäure gewonnen worden ist, kann diese Reaktion durchaus auch von Schülerinnen und Schülern beobachtet und als Protonenübergang von

$H_2SO_4$-Molekülen auf $Cl^-$-Ionen des Natriumchlorids interpretiert werden. Mit Erkennen des farblosen Gases soll deutlich die Substanz Salzsäure von dem Gas Chlorwasserstoff unterschieden werden, beide sind mit Ionen bzw. Molekülen sachgerecht zu beschreiben.

**Material:** Gasentwickler, Standzylinder mit Deckglas, Glasrohre mit Schlauchstück; Kochsalz, reine Schwefelsäure, Indikatorpapier

**Durchführung:** Unter dem Abzug wird im Gasentwickler reine Schwefelsäure auf Kochsalz getropft, am Seitenrohr des Entwicklers wird das entstehende farblose Gas abgeleitet und durch Luftverdrängung in den Standzylinder gefüllt. Das Gas wird zunächst mit feuchtem Indikatorpapier geprüft, dann in wenig Wasser gelöst, die Lösung erneut mit dem Indikatorpapier geprüft.

**Beobachtung:** Beide Substanzen reagieren im Gasentwickler heftig miteinander, der Gasentwickler erwärmt sich, ein farbloses Gas entsteht. Das Gas bildet an feuchter Luft weiß erscheinende Nebel, die stechend riechen. Feuchtes Indikatorpapier wird durch das gebildete Gas hellrot gefärbt, ebenfalls durch die wässerige Lösung.

**Hinweis:** Füllt man einen trockenen Rundkolben vollständig mit Chlorwasserstoff und lässt mit Hilfe eines Glasrohres Wasser aus einer Glasschale in den Kolben aufsteigen, dann wird weiteres Wasser so stark hoch gesogen, dass es wie ein Springbrunnen in den Kolben stürzt („Springbrunnenversuch"): 1 L Wasser reagiert mit bis zu 400 L Chlorwasserstoffgas zu Salzsäure-Lösung. Löst man Chlorwasserstoff bis zur Sättigung, erhält man gesättigte Salzsäure-Lösung mit dem Massengehalt von 37%.

## V7.9 Salzsäure – durch Reaktion von Chlorwasserstoff mit Wasser

**Problem:** Chlorwasserstoff reagiert heftig mit Wasser und bildet Salzsäure-Lösung (vgl. V7.8 „Hinweis"). Die HCl-Moleküle reagieren als Säure-Teilchen, die jeweils ein Proton auf jeweils ein $H_2O$-Molekül übertragen und somit Hydronium-Ionen $H_3O^+(aq)$ und Chlorid-Ionen erzeugen. Um diesen Vorgang im Experiment zu verfolgen, soll die elektrische Leitfähigkeit bei der Reaktion von Chlorwasserstoff mit Wasser geprüft und interpretiert werden.

**Material:** Glasschale, Kolbenprober mit Glasrohr, Apparatur zur Messung der elektrischen Leitfähigkeit mit Strommesser; Chlorwasserstoff (V7.8), Wasser, Universalindikator-Lösung

**Durchführung:** Der Kolbenprober wird mit Chlorwasserstoff gefüllt (vgl. V7.8). Eine Glasschale wird zu einem Drittel mit Leitungswasser gefüllt, dieses mit Indikatorlösung versetzt, bis es grün erscheint (ggf. mit dem Tageslichtprojektor projizieren). In die Lösung wird der Leitfähigkeitsprüfer getaucht. Mit dem Kolbenprober wird Chlorwasserstoff auf die Oberfläche der Lösung gegeben (nicht tief eintauchen – sonst kann der Springbrunneneffekt einsetzen, vgl. V7.8). Elektrische Leitfähigkeit und Farbe der Lösung werden erneut beobachtet.

**Beobachtung:** Die grüne Indikatorlösung zeigt zunächst keine elektrische Leitfähigkeit. Sobald sich Chlorwasserstoff löst, steigt die Leitfähigkeit an, die Indikatorfarbe wechselt von grün nach rot.

**Hinweis:** Taucht man ein Thermometer, das an der Kugel befeuchtet ist (ggf. Papier verwenden), in Chlorwasserstoff, dann steigt die Temperatur bis auf 70°C an: stark exotherme Reaktion!

### V7.10 Schwefelsäure und Wasser reagieren stark exotherm

**Problem:** Lernende bringen aus ihrer Lebenswelt die Vorstellung mit, dass beim Verdünnen von Lösungen der Wirkstoff nur noch verdünnt wahrzunehmen ist: stark saure Lösung wird schwächer sauer, stark süße Zuckerlösung verdünnt sich zu schwach schmeckender Lösung. Das gilt auch für viele Lösungen. Verdünnt man allerdings konzentrierte Schwefelsäure mit Wasser, so setzt eine heftige exotherme Reaktion ein: $H_2SO_4$-Moleküle geben Protonen an $H_2O$-Moleküle ab, es entsteht eine Schwefelsäure-Lösung, die entsprechende Ionen enthält.

**Material:** kleine Bechergläser, Thermometer; reine Schwefelsäure, Wasser

**Durchführung:** Ein kleines Becherglas wird zu einem Viertel mit Wasser gefüllt und ebenso viel Schwefelsäure dazu gegeben. Die maximale Temperatur wird bestimmt.

**Beobachtung:** Die Temperatur der Lösung steigt auf 90°C.

**Hinweis:** Die stark exotherme Reaktion wird gefährlich, wenn erst die Schwefelsäure mit der hohen Dichte von 1,8 g/mL im Becherglas vorgelegt und dann Wasser darauf gegeben wird: aufgrund der verschiedenen

Dichten vermischen sich beide Flüssigkeiten nicht sofort, das siedende Wasser reißt Schwefelsäure-Tröpfchen mit und spritzt dem Experimentator entgegen. Diesbezüglich geistert auch der Spruch durch alle Labore: „Erst das Wasser, dann die Säure, sonst passiert das Ungeheure".

## V7.11 Calciumoxid und Wasser reagieren stark exotherm

**Problem:** Das Löschen von Branntkalk (CaO) zu Löschkalk ($Ca(OH)_2$) ist historisch ein bedeutender Prozess zur Gewinnung von Kalkmörtel, nachdem Kalkstein ($CaCO_3$) bei 1000°C erhitzt und dabei der Branntkalk gewonnen wurde (Kalkkreislauf). Chemisch gesehen ist die Reaktion von Branntkalk mit Wasser eine klassische Säure-Base-Reaktion nach Brönsted: Oxid-Ionen sind Base-Teilchen, Wasser-Moleküle sind die Säure-Teilchen. Da in den Vorstellungen der Lernenden immer wieder die Substanz CaO als Base – und nicht das Oxid-Ion als Base-Teilchen – angesprochen wird, soll ein solches Experiment im Unterricht ausführlich im modernen Sinne interpretiert werden.

**Material:** Erlenmeyerkolben, Thermometer; Calciumoxid-Stücke (frisch), Wasser

**Durchführung:** Im Erlenmeyerkolben werden einige Stücke Calciumoxid mit wenig Wasser versetzt, mit dem Thermometer wird die maximale Temperatur gemessen.

**Beobachtung:** Es dauert eine halbe Minute, ehe die exotherme Reaktion beginnt. Dann zischt das Gemisch, das Becherglas beschlägt, die Temperatur steigt auf 100 °C an. Das gebildete weiße Calciumhydroxid zeigt ein größeres Volumen, wie das Calciumoxid vorher – allerdings sind beide Substanzen von weißer Farbe und deshalb mit dem bloßen Auge nicht zu unterscheiden.

**Hinweis:** Das Calciumhydroxid kann im Erlenmeyerkolben mit Wasser aufgeschlemmt, mit gasförmigem Kohlenstoffdioxid versetzt, mit einem Stopfen und Glasrohr verschlossen werden. Wird der Glaskolben mit einem 100 mL Kohlenstoffdioxid enthaltenden Kolbenprober verbunden, so erkennt man die Reaktion des Calciumhydroxids mit dem Gas: die Hülse bewegt sich von allein in den Kolben. Dieses Experiment kann das „Abbinden" von Kalkmörtel an der Luft simulieren.

## V7.12 Verdünnung und pH-Wert bei Salzsäure

**Problem:** Lernende wissen oftmals formal, dass eine $10^{-1}$-molare Salzsäure den pH-Wert 1 aufweist, die $10^{-2}$-molare Salzsäure den pH-Wert 2. Trotz des Wissens gelingt ihnen meist nicht der Transfer zu der Tatsache, dass eine Verdünnung des Faktors 1 : 10 notwendig ist, um von erst genannter zu zweit genannter Lösung zu gelangen. Deshalb sollen sie im Experiment nachvollziehen, dass die Änderung des pH-Werts um eine Einheit einer Konzentrationsänderung um den Faktors 10 entspricht, dass die Änderung um 2 pH-Einheiten die Konzentration um den Faktor 100 ändert: die pH-Werte entsprechen keiner linearen Skala, sondern einer logarithmischen Skala (wie die Richter-Skala für die Stärke von Erdbeben).

**Material:** Einige 100 mL-Messzylinder, Glasstab; 0,1-molare Salzsäure, Wasser, Indikatorpapier

**Durchführung:** Der pH-Wert der 0,1-molaren Salzsäure wird bestimmt. 10 mL der Maßlösung werden mit destilliertem Wasser auf 100 mL Lösung verdünnt und der pH-Wert der Lösung erneut abgeschätzt.

Noch einmal wird die erhaltene Lösung um den Faktor 10 verdünnt und der pH-Wert dann gemessen.

Genau 1 mL der 0,1-molaren Salzsäure wird auf 100 mL verdünnt, der pH-Wert wiederum bestimmt.

**Beobachtung:** Nacheinander werden folgende pH-Werte erhalten: 1, 2, 3, 3.

## V7.13 Reaktionen von Calciumhydroxid-Lösung mit Kohlenstoffdioxid

**Problem:** Bei dem allseits bekannten Nachweis von Kohlenstoffdioxid mit Kalkwasser wird die Lösung „milchig": es fällt weißes Calciumcarbonat aus. Weniger bekannt ist die Tatsache, dass bei weiterem Einleiten von Kohlenstoffdioxid der Niederschlag gelöst wird. Lernende können mit der Reaktion verstehen, dass in Leitungs- oder Mineralwasser „löslicher Kalk" in Form der $Ca^{2+}$(aq)-Ionen und $HCO_3^-$(aq)-Ionen vorhanden ist, dass der in reinem Wasser „unlösliche Kalk" (Calciumcarbonat) sich in Säurelösung – auch in Kohlensäure-Lösung – lösen lässt.

**Material:** Becherglas, Magnetrührer, Leitfähigkeitsprüfgerät mit Glühlampe, pH-Meter, Glasrohr; Kalkwasser, Kohlenstoffdioxid (Stahlflasche)

**Durchführung:** Das Becherglas wird zu einem Drittel mit Kalkwasser gefüllt und auf den eingeschalteten Magnetrührer gestellt. Die Glaselektrode des pH-Meters wird eingetaucht, der pH-Wert gemessen, der Leitfähigkeitsprüfer wird eingetaucht, die Glühlampe beobachtet. Kohlenstoffdioxid wird durch ein Glasrohr eingeleitet bis der zunächst ausgefallene weiße Niederschlag wieder vollkommen gelöst ist.

**Beobachtung:** Der pH-Wert des Kalkwassers beträgt 12, die Glühlampe glüht hell. Beim Einleiten des Gases sinkt der pH-Wert auf 7, die Glühlampe leuchtet immer schwächer und dann nicht mehr, wenn der erwartete weiße Niederschlag ausfällt. Bei weiterem Einleiten des Gases löst sich der Niederschlag vollkommen auf, der pH-Wert sinkt auf 6, die Glühlampe leuchtet wieder auf.

**Hinweis:** Das in Wasser lösliche „Calciumhydrogencarbonat" lässt sich nicht durch Verdunsten des Wassers als Feststoff erhalten – es findet unter Abgabe von Kohlenstoffdioxid die Reaktion zu Calciumcarbonat statt: die bekannten Kalkreste entstehen so auf Fliesen und Badezimmerobjekten.

## V7.14 Neutralisationsreaktion von Salzsäure und Natronlauge

**Problem:** Lernende formulieren für die Reaktion von Salzsäure und Natronlauge gern nur Bruttogleichungen wie HCl + NaOH → NaCl + $H_2O$ und sprechen vom „Entstehen eines Salzes". Wenn sie auf Befragen nach kleinsten Teilchen die entsprechenden Ionen auch richtig bezeichnen und eine Kurve der elektrischen Leitfähigkeiten interpretieren (vgl. Abb. 7.15), dann hört man oft die Fehlvorstellung: die elektrische Leitfähigkeit sinkt zunächst, weil bei der Elementarreaktion aus vier Ionen zwei Ionen gebildet werden. Um angemessene Vorstellungen zu erzeugen, soll die Interpretation der Leitfähigkeitskurve dahin gelenkt werden, dass während der Neutralisationsreaktion die $H_3O^+$(aq)-Ionen der Säure-Lösung durch $Na^+$(aq)-Ionen der Natronlauge ersetzt werden, dass die Zahl der Ionen gleich groß bleibt (vgl. Abb. 7.13). Das Absinken der Leitfähigkeiten wird mit unterschiedlichen Beweglichkeiten der Ionen diskutiert: die $H_3O^+$(aq)-Ionen besitzen eine weitaus größere Beweglichkeit als die $Na^+$(aq)-Ionen.

**Material:** Bechergläser, Magnetrührer, Leitfähigkeitsprüfgerät mit Strommesser, Messzylinder; 0,1-molare Lösungen von Salzsäure und Natronlauge, Phenolphthalein-Lösung, Universalindikator-Lösung

**Durchführung:**
a) Im Vorversuch werden im Becherglas 10 mL Natronlauge mit Phenolphthalein-Lösung weinrot gefärbt und mit 10 mL Salzsäure bzw. einigen Tropfen mehr versetzt, bis die Indikatorfarbe gerade verschwindet. Ein Teil der Lösung wird durch Erhitzen eingedampft.
b) Die elektrischen Leitfähigkeiten der Lösungen sind jeweils in Form von Stromstärken zu messen und zu vergleichen. 25 mL Salzsäure werden ins Becherglas gegeben, mit Indikatorlösung versetzt und auf den eingeschalteten Magnetrührer gestellt, die Elektroden des Leitfähigkeitsprüfers eingetaucht. Nach Zugabe von jeweils 1 mL Natronlauge wird die Stromstärke gemessen, es werden solange Natronlauge-Portionen hinzugegeben und Stromstärken gemessen, bis die Farbe der Lösung wechselt. Es werden einige mL Natronlauge zusätzlich hinzu gegeben und Stromstärken festgestellt, sie werden in einem Diagramm aufgetragen.

**Beobachtung:**
a) Die weinrote Farbe der Lösung verschwindet, beim Abdampfen des Wassers bilden sich weiße Kristalle.
b) Die elektrische Leitfähigkeit der Salzsäure-Lösung ist zunächst relativ groß. Während der Neutralisation sinkt sie auf einen kleineren Wert ab: die resultierende Natriumchlorid-Lösung weist ebenfalls eine gute Leitfähigkeit aus, die allerdings unter dem Wert für die Säurelösung und für die Natronlauge liegt (vgl. Abb. 7.15).

## V7.15 Leitfähigkeitstitration von Barytwasser mit Schwefelsäure

**Problem:** Gesättigte Bariumhydroxid-Lösung („Barytwasser") reagiert mit Schwefelsäure in zweierlei Weise: zum einen reagieren Hydronium-Ionen mit Hydroxid-Ionen zu Wasser-Molekülen, zum anderen kombinieren sich $Ba^{2+}$(aq)-Ionen mit $SO_4^{2-}$(aq)-Ionen zu einem Ionengitter: festes Bariumsulfat fällt schwerlöslich aus. Verfolgt man diese Fällungsreaktion mit einem Leitfähigkeitsprüfer, geht in diesem Einzelfall die Stromstärke auf einen Wert nahe Null zurück: weder gebildetes Wasser noch ausgefallenes festes Bariumsulfat leiten den elektrischen Strom.

**Material:** Becherglas, Bürette, Magnetrührer, Leitfähigkeitsprüfgerät mit Strommesser, Messzylinder; Schwefelsäure-Lösung $c(H^+) = 0{,}1$ mol/L, Bariumhydroxid-Lösung („Barytwasser"), Universalindikator

**Durchführung:**
a) Im Vorversuch werden beide Lösungen zusammen gegeben und Ausfällungen von weißen Kristallen beobachtet, die sich als Bodenkörper absetzen.
b) Ins Becherglas werden 50 mL Bariumhydroxid-Lösung gegeben und mit Indikatorlösung versetzt, der Magnetrührer wird eingeschaltet, der Leitfähigkeitsprüfer eingetaucht. Aus der mit Schwefelsäure gefüllten Bürette wird 1 mL Lösung zum Barytwasser getropft, die Leitfähigkeit gemessen. Die Messungen werden solange mit 1 ml-Portionen wiederholt, bis deutlich die saure Reaktion überschüssiger Schwefelsäure durch die Rotfärbung des Indikators angezeigt wird.

**Beobachtung:** Die Stromstärke sinkt zunächst bis auf den Wert 0 mA ab, steigt nach der Umfärbung der Indikatorlösung von blau nach rot aber wieder steil an.

**Hinweis:** Aus dem Verbrauch der Schwefelsäure können die Konzentrationen der Barium-Ionen und Hydroxid-Ionen in der verwendeten Bariumhydroxid-Lösung errechnet werden.

## V7.16 Neutralisationswärmen bei starken Säuren und Basen

**Problem:** Das Zusammengeben von Säurelösungen und Laugen ist leider ziemlich unspektakulär: aus farblosen Lösungen werden wieder farblose Lösungen. Um durch Temperaturmessungen wenigstens zu zeigen, dass eine exotherme Reaktion der Hydronium-Ionen und Hydroxid-Ionen vorliegt, werden 2-molare Lösungen von Salzsäure und Natronlauge verwendet: es zeigt sich eine Temperatursteigerung um etwa 13°C. Daraus berechnet sich wiederum die Neutralisationsenthalpie von 57 kJ/mol. Wählt man beliebige Paare starker Säuren und Basen gleicher Konzentration aus, dann zeigt sich, dass die Temperatursteigerung immer dieselbe es: es kommt nicht auf die Begleitionen („spectator ions") an, sondern nur auf die $H_3O^+$(aq)- und $OH^-$(aq)-Ionen der gleich konzentrierten Lösungen.

**Material:** Bechergläser, 100 mL-Messzylinder, Thermometer; 2-molare Lösungen von Salzsäure, Salpetersäure, Natronlauge und Kalilauge

**Durchführung:** 50 mL einer 2M-Säurelösung werden jeweils mit genau 50 mL einer 2M-Lauge versetzt, mit dem Thermometer werden die Temperaturanstiege aller vier möglichen Mischungen gemessen.

**Beobachtung:** In allen Fällen beträgt der Temperaturanstieg 13°C.

## V7.17 pH-Werte starker und schwacher Säuren im Vergleich

**Problem:** Lernende verbinden mit dem Begriff „schwache Säure" meist eine Säure niedriger Konzentration bzw. relativ hohen pH-Werts von 4 oder 5 – sie müssen erst durch das Experiment erfahren, dass der Protolysegrad das Kriterium für schwache Säuren oder Basen ist. Um ihnen dieses Kriterium deutlich zu machen, können etwa pH-Werte der 0,1-molaren Salzsäure oder Salpetersäure mit dem pH-Wert der 0,1-molaren Essigsäure-Lösung verglichen werden: statt des erwarteten pH-Werts von 1,0 stellt sich für die Essigsäure-Lösung der pH-Wert 2,9 heraus – und es ergibt sich aus dem kognitiven Konflikt die Frage nach einer Erklärung. Da mit dem pH-Wert 3 gegenüber den Lösungen mit dem pH-Wert 1 eine um den Faktor 100 kleinere Konzentration an Hydronium-Ionen vorliegt, wird der Protolysegrad von etwa 1% errechnet: nur 1 von 100 Essigsäure-Molekülen HAc liegt protolysiert in Hydronium-Ionen und Acetat-Ionen vor, 99 von 100 Molekülen bleiben Moleküle. Diese Modellvorstellung ist in unterschiedlichen Modellzeichnungen zu veranschaulichen (vgl. Abb. 7.14) und ausführlich zu diskutieren..

**Material:** Bechergläser, pH-Meter; 0,1-molare Lösungen der Salzsäure, Salpetersäure und Essigsäure, Indikatorpapier

**Durchführung:** Im Vorversuch sind die Lösungen mit Indikatorpapier zu prüfen. Danach wird das pH-Meter für den sauren Bereich geeicht und für die Messung der pH-Werte der drei Lösungen eingesetzt.

**Beobachtung:** Salzsäure und Salpetersäure-Lösung färben das Indikatorpapier rot, der Farbvergleich zeigt den pH-Wert 1. Essigsäure-Lösung färbt das Indikatorpapier schwach rot, der pH-Wert von 3 wird angezeigt. Die Messungen mit dem pH-Meter ergeben die pH-Werte 1, 1 und 2,9.

**Hinweis:** Als weitere schwache Säuren können Lösungen der Ameisensäure oder der Citronensäure hinzugezogen werden.

## V7.18 pH-Werte von HCl-Lösung im Vergleich mit $H_2S$-Lösung gleicher Konzentration

**Problem:** Ausgehend von Gasen lässt sich das Problem der schwachen Säuren ebenfalls gut stellen. Füllt man einen Kolbenprober mit 24 mL Chlorwasserstoff und einen zweiten mit 24 mL Schwefelwasserstoff, so liegen bei Zimmertemperatur jeweils 1 mmol Moleküle vor, also eine gleich große Anzahl, nämlich jeweils $6 \times 10^{20}$ Moleküle. Löst man sie in der gleichen Menge Wasser, etwa jeweils in 10 mL Wasser, so entstehen 0,1-molare Lösungen beider Gase und es würden die pH-Werte 1 erwartet werden. Da sich zwar für die HCl-Lösung der pH-Wert 1 einstellt, für die $H_2S$-Lösung allerdings der pH-Wert 4, muss man wiederum die partielle Protolyse mit dem Protolysegrad von nur 0,1% in die Diskussion bringen.

**Material:** Bechergläser, zwei Kolbenprober, pH-Meter; Chlorwasserstoff, Schwefelwasserstoff, Wasser, Indikatorpapier

**Durchführung:** Ein Kolbenprober wird mit 24 mL Chlorwasserstoff-Gas gefüllt, der andere mit 24 mL Schwefelwasserstoff-Gas. Beide Kolbenprober werden durch Ansaugen zusätzlich mit jeweils 10 mL Wasser gefüllt und geschüttelt, bis sich die Gasportionen vollkommen gelöst haben. Die Lösungen werden mit Indikatorpapier und pH-Meter geprüft.

**Beobachtung:** Das Indikatorpapier färbt sich mit der Salzsäure-Lösung rot, mit der zweiten Lösung nicht. Das pH-Meter weist die pH-Werte von 1 und 4 aus.

**Hinweis:** Die hergestellte Schwefelwasserstoff-Lösung kann benutzt werden, um zu zeigen, dass bei Zugabe bestimmter Metallsalzlösungen schwerlösliche Niederschläge entstehen: Metallsulfid-Fällungen zur Kationenanalyse! Fügt man etwa Kupfersulfat-Lösung hinzu, so fällt schwarzes Kupfersulfid schwerlöslich aus, die übrig bleibende Lösung zeigt den pH-Wert 1 an: die Diskussion der Gleichgewichte der schwachen Säure $H_2S$ in Lösungen erklärt die Anwesenheit von $H^+$(aq)-Ionen in der Lösung, die Entfernung von Sulfid-Ionen aus den Gleichgewichten erklärt den Anstieg der $H^+$(aq)-Ionen-Konzentration.

## 7.5 Elektronenübertragungen bei Redoxreaktionen

Der historische Reduktionsbegriff hat zunächst gar nichts mit Redoxreaktionen von heute zu tun. Er geht auf den deutschen Universalgelehrten Joachim Jungius oder Junge (1587–1657) zurück und bezeichnet Verwandlungen von Erzen als *Reduktion*, aus denen sich Metalle gewinnen bzw „zurückführen" ließen (lat. *reducere*) [13]. Durch starkes Erhitzen reduzierte man zu Jungius' Zeiten Zinnober (festes, rotes Quecksilbersulfid), um große Mengen silbrig flüssigen Quecksilbers zu gewinnen und damit beispielsweise die Zierbrunnen spanischer Fürsten zu füllen.

Der Oxidationsbegriff wurde später ausgehend von der Entdeckung des Sauerstoffs entwickelt. C. W. Scheele, der den Sauerstoff schon 1771 entdeckte, davon aber erst 1777 in seiner *Chemischen Abhandlung von der Luft und dem Feuer* berichtete, bezeichnet das neu entdeckte Gas als Feuerluft. J. Priestley, ein strikter Verfechter der Phlogistontheorie, gab dem Sauerstoff den Namen dephlogistierte Luft [1]. Wahrscheinlich verdankt A. L. Lavoisier dem unkritischen Festhalten von Scheele und Priestley an der Phlogistontheorie die Tatsache, dass er von vielen als der eigentliche Entdecker von Sauerstoff betrachtet wird.

Lavoisier legte in seinem Chemielabor Wert auf eine korrekte Arbeitsweise, auf exakte Messungen und Notizen. Zunächst – nach einer experimentellen Bestätigung für Stahls Phlogistontheorie suchend – konnte er ermitteln, dass die Gewichtszunahme bei Metallverbrennungen genau dem Gewichtsverlust der in der Apparatur eingeschlossenen Luft entsprach. Mittels der umgekehrten Reaktion – einer Thermolyse von Quecksilberoxid – konnte er schließlich zeigen, dass dieses aus zwei Elementen besteht: Quecksilber und Sauerstoff. Damit übernahm er die Elementdefinition von BOYLE, hatte jedoch weiterführende Vorstellungen.

Er unterschied zwischen *matière* und *principe*: *Matière* ist laut Lavoisier sichtbar; *matière sulfurique* – Schwefelmaterie – ist gelb und schmilzt zu einer hellen Flüssigkeit. Schwefelsäure dagegen vereint in sich *principe sulfurique* und *oxygènique*: das säureerzeugende Prinzip. Das neue Element wird *oxygènium* (lat.-griech.: Säurenbildner) genannt, da er davon ausging, dass der Sauerstoff bzw. das *principe oxygènique* in allen Säuren enthalten ist [13]. Schließlich war es Lavoisier, der den Begriff Oxidation geprägt hat: Er verstand darunter Reaktionen, bei denen sich Elemente mit Sauerstoff unter Bildung von Oxiden verbinden.

Die Begriffe Oxidation und Reduktion standen zunächst keineswegs in Opposition zueinander: Reduktion stand für die Rückgewinnung eines Metalls aus Metallverbindungen, Oxidation für die Reaktion mit **Sauerstoff**. Im Laufe der Zeit jedoch wandelte sich die Bedeutung der Reduktion zugunsten einer Reaktion, bei der Sauerstoff abgegeben wird. Somit sind Reduktion und Oxidation zu einem echten Begriffspaar geworden – zu zwei Typen chemischer Reaktionen, von denen eine die Umkehrung der anderen darstellt.

Mit der Entdeckung des Elektrons von J. J. Thomson im Jahre 1897 und der Entwicklung von Vorstellungen zur Elektronenabgabe und Aufnahme von Atomen oder Ionen wechselte am Anfang des 20. Jahrhunderts die Bezeichnung Oxidation für eine **Elektronenabgabe** und entsprechend Reduktion für eine **Elektronenaufnahme**. Allerdings tritt mit dieser Definition ein erheblicher Bedeutungswandel ein. Während die Sauerstoff-Definition von der Oxidation der Stoffe, etwa der Metalle zu Metalloxiden, ausgeht, bezieht sich die Definition der Elektronenübertragung auf kleinste Teilchen: das Fe-Atom wird unter Abgabe zweier Elektronen zu einem

$Fe^{2+}$-Ion oxidiert, parallel dazu werden andere Atome durch Aufnahme von Elektronen reduziert.

Es liegt also stets eine Korrespondenz von Oxidationen und Reduktionen vor und man spricht von Reduktions-Oxidations-Reaktionen oder kurz **Redoxreaktionen**.

Nochmals erweiterte Definitionen der Oxidation und der Reduktion beziehen sich auf **Oxidationszahlen** der Atome in Molekülen. Eine Oxidation ist diesbezüglich ein Prozess, bei dem sich die elektronische Umgebung eines Atoms in einem Molekül oder in einem zusammengesetzten Ion ändert – etwa dergestalt, dass polare Bindungen entstehen, wobei insbesondere O-Atome die benachbarten Elektronen in ihre Umgebung abziehen. Definitionsgemäß ändern sich die Oxidationszahlen, etwa bei der Schwefel-Sauerstoff-Reaktion:

$$\overset{0}{S_8} \quad + \quad 8\,\overset{0}{O_2} \quad \rightarrow \quad 8\,\overset{+IV-II}{SO_2}$$

Die Oxidationszahl des S-Atoms im $S_8$-Molekül erhöht sich von 0 auf +IV für das S-Atom im $SO_2$-Molekül. Korrespondierend findet formal die Reduktion des O-Atoms im $O_2$-Molekül zum O-Atom im $SO_2$-Molekül statt, die Oxidationszahl erniedrigt sich von 0 auf den Wert –II. Die römischen Zahlen, die für die Oxidationszahlen verwendet werden, sollen sich von den arabischen Ziffern abheben, die für die Angabe von Ladungszahlen der Ionen reserviert sind. Auch für diese Fälle gilt: die Oxidation bezieht sich nicht auf Substanzen, sondern auf Teilchen – und diesbezüglich sogar nur auf bestimmte Atome in einem Molekül: das C-Atom weist im $CH_4$-Molekül die Oxidationszahl –IV, das C-Atom im $CO_2$-Molekül die Oxidationsstufe +IV auf.

Auch im Falle der Säure-Base-Reaktionen sind die Säuren zunächst Substanzen, gemäß der erweiterten Definition kleinste Teilchen. Es resultieren dieselben Schwierigkeiten: Lernende werden anfangs nicht immer erfolgreich entscheiden können, ob mit einer Redoxreaktion die makroskopische Ebene der Substanzen oder die submikroskopische Ebene der Teilchen gemeint ist. Diesbezügliche und andere Fehlvorstellungen sollen aufgedeckt und beschrieben werden.

## 7.6 Fehlvorstellungen zum Redoxbegriff

Wie es in der historischen Entwicklung des Redoxbegriffs der Fall war, wechseln auch im Chemieunterricht die Definitionen von der Sauer–stoffübertragung im Anfangsunterricht zur Elektronenübertragung im fortgeschrittenen Unterricht, sobald der Atombau behandelt worden ist. So resultiert nach Einführung der Sauerstoff-Definition oftmals die Überzeugung, dass an jeder Redoxreaktion Sauerstoff beteiligt sein muss: Ursache ist zum einen die Silbe -ox, die semantisch sehr stark mit Sauerstoff gekoppelt ist (Oxygenium, Oxide) und zum anderen sind es die vielen Verbrennungsreaktionen, die im Anfangsunterricht mit dem Sauerstoff der Luft oder in reinem Sauerstoff durchgeführt und mit Reaktionssymbolen beschrieben werden.

Entsprechende Untersuchungen wurden von SCHMIDT [14] durchgeführt. Dabei mussten fast 5000 Probanden unter anderem entscheiden, welche der von ihm aufgeführten Reaktionen zu den Redoxreaktionen zählen. Rund die Hälfte der Leistungskurs- und ein Drittel der Grundkursschüler entschieden sich für die richtige Antwort. Die restlichen Teilnehmer haben die auf den Sauerstoff bezogene Antwort gewählt und Begründungen geliefert wie zum Beispiel: „Beide enthalten Sauerstoff, was zu Redoxreaktionen unbedingt erforderlich ist (12. Jg. Leistungskurs, Chemienote 2), zu jeder Redoxreaktion ist Sauerstoff notwendig, das heißt Nr. 1 kann keine Redoxreaktion sein (11. Jg. Chemienote 4)“ [14].

SUMFLETH [15] ließ Schüler der Jahrgangsstufen 6 bis 13 Erklärungen zur bekannten Reaktion eines Eisennagels in Kupfersulfat-Lösung abgeben und dokumentierte falsche Antworten, die sowohl auf ursprünglichen als auch auf unterrichtsbasierten Fehlvorstellungen gründen. Vor allem Schüler der Jahrgangsstufen 6 bis 8 (15% aller Probanden) beschreiben die Entstehung eines kupferfarbenen Überzugs mit „Absetzen, Hängen- oder Klebenbleiben oder Abfärben eines Stoffes am Eisennagel“ – eine eindeutig auf Alltagsbeobachtungen bezogene Deutung: „Das Kupfersulfat färbt sich auf dem Eisennagel ab; das Kupfersulfat bleibt daran kleben, wie als wenn man ein Stück Holz in Farbe legt und dann trocknet“ [15]. Die Hälfte der Siebtklässler vermutet eine Anziehung der Substanzen als Ursache, andere Schüler erwähnen einen vorhandenen Magnetismus – wohl wegen des Nagels aus Eisen. Diese jungen Schülerinnen und Schüler beschreiben lediglich ihre Beobachtungen mit anderen Worten, man kann ihnen die genannten vorläufigen Vorstellungen nicht vorwerfen.

Allerdings bleibt selbst in der Oberstufe diese ursprüngliche Argumentationsweise erhalten – sie wird lediglich mit fachwissenschaftlichen Begriffen durchsetzt: „Kupfer löst sich vom Sulfat und lagert sich am Eisen an“, oder „Kupfersulfat wird reduziert; Kupferatome ziehen Elektronen an; Eisennägel können die Ionenlösung aufnehmen“ [15]. Diese Aussagen demonstrieren, dass einzelne Fachausdrücke zwar gelernt werden und die Schüler den Drang verspüren, diese auch zu verwenden. Doch offenbar werden sie eher zufällig eingestreut, um ihrem immer noch ursprünglichen Erklärungsmuster einen Anschein der Wissenschaftlichkeit zu geben.

Ein weiterer Bestandteil der Untersuchungen von SUMFLETH [15] und STACHELSCHEID [16] waren Verknüpfungstests, anhand der Antworten wurden dabei die gleichen Fehlvorstellungen festgestellt. Interessant sind jedoch die Nennhäufigkeit der einzelnen Begriffe sowie entsprechende Erklärungen. Ein Drittel der Befragten erklärt den Begriff Redoxreaktion ausschließlich tautologisch: „Eine Redox-Reaktion ist eine Addition aus Reduktion und Oxidation; besteht aus einer Oxidation und einer Reduktion“ [16]. In dem Verknüpfungstest wird der Begriff Oxidation weit häufiger (58%) als Reduktion (43%) oder Redoxreaktion erwähnt (41%) und mit Sauerstoff verknüpft (9%, Reduktion 3%). Auch im Zusammenhang mit der Verbrennung nennen Schüler Oxidation (21%) weit öfter als Reduktion (3%) oder Redoxreaktion (5%). Wiederum werden die Begriffe Oxidations- bzw. Reduktionsmittel hauptsächlich tautologisch erklärt (15 bzw. 12% der Probanden). Nur 6% der Schüler geben an, dass Oxidationsmittel (Reduktionsmittel) Elektronen aufnehmen (abgeben) und selbst reduziert (oxidiert) werden [16].

Neue Erhebungen führte Vitali HEINTS [17] mit Hilfe eines Fragebogens durch, der in den Klassenstufen 9–13 an einigen Gymnasien im Bereich des Münsterlandes eingesetzt wurde. Einige Aufgaben beziehen sich auf ursprüngliche Vorstellungen zu Verbrennungsvorgängen, die bereits in Kapitel 3 zu finden sind. Trotzdem wird in Aufgabe 1 die Reaktion von Kupfer und Sauerstoff hinterfragt und in Aufgabe 2 mit der Kupfer-Chlor-Reaktion verglichen.

**Metallreaktionen mit Sauerstoff und Chlor.** In diesen Aufgaben wird ermittelt, in welcher Weise die Schülerinnen und Schüler ihre Vorstellungen von Metall-Sauerstoff-Reaktionen als Oxidation oder als Redoxreaktion beschreiben und wie sie sie auf die Metall-Chlor-Reaktionen übertragen. Insbesondere soll festgestellt werden, ob die einfache Sauerstoff-Definition oder die erweiterte Elektronenübertragung für eine Redoxreaktion von den Jugendlichen verwendet wird, in welchen Fällen und in welchem Ausmaß mit der Oxidation oder Reduktion eines *Stoffes* oder mit der eines *Teilchens* argumentiert wird.

**Aufgabe 1**

Aus Kupferblech wird ein Briefchen gefaltet und mit der rauschenden Brennerflamme erhitzt. Es wird durch das Erhitzen außen schwarz, innen ist die Kupferfarbe geblieben:

❑ Es findet eine Verbrennungsreaktion statt, [A]
❑ außen setzt sich schwarzer Ruß ab, [B]
❑ es findet eine Redoxreaktion statt, [C]
❑ Kupfer-Atome ändern ihre Farbe. [D]

Mit 59% der Nennungen war der zweite Distraktor [B] die attraktivste Wahlmöglichkeit. Auf die richtige Antwort [C] entfielen 21% der Nennungen, die Distraktoren [A] und [D] wurden von 18% bzw. 4% gewählt. Die Beliebtheit von Distraktor [B], der zum großen Teil mit [A], manchmal mit [C] kombiniert wurde, ist wohl auf den Mangel am praktischen chemischen Arbeiten zurückzuführen. Offenbar kennen die meisten Schüler die „rauschende Brennerflamme" nicht oder wissen nicht, was sie bedeutet. Die meisten Begründungen zu [B] lauteten sinngemäß: „Durch die Brennerflamme/die Verbrennung/das Feuer entsteht/bildet sich Ruß".

Auch über die Rolle von Sauerstoff bei den Verbrennungsvorgängen sind die Jugendlichen sich nicht im klaren, sie suchen nach alltagssprachlichen Erklärungen: „Sauerstoff wird verbrannt und Ruß setzt sich ab ($CO_2$); Sauerstoff wird verbrannt und Kohlenstoffdioxid entsteht; die Verbrennung von Sauerstoff kann zu drei Produkten führen: CO, $CO_2$, C".

**Aufgabe 2**

Ein Stück Kupferblech wird erhitzt und in einen Standzylinder gehalten, der mit gelbem Chlorgas gefüllt ist. Das Kupfer glüht auf, ein grüner Stoff entsteht:

❑ Kupfer reagiert mit dem Chlor, [A]
❑ Chlor bildet Salzsäure, die Metall-Atome zerfrisst, [B]
❑ es findet eine Säure-Base-Reaktion statt, [C]
❑ Chlor zerstört Kupfer-Atome. [D]

Für diese Aufgabe ist die am häufigsten gewählte Auswahlantwort gleichzeitig die richtige Lösung [A], auf die 61% der Nennungen entfielen. Die Distraktoren wurden entsprechend zu 10%, 4% und 3% genannt. Es werden jedoch nur 54% richtige Antworten verbucht, denn 7% der Schüler haben neben der richtigen Antwort auch einen Distraktor gewählt, vor allem [D].

Die Aussage eines Schülers der Klassenstufe 13 ist exemplarisch und lautet: „Es ist kein $O_2$ da, sodass kein CuO entstehen kann, dennoch findet eine Redoxreaktion statt, aber eben mit Chlor". Trotz des Wissens um die erweiterte Definition werden Elektronenübertragungen nicht zur Interpretation herangezogen, der genannte Schüler der Oberstufe zieht es vor, mit der wohl besser vertrauten Sauerstoff-Definition zu arbeiten – die erweiterte Definition wird anscheinend nur dann verwendet, wenn keinerlei Bezug zu Sauerstoff möglich ist.

**Korrosion und zum Hochofenprozess.** Da beide genannten Vorgänge durch die Bekanntheit und Bedeutung auch eine große Rolle im Chemieunterricht spielen, werden diesbezügliche Aufgaben gestellt. Bei der Auswertung ist insbesondere zu analysieren, in welcher Weise einfache und erweiterte Redox-Definition durch die Probanden verwendet werden.

---

**Aufgabe 3**
Eisen rostet im trockenen Kalifornien nicht, allerdings bei uns in Deutschland besonders stark, weil die Luft meistens viel Wasserdampf enthält:

❑ Eisen enthält Rost, der an der Luft zutage tritt, [A]
❑ Eisen-Atome werden oxidiert, [B]
❑ es findet eine Säure-Base-Reaktion statt, [C]
❑ Eisen-Atome werden durch Rosten vernichtet. [D]

---

Durch die allseits bekannte Rostbildung werden besonders stark die Alltagsvorstellungen der Schüler angesprochen und deshalb in besonderem Maße Konflikte zwischen Alltagssprache und moderner Redoxtheorie aufgeworfen. Es entfallen erfreulicherweise 56% aller Nennungen auf die richtige Alternative [B], die Distraktoren [D], [C] und [A] wurden entsprechend mit 11%, 10% und 3% gewählt. 25% der Teilnehmer trafen keine Wahl.
Viele Begründungen zeigen allerdings nur ein einfaches Vorverständnis, da die erwartete Elektronenübertragung keine Rolle spielte, sondern vielmehr mit der einfachen Sauerstoff-Interpretation gearbeitet wurde: „Rost ist oxidiertes Eisen; Eisen wird oxidiert; Eisen/Eisen-Atome verbinden sich mit Sauerstoff“. Die Reaktion von Eisen mit Wasser oder Wasserdampf wurde nur ganz selten ins Spiel gebracht: „Eisen holt sich die Feuchtigkeit aus der Luft und oxidiert mit dieser; Eisenatome oxidieren mit Sauerstoff aus dem Wasserdampf; Eisen hat keine Schutzschicht und wird von der Feuchtigkeit angegriffen“.

---

**Aufgabe 4**
Zur Gewinnung von Eisen werden im Hochofen Eisenoxid ($Fe_3O_4$) und Kohle gemischt und stark erhitzt, bis glühendes Eisen herausfließt:

- ❑ Kohle ist ein Katalysator, [A]
- ❑ es findet eine Redoxreaktion statt, [B]
- ❑ Eisenoxid wird reduziert, [C]
- ❑ Eisenoxid zersetzt sich in die Elemente. [D]

40% der Probanden bearbeiteten diese Aufgabe nicht, am häufigsten wird mit 26% „Kohle als Katalysator“ angekreuzt, die „Reduktion von Eisenoxid“ und die „Zersetzung in Elemente“ werden zu je 21% genannt. Die richtige Antwort [B] vereint nur 20% der Nennungen auf sich. Nur wenige Schüler der Sekundarstufe II liefern richtige Begründungen bzw. richtige Reaktionsgleichungen. Viele Begründungen sind sehr vorläufig: „Kohle reagiert mit Sauerstoff zu $CO_2$, Fe bleibt über; durch Verbrennung des Kohlenstoffs benötigt man Sauerstoff, der vom Eisenoxid genommen wird; der Feststoff Eisen bekommt durch die Kohle seine stabile Konsistenz; Kohlenstoff hilft nur, die Reaktion in Gang zu bringen, reagiert aber nicht; Kohlenstoff liefert die Hitze, die für die Spaltung des Oxids nötig ist“. Es scheint wiederum so zu sein, dass Schüler die Elektronendefinition vermeiden, weil die besser vertraute Sauerstoff-Definition näher liegt. Diese Definition ist im Chemieunterricht assimiliert worden, weil man sie durch einfache Reaktionssymbole in Worten verstanden hat und sich an viele diesbezügliche Experimente mit Knall- und Feuereffekten gut erinnern kann. Die erweiterte Definition ist vielleicht nur formal an der Tafel erarbeitet und nicht soweit vertieft worden, dass die Elektronenübergänge im Sinne des „conceptual change“ als fester Bestandteil in das Bewusstsein aufgenommen wurden.

Die folgenden Aufgaben sind nicht mehr mit der Sauerstoffdefinition interpretierbar, sondern erfordern ausschließlich Vorstellungen von der Übertragung der Elektronen.

**Reaktion von Metallen mit Lösungen**. Diese Reaktionen sind im Experiment leicht zu zeigen und vor allem als Schülerexperimente durchzuführen – deshalb wird davon ausgegangen, dass jeder Proband diese Erscheinungen kennt und zu interpretieren vermag.

**Aufgabe 5**

Ein Eisennagel wird in eine Kupfersulfat-Lösung getaucht. Nach einiger Zeit befindet sich auf dem Nagel ein kupferfarbener Überzug. Erkläre die Beobachtung.

Insgesamt benutzen 34% der Probanden in ihren Antworten die Begriffe Redoxreaktion (Oxidation, Reduktion) und Elektronenübertragung (22%

aus der Sekundarstufe I, 66% aus der Sekundarstufe II), 14% verwenden zur Charakterisierung der Metalle die Begriffe unedel und edel. Zur Veranschaulichung dienen häufig Reaktionsgleichungen, die jedoch nicht immer korrekt sind. Ein Großteil der Antworten ist nach demselben Muster aufgebaut: „Kupfer ist edler als Eisen. Da sich Kupfer am Eisennagel festsetzt bedeutet dies, dass $Cu^{2+}$-Ionen aus der Kupfersulfat-Lösung reduziert wurden, so dass Cu entstand. Es lief also eine Redoxreaktion ab“.
In vielen Fällen unterscheiden die Schüler auf der einen Seite nicht zwischen Kupfer und Kupfersulfat(-lösung), auf der anderen Seite nicht Substanzen und Teilchen: „Kupferionen aus der Lösung verbinden sich mit dem Eisennagel". Einige Probanden aus der Sekundarstufe I halten den Metallüberzug für Rost: „Der kupferfarbene Stoff ist Rost; Eisen wird angegriffen und es entsteht Rost; der Nagel rostet durch das Eintauchen in eine Kupfersulfat-Lösung“. Andere sehen in dem Vorgang gar keine Reaktion und führen Anziehungskräfte als Ursache an oder sehen im Vorgang eine magnetische Wechselwirkung: „Der Nagel ist magnetisch und zieht das Sulfat an; das Kupfer aus der Lösung ist magnetisch, wie der Nagel“.
Ein „Abfärben, Absetzen oder Hängenbleiben des elementaren Kupfers, der Kupfersulfat-Lösung, der Kupfer-Atome, der Kupfer-Ionen, und Kupfer-Elektronen“ wird in 22% aller Antworten vermutet: „Die Kupferteilchen lagern sich auf der Oberfläche des Nagels ab; die Kupfersulfat-Lösung ist gesättigt und setzt sich mit den Eisenatomen des Nagels zusammen; die Kupfer-Elektronen setzen sich auf dem Nagel ab und es bildet sich daraus ein Überzug; das Kupfersulfat wird reduziert und wird zu Kupfer + Eisen; Kupferionen aus der Lösung verbinden sich mit dem Eisennagel; der Eisennagel (Fe) reagiert mit der Kupfersulfatlösung ($CuSO_4$) und durch eine Redoxreaktion nimmt das Eisen Elektronen vom $CuSO_4$ auf und wird kupferfarben; es lagert sich elementares Cu an dem Eisennagel ab, daher der kupferfarbene Überzug, das unedlere Kupfer geht in die Lösung und die $Cu^{2+}$-Ionen bilden den Niederschlag“.
Die Auswertung der Daten zeigt, dass rund die Hälfte der Schüler der Sekundarstufe I die Ausfällung von Kupfer durch Zuhilfenahme von vertrauten Alltagsbeobachtungen erklärt. Diese Erklärungen sind zum Teil so dominant, dass sogar die in der Aufgabenstellung explizit genannte kupferne Farbe nicht berücksichtigt wird: „Das Eisen kommt mit dem Kupfer in Berührung und färbt sich grün; der kupferfarbene Überzug ist grün-türkis-bläulich“ – die bekannten „grünen Kupferdächer“ lassen mit Kupfer die Farbe grün assoziieren.
Gravierender wirken sich bei Schülern der Jahrgangsstufen 11–13 die hausgemachten Fehlvorstellungen aus: Es wird nicht zwischen Ionen

und Atomen, Atomen und Elementen bzw. Stoffen unterschieden, sie wurden unreflektiert als Synonyme verwendet. Einigen Schülern scheint nicht klar zu sein, dass für die Entstehung elementaren Kupfers eine Redoxreaktion notwendig ist – das Kupfer liegt in ihrer Vorstellung schon in Form von Atomen vor: „Kupfer aus Kupfersulfat setzt sich am Eisennagel ab, es verbindet sich mit Eisenatomen". Wie bereits in Kapitel 5 diskutiert fehlt den Jugendlichen die Vorstellung von den in Salz-Lösungen existenten Ionen.

**Aufgabe 6**

Magnesium (Mg) reagiert mit Salzsäure (HCl aq) unter Gasentwicklung, das Gas lässt sich als Wasserstoff ($H_2$) nachweisen:

- ❑ Es findet eine Redoxreaktion statt, [A]
- ❑ es findet eine Säure-Base-Reaktion statt, [B]
- ❑ Chlor-Teilchen werden oxidiert, [C]
- ❑ Magnesium-Atome werden oxidiert. [D]

Die beiden richtigen Antworten [A] und [D] sind mit 38% bzw. 19% auch die attraktivsten – die Distraktoren [B] und [C] werden nur zu 10% bzw. 8% angekreuzt. Die Aufgabe soll als gelöst gelten, wenn entweder [A] oder [D] gewählt und ausreichend begründet werden, Begründungen sollten mindestens eine zutreffende Reaktionsgleichung enthalten. Beispielsweise lauten einige akzeptable Begründungen: „Magnesium ist unedel, unedle Metalle reagieren mit Säuren unter $H_2$-Bildung; das Mg wird oxidiert; Mg und HCl verbinden sich zu $MgCl_2$". Beispiele für fehlerhafte Begründungen sind: „Magnesium wird oxidiert und Salzsäure reduziert; beide Stoffe verändern sich, Magnesium nimmt Elektronen auf und Salzsäure gibt ab; das H-Atom spaltet sich vom Cl ab und verbindet sich zu $H_2$; Mg und Cl reagieren zu $MgCl_2$".
Vielfach werden auch sachlich unangemessene Vorstellungen von Molekülsymbolen anstelle der beteiligten Ionen angeboten (vgl. Abb. 7.17). Ebenfalls kommen Antworten vor wie „die Elektronenübertragung ist für dieses Ergebnis verantwortlich". Sie bleiben kommentarlos und wirken daher wie leere Worthülsen.

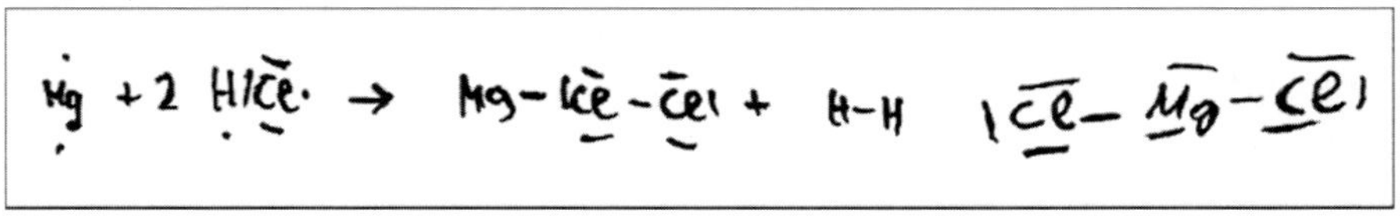

**Abb. 7.17.** Molekülsymbole für Teilchen in Salzlösungen [17]

**Aufgabe 7**
Ein Kupferblech und ein Magnesiumblech werden so in eine Zitrone gestochen, dass sie sich nicht berühren. Ein Spannungsmesser wird mit beiden Metallen verbunden, eine elektrische Spannung von etwa 1 V gemessen:

- ❑ Die Säure in der Zitrone lässt die Spannung entstehen, [A]
- ❑ es findet eine Säure-Base-Reaktion statt, [B]
- ❑ es findet eine Redoxreaktion statt, [C]
- ❑ Metall-Atome gehen in Lösung. [D]

Die Aufgabe wird von 60% der Testteilnehmer bearbeitet: 40% der Nennungen entfallen auf den Distraktor [A], 21% und 9% auf die falschen Antworten [B] bzw. [D]. Die richtige Auswahlmöglichkeit [C] erhielt nur 19% der Nennungen. Da die Nennung der richtigen Auswahlantwort oft mit dem Ankreuzen eines anderen Distraktors einherging, wurde die Aufgabe tatsächlich nur von 7% der Probanden richtig gelöst.

Die meisten Nennungen und Begründungen zum Distraktor [A] stammen von Schülern der Sekundarstufe I und beschränken sich auf Aussagen wie „Säure ist leitend“ und auf Analogien aus dem Alltag: „Säure in der Zitrone ist das gleiche wie Batteriesäure; die Zitrone leitet die Spannung, weil die Säure der Zitrone elektrisch geladen ist; Kupfer und Magnesium geben mit Zitronensäure Energie frei“. Schüler, die diese und ähnliche Aussagen getroffen haben, wählen meistens [A] allein oder [A] kombiniert mit dem Distraktor [B], der die Reaktion der sauren Zitrone als eine Säure-Base-Reaktion vorschlägt.

Diejenigen, die sich in ihren Begründungen eher auf die beiden Metalle konzentrierten, wählen meistens [C] und [D] zusammen: „Dies ist eine Elektrolyse; die Atome können durch die Säure vom einen Blech zum anderen wandern; der Lösungsdruck von Mg ist höher als der Abscheidungsdruck von Cu; Cu ist edler als Mg; Elektronenaustausch“.

Die Ursachen für den niedrigen Anteil von richtigen Lösungen liegen zum großen Teil in der Fehlvorstellung, die Anwesenheit von Säure führe zwangsläufig zu einer Säure-Base-Reaktion.

Auch wenn ein Proband die Redoxreaktion verstanden und eine akzeptable Erklärung angeboten hat, verbleiben doch noch Fehlvorstellungen, wie es das folgende Beispiel zeigt: „Kupfer ist edler und wird daher reduziert, es nimmt e- auf und Mg wird oxidiert, da unedler gibt e- ab. e- wandern zu Kupferblech, durch Ionenbildung in der Zitrone entsteht dann eine Spannung“.

**Sauerstoff, Elektronen, Oxidationszahlen.** Abschließend sollen Redox-Definitionen und Oxidationszahlen ins Spiel kommen, um das diesbezügliche Verständnis zu ermitteln.

**Aufgabe 8**

Wenn ein Stoff oxidiert wird,...

- ❑ nimmt er Sauerstoff auf, [A]
- ❑ nimmt er Elektronen auf, [B]
- ❑ wirkt er als Oxidationsmittel, [C]
- ❑ wirkt er als Reduktionsmittel. [D]

Die richtigen Antworten [A] und [D] werden mit einem Anteil von 49% bzw. 24% genannt, auf die Antwort [B] entfallen 9% der Nennungen, auf [C] ebenfalls.

Insgesamt werden 40% der Antworten als richtig gelöst gewertet – alle Probanden, die Auswahlantwort [A] ankreuzen, nennen auch [D]. Die Begründungen der Probanden aus der Sekundarstufe I enthielten kaum mehr als Feststellungen wie „Oxidation = Sauerstoffaufnahme" oder „Oxidation wegen oxygen/oxygenium". Begründungen der Probanden aus der Sekundarstufe II folgten dem Muster „Oxidation = Elektronenabgabe = Reduktionsmittel".

Eine Antwort ist besonders interessant: „Bei der Oxidation werden einem Stoff Elektronen entzogen und durch Sauerstoff ersetzt". Dieser Schüler scheint den Versuch zu unternehmen, die auf der Elektronenübertragung basierende Definition mit der Sauerstoff-Definition zusammenzufassen, um die Entscheidung für beide Auswahlantworten [A] und [D] zu begründen. Des Weiteren ist nicht klar, was dem oxidierenden Stoff die Elektronen entzieht – das „Ersetzen der Elektronen durch Sauerstoff" lässt nicht darauf schließen, dass die Elektronen vom „Sauerstoff" bzw. vom O-Atom aufgenommen werden. Eine solche Aussage ist wiederum ein Hinweis auf immer noch präsente falsche Zwischenvorstellungen.

So ergibt sich die Schlussfolgerung, dass die Teilnehmer aus der Sekundarstufe I bereits die erweiterte Definition der Redoxreaktion verwenden, immerhin mindestens ebenso häufig wie die Sauerstoff-Definition aus dem Anfangsunterricht. Allerdings vermischen sie ständig beide Definitionen und haben in ihrem Unterricht wahrscheinlich eine konsequent auf Teilchen bezogene Elektronenübertragung gar nicht kennen gelernt. Das gilt wohl auch für den Großteil der Jugendlichen aus der Sekundarstufe II, der zur Beantwortung der Aufgabe die erweiterte Definition benutzt, allerdings nur selten deutlich angibt, woher die Elektronen kommen und wohin sie transferiert werden – dabei haben sie offensichtlich die Begriffe

Elektronentransfer und Elektronenübergang als Modellvorstellung kennen gelernt.

---

**Aufgabe 9**
Welche der folgenden Umwandlungen beschreibt eine Oxidation?

❑ $Mn^{2+} \approx MnCl_2$ [A]
❑ $MnO_4^- \approx MnO_4^{2-}$ [B]
❑ $Mn(OH)_2 \approx MnO_2$ [C]
❑ $Mn^{3+} \approx Mn_2O_3$ [D]

---

Diese und die nächste Aufgabe werden nur von Schülern der Sekundarstufe II bearbeitet, da nur sie die Oxidationszahlen bereits im Unterricht erarbeitet haben. Die richtige Lösung der Aufgabe 9 ist die Alternative [C], sie wurde von 45% der Probanden gewählt. Als richtig gelöste Aufgabe werden nur 28% der Lösungen akzeptiert, da nur diesbezüglich annehmbare Begründungen vorliegen: „Oxidationszahlen werden erhöht; da Oxidationszahl positiver; die Oxidationszahl von Mn steigt von +II auf +IV; es werden Elektronen aufgenommen".

---

**Aufgabe 10**
Welche Gleichung entspricht einer Reduktion?

❑ $Cr^{3+} + 3e^- \rightarrow Cr(s)$ [A]
❑ $Cr^{3+} \rightarrow Cr(s) + 3e^-$ [B]
❑ $Cr(s) \rightarrow Cr^{3+} + 3e^-$ [C]
❑ $Cr(s) + 3e^- \rightarrow Cr^{3+}$ [D]

---

Am häufigsten wird die richtige Auswahlantwort [A] angekreuzt – allerdings nur von der Hälfte der Schülerinnen und Schüler. Die richtige Antwort begründen nur wenige von ihnen: „Cr nimmt e- auf; Elektronen werden aufgenommen; Aufnahme von Elektronen; Reduktion = e-Aufnahme". Die Begründungen beschränken sich meistens nur auf die bloße Nennung des Begriffs und einer unkommentierten Wiedergabe von Oxidationszahlen. Vor allem kommt zum Ausdruck, dass es vielen Schülern nicht klar ist, in welchen Fällen ein „+ 3 $e^-$" auf der linken oder rechten Seite der Reaktionsgleichung zu erscheinen hat – sie messen gekennzeichneten Ladungsunterschieden zwischen der rechten und der linken Seite der Gleichung keine Bedeutung bei.

**Zusammenfassend** wird festgestellt, dass die Sauerstoff-Definition für alle Schülerinnen und Schüler so anschaulich ist, dass sie sie verwenden, wo es immer möglich erscheint. Bis in die Jahrgangsstufe 13 werden alltagssprachliche Beschreibungen von Redoxreaktionen benutzt, werden chemische Begriffe aus der Ebene der Substanzen mit denen der Ebene kleinster Teilchen willkürlich vermischt, werden Moleküle anstelle von Ionen für Salz- oder Säure-Lösungen verwendet, Redoxgleichungen und Elektronenübergänge selten sachlich richtig beschrieben oder gedeutet.

## 7.7 Unterrichtsvorschläge zu Redoxreaktionen

Im Kapitel 3.5 sind bereits Fehlvorstellungen zur **Verbrennung** analysiert und Experimente zum besseren Verständnis von Luft- und Sauerstoff-Reaktionen vorgeschlagen worden – diese Vorschläge sind weitgehend auch bezüglich der Definition der Redoxreaktion im Sinne einer Sauerstoff-Übertragung zu diskutieren (vgl. V3.1, V3.2, V3.8 und V3.10).

Allerdings sollte mit den Schülern bei Formulierungen von Reaktionssymbolen in Worten wie

Kupferoxid(s) + Eisen → Kupfer(s) + Eisenoxid; exotherm

eher die Reduktion des Kupferoxids und die Oxidation des Eisens angesprochen werden, als die Sauerstoff-Übertragung von Kupferoxid auf Eisen: diesbezüglich würden sich Fehlvorstellungen vom „Freiwerden und Reagieren elementaren Sauerstoffs“ entwickeln. Wird gar eine Reaktionsgleichung in Formeln notiert, dann ist der Übertragung von O-Atomen – oder gar $O_2$-Molekülen – Tür und Tor geöffnet. Fachlich zutreffend interpretiert bleiben die Oxid-Ionen erhalten und es wird weder ein O-Atom noch gar ein $O_2$-Molekül ausgetauscht: die Redoxreaktion findet ausschließlich zwischen $Cu^{2+}$-Ionen und Fe-Atomen durch Elektronenübertragung statt. Deshalb erscheint es von Vorteil, Oxidationen und Reduktionen im Sinne der Sauerstoff-Definition nicht in der Symbolsprache, sondern besser nur mit Reaktionsgleichungen in Worten zu formulieren.

Beim Sprung von der Sauerstoff-Definition zur Elektronenübertragung wird eine große gedankliche Leistung von den Schülern und Schülerinnen erwartet, zumal dann die Oxidationen und Reduktionen auf der Ebene kleinster Teilchen zu interpretieren sind. Die Reduktion bezieht sich nun nicht mehr auf das Metalloxid als Substanz, sondern auf die Reduktion des Metall-Kations zum Metall-Atom. Gerade weil diese geistige Leistung, der „conceptual change“, nicht bewältigt wird, kommt es bei Jugendlichen der Sekundarstufe II zu den geschilderten Fehlvorstellungen, die im Folgenden möglichst korrigiert werden sollen.

**Elektronenübertragung.** Die dramatischsten Fehler werden von den Jugendlichen durch die Interferenz der Vorstellungen von Sauerstoff- und Elektronendefinition gemacht. Obwohl die Elektronendefinition lange behandelt worden ist, schreibt ein Schüler der Klassenstufe 12: „Beide enthalten Sauerstoff, was zu einer Redoxreaktion unbedingt erforderlich ist" [14].

Deshalb mögen diese Interferenzen zunächst ausgeschlossen werden, indem nicht die bekannte Metall-Sauerstoff-Reaktion mit der Metall-Chlor-Reaktion verglichen wird, sondern gleich mit den für die Lernenden unbekannten Metallfällungen aus Lösungen begonnen werden soll.

Voraussetzung zur Interpretation von **Metallfällungen** ist der Ionenbegriff und der einfache Atombau mit Atomkern und differenzierter Atomhülle. Ist im Sinne des Kapitels 5 der Ionenbegriff bereits eingeführt worden, sind die Farben der Salzlösungen bekannt – etwa die hell-blaue Farbe einer Kupfersulfat- oder Kupferchlorid-Lösung – dann liegen gute Voraussetzungen für die problemorientierte Interpretation folgender Experimente vor. Taucht man einen Eisennagel oder eine Eisenelektrode in Kupfersulfat-Lösung, dann erscheint auf der eintauchenden Oberfläche des Eisens ein kupferfarbener Belag (V7.19). Gibt man Eisenwolle in wenig Kupfersulfat-Lösung, dann erwärmt sich die Lösung und die blaue Farbe der Lösung verschwindet (V7.20).

Die Entfärbung der Lösung zwingt geradezu zur Interpretation, dass $Cu^{2+}$(aq)-Ionen aus der Lösung „verschwinden" bzw. reagiert haben. Die Frage, nach ihrem Verbleib führt zur Vermutung, dass sie sich als Cu-Atome auf dem Eisen niederschlagen und Kupfer-Kristalle bilden. Diese Vermutung ist gegebenenfalls erst nach Diskussion der folgenden Reaktion möglich, die vorzugsweise auch parallel zur genannten Reaktion demonstriert oder besser als Schülerübung anschaulich gemacht werden kann.

Hängt man einen helixartig gerollten Kupferdraht in Silbernitrat-Lösung und wartet lange genug, dann beobachtet man die Entwicklung silberfarbener Kristallnadeln und eine Blaufärbung der zunächst farblosen Lösung (V7.21). Bei dieser Reaktion beobachtet man geradezu, dass $Cu^{2+}$(aq)-Ionen entstehen, dass sich Kupfer bei der Reaktion zu einem kleinen Teil gelöst hat. Bei der Reaktion wird zusammen mit Erfahrungen aus dem ersten Experiment (V7.20) gefolgert, dass Metall-Atome unter Abgabe von Elektronen als Ionen in Lösung gehen, und dass aus den Metall-Ionen durch Aufnahme von Elektronen Metall-Atome entstehen, die sich in großer Zahl in Form von Kristallen aus der Lösung abscheiden:

Cu-Atom $\rightarrow$ $Cu^{2+}$(aq)-Ion + $2e^-$ ; 2 $Ag^+$(aq)-Ionen + $2e^-$ $\rightarrow$ 2 Ag-Atome

Bei diesen ersten Teilgleichungen zu Redoxreaktionen ist den Schülerinnen und Schülern bereits deutlich zu machen, dass der Term „+ $2e^-$" auf der richtigen Seite der Gleichung zu notieren ist: ein Cu-Atom kann nur dann zum $Cu^{2+}$-Ion werden, wenn es gleichzeitig zwei Elektronen abgibt. Es ist ratsam, den Lernenden zu empfehlen, die Teilgleichungen insofern als Gleichung anzusehen, dass die Atomarten „links und rechts des Pfeils" in gleicher Anzahl auftreten und die Gesamtladungen „links und rechts des Pfeils" gleich groß sein sollen. In den angegebenen Beispielen ist die Summe der Ladungen „links und rechts des Pfeils" jeweils Null.

**Fällungsreihe.** Es ist zu folgern, dass sich immer die Ionen des edleren Metalls aus der Lösung abscheiden, dass gleichzeitig durch Elektronenübertragung die Atome des unedleren Metalls durch Bildung von Ionen in Lösung gehen. Diese Hypothese kann systematisch mit anderen Metallpaaren geprüft werden (V7.22), die Beobachtungen liefern die Fällungsreihe der Metalle.

Das Zurückführen der Metallverbindung zum reinen Metall wurde historisch Reduktion genannt, daran angelehnt wird die Reduktion von Metall-Ionen mit der Aufnahme von Elektronen erklärt:

2 $Ag^+$(aq)-Ionen + $2e^-$ → 2 Ag-Atome;
**Elektronenaufnahme, Reduktion**

Die aufgenommenen Elektronen stammen aus den reagierenden Metall-Atomen, die gleichzeitig unter Elektronenabgabe die korrespondierenden Ionen bilden:

Cu-Atom → $Cu^{2+}$(aq)-Ion + $2e^-$;
**Elektronenabgabe, Oxidation**

Insgesamt findet eine Elektronenübertragung von Cu-Atomen auf $Ag^+$-Ionen statt:

Cu + 2 $Ag^+$(aq) → $Cu^{2+}$(aq) + 2 Ag;
**Elektronenübertragung, Redoxreaktion**

Der Begriff Oxidation kann jetzt in Zusammenhang mit den bekannten Metall-Sauerstoff-Reaktionen gebracht werden: auch bei diesen Oxidationen werden Metall-Atome in entsprechende Metall-Ionen überführt. Wenn die Sauerstoff-Interpretation zweitrangig nach den Deutungen der Fällungsreaktionen hinzugenommen wird und von diesem Zeitpunkt an die Redoxreaktion konsequent mit Elektronenübertragungen interpretiert wird, kann die genannte Interferenz beider Definitionen minimiert und die Elektronenübertragung zur dauerhaften Definition werden.

**Redoxreihe.** Auch die meist bekannte Metall-Säure-Reaktion kann jetzt als Redoxreaktion und Elektronenübertragung interpretiert werden (V7.23): Metall-Atome werden oxidiert, $H^+$(aq)-Ionen der Säurelösung zu H-Atomen reduziert, diese zu $H_2$-Molekülen kombiniert und in Form von Wasserstoff-Bläschen abgeführt. Da sich Kupfer und die Edelmetalle nicht in verdünnten Säuren lösen, kann das Redoxpaar $H^+$/H in die Metallreihe vor dem Kupfer-Paar eingeordnet, der Name Metallreihe durch den Namen Redoxreihe ersetzt werden. Ein Ausschnitt sei dargestellt:

$Na^+$(aq)/Na; $Mg^{2+}$(aq)/Mg; $Zn^{2+}$(aq)/Zn; $Fe^{2+}$(aq)/Fe; **$H^+$(aq)/H;**
$Cu^{2+}$(aq)/Cu; $Ag^+$(aq)/Ag

**Spannungsreihe.** In weiteren Experimenten wird die Elektronenabgabe und -aufnahme messbar gemacht, nämlich durch Spannungsmessungen zwischen zwei Metallen in Elektrolytlösungen (vgl. Abb. 7.18). Verschiedene Metallstreifen werden in Kochsalz-Lösung getaucht und entsprechende Spannungen mit Hilfe eines Spannungsmessers gemessen (V7.24): je weiter die Metalle in der Redoxreihe voneinander entfernt sind, desto höher ist die gemessene Spannung, zwischen einem Magnesiumband und einem Kupferblech baut sich beispielsweise die Spannung von etwa 1,7 V auf. Es ist noch spektakulärer, das Innere einer Zitrone als Elektrolytlösung zu verwenden: „elektrische Spannung aus der Zitrone" (V7.24).

Das Entstehen der Spannung kann durch Gleichgewichte an der Elektrode des unedlen Metalls erklärt werden, Mg-Atome trennen sich von der Oberfläche des Metalls, hinterlassen jeweils zwei Elektronen auf dem Metall und gehen als $Mg^{2+}$(aq)-Ionen in Lösung (vgl. Abb. 7.18):

$$\text{Mg-Atom} \rightleftharpoons Mg^{2+}\text{(aq)-Ion} + 2e^-$$

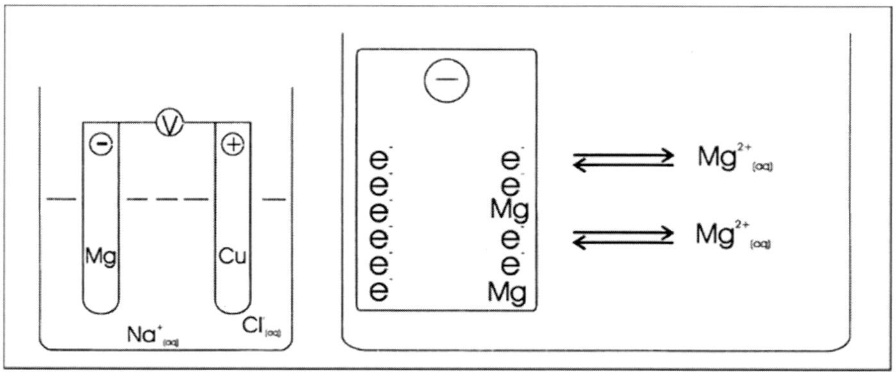


**Abb. 7.18.** Modellvorstellungen zur Bildung von Potenzialdifferenzen zweier Metalle

Dadurch lädt sich die Magnesium-Elektrode negativ auf, erhält damit ein elektrisches Potenzial und lässt den Minuspol der Anordnung entstehen. Das Kupfermetall verändert sich nicht weiter und wird automatisch zum Pluspol: zwischen den beiden Metallen ist eine elektrische Spannung zu messen, eine Potenzialdifferenz. In der Zitrone kann auch die Reduktion von $H^+$(aq)-Ionen unter Elektronenaufnahme angenommen und die Kupferelektrode als Pluspol begründet werden.

Werden beide Pole leitend miteinander verbunden oder wird eine Glühlampe in den Stromkreis geschaltet, fließen die Elektronen vom Minuspol zum Pluspol ab, das $Mg/Mg^{2+}$(aq)-Gleichgewicht verschiebt sich zugunsten der Bildung von Ionen und Elektronen: Sie werden nachgeliefert, indem erneut Magnesium-Ionen in Lösung gehen. Es ist deutlich zu machen, dass sich zunächst elektrische Spannungen aufbauen, ehe ein Strom fließt.

Bei Fällungsreaktionen oder Redoxreaktionen in Lösungen gehen die Elektronen immer direkt und nicht messbar von einem Atom oder Ion zum anderen über. Das Neue der geschilderten Versuchsanordnung ist (vgl. Abb. 7.18), dass messbar eine elektrische Spannung aufgebaut wird und nach Einschalten eines Verbrauchers der Elektronenfluss über ein Metallkabel erfolgt: die Elektronen werden nicht direkt ausgetauscht, sondern bilden zunächst einen elektrischen Strom. Dieser kann elektrische Energie übertragen, die für die Lernenden sichtbar etwa eine Glühlampe zum Leuchten bringt oder einen Elektromotor antreibt. In diesem Zusammenhang können auch die historisch ersten Erfahrungen mit elektrischen Spannungen und Strömen von Galvani und Volta referiert und nachvollzogen werden.

**Galvanische Zellen.** Bei der erstgenannten Versuchsdurchführung (vgl. Abb. 7.18) hängen die Messwerte von Konzentrationen und Elektrodenabständen ab und sind deshalb nicht reproduzierbar. Man misst deshalb lieber die elektrischen Spannungen zwischen zwei normierten Halbzellen, etwa einer $Zn/Zn^{2+}$(aq)-Halbzelle und einer $Cu^{2+}$(aq)/Cu-Halbzelle (vgl. Abb. 7.19). Bei der Verwendung 1-molarer Lösungen der Salze spricht man auch von Standardbedingungen und es entsteht für dieses Beispiel die Standardspannung von U = 1,1 V (V7.25):

Minuspol: $Zn(s) \rightleftharpoons Zn^{2+}(aq) + 2e^-$

Pluspol: $Cu^{2+}(aq) + 2e^- \rightleftharpoons Cu(s)$

An der Zinkelektrode gehen $Zn^{2+}$-Ionen in Lösung, hinterlassen jeweils zwei Elektronen und bilden einen Elektronenüberschuss, den Minuspol der Galvanischen Zelle. An der Kupferelektrode scheiden sich $Cu^{2+}$-Ionen ab

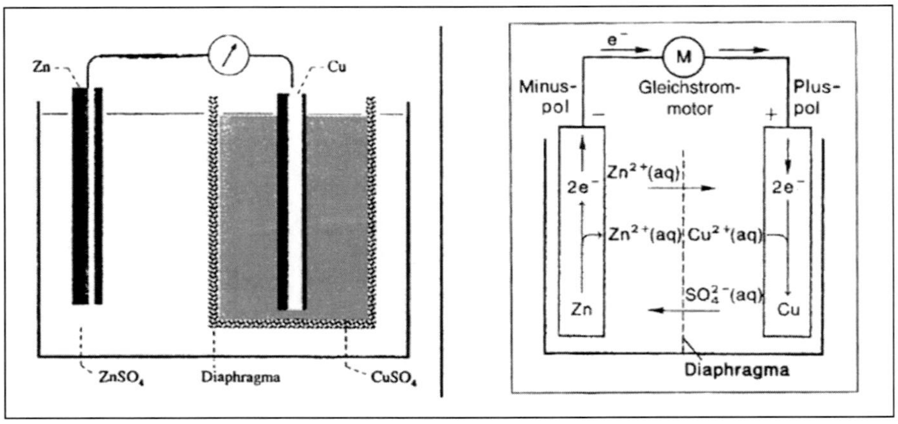


**Abb. 7.19.** Schema der Galvanischen Zelle $Zn/Zn^{2+}(aq)// Cu^{2+}(aq)/Cu$ [2]

und bilden mit den Elektronen des Kupfermetalls Cu-Atome, wegen des entstehenden Elektronenmangels baut sich hier der Pluspol auf.

Zur Ausbildung der Gleichgewichte ist es erforderlich, dass die Anionen in der Galvanischen Zelle – in diesem Fall die Sulfat-Ionen – durch die permeable Trennwand, beispielsweise durch die Tonzelle aus unglasiertem Ton (V7.25) diffundieren können (vgl. Abb. 7.19): sie bewegen sich in die Zink-Halbzelle und gleichen die elektrische Ladung der neu entstehenden Zink-Ionen aus. Aus der Kupfer-Halbzelle diffundieren die Sulfat-Ionen hinaus, weil sie die Ladung der Kupfer-Ionen nicht mehr kompensieren müssen, die sich am Metall abscheiden.

Mit anderen Paaren von Halbzellen können weitere Standardspannungen gemessen und in eine Spannungsreihe eingeordnet werden, wie sie in allen Lehrbüchern zu finden ist. Inwieweit die Wasserstoff-Halbzelle als Standardbezugselektrode eingeführt wird, inwieweit Konzentrationsketten mit der Nernstschen Gleichung interpretiert werden, bleibt dem individuellen Unterricht überlassen. Beschreibt man konsequent alle Redoxreaktionen bezüglich der Metallreihe, Redox- oder Spannungsreihe mit Ionen und bietet den Jugendlichen Modellzeichnungen an (vgl. Abb. 7.18 und 7.19), dann wird die Elektronenübertragung und der Redoxbegriff hinsichtlich kleinster Teilchen immer deutlicher und ein Vermischen der Sprachebene der Substanzen und der Sprachebene der Teilchen weitgehend zurückgedrängt.

Bei der Formulierung von Reaktionsgleichungen sind insbesondere die Teilgleichungen für den Oxidations- und Reduktionsprozess zu diskutieren. Blickt man immer auch auf die Zahl der auszutauschenden Elektronen und damit auf die Gesamtsumme der Ladungen „links und rechts vom Pfeil“, haben die Jugendlichen nicht nur ein Kontrollinstrument an der Hand, die Richtigkeit der Gleichungen zu prüfen, sondern verstehen auch solche Redoxreaktionen als Ursache für das Entstehen eines Elektronenmangels bzw. Elektronenüberschusses in den Halbzellen.

**Oxidationszahlen.** Es gibt eine große Anzahl von Redoxreaktionen, die nicht mit Elektronenübertragungen zu interpretieren sind, sondern eher mit einer **Elektronenverschiebung**. Das bekannteste Beispiel ist die Wasserstoff-Sauerstoff-Reaktion:

$$\overset{0}{2\,H_2} + \overset{0}{O_2} \rightarrow 2\,\overset{+I}{H_2}\overset{-II}{O}$$

Eine solche Verschiebung von Elektronen drückt sich für dieses Beispiel darin aus, dass aus unpolaren Elektronenpaarbindungen in $H_2$- und $O_2$-Molekülen sehr polare Bindungen in $H_2O$-Molekülen werden, dass aus unpolaren Molekülen Dipol-Moleküle entstehen. Diesen Vorgang beschreibt man im Modell mit fiktiven Ladungszahlen, den Oxidationszahlen: Sie geben die Anzahl der Ladungen an, die eine Atomart in einer Verbindung erhält, wenn man sich vorstellt, die Verbindung sei aus Ionen aufgebaut. Für diese formale Überlegung ordnet man die bindenden Elektronenpaare vollständig dem Bindungspartner mit der größeren Elektronegativität zu.

Im genannten Beispiel erhöht sich die Oxidationszahl 0 des H-Atoms im $H_2$-Molekül auf den Wert +I im $H_2O$-Molekül. Dazu findet korrespondierend die Reduktion des O-Atoms im $O_2$-Molekül zum O-Atom im $H_2O$-Molekül statt, die Oxidationszahl erniedrigt sich von 0 auf –II. In diesem Sinne geht jede Oxidation mit der Erhöhung der Oxidationszahl einher, jede Reduktion mit der Erniedrigung der Oxidationszahl.

Mit dem Modell der Oxidationszahlen können Reaktionen beschrieben werden, wie etwa die Reaktion von Zink mit reiner Schwefelsäure – bei dieser Reaktion entsteht nicht wie erwartet Wasserstoff, sondern Schwefelwasserstoff (V7.2):

Oxidation: $Zn \rightleftharpoons Zn^{2+}(aq) + 2\,e^-$
Reduktion: $H_2SO_4 \rightleftharpoons H_2S$

Die Reduktion des S-Atoms mit der Oxidationszahl +VI in $H_2SO_4$-Molekülen zum S-Atom mit der Oxidationszahl –II in $H_2S$-Molekülen geht mit der Aufnahme von $8\,e^-$ einher, zu deren Lieferung vier Zn-Atome pro Elementarschritt notwendig sind. Außerdem müssen vier O-Atome des $H_2SO_4$-Moleküls formal mit acht $H^+$-Ionen umgesetzt werden zu vier $H_2O$-Molekülen:

Oxidation: $4\,Zn \rightleftharpoons 4\,Zn^{2+}(aq) + 8\,e^-$
Reduktion: $H_2SO_4 + 8\,e^- + 8\,H^+ \rightleftharpoons H_2S + 4\,H_2O$
Redoxreaktion: $4\,Zn + H_2SO_4 + 8\,H^+ \rightleftharpoons 4\,Zn^{2+}(aq) + H_2S + 4\,H_2O$

Mit diesen Überlegungen wird deutlich, warum gerade vier Zn-Atome pro Elementarschritt reagieren müssen: es ist nicht wie üblich ein reiner Ausgleich der Atomzahlen „links und rechts des Pfeils" notwendig, sondern eher die Bilanz abgegebener und aufgenommener Elektronen durchzuführen – und damit die Redoxreaktion gut zu durchschauen. Außerdem können sich Lernende bei jedem Elementarschritt überzeugen, ob die Gesamtladungen „links und rechts vom Pfeil" gleich groß sind und damit die Teil- oder Gesamtgleichung stimmen. Da aus den Gleichgewichten der Schwefelwasserstoff gasförmig entweicht, verschiebt sich die Gleichgewichtslage zugunsten der Produkte.

**Korrosion.** Mit Hilfe der Oxidationszahlen sind auch weitere wichtige Redoxreaktionen zu beschreiben, wie etwa die chemischen Vorgänge zur Korrosion des Eisens. Zeigt man im Experiment, dass Eisen nur rostet, wenn neben der Luft auch Wasser zugegen ist (V7.26), dann kann man die Korrosion mit Hilfe der Teilgleichungen wiederum als Redoxreaktion erkennen:

| | | | |
|---|---|---|---|
| Oxidation: | $2\,Fe(s)$ | $\rightleftharpoons$ | $2\,Fe^{2+}(aq) + 4\,e^-$ |
| Reduktion: | $H_2O + O_2 + 4\,e^-$ | $\rightleftharpoons$ | $4\,OH^-(aq)$ |
| Redoxreaktion: | $2\,Fe + H_2O + O_2$ | $\rightleftharpoons$ | $(Fe^{2+})_2(OH^-)_4$ (s, rotbraun) |

Durch das Ausfallen festen Eisenhydroxids verschiebt sich die Gleichgewichtslage zugunsten weiterer Rostbildung. Rost ist nicht reines Eisenhydroxid, sondern kann je nach Bedingungen ein Gemisch aus Oxiden und Hydroxiden des Eisens sein.

Neben der *Sauerstoff-Korrosion* kann auch die *Säure-Korrosion* mit einem Experiment gezeigt werden (V7.27): Wird reines Zink in Säurelösung mit einem Kupferdraht berührt, entwickelt sich am Kupfer das Gas Wasserstoff und Zink geht in Lösung. Der Vergleich mit einer kurz geschlossenen Galvanischen Zelle (vgl. Abb. 7.19) hilft bei der Interpretation.

**Batterie und Akku.** Auch Vorgänge in üblichen Batterien und Bleiakkumulatoren der Autos lassen sich jetzt betrachten und verständlich interpretieren. Bei einer **Leclanché-Batterie** gibt es den Zinkbehälter, der die gesamte Batterie aufnimmt: Minuspol. Den Pluspol bildet ein Graphitstab, der von einem Gemisch aus Kohle und Braunstein umgeben ist (vgl. Abb. 7.20).

Senkt man ein Zinkblech auf der einen Seite und den Graphitstab mit Braunstein auf der anderen Seite in eine 20%ige Ammoniumchlorid-

Lösung, so lässt sich die Spannung von etwa U = 1,5 V nachweisen (V7.28). Die Vorgänge in der Batterie sind folgendermaßen zu verstehen:

| | | | |
|---|---|---|---|
| Minuspol: | $Zn(s)$ | $\rightleftharpoons$ | $Zn^{2+}(aq) + 2\,e^-$ |
| Pluspol: | $2\,MnO_2(s) + 2\,H^+(aq) + 2\,e^-$ | $\rightleftharpoons$ | $2\,MnOOH(s)$ |
| Redoxreaktion: | $Zn(s) + 2\,MnO_2(s) + 2\,H^+(aq)$ | $\rightleftharpoons$ | $Zn^{2+}(aq)$ + $2\,MnOOH(s)$ |

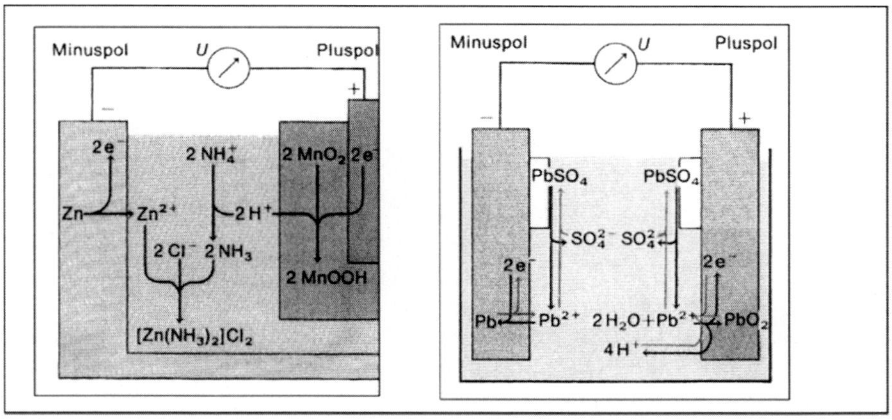


**Abb. 7.20.** Modellvorstellungen zu Vorgängen in Leclanché-Batterie und Bleiakku [2]

Bei dem Reduktionsvorgang sinkt die Oxidationszahl des Mn-Atoms in den Verbindungen von +IV auf +III, sodass die zwei beim Oxidationsvorgang gelieferten Elektronen pro Elementarschritt gerade umgesetzt werden. Die Gleichgewichte führen zu einer Spannung von etwa 1,5 V. Sobald ein Stromverbraucher angeschlossen wird, verschieben sich die Gleichgewichte zugunsten der Teilchen auf der rechten Seite der Gleichung. Eine Modellzeichnung zeigt an, welche weiteren chemischen Reaktionen stattfinden (vgl. Abb. 7.20).

Auch die Reaktionen im **Bleiakku** sind mit Hilfe der Oxidationszahlen zu interpretieren. Werden im Experiment zwei Bleiplatten in 20%ige Schwefelsäure-Lösung getaucht und elektrolysiert, so bedeckt sich eine Bleiplatte mit einer dunklen Bleioxidschicht (V7.29). Verbindet man diese Platten mit einem Spannungsmesser, so lässt sich eine Spannung U = 2 V nachweisen (V7.29).

Es liegen folgende Gleichgewichte vor, wenn reines Bleiblech und eine Bleioxid-Platte getrennt in Akkusäure (20%ige Schwefelsäure-Lösung) eintauchen (vgl. Abb. 7.20):

| | | | |
|---|---|---|---|
| Minuspol: | $Pb(s)$ | $\rightleftharpoons$ | $Pb^{2+}(aq) + 2\,e^-$ |
| Pluspol: | $PbO_2(s) + 4\,H^+(aq) + 2\,e^-$ | $\rightleftharpoons$ | $Pb^{2+}(aq) + 2\,H_2O$ |
| Redoxreaktion: | $Pb(s) + PbO_2(s) + 4\,H^+(aq)$ | $\rightleftharpoons$ | $2\,Pb^{2+}(aq) + 2\,H_2O$ |

Werden dem Minuspol die Elektronen entzogen, so liefert das Gleichgewicht sie nach und die Reaktionen laufen beim Entladen des Akku von links nach rechts ab. Will man den Akku durch Anlegen einer elektrischen Spannung wieder aufladen, so verlaufen die Reaktionen von rechts nach links. Die Bruttovorgänge des Entladens und Ladens sind folgende (vgl. Abb. 7.20):

$$Pb(s) + PbO_2(s) + 2\,H_2SO_4(aq) \underset{\text{Laden}}{\overset{\text{Entladen}}{\rightleftharpoons}} 2\,PbSO_4(s) + 2\,H_2O$$

Weitere Inhalte zum Thema Redoxreaktionen mögen speziellere Batterien und Formen der Brennstoffzelle sein, ggf. sind auch die industriellen Elektrolysen noch interessant.

**Zusammenfassend** wird darauf verwiesen, dass zur Vermeidung zentraler Fehlvorstellungen zunächst die Einführung des Ions erfolgreich stattgefunden hat, das Ion möglichst als Grundbaustein der Materie auf Basis des Atommodells nach Dalton (vgl. Kap. 5) behandelt worden ist, ehe darauf aufbauend das differenzierte Atommodell später hinzukommt. Mit Hilfe eines klaren Ionenbegriffs fällt beispielsweise das Formulieren von Teilgleichungen für den Oxidations- und Reduktionsschritt leichter, die Anzahl der zu übertragenden Elektronen ist sicher zu erkennen. Werden schließlich auch Modellvorstellungen – etwa von Atomen bzw. Ionen in galvanischen Zellen oder in Batterien – vermittelt und von den Schülern selbst gezeichnet, dann können Lernende die Redoxvorgänge besser durchschauen oder gar selbständig wiedergeben. Bei allen Erklärungen ist darauf zu achten, dass die Beobachtungen wohl auf der Ebene der Substanzen wiedergegeben werden, dass aber Interpretationen und Diskussionen von Reaktionssymbolen konsequent auf der Ebene der kleinsten Teilchen stattfinden.

## 7.8 Experimente zu Redoxreaktionen

### V7.19 Fällung von Kupfer aus Kupfersulfat-Lösung

**Problem:** Fehlvorstellungen der Schülerinnen und Schüler gehen oftmals davon aus, dass die Sauerstoff-Definition für den Redoxvorgang mit der Elektronenübertragung vermischt werden: diese vermischten Vorstellungen treffen weder zu noch sind sie didaktisch hilfreich. Da Vorstellungen von der „Sauerstoff-Übertragung“ aus dem Anfangsunterricht gern reproduziert werden, aber nur von historischem Interesse sind, soll im fortgeschrittenen Unterricht sofort mit sachlich zutreffenden Elektronenübertragungen begonnen werden. Ein Beispiel dafür ist die Fällung von Metallen aus ihren Lösungen („Zementation“).

**Material:** Reagenzgläser; Eisennagel, Kupfersulfat-Lösung

**Durchführung:** Das Reagenzglas wird zu einem Drittel mit Kupfersulfat-Lösung gefüllt, der Eisennagel hineingestellt. Man wartet eine Minute, nimmt den Nagel aus der Lösung heraus und kratzt den Belag mit einem Spatel ab.

**Beobachtung:** Der Eisennagel erhält bis zur Eintauchtiefe einen roten Belag, der besonders beim Herausnehmen des Nagels sichtbar wird. Der rote Belag lässt sich entfernen, unverändertes Eisen kommt unter dem roten Belag zum Vorschein.

## V7.20 Exotherme Fällungsreaktionen

**Problem:** Zeigt man zusätzlich zum Kupferbelag auf dem Eisennagel (V7.19) die Reaktionen von Eisenwolle oder Magnesiumband mit der blauen Kupfersulfat-Lösung, so wird zum einen die Reaktionswärme der exothermen Reaktion erkannt. Zum anderen entfärbt sich bei diesen Reaktionen die blaue Lösung, sodass mit dem „Verschwinden“ von $Cu^{2+}$(aq)-Ionen die Argumente zum „Entstehen“ der Cu-Atome aus den entsprechenden Ionen verstärkt werden.

**Material:** Reagenzgläser; Eisenwolle, Magnesiumband, Kupfersulfat-Lösung

**Durchführung:** Zwei Reagenzgläser werden zu einem Drittel mit Kupfersulfat-Lösung gefüllt, es wird jeweils Eisenwolle bzw. Magnesiumband hinzu gegeben. Mit der Hand ist die Temperatur der Lösungen nach den Reaktionen abzuschätzen.

**Beobachtung:** Die Lösungen werden sehr warm, die Metalle überziehen sich mit einem roten Belag, die Farbe der Lösung wechselt von blau nach farblos.

## V7.21 Fällung von Silber aus Silbernitrat-Lösung

**Problem:** Im ersten Beispiel wird schon erkannt, dass das Ausfallen des relativ edlen Kupfers kein Zufall ist. Mit diesem zusätzlichen Beispiel des Ausfallens von Silber soll bestätigt werden, dass von zwei beteiligten Metallen immer das edlere Metall ausfällt und das unedlere Metall in Lösung geht. Deshalb soll sowohl das Kupfer in Silbersalz-Lösung getaucht, und umgekehrt das Silber in Kupfersalz-Lösung gegeben und auf Reaktionen geprüft werden.

**Material:** Reagenzgläser, Glasstab; Kupferdraht, Kupfersulfat-Lösung, Silberdraht, Silbernitrat-Lösung

**Durchführung:** Ein Stück Kupferdraht wird helixartig gewunden (Glasstab), die Helix in Silbernitrat-Lösung gehängt und beobachtet. Der Versuch wird mit Silberdraht und Kupfersulfat-Lösung wiederholt.

**Beobachtung:** Am Kupferdraht bilden sich Nadeln von silberfarbenem Metall, die farblose Salzlösung färbt sich schwach blau. Am Silberdraht schlägt sich keine Substanz nieder, es findet keine Reaktion statt.

## V7.22 Untersuchungen zur Metallreihe

**Problem:** Mit Hilfe der beiden vorhergehenden Experimente lassen sich weitere Vermutungen begründen, welche Metalle mit welchen Metallsalz-Lösungen reagieren. Sie lassen sich einfach in Reagenzglas-Versuchen prüfen, die Metalle in der bekannten Metallreihe anordnen.

**Material:** Reagenzgläser; verschiedene Metallbleche oder Drähte, entsprechende Salzlösungen

**Durchführung:** Die Metallproben werden systematisch in verschiedene Salzlösungen getaucht und auf Reaktionen geprüft. Positive Reaktionen werden tabellarisch protokolliert.

**Beobachtung:** Relativ edle Metalle wie Kupfer, Nickel und Blei scheiden sich aus ihren Lösungen in Gegenwart von unedlen Metallen wie etwa Magnesium, Zink oder Eisen ab.

## V7.23 Reaktionen von Metallen mit Säure-Lösungen

**Problem:** Verdünnte Säuren lösen unedle Metalle unter Wasserstoffentwicklung, dabei geht das Metall in Lösung: es bildet sich Metallsulfat-Lösung im Falle der Reaktion mit verdünnter Schwefelsäure, Metallchlorid-Lösung im Falle der Reaktion mit Salzsäure. Da Säuren beteiligt sind, meint man vorschnell, dass es sich auch um Säure-Base-Reaktionen handeln müsse (V7.2). Um deutlich zu machen, dass Redoxreaktionen vorliegen, sollen die folgenden Experimente an dieser Stelle interpretiert werden.

**Material:** Reagenzgläser; Magnesiumband, Zinkgranalien, Schwefelsäure-Lösung, Salzsäure-Lösung

**Durchführung:** Das Reagenzglas wird zu einem Drittel mit Säure-Lösung gefüllt, ein 3 cm langes Band Magnesium oder eine Zinkgranalie hinzu gegeben, ein leeres, gleich großes Reagenzglas mit der Öffnung nach unten auf das andere aufgesetzt. Nach der Reaktion wird das leere Reagenzglas einer Flamme genähert. Aus dem ersten Reagenzglas wird vorsichtig das Wasser abgedampft.

**Beobachtung:** Eine lebhafte Gasentwicklung beginnt, die Lösung im Reagenzglas wird heiß, das Stück Metall wird immer kleiner und löst sich in der Säure vollkommen auf. Das im zweiten Reagenzglas aufgefangene Gas reagiert mit pfeifendem Ton an der Flamme: Wasserstoff. Aus der Lösung lässt sich durch Abdampfen des Wassers ein weißes Salz kristallisieren: Magnesiumsulfat bzw. Zinkchlorid.

## V7.24 Spannungsreihe der Metalle

**Problem:** Bei bisherigen Reaktionen sind die Elektronen direkt von einem auf das andere Teilchen übertragen worden – ein Stromfluss kann nicht stattfinden. Leitet man die Elektronen von den Metallelektroden ab, die in eine Salzlösung eintauchen, kann man mit einem Spannungsmesser direkt eine Spannung messen, oder mit Glühlampe oder Elektromotor einen Stromfluss demonstrieren. Abgelesene Spannungswerte sind nicht genormt, weil Elektrodenabstände oder Lösungskonzentrationen beliebig sind, allerdings kann man aufgrund der Messwerte die jeweilige Stellung in der Spannungsreihe abschätzen.

**Material:** Becherglas, Spannungsmesser (Multimeter), Kabel und Krokodilklemmen; verschiedene Metallbleche oder Stäbe, Kochsalz-Lösung

**Durchführung:** Das Becherglas wird zu zwei Drittel mit Kochsalz-Lösung gefüllt, ein Kupferblech eingetaucht und an einer Seite befestigt, an der anderen Seite ein Stück Magnesiumband. Zunächst werden beide Metalle mit dem Spannungsmesser verbunden, dann mit dem Elektromotor. Magnesium wird durch andere Metalle ausgetauscht, die gemessenen Spannungswerte werden tabellarisch geordnet.

**Beobachtung:** Die Spannung beträgt für die Metalle Kupfer und Magnesium etwa 1,7 V. Der Elektromotor beginnt sich zu bewegen und dreht sich eine Zeit lang. Die anderen Spannungswerte sind kleiner, der Motor dreht sich nicht mehr. Werden gleiche Metalle kombiniert, ist keine Spannung mehr messbar.

**Hinweis:** Um spektakulär eine „Spannung aus der Zitrone" zu erhalten, können auch Metallstreifen paarweise in eine Zitrone gesteckt und entsprechende Spannungen gemessen werden: der saure Zellsaft dient in diesem Fall als Elektrolytlösung.

### V7.25 Galvanische Zellen

**Problem:** Die Messungen im Experiment zuvor sind nicht genormt, Spannungswerte derselben Metall-Paare können je nach Bedingungen variieren. Stellt man Halbzellen her, indem die Metallstücke in ihre korrespondierende 1-molare Salzlösung eintauchen, und verbindet jeweils zwei Halbzellen miteinander, so entsteht eine Galvanische Zelle, die beispielsweise für das Metallpaar Kupfer-Zink immer die Normspannung von 1,1 V erzeugt. Je größer man dazu die Metallstücke und deren Oberfläche wählt, desto höhere Stromstärken erhält man für eine Galvanische Zelle.

**Material:** Becherglas, Tonzelle (unglasiert), Spannungsmesser, Elektromotor, Kabel und Krokodilklemmen; Kupferblech und 1M-Kupfersulfat-Lösung, Zinkblech und 1M-Zinksulfat-Lösung

**Durchführung:** Das Becherglas wird zur Hälfte mit Kupfersulfat-Lösung gefüllt, die Tonzelle mit Zinksulfat-Lösung, die Metallbleche werden in ihre Lösungen getaucht. Die Tonzelle wird in die Kupfersulfat-Lösung gestellt. Beide Metallbleche werden mit dem Spannungsmesser verbunden, danach wird der Elektromotor in den Stromkreis geschaltet.

**Beobachtung:** Es ist eine Spannung von 1,1 V zu messen, der Elektromotor dreht sich.

**Hinweis:** Falls keine Tonzelle zur Hand ist, reicht es auch, die Halbzellen in zwei Bechergläsern vorzubereiten und durch einen mit Salzlösung getränkten Filterpapierstreifen zu verbinden (Salzbrücke).

Die Halbzellen können auch ausgetauscht werden: eine Magnesium- oder Nickel-Halbzelle kann mit den genannten Halbzellen verbunden, entsprechende Spannungswerte können festgestellt werden.

## V7.26 Korrosion von Eisen

**Problem:** Jugendliche kennen Metall-Sauerstoff-Reaktionen und meinen, dass das Rosten von Eisen durch eine reine Eisen-Sauerstoff-Reaktion zu beschreiben ist. Geht man von Erfahrungen aus, dass in Wüstenländern der Sauerstoff zugegen ist, die Autos aber kaum rosten, muss die Bildung von Rost bei unserem Wetter in Europa mit der feuchten Luft zu tun haben. Das folgende Experiment verifiziert die Hypothese, dass sowohl Sauerstoff als auch Wasser zur Korrosion von Eisen erforderlich sind.

**Material:** Reagenzgläser, Becherglas; Eisenwolle, Wasser

**Durchführung:** Ein Reagenzglas wird zu einem Drittel mit trockener Eisenwolle gefüllt, ein zweites Reagenzglas mit feuchter Eisenwolle. Beide Gläser werden mit der Öffnung nach unten in das halb mit Wasser gefüllte Becherglas eingetaucht und dadurch verschlossen. Nach einigen Stunden wird die Höhe des Wasserspiegels in beiden Reagenzgläsern beobachtet.

**Beobachtung:** Im Reagenzglas mit feuchter Eisenwolle steigt Sperrwasser etwa 2 cm hoch, Eisenwolle läuft schwarz an – im anderen Glas steigt weder Wasser nach oben, noch ist Eisenwolle verändert.

## V7.27 Säure-Korrosion

**Problem:** Berührungsstellen zwischen zwei verschiedenen Metallen korrodieren auffallend schnell: das unedle Metall löst sich in saurer Lösung (etwa $CO_2$-gesättigtes Regenwasser), weil es den Elektronenüberschuss an das edlere Metall direkt abführen kann. Diese Idee liegt auch der „Opfer-Anode" zugrunde: das mit der wertvollen Schiffsschraube kurzgeschlossene Stück Zink oder Magnesium geht in Lösung, die Schiffsschraube selbst korrodiert nicht.

**Material:** Petrischale; Blech aus reinstem Zink, Kupferdraht, verdünnte Schwefelsäure-Lösung

**Durchführung:** Die Petrischale wird zur Hälfte mit Schwefelsäure gefüllt und das Zinkblech dazu gegeben (Tageslichtprojektor!). Das Zinkblech wird mit einem Stück Kupferdraht berührt.

**Beobachtung:** Zunächst entwickelt sich wenig Wasserstoff am Zinkblech, nach Berührung durch das Kupfer beginnt eine lebhafte Gasentwicklung am Kupferdraht.

**Hinweis:** Technisches Zink ist meistens mit Kupfer verunreinigt und löst sich deshalb besser als reines Zink, weil sich bei der Reaktion bildende Elektronen auf die eingeschlossenen kleinsten Kupferkristalle verteilen: „kurz geschlossene" galvanische Elemente bzw. Lokalelemente.

### V7.28 Leclanché-Batterie

**Problem:** Die Galvanische Zelle (V7.25) hat bereits die Funktion einer Batterie wiedergegeben, allerdings wäre das Kupfer als Batteriemetall zu teuer. Um nur mit Zink, Graphit und Braunstein auszukommen, ist von dem Franzosen Leclanché eine Batterie entwickelt worden, die in der ganzen Welt bereits eine lange Zeit gute Dienste tut. Der Zinkbecher bildet den Minuspol und ist gleichzeitig Behälter für die Batterie, der gegen das Durchkorrodieren meist mit einem Stahlmantel umgeben ist. Die in eine Ammoniumchlorid-Schlemme tauchende Braunstein-Elektrode bildet den Pluspol der Batterie, es wird etwa eine Spannung von 1,5 V erzeugt.

**Material:** Becherglas, Spannungsmesser, Elektromotor, Kabel und Krokodilklemmen, Filterpapier und Klebestreifen; Zinkblech, Graphitstab, Braunstein-Pulver ($MnO_2$), Ammoniumchlorid-Lösung

**Durchführung:** Das Becherglas wird zu zwei Drittel mit der Salzlösung gefüllt, an eine Seite wird mit der Klemme Zinkblech befestigt. Um den Graphitstab wird mit Filterpapier und Klebestreifen Braunstein-Pulver eingeschlossen und an der anderen Seite ins Becherglas getaucht. Graphitstab und Zinkblech werden zunächst mit dem Spannungsmesser verbunden, dann mit dem Elektromotor.

**Beobachtung:** Eine Spannung von etwa 1,5 V wird gemessen, der Elektromotor dreht sich.

### V7.29 Bleiakkumulator

**Problem:** Batterien und Akkus sind für Jugendliche beinahe Alltag – sie verwenden sie in technischen Geräten bzw. kennen auch den Bleiakku aus dem Auto der Eltern. Um deren Funktion zu verstehen, ist bereits die Batterie im vorherigen Experiment vorgestellt worden. Hier soll ein Modellversuch die Funktion eines Akkus zeigen, der im Gegensatz zur Batterie durch äußeres Anlegen einer elektrischen Spannung wieder aufladbar ist. Im Auto lädt er sich während der Fahrt durch die Lichtmaschine auf.

**Material:** Becherglas, Flachbatterie (4,5 V), Spannungsmesser, Elektromotor, Kabel und Krokodilklemmen; zwei Bleiplatten, Schwefelsäure-Lösung (20%ig)

**Durchführung:** Das Becherglas wird zu zwei Drittel mit Schwefelsäure gefüllt. An zwei gegenüber liegenden Stellen werden die Bleiplatten eingetaucht und mit den Klemmen befestigt. Mit Hilfe der Flachbatterie wird an die Bleiplatten eine Spannung von 4,5 V angelegt und eine Minute gewartet.

Die Batterie wird entfernt, der Spannungsmesser eingeschaltet, schließlich gegen den Elektromotor ausgetauscht.

**Beobachtung:** Während die Batterie den Akku auflädt, findet eine Gasentwicklung an beiden Bleiplatten statt, dabei wird eine der Bleiplatten schwarz. Nach dem Aufladen ist eine Spannung von etwa 2 V zu messen, der Elektromotor dreht sich kurze Zeit und bleibt dann stehen.

**Hinweis:** Aufladen und Entladen des Bleiakkus können beliebig oft wiederholt werden. Falls eine Original-Autobatterie vorhanden ist, kann sie auseinander gebaut und mit dem Modellakku verglichen werden: im Original befinden sich sechs Zellen, die insgesamt eine Spannung von $6 \cdot 2V = 12V$ liefern.

## 7.9 Ligandenübertragung bei Komplexreaktionen

*„Unter Metallammoniaksalzen versteht man Verbindungen, welche aus Metallsalzen dadurch entstehen, daß sich in ihr Molekül Ammoniakmoleküle einschieben, besser: Metallammoniak-Salze sind Verbindungen, welche nach derselben Reaktion entstehen, nach der sich Chlorammonium aus Salzsäure (welche ja das Haloidsalz des Wasserstoffs ist) und Ammoniak bildet.“ [18].*

Mit diesem Satz beginnt Werner im Jahre 1893 den Artikel, der seinerzeit die moderne Komplexforschung auslöste. Eine genauere Definition von Komplexen gab es damals nicht und auch heute haben wir unsere Schwierigkeiten:

> *„Im Gegensatz zur Mathematik, in der eine Definition einmal und damit für alle Zeiten festgelegt ist, und zwar sehr exakt und unmissverständlich, wenn auch manchmal schwer verständlich, war der Begriff „Komplex“ von Anfang an unscharf definiert. Außerdem hat die Komplexchemie eine fast als organisch zu bezeichnende Entwicklung durchlaufen. So war es nötig, die Definition beständig zu modifizieren, zu erweitern und neuen Komplextypen anzupassen – bis sie ein unendliches und schwerfälliges „Monstrum“ wurde, dessen Aussagekraft und Verständlichkeit in dem Maß abnahm, wie sie an Länge zunahm.“ [19].*

Die Komplexchemie stellt bis heute einen Schwerpunkt im Bereich der chemischen Forschung dar: kaum eine andere Thematik oder Verbindungsklasse wird in solchem Umfang von der Wissenschaft bearbeitet wie die Frage nach Eigenschaften und Struktur von Komplexverbindungen. Durch aktuelle Forschungen sind Komplexverbindungen in alle Bereiche des alltäglichen Lebens vorgedrungen, sie spielen bis in großtechnische Anwendungen hinein eine bedeutende Rolle.

Die Komplexchemie wird deshalb in den Curricula nahezu aller Bundesländer thematisiert und ist dementsprechend immer auch ein umfangreiches Kapitel in Schulbüchern für Chemieunterricht der Sekundarstufe II. Umso erstaunlicher erscheint es, dass das Thema Komplexchemie kaum in unseren Schulen behandelt wird. Frank BÄUERLE und Mark KRASENBRINK [20] haben Befragungen von 47 Gymnasien und Gesamtschulen im Münsterland durchgeführt und wollten ursprünglich mit dem Fragebogen [20] Informationen sammeln, welche Probleme bei der Vermittlung der Komplexchemie auftreten oder welche Art der Fehlvorstellungen bei den Jugendlichen im Unterricht entstehen. Auf diese Anfrage haben Lehrkräfte von nur fünf Schulen geantwortet, von denen lediglich eine Referendarin das Thema Komplexchemie behandelt hat.

Der Bedeutung der Komplexchemie entsprechend bieten Frank BÄUERLE und Mark KRASENBRINK in ihrer Arbeit [20] eine fachwissenschaftliche und fachdidaktische Bestandsaufnahme an mit dem Ziel, eine historisch-problemorientierte und eine experimentell ausgerichtete Unterrichtskonzeption zu realisieren. Dabei bedeutet historisch-problemorientierter Chemieunterricht im Sinne von MATUSCHEK und JANSEN [21], dass die Schülerinnen und Schüler in die Lage der Chemiker um die Zeit Alfred Werners zurückversetzt werden sollen und zunächst nur Phänomene betrachten, die sie – wie Werner seinerzeit – mit ihrem Vorwissen nicht deuten können. Sie sollen auf ihrem Weg zum Verständnis auch die besonderen Vorstellungen kennen lernen, wie sie bei Fachwissenschaftlern vorläufig entstanden waren, und erst nach und nach durch angemessene Modelle ersetzt wurden.

Anschließend sollen sie mit ihren neu gewonnenen Kenntnissen entweder demonstrierte Experimente verstehen und interpretieren oder eigene Experimente zur Analyse vorliegender Substanzen planen und durchführen. Wichtig ist dabei, die vorhandenen Vernetzungsmöglichkeiten zu anderen Themengebieten wie den Säure-Base- und Redoxreaktionen der Chemie aufzuzeigen, damit Komplexchemie nicht als isoliertes Modul innerhalb des Chemieunterrichts wahrgenommen wird, sondern zahlreiche Möglichkeiten für die Schülerinnen und Schüler bietet, bisher Gelerntes zu wiederholen und auf neue Sachverhalte anzuwenden.

## 7.10 Historische Entwicklung der Komplexchemie

Schon im Altertum arbeiteten die Menschen mit Substanzen, die heute den Koordinationsverbindungen zugeordnet werden. Vor allem sind Naturfarbstoffe aus Hämderivaten des Tierbluts und das aus der Wurzel der Färberröte *Rubia tinctoria* gewonnene Alizarin zu nennen, die schon in Schriften von Herodot (485–425 v.Chr.) dokumentiert worden sind. Dieser rote Lackfarbstoff wurde im Altertum zuerst in Indien verwendet und war auch den Persern und Ägyptern bekannt. Er wurde in altägyptischen Gräbern auf Mumienbändern und Textilresten gefunden – beispielsweise enthält die Färbung von Gürtel und Leichentuch des Tutenchamun das Alizarin [22].

Der erste wissenschaftlich dokumentierte Beleg für die Bildung einer Koordinationsverbindung aus heutiger Sicht ist die Beschreibung einer Kupfersalz-Lösung aus dem Jahre 1597 durch den deutschen Physiker und Alchimisten A. Libavius (1540–1615). Beim Einwirken einer Lösung aus Calciumhydroxid und Ammoniumchlorid auf Kupfer-Zinn-Legierung (Bronze) beobachtete er eine Blaufärbung [22] – der entsprechende Komplex heißt heute Tetraamminkupfer(II)-Ion.

Doch es dauerte noch mehr als 100 Jahre bis erstmals eine Komplexverbindung isoliert wurde. Im Jahr 1704 entdeckten der Alchimist J. Dippel (1673–1734) und ein „Farbenkünstler" namens Diesbach zufällig das „Berliner Blau" (heute bekannt als $Fe_4[Fe(CN)_6]_3$). Diesbach hatte Eisenvitriol mit Kalilauge versetzt, wobei die Kalilauge zuvor mit organischen, stickstoffhaltigen Substanzen erhitzt worden war. Statt des erwarteten roten Farbpigments erhielt er ein blaues. Dippel führte das Phänomen zutreffend auf die speziell behandelte Kalilauge zurück [22].

Es dauerte wiederum 100 Jahre bis es zur eigentlichen Entdeckung der Komplexverbindungen als neuem Verbindungstyp durch Tassaert im Jahre 1798 kam. Der französische Chemiker beobachtete, dass sich beim Stehenlassen einer ammoniakalischen Lösung von Cobaltchlorid ein orangefarbener Niederschlag der Zusammensetzung $CoCl_3 \cdot 6NH_3$ abschied. Tassaert begriff, dass es sich um einen völlig neuen Verbindungstyps handeln musste, da er aus der Kombination zweier vollständig „gesättigter Verbindungen" hervorging und sich in den Eigenschaften von den Ausgangsstoffen unterschied. Trotz seiner Ankündigung, weitere Nachforschungen zu betreiben, wurden Tassaerts Arbeiten erst ab 1803 durch Thénard (1777–1857) fortgesetzt [23].

In der Folgezeit wurden in immer rascherer Abfolge viele Komplexverbindungen synthetisiert. Neben Platin-, Chrom- und anderen Komplexen waren vor allem die Ammin-Cobalt-Komplexe präparativ leicht zugänglich. Deshalb ist es nicht verwunderlich, dass eine Systematisierung dieses neuen Verbindungstyps auf Grundlage der Ammin-Cobalt-Komplexe vorgenommen wurde. Eine der ersten Versuchsvorschriften für die Synthese einer Ammin-Cobalt-Koordinationsverbindung dürfte Gmelin (1788–1853) im Jahr 1822 verfasst haben. Dabei beschrieb er die Herstellung einer solchen Verbindung aus einer ammoniakalischen Lösung eines Cobaltsalzes [24]. Das erhaltene Produkt war gelb gefärbt, er nannte es *Luteo*-Cobaltiak-oxalat (heute wird es mit dem Symbol $[Co(NH)_6]_2(C_2O_4)_3$ beschrieben).

Der französische Chemiker Fèrmy (1814–1894) knüpfte an die Arbeiten von Gmelin an und synthetisierte 1851 unter anderem ein *Purpureo*-Cobaltiak-chlorid in kristalliner Form [25]. Darüber hinaus wurden die kristallinen Cobaltiak-chloride von ihm hinsichtlich ihrer sehr auffälligen Farben geordnet (vgl. Tab. 7.1).

**Tab. 7.1.** Die Farbnomenklatur nach Fèrmy [25]

| **Präfix** | **Farbe** | **heutige Symbolik** |
|---|---|---|
| *Xantheo* | gelb/braun | $[Co(NO_2)(NH_3)_5]^{2+}$ |
| *Flavo* | braun | *cis*-$[Co(NO_2)_2(NH_3)_4]^+$ |
| *Croceo* | gelb/orange | *trans*-$[Co(NO_2)_2(NH_3)_4]^+$ |
| *Luteo* | gelb | $[Co(NH_3)_6]^{3+}$ |
| *Purpureo* | purpur/rot | $[CoCl(NH_3)_5]^{2+}$ |
| *Roseo* | rosa/rot | $[Co(NH_3)_5(H_2O)]^{3+}$ |
| *Praseo* | grün | *trans*-$[CoCl_2(NH_3)_4]^+$ |
| *Violeo* | violett/blau | *cis*-$[CoCl_2(NH_3)_4]^+$ |

Die Farben benannte er anhand der entsprechenden lateinischen oder griechischen Bezeichnungen. So wurden unter anderem die gelben Komplexe *Luteo-*, die purpurfarbigen *Purpureo-* und die grünen *Praseo-*Cobaltiak-Salze genannt (vgl. Tab. 7.1)

Der Amerikaner O.W. Gibbs (1822–1908) und der deutschstämmige F.A. Genth (1820–1893) beschrieben 1856 die Ammin-Cobalt-Koordinationsverbindungen wohl am ausführlichsten [26]. In ihrem Werk differenzieren sie zwischen vier Typen von unterschiedlichen Cobaltammin-Komplexe, *Luteo-*, *Roseo-*, *Purpureo-* und *Xantheo-*Salze (vgl. Tab. 7.2).

Auffällig sind dabei in Tabelle 7.2 zum einen die zwei „Äquivalente Cobalt $Co_2$“, die heutzutage *einem* Cobalt-Atom entsprechen. Diese Bezeichnung hat ihren Ursprung darin, dass die Begriffe „Atom“ und „Molekül“ im heutigen Sinne erst einige Jahre später durch S. Cannizzarro (1826–1910) auf dem ersten Chemikerkongress 1860 in Karlsruhe eingeführt wurden. Zum anderen sind die geschweiften Klammern zwischen Cobalt und Ammoniak etwas Besonderes. In quantitativen und qualitativen Untersuchungen, wie der Bestimmung der Chlorid-Anteile und der Leitfähigkeitsmessungen von gelösten Ammin-Cobalt-Komplexen, hatten Gibbs und Genth festgestellt, dass in dem neuen Verbindungstyp einige Verbindungsbestandteile – hier nämlich Cobalt und Ammoniak – miteinander gepaart sind, d. h. sie sind fester miteinander verbunden als die restlichen. Entsprechend dieser Eigenschaft sprach man von „gepaarten Verbindungen“ [27].

**Tab. 7.2.** Cobalt-Komplexe nach Gibbs und Genth [26]

| **Damals** | **Heute** |
|---|---|
| *Luteo-*Salze: | |
| $6NH_3{\cdot}Co_2{\cdot}Cl_3$ | $[Co(NH_3)_6]Cl_3$ |
| $6NH_3{\cdot}Co_2{\cdot}Cl_3$, $3AuCl_3$ | $[Co(NH_3)_6][AuCl_4]_3$ |
| $6NH_3{\cdot}Co_2{\cdot}Cl_3{\cdot}O_3$ $3NO_5$ | $[Co(NH_3)_6](NO_3)_3$ |
| *Roseo-*Salze: | |
| $5NH_3{\cdot}Co_2{\cdot}Cl_3$, 2HO | $[Co(NH_3)_5(H_2O)]Cl_3$ |
| $5NH_3{\cdot}Co_2{\cdot}O_3$, $NO_5{\cdot}2HO$ | $[Co(NH_3)_5(H_2O)](NO_3)_3$ |
| *Purpureo-*Salze: | |
| $5NH_3{\cdot}Co_2{\cdot}Cl{\cdot}Cl_2$ | $[CoCl(NH_3)_5]Cl_2$ |
| $5NH_3{\cdot}Co_2{\cdot}Cl{\cdot}Cl_2$, $2PtCl_2$ | $[CoCl(NH_3)_5][PtCl_4]$ |
| *Xantheo-*Salze: | |
| $NO_2{\cdot}5NH_3{\cdot}Co_2{\cdot}O{\cdot}Cl_2{\cdot}HO$ | $[Co(NO_2)(NH_3)_5]Cl_2{\cdot}H_2O$ |
| $NO_2{\cdot}5NH_3{\cdot}Co_2{\cdot}O{\cdot}Cl_2$, $2PtCl_2$, HO | $[Co(NO_2)(NH_3)_5][PtCl_4]{\cdot}H_2O$ |

Die durch Gibbs und Genth bezüglich der Farbe charakterisierten Ammin-Cobalt-Verbindungen wie die *Luteo*- oder die *Purpureo*- Salze wurden in der Folgezeit auch allgemein zur Benennung von $M(NH_3)_6$- oder $M(NH_3)_5Cl$-Verbindungen (M = Metall) verwandt, ohne deren tatsächliche Farbe zu berücksichtigen. Stattdessen diente die stöchiometrische Zusammensetzung als Kriterium. Es ergaben sich damit aus heutiger Sicht völlig paradoxe Benennungen, so dass beispielsweise das farblose $[Ru(NH_3)_6]Cl_3$ als *Luteo*-Salz bezeichnet wurde. Daneben wurden natürlich auch Verbindungen nach ihren Entdeckern benannt. Einige Beispiele seien hier angeführt:

$[Pt(NH_3)_4][PtCl_4]$ – Magnus'sches Salz,

$[Pd(NH_3)_4][PdCl_4]$ – Vauquelin'sches Salz

$NH_4[Co(NH_3)_2(NO_2)_4]$ – Erdmann'sches Salz

Die Benennung von Substanzen des neuen Verbindungstyps nach ihren Entdeckern bzw. nach den stöchiometrisch analog zusammengesetzten Ammin-Cobalt-Koordinationsverbindungen, wie sie bei den damaligen Chemikern üblich war, hat bewusst die Frage nach der Struktur dieser Verbindungen außer Acht gelassen. Doch eine Weiterentwicklung der Farbnomenklatur ist am angeführten Beispiel von Gibbs und Genth deutlich zu erkennen: Sie wagten den Schritt einer Einteilung nicht nur ausschließlich nach diesen offensichtlichen Kriterien vorzunehmen, sondern sie versuchten, auch in ihren Formeln die submikroskopische Ebene einzubeziehen, indem sie unterschiedliche Bindungsverhältnisse („gepaarte" Verbindungen) kennzeichneten. Dies führte zu den ersten Strukturvorstellungen derartiger Komplexverbindungen.

**Erste Strukturvorstellungen.** Die in der Organischen Chemie verwendeten Strukturmodelle dienten zunächst als Basis zu Modellvorstellungen der Komplexe. Allerdings war bereits die Übertragung der Prinzipien der Valenzlehre von Kekulé auf die Anorganische Chemie schwierig: beispielsweise wurde die Struktur von Calciumchlorid mit dem Valenzsymbol Cl-Ca-Cl verknüpft. Solche ersten Strukturformeln anorganischer Salze konnten nicht zufrieden stellen: Erklärungen für bekannte Phänomene wie die elektrische Leitfähigkeit der Schmelzen und Lösungen passten nicht zu diesen Molekülvorstellungen.

Ein besonderes Beispiel für die konservative Haltung der damaligen Zeit zeigte sich bei der Valenz-Beschreibung von Metall-Atomen in Salzen. In unterschiedlichen Verbindungen schien die „Valenz von Metallen" nicht immer konstant zu sein. Um aber dennoch diese Konstanz der Valenz

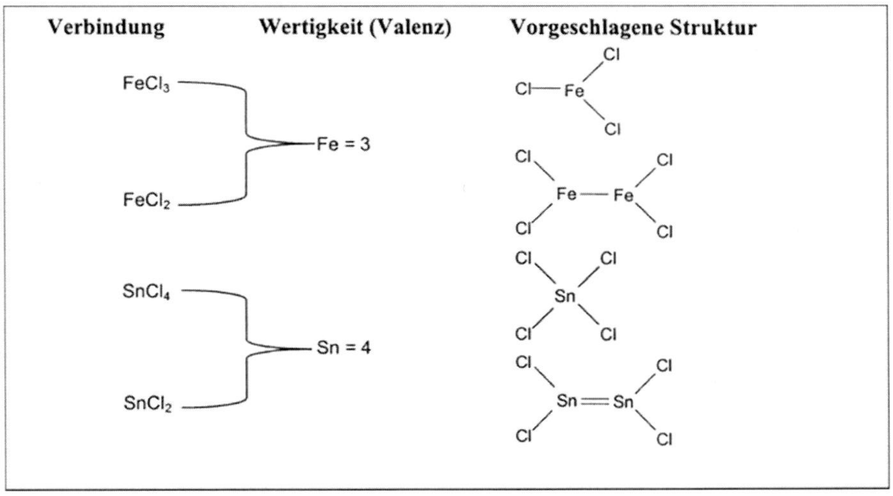


**Abb. 7.21.** Strukturvorstellungen auf Grundlage von Kekulés Valenzlehre [28]

und damit die für sie unangreifbare Theorie Kekulés zu wahren, entwickelte man besondere Vorstellungen von „Salz-Molekülen" (vgl. Abb. 7.21). Neuere Methoden der Molekulargewichtsbestimmung zeigten allerdings ab den Achtziger Jahren des 19. Jahrhunderts deutlich widersprüchliche Ergebnisse zu den postulierten Strukturen.

Die Modellvorstellungen zur Struktur von Molekülen, die in der Organischen Chemie zu Aufsehen erregenden Fortschritten führten, brachten also weder die Anorganische Chemie noch die Komplexchemie weiter. Im Folgenden werden nun Prinzipien der beiden anerkanntesten Theorien – nämlich einerseits die Ammonium-Theorie von Graham (1805–1869) und anderseits die Kettentheorie von Blomstrand (1826–1897) – kurz beschrieben. Im Blickpunkt sollen dabei die stetige Weiterentwicklung der Theorien durch immer neue experimentelle Ansätze und die daraus resultierenden Misskonzeptionen aufgrund von widersprüchlichen empirischen Ergebnissen stehen.

**Ammonium-Theorie.** Theoretische Ansätze im Umgang mit dem neuen Verbindungstyp begannen im Jahr 1819, als Berzelius (1779–1848) seine „Paarungs-Theorie" auf den Weg brachte. Darin vertrat er die Auffassung, dass ein Metall nach „Paarung" mit Ammoniak immer noch fähig sei, andere Substanzen zu binden. Grundlage dafür war seine dualistische Theorie (1811), dass die Elemente entweder positiv oder negativ geladen sind und die treibende Kraft für eine chemische Reaktion der Ladungsausgleich ist. Jedoch scheiterte der Versuch, die „Paarungs-Theorie" auf bestimmte Hydrat- und Cyanid-Komplexe zu übertragen.

Zwei Jahrzehnte später entwickelte der Schotte Graham eine Theorie, die Verbindungen von Metallsalzen mit Ammoniak als Ammonium-Verbindungen behandelte, in denen mindestens ein Wasserstoff-Atom durch ein Metall-Atom substituiert wurde. Diese Idee wurde in der Folgezeit von einigen Chemikern präzisiert und ausgeweitet, obwohl die Struktur des Ammonium-Ions zu dieser Zeit noch nicht bekannt war.

Vor allem ist dabei der Name Reiset (1818–1896) zu nennen, der im Jahr 1844 vorschlug, dass Ammonium-Teilchen den Platz von Wasserstoff-Atomen im Ammoniak-Molekül einnehmen und damit mögliche Kettenbildungen der Ammoniak-Moleküle in Komplexen denkbar machte. Hofmann (1818–1892) konstruierte 1851 anhand dieses theoretischen Ansatzes neben anderen Verbindungen auch die Struktur des von Tassaert entdeckten Hexaammincobalt(III)-chlorids [29]:

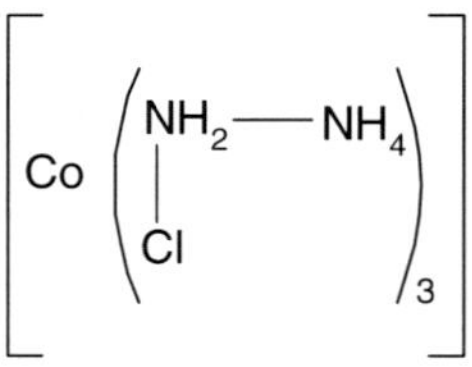


Diese Ammonium-Theorie wurde nahezu 50 Jahre lang von vielen Chemikern angewandt – doch mit der Zeit zeigte sie fundamentale Schwächen. Bei den immer intensiveren experimentellen Untersuchungen von Komplexverbindungen konnte sie keine befriedigenden Antworten auf die auftretenden Phänomene liefern. Endgültig wurde die Theorie durch den Beweis von Jørgensen (1837–1914) verworfen, dessen experimentelle und theoretische Arbeiten in den folgenden Abschnitten eine zentrale Rolle spielen [30]. Er bewies, dass auch Pyridin – ein tertiäres Amin ohne substitutionsfähige Wasserstoff-Atome – ebenfalls mit einigen Metallen Komplexverbindungen bilden kann. Dies widersprach der Ammonium-Theorie, da die Metallammin-Komplexe von den Chemikern damals als substituierte Ammoniumsalze betrachtet wurden.

**Kettentheorie.** Neben der Ammonium-Theorie etablierte sich ab 1869 die so genannte Kettentheorie von Blomstrand zur Erklärung der Konstitution von Cobaltammin- bzw Metallammin-Komplexen [31]. Damals wurde zur Bestimmung des Molekulargewichts vielfach die Dampfdichte gemessen – die Molekulargewichte von nicht verdampfbaren Verbindungen waren bis zu den Arbeiten von Raoult (1830–1901) und van't Hoff (1852–1911) empirisch nicht zu ermitteln. Da die Dampfdichte-Bestimmung von Eisen(III)-chlorid die Formel $Fe_2Cl_6$ ergab, wurde diese auch für nicht verdampfbare Cobalt(III)-chlorid-Verbindungen angenommen, so dass man die Formel $Co_2Cl_6$ aufstellte. Deshalb betrachtete Blomstrand das *Luteo*-Salz, ein Hexammincobalt-(III)-chlorid, als $Co_2Cl_6 \cdot 12NH_3$. Dessen Konstitution wurde so beschrieben [29]:

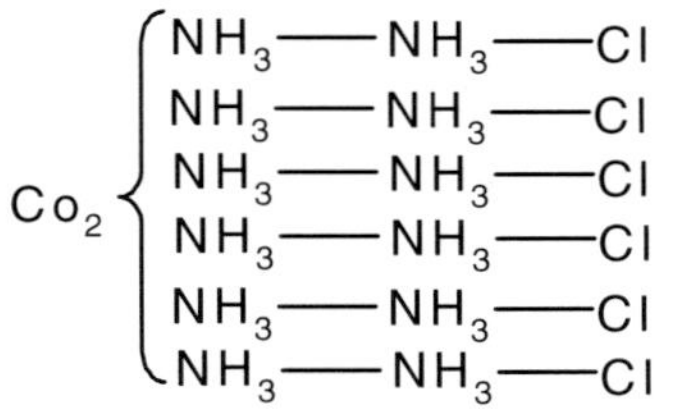

Aus der Sicht der damals vorherrschenden Erklärungsmodelle war diese Strukturvorstellung hervorragend zu begründen. Der von Blomstrand vorgeschlagene „fünfwertige Stickstoff“ deckte sich mit der zeitgemäßen Vorstellung von Ammoniumchlorid (H–$NH_3$–Cl), welches ebenso „fünfwertigen Stickstoff“ enthielt. Darüber hinaus waren die drei Valenzen des Cobalts abgesättigt. Die Stickstoff-Atome reihten sich analog zu den Kohlenstoff-Atomen in der Organischen Chemie kettenartig aneinander. Schließlich waren die drei „einwertigen Chloride“ soweit vom Cobalt-Atom entfernt, dass deren Ausfällung durch eine Silbernitrat-Lösung möglich war. Doch Blomstrand stellte fest, dass beim Erhitzen des *Luteo*-Salzes ein Sechstel des Ammoniaks entwich und ein Drittel der Chloride durch Zugabe von Silbernitrat nicht mehr ausgefällt werden konnten.

Als Produkt erhielt er schließlich das *Purpureo*-Salz (Pentammincobalt(III)-chlorid), welches er mit folgender Struktur angab [29]:

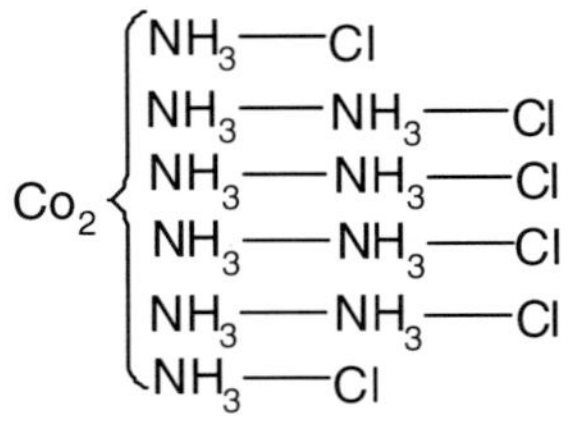

Die von Blomstrand vorgeschlagene Strukturvorstellung des *Purpureo*-Salzes konnte die zwei verschiedenen Bindungsarten der Chloride jedoch nicht erklären. Es war Jørgensen, ein Student von Blomstrand, der die

Kettentheorie seines Professors modifizierte. Dazu führte der dänische Chemiker zahlreiche Versuche durch. Unter anderem bewies er im Jahre 1890 durch Leitfähigkeitsmessungen und die Methode der Gefrierpunkterniedrigung und Siedepunkterhöhung eindeutig den monomeren Charakter der Cobaltammin-Komplexe. Von da an galt für die Ammincobalt(III)-chloride die Formel $CoCl_3 \cdot 6NH_3$, deren Struktur Jørgensen so beschrieb [32]:

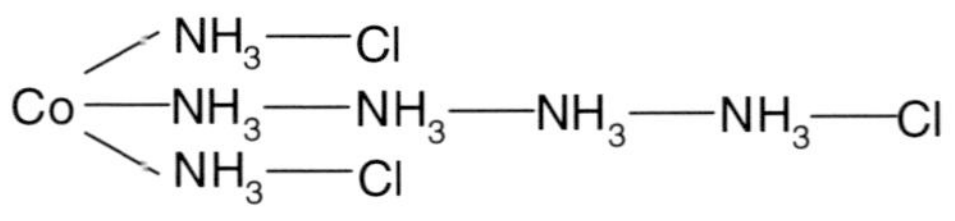

Zudem integrierte er eine Erklärung für die unterschiedlichen Fällungsverhältnisse der Chloride in die Kettentheorie, indem er die Entfernung der Chloridgruppen zum Cobalt-Atom entsprechend anpasste. Wenn es also beispielsweise möglich war, das erste Chlorid schon in der Kälte durch Zugabe von Silbernitrat-Lösung auszufällen und bei den anderen beiden drastischere Bedingungen nötig sind, so kam dies nun in der Konstitutionsvorstellung durch die variierende Entfernung der Chloride zum Cobalt-Atom zum Ausdruck. Seine Konstitutionsformeln für die Cobaltammin-Komplexe zeigen: je größer der Abstand zwischen Cobalt-Atom und Chlorid war, desto weniger Einfluss hatte das Metall-Atom auf das Halogen-Teilchen (vgl. Abb. 7.22).

| **Formel** | | **Struktur** |
|---|---|---|
| 1. | $CoCl_3 \cdot 6NH_3$ | 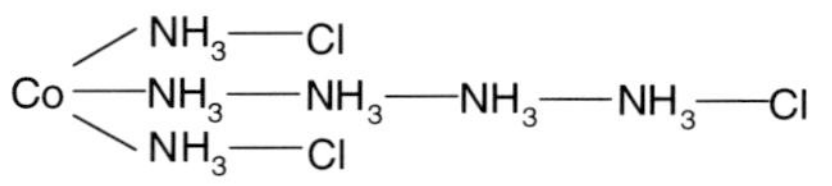 |
| 2. | $CoCl_3 \cdot 5NH_3$ | 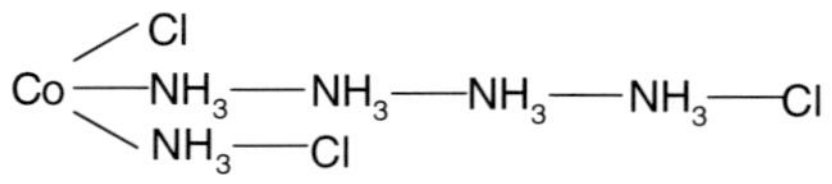 |
| 3. | $CoCl_3 \cdot 4NH_3$ | 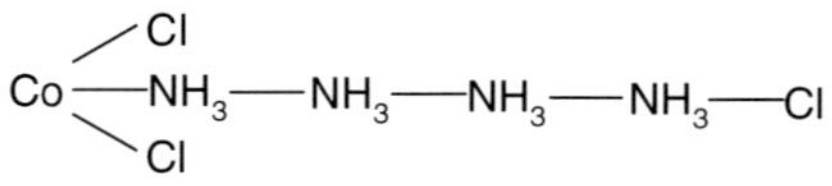 |
| 4. | $CoCl_3 \cdot 3NH_3$ | 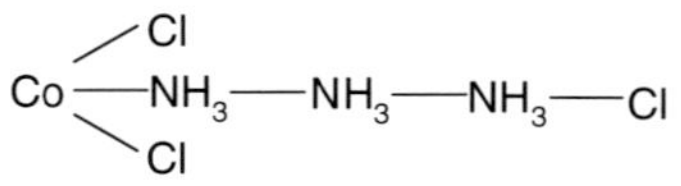 |

**Abb. 7.22.** Strukturvorschläge zu Chloroammincobalt(III)-Komplexen nach Jørgensen [32]

Diese Modifikationen verbesserten die Kettentheorie enorm, dennoch blieben einige Phänomene ungeklärt: Warum tauchten so häufig 6 Ammoniakgruppen auf und beispielsweise nicht 8 oder 10? Warum gab es nicht auch bei den Ammoniakgruppen chemische Unterschiede aufgrund ihres Abstandes vom Cobalt-Atom, wie sie bei den Chloriden zu finden waren? Warum fällt ein direkt an das Cobalt-Atom gebundenes Chlorid nicht mit Silbernitrat aus?

Trotz dieser noch offenen Fragen lässt sich dennoch rückblickend sagen, dass die Blomstrand-Jørgensen-Theorie der Cobaltammin-Komplexe sich im Zeitalter der Valenzlehre von dieser abwandte und zu erfolgreicheren Wegen der Interpretation gelangen konnte. Anzumerken ist, dass die Kettentheorie durch die zahlreichen Versuche und Bemühungen ihrer größten Verfechter selbst mehr und mehr in Frage gestellt wurde. Darüber hinaus diente sie zunächst auch als Grundlage für die Koordinationstheorie von Werner (1866–1919), deren Herleitung und wichtigste Prinzipien im folgenden Abschnitt dargestellt sind.

**Alfred Werner.** Eine vollkommen neue Herangehensweise an das Problem geschah 1892 durch Werner, einen erst kurz zuvor ernannten Professor der Universität Zürich. Werner wurde in der elsässischen Stadt Mühlhausen geboren, kurz bevor die Region 1871 von Frankreich an Deutschland abgetreten werden musste. Er leistete seinen einjährigen Militärdienst in Karlsruhe und begann anschließend sein Studium am Polytechnikum, der heutigen ETH in Zürich. Nach seinem Studium blieb er an der Universität. Dabei war er zu Anfang Assistent von Lunge (1839–1923) und promovierte unter Hantzsch (1857–1935). 1890 veröffentlichte er seine Dissertation zum Thema „Stereochemie von organischen Stickstoffverbindungen". Nach weiteren Studien bei Berthelot (1827–1907) in Paris kehrte Werner nach Zürich zurück und erlangte in kürzester Zeit eine Professur an der dortigen Universität [33].

Der junge Professor Werner verglich die chemischen Eigenschaften einzelner Serien von Koordinationsverbindungen miteinander, die schon seit längerem bekannt waren. Vor allem Jørgensens empirische Arbeiten zur Verifizierung der Kettentheorie brachten ihn dabei auf den richtigen Weg zur Formulierung seiner Koordinationstheorie. Der entscheidende Gedanke kam ihm in einem Traum:

> *„Er wachte in einer Dezembernacht des Jahres 1892 gegen 2.00 Uhr auf, das Konzept klar vor seinen Augen. Er stand auf und schrieb – unterstützt von einigen Tassen Kaffee – bis 17.00 Uhr des nachfolgenden Tages jene Arbeit, die auch heute noch als grundlegend für die moderne Komplexchemie angesehen wird"* [33].

Werner brach in dieser Arbeit, die als „Beitrag zur Konstitution anorganischer Verbindungen" [18] veröffentlicht wurde, mit den alten Beschränkungen der Valenzlehre. Denn er erkannte, dass alle Elemente neben der Valenzzahl noch eine weitere Bindungsgröße – die Koordinationszahl – besaßen, die sich fast immer von der Valenzzahl unterschied. Nur bei Kohlenstoff-Atomen waren beide Zahlen zufällig identisch, so dass

*„das Zusammenfallen der beiden Zahlenwerte beim Kohlenstoff die Differenzierung beider Begriffe verhindert hatte" [35].*

Auf dieser Entdeckung basierte auch seine Koordinationstheorie. Darin ging er von einer räumlichen Anordnung der verschiedenartigsten Atome bzw. Moleküle, die später als Liganden bezeichnet wurden, um ein zentrales Metall-Teilchen aus. Die maximale Ligandenzahl, die charakteristisch für das Zentralteilchen ist, nannte er Koordinationszahl. Die koordinativ gebundenen Liganden hatten keinen ionischen Charakter, sondern waren nach seinen Vorstellungen fest mit dem Koordinationszentrum „verkettet". Neben diesem auch als „innere Sphäre" bezeichneten Komplex, der durch eckige Klammern gekennzeichnet wurde, gab es noch die „äußere Sphäre". Diese beinhaltete Ionen, die für einen Ladungsausgleich des Komplexes sorgten. Der maximale Betrag dieser Ionen, der heutzutage mit der Oxidationszahl gleichzusetzen ist, entsprach der jeweiligen Valenzzahl.

Diese Theorie, die nur durch systematisches Vergleichen von experimentellen Ergebnissen anderer Chemiker – wie Blomstrand, Jørgensen und weiteren – entwickelt worden war, ohne bis dahin selbst in diesem Bereich Experimente durchgeführt zu haben, brach mit den früheren Traditionen. Vor allem die namentlich genannten Chemiker waren es, die Werner für einen impulsiven Neuling in der Anorganischen Chemie hielten und seine Theorie als kühne Fiktion ansahen. Daher verbrachte er den Rest seines Lebens damit, in experimenteller Arbeit seine intuitiv entwickelte Theorie zu beweisen. Die nun folgenden Beweise geben nur einen kleinen Teil seiner Arbeiten wieder, aber sie zeigen seine Genialität bei der Überprüfung seiner Theorien mit den damaligen noch sehr einfachen Analysemethoden.

In seinem Werk „Neuere Anschauungen auf dem Gebiet der anorganischen Chemie" [35] unternimmt Werner eine systematische, experimentelle Überprüfung seiner oben beschriebenen Koordinationstheorie. In seinen Ausführungen kommt hinsichtlich der Bindungsfragen zum Ausdruck, dass er die „Affinität" als Kraftwirkung zwischen Atomen postuliert: „Die Valenzeinheit sei ein als Einzelkraft wirkender, zum Zusammenhalt zweier Atome in einem Molekül genügender Bruchteil der Affinität eines Atoms … Restbeträge von Affinität können ungesättigt sein" [35]. Solche in heutiger Sprache formulierten gerichteten und ungerichteten Bindekräfte zwischen den Atomen spielten allerdings eine untergeordnete Rolle – die Strukturen der Moleküle waren Werner wichtiger.

Er begann dabei mit der sorgfältigen Auflistung von bekannten Ammin-Komplexen, unter anderem fand er die Serie der Ammin-Cobaltnitrite (vgl. Tab. 7.3). Um seine theoretischen Strukturvorstellungen von einer „inneren und äußern Sphäre" zu verifizieren, untersuchte er zusammen mit Miolati [36], der ebenfalls unter Hantzsch studiert hatte, im Jahre 1894 die elektrische Leitfähigkeit dieser Serien von Komplexverbindungen (vgl. Abb. 7.23). Ihre Arbeiten beruhten auf den Theorien von Hittorf, der gezeigt hatte, dass die Äquivalenzleitfähigkeit eines Elektrolyten gleich der Summe der Leitfähigkeiten der Anionen und der Kationen ist [37]. Damit

**Tab. 7.3.** Auflistung einer Serie von Ammin-Cobaltnitriten [28]

| Werners Formulierung | damalige Bezeichnung |
|---|---|
| $[Co(NH_3)_6](NO_2)_3$ | *Luteo*-Cobaltnitrit |
| $[Co(NH_3)_5(NO_2)](NO_2)_2$ | *Xantheo*-Cobaltnitrit |
| $[Co(NH_3)_4(NO_2)_2](NO_2)$ | *Croceo*-Cobaltnitrit |
| $[Co(NH_3)_3(NO_2)_3]$ | Hexammincobaltnitrit |
| $[Co(NH_3)_2(NO_2)_4]K$ | Erdmann'sches Salz |
| $[Co(NH_3)(NO_2)_5]K_2$ | unbekannt |
| $[Co(NO_2)_6]K_3$ | Fischer'sches Salz |

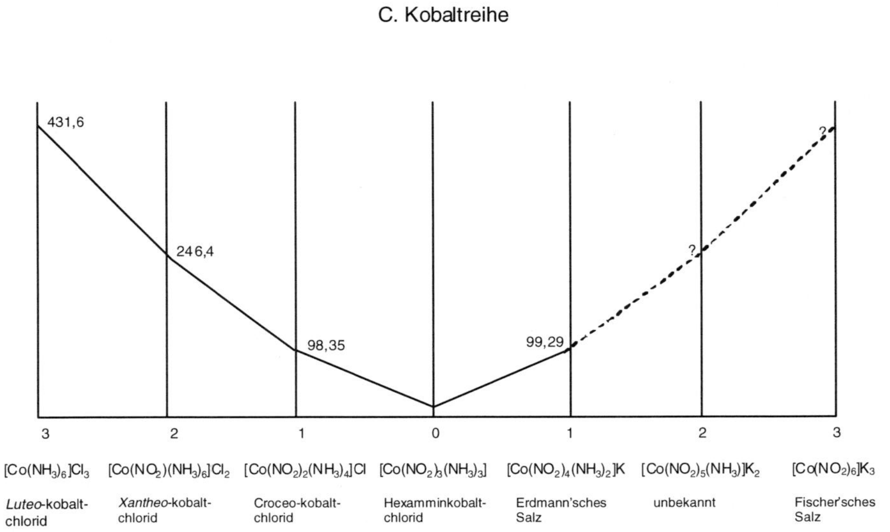


**Abb. 7.23.** Ergebnisse der Leitfähigkeitsmessungen an Cobaltammin-Komplexen [36]

war es möglich geworden, die Ionenzahl in einem Elektrolyten zu bestimmen – und es entsprachen die für die Komplexe der Typen $[Co(NH_3)_6]An_3$, $[Co(NH_3)_5A]An_2$ und $[Co(NH_3)_4A_2]An$ (An = Anion) erhaltenen Leitfähigkeiten einer Dissoziation in vier, drei bzw. zwei Ionen.

Diese empirischen Befunde deckten sich nicht nur mit Werners Vorstellung von einer „inneren und äußeren Sphäre eines Komplexes", sondern konnten auch mit der Kettentheorie erklärt werden. Lediglich die fehlende ionische Leitfähigkeit bei der neutralen Verbindung $[Co(NH_3)_3An_3]$ stimmte zwar mit den Vorstellungen von Werner überein, blieben aber mit der Strukturauffassung eines Dissoziationsgleichgewichts von Blomstrand und Jørgensen unerklärlich [24]:

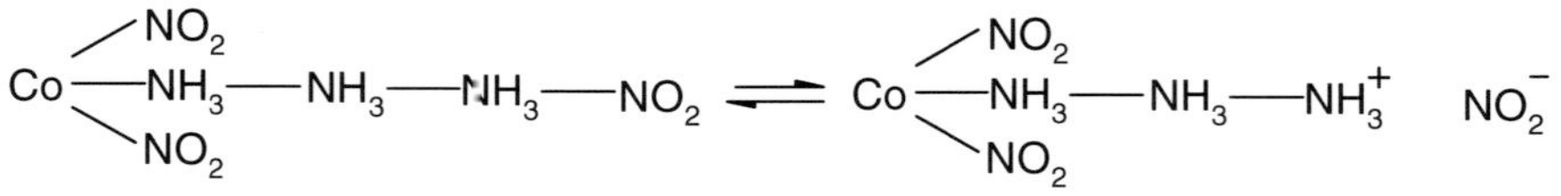

Nachdem sich die Vorstellung der Koordinationssphäre nun als zutreffend erwiesen hatte, standen die anschließenden Forschungen ganz im Zeichen der Geometrie der Koordinationsverbindungen. Dies ist hinsichtlich seiner zuvor genossenen Ausbildung in der organischen Stereochemie unter seinem Doktorvater Hantzsch nicht sehr überraschend [24].

Wie Jørgensen und Blomstrand sah auch Werner das Metall-Atom als zentrale Einheit an – doch im Gegensatz zu den beiden Skandinaviern ging er von einer räumlichen Anordnung um das zentrale Metall-Atom aus. Damit ergaben sich für die von ihm immer wieder gefundene Koordinationszahl von sechs Molekülen bzw. Ionen um das zentrale Metall-Teilchen verschiedene räumliche Anordnungsmöglichkeiten. Eine oktaedrische, eine hexagonal planare und eine trigonal prismatische Geometrie war dabei möglich [24]:

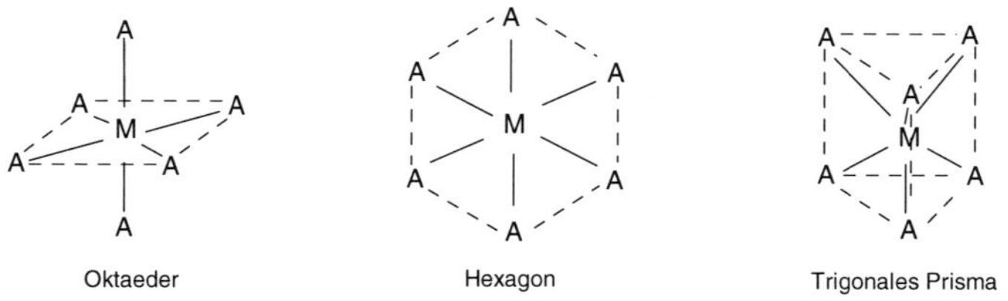

Werner versuchte, seine theoretischen Vorhersagen aller drei möglichen Anordnungen experimentell durch vorbestimmte Synthesewege zu beweisen. Dabei bediente er sich der Synthese von Komplexen des Typs $MA_4B_2$, wobei A und B zwei unterschiedliche Arten von Liganden darstellen. Für diesen Komplextyp postulierte Werner zwei mögliche Konfigurationen im Falle einer oktaedrischen Anordnung und jeweils drei Isomere bei hexagonaler bzw. trigonal prismatischen Anordnung [24]:

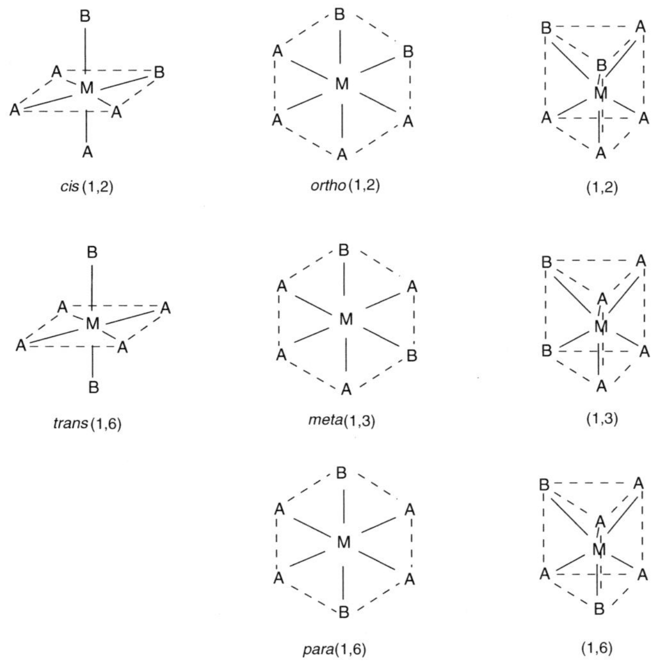


Ein experimenteller Beweis hinsichtlich der Konstitution einer $MA_4B_2$ Verbindung wurde schon 1890 von Jørgensen erbracht. Er stellte nämlich zwei unterschiedliche Cobalt(III)-Verbindungen mit je zwei Molekülen Ethylendiamin (mehrzähniger Ligand = Chelatligand) anstelle von vier Molekülen Ammoniak her. Dabei war das eine Isomere - das *Praseo*-Salz - grün gefärbt und das andere - das *Violeo*-Salz – violett gefärbt. Trotz ihrer unterschiedlichen Färbung ähnelten sie sich hinsichtlich ihrer chemischen Eigenschaften sehr stark. Nach Jørgensen lag der Unterschied der beiden in ihrer Struktur, und er beschrieb dies mit den folgenden Formeln [38]:

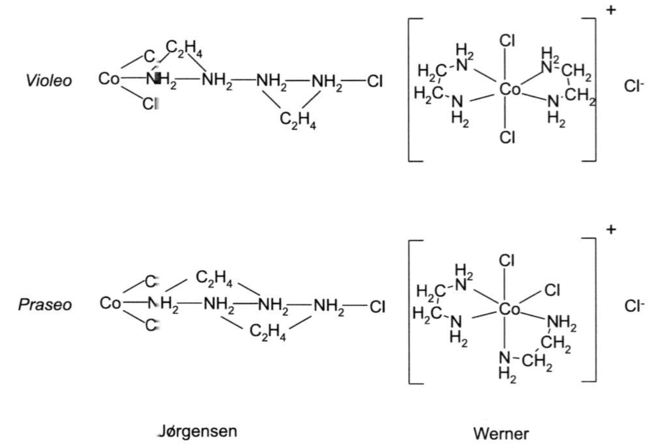


Werner erklärte das Auftreten dieser beiden unterschiedlichen Verbindungsformen durch ihre verschiedenartigen Anordnungen innerhalb der Koordinationssphäre. Da dieses Phänomen auch mit der Kettentheorie gedeutet werden konnte, konzentrierten sich die anschließenden Untersuchungen Werners auf die Synthese eines Verbindungstyps $MC_2D_4$, wobei es sich bei C und D um einzähnige Liganden handeln sollte. Die Herstellung war jedoch wesentlich schwieriger als gedacht – erst im Jahre 1907 gelang Werner der Durchbruch: die Synthese des äußerst instabilen *Violeo*-Salz-Isomers [*cis*-dichloro-tetra-ammincobalt(III)] und des entsprechenden *Praseo*-Salz-Isomers [*trans*dichlorotetraammincobalt(III)], welches wesentlich unempfindlicher ist und schon seit etwa 50 Jahren bekannt war [24]:

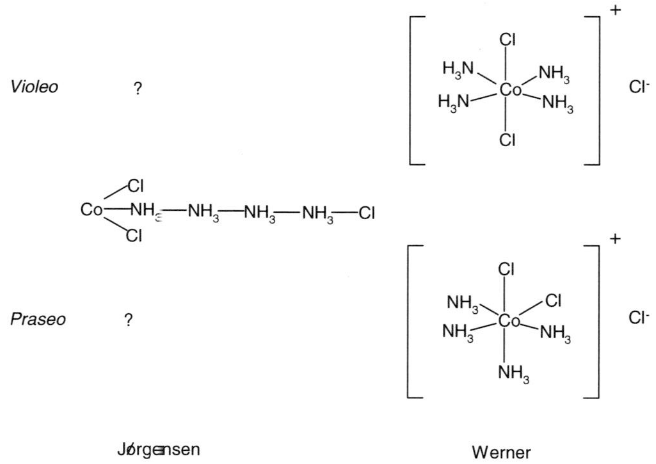

Dieser Beweis brachte noch Jørgensen im gleichen Jahr endgültig dazu, seine Interpretationen über die Konstitution von Koordinationsverbindungen als Fehlvorstellungen anzusehen.

In weiteren Versuchen konnte wiederum gezeigt werden, dass diese Art von Isomerie auch auf andere Koordinationsverbindungen wie mit Platin oder Chrom als Zentral-Atom übertragbar war. Diese *cis-trans*-Isomerie wurde später auch für die Verbindungen des Typs $MC_2D_2$ mit quadratisch-planarer Anordnung um das Metall-Atom gefunden. Selbstverständlich konnte diese Isomerieart nicht bei tetraedisch angeordneten Komplexen gefunden werden, da dort die Lage aller Liganden zueinander identisch ist.

Die Vorhersagen über die Anzahl möglicher isomerer Formen von sechsfach oder vierfach koordinierten Komplexverbindungen bestätigten Werners Strukturvorstellungen jedoch nicht eindeutig. Denn die mehrstufigen Synthesen zum Erhalt der *cis-trans*-Isomere schlossen Umlagerungen innerhalb dieses Prozesses von der einen Form in die andere nicht vollkommen aus. Es dauerte noch in die Zwanziger Jahre des folgenden Jahrhunderts hinein, bis eine unmittelbare Strukturaufklärung möglich war, etwa anhand röntgenographischer Analysemethoden.

Werner löste das Problem dennoch. Er erkannte nämlich, dass es optische Isomere für das cis-Isomer geben müsse, die zwei oder drei Chelatliganden tragen. Deshalb versuchte er, mit der Synthese von optisch aktiven Metallkomplexen und deren Trennung die Richtigkeit seiner Annahmen auf direktem Wege zu beweisen. Bei einem Komplex mit zwei Chelatliganden müssten zwei optische Antipoden für das *cis*-Isomer existieren [34]:

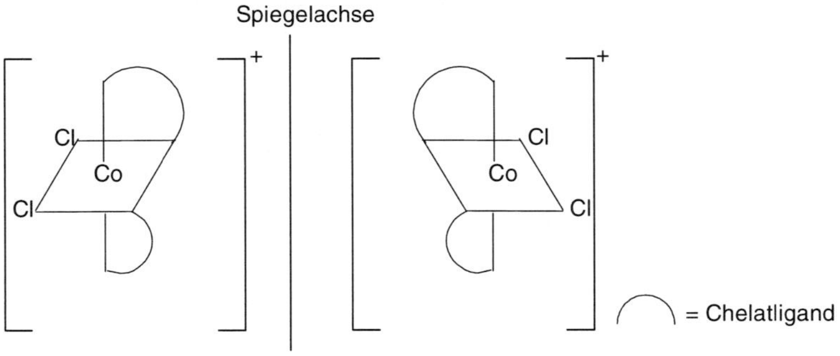


Dessen trans-Verbindung dagegen müsste symmetrisch gebaut und somit optisch inaktiv sein:

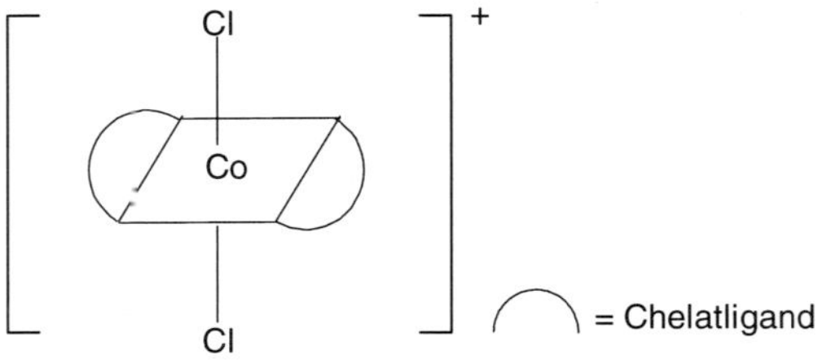


Die Aufklärungsarbeiten dazu gestalteten sich jedoch viel schwieriger als erwartet. Nach über 2000 Fehlversuchen gelang im Jahre 1911 Werners amerikanischem Doktoranden King (1886–1985) die Synthese und die Trennung eines solchen Komplextyps [39]:

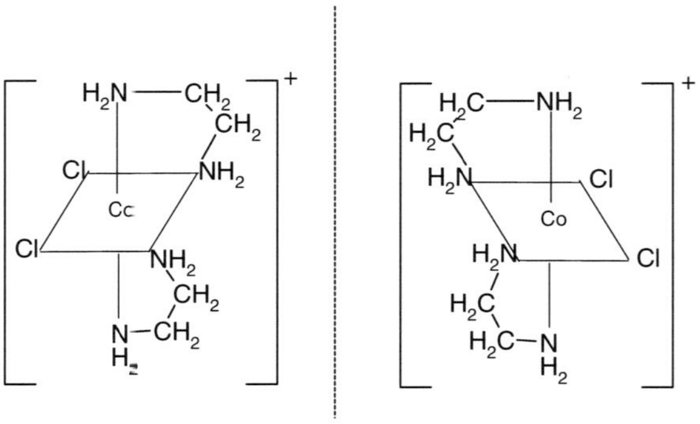


Diese Salze zeigten in der Tat eine starke optische Aktivität. Damit war ihm mit den damals zur Verfügung stehenden Möglichkeiten der unmittelbare Beweis für die Geometrie der Koordinationsverbindungen gelungen: im Falle der Koordinationszahl 6 liegt jeweils eine oktaedrische Anordnung der Liganden zugrunde.

In den restlichen fünf Jahren bis zu Werners Tod im Jahr 1919 gelang seiner Arbeitsgruppe die Synthese von 40 weiteren optisch aktiven Verbindungen. Für seine bahnbrechenden Entdeckungen, die er trotz noch nicht entwickelter Einkristall-Röntgenstrukturanalyse-Methoden mithilfe eleganter nasschemischer Synthesewege und deren Interpretation gemacht hatte, erhielt er 1913 als erster Anorganiker den Nobelpreis für Chemie.

Im abschließenden Abschnitt wird nur noch ein kleiner Einblick in die weitere Entwicklung der Koordinationschemie gegeben, da die Komplexchemie innerhalb von 80 Jahren eine so starke Expansion erlebt hat, dass eine ausführliche Behandlung der Weiterentwicklungen den Rahmen sprengen würde.

**Weitere Entwicklungen in der Koordinationschemie.** Nach dem Tod Werners, der innerhalb von 25 Jahren bis zum Jahre 1919 die Entwicklung der Koordinationslehre im rasanten Tempo voran getrieben hatte, machten sich damalige Chemiker in der ersten Zeit daran, seine Theorien zu erweitern und experimentell abzusichern.

Vor allem sein Student Pfeiffer (1875–1951) hob sich dabei hervor. Durch seinen Brückenschlag zwischen der Komplexgeometrie und den Kristallgitterstrukturen gab er den entscheidenden Anstoß zu ersten Einkristall-Röntgenstrukturanalysen an Komplexverbindungen [40]. Ein erster Strukturbeweis gelang Wyckoff (1897–1994) und Posnjak (1888–1949) erstmals 1921 für den oktaedrisch-koordinierten Komplex $(NH_4)_2[Pt(Cl_6)]$ [40]. Nur ein Jahr später wies Dickinson (1894–1945) auf diese Art die quadratisch-planare Koordination von $Pt^{2+}$-Ionen in $K_2[PtCl_4]$ nach [40]. Damit konnte die Hypothese Werners von einer räumlichen Anordnung der Liganden um ein zentrales Metall-Teilchen unmittelbar untermauert werden.

Der Fortschritt war auch in anderen Bereichen der Chemie zu erkennen. Dabei ist vor allem die Entwicklung der theoretischen Chemie zu nennen und dort im Besonderen die der Bindungslehre. Werner musste zu seiner Zeit die „Nebenvalenzen" postulieren, um die Bindung neutraler Moleküle an ein Zentralteilchen erklären zu können. Ebenfalls war es ihm nicht möglich, die Anzahl der Nebenvalenzen, die bei einem bestimmten Zentralteilchen in Anspruch genommen werden, zu klären. Dabei erkannte er, dass die damalige Valenzlehre für Verbindungen 2. Ordnung unzureichend war. An dieser Stelle wurde wiederum seine Weitsicht deutlich, wenn man sich vor Augen führte, dass erst fünf Jahre nach dieser Erkenntnis Werners das Elektron entdeckt wurde und es weitere 15 Jahre dauerte, bis Bohr (1885–1962) das Modell vom Wasserstoff-Atom entwickelt hatte. Trotz dieser Fortschritte in der theoretischen Chemie waren die Bindungsverhältnisse in Koordinationsverbindungen immer noch unerklärlich, wie man seiner Nobelpreisrede von 1913 entnehmen kann:

> *„Nachdem im vorhergehenden einige der Hauptgebiete skizziert worden sind, auf denen die Koordinationstheorie mit ordnender Hand eingegriffen und ein System in die fast unübersehbare Mannigfaltigkeit der im Laufe der Zeit angesammelten Verbindungen höherer Ordnung gebracht hat, mag noch mit einigen Worten auf die Art der Affinitätswirkung eingegangen werden, welche die Bildung dieser Verbindungen veranlasst. Ich habe diese Affinitätswirkungen Nebenvalenzen genannt, zur Unterscheidung von den als Hauptvalenzen bezeichneten Affinitätswirkungen, welche die Entstehung der Verbindungen erster Ordnung bedingen. Trotz der Reichhaltigkeit des experimentellen Materials ist es auch heute noch nicht möglich, in vollkommen scharfer Weise den Unterschied zu*

*charakterisieren, der zwischen den beiden Valenzarten besteht. Die neusten Untersuchungen haben aber gezeigt, dass ein prinzipieller Unterschied zwischen Haupt- und Nebenvalenzen nicht besteht und dass beide Valenzarten für den Zusammenhalt der Atome in den Molekülen vollständig gleiche Bedeutung haben" [27].*

Erst mit der Entwicklung der Quantenmechanik Anfang der zwanziger Jahre des vorigen Jahrhunderts war der Grundstein zur Entwicklung von Bindungsmodellen und die damit verbundene Erklärung zahlreicher Eigenschaften gelegt. Die darauf basierende Deutung der Bindung in Koordinationsverbindungen wurde erstmals 1923 von Sidgwick (1873–1952) vorgenommen [41]. Aufbauend auf den Vorstellungen von Lewis (1875–1946) ging er davon aus, dass Liganden, ob Molekül oder Ion, in der Lage sind, Verbindungen mit dem Zentral-Atom einzugehen, indem Ligandenatome als Donoratome jeweils ein Elektronenpaar zur Verfügung stellen. Zu dieser „koordinativen Elektronenpaarbindung" stellte Sidgwick fest, dass in den meisten Fällen das Zentral-Atom jeweils von 18 Elektronen umgeben ist: dadurch erreicht das Zentral-Atom den Edelgaszustand. Werner hatte dazu noch 1893 formuliert, dass sämtliche Haupt- und Nebenvalenzen abgesättigt seien. Mit Hilfe dieser so genannten 18-Elektronen-Regel lässt sich auch heute noch in vielen Fällen auf einfache Weise die Zusammensetzung einer zu synthetisierenden Koordinationsverbindung voraussagen.

Eine Erweiterung dieser Überlegungen geschah durch Pauling (1901–1994), der im Jahr 1939 das bekannte Hybridisierungsmodell („Kästchenmodell") einführte, welches anschließend zwei Jahrzehnte lang den Chemikern als Grundlage zur Deutung von Komplexen diente. Paulings Verdienst war es dabei, einen Zusammenhang zwischen dem Magnetismus und der Struktur von Koordinationsverbindungen zu postulieren. Trotz dieses Fortschritts versagte das Hybridisierungsmodell vollkommen bei der Deutung der Farbigkeit von Koordinationsverbindungen. Dabei ist gerade diese das auffälligste Merkmal zahlreicher Komplexe [39].

Eine andere Betrachtungsweise der koordinativen Bindung entwickelte sich während und nach dem zweiten Weltkrieg [42]. Der Grundgedanke war, dass zentrale Metall-Teilchen einen kationischen Charakter haben und von Liganden umgeben werden, welche Anionen oder Dipolmoleküle sind. Dadurch entsteht eine elektrostatische Affinität durch Ion-Ion- oder Ion-Dipol-Wechselwirkung zwischen Zentralteilchen und Liganden. Diese so genannte Ligandenfeldtheorie hat ihren Ursprung in den Theorien von Bethe (1906–2005) und Vleck (1899–1980) und wurde durch Arbeiten von Ilse und Hartmann (1914–1980) sowie von Orgel (1927), Nyholm (1917–1971) und anderen stetig erweitert. Mit der Ligandenfeldtheorie war es endlich möglich, spektroskopische Eigenschaften von Komplexen zu begründen, was zuvor mit dem Hybridisierungsmodell nicht gelungen war.

Trotzdem hatte auch diese Theorie ihre Grenzen, denn sie konnte nicht auf Komplexe mit vorwiegend kovalentem Bindungscharakter, wie er unter anderem in Carbonylkomplexen zu finden ist, angewendet werden. Es hatte sich gezeigt, dass Carbonylkomplexe oftmals ungeladene Metall-Atome als Zentralteilchen beinhalteten. Damit war eine elektrostatische Wechselwirkung als Bindungskraft zwischen Liganden und Zentralteilchen schwieriger zu erklären und widersprach der Vorstellung der Ligandenfeldtheorie – eine neue modifizierte Deutungsmöglichkeit wurde gesucht.

Diese fand man in der schon zu Beginn der dreißiger Jahre von Mulliken (1896–1986), Hund (1896–1997) und Lennard-Jones (1894–1954) entwickelten Molekülorbitaltheorie, die sowohl elektrostatische Wechselwirkungen als auch kovalente Bindungen zwischen Zentralteilchen und Liganden berücksichtigte. Demnach ist die Molekülorbitaltheorie die allgemeingültige Methode zur Beschreibung der Bindungsverhältnisse zwischen Zentral-Atom und Liganden. Doch aufgrund sehr umfangreicher Rechenschritte bei der Anwendung dieser Theorie konnte deren Potential erst mit der Entwicklung leistungsfähiger Computer ab den Fünfziger Jahren des vorigen Jahrhunderts ausgeschöpft werden und wird bis in die heutige Zeit noch weiter entwickelt.

## 7.11 Unterrichtsvorschlag zu Komplexreaktionen

Die hier vorliegende Unterrichtskonzeption soll ein Angebot von Frank BÄUERLE und Mark KRASENBRINK [20] sein, die Komplexchemie für den Chemieunterricht der Sekundarstufe II zu thematisieren. Dabei ist die Unterrichtsreihe so angelegt, dass parallel zur Einführung der Stoffklasse „Komplexverbindungen" die Möglichkeit gegeben werden soll, verschiedene zuvor vermittelte Themen der Chemie zu vertiefen und gleichzeitig das früher Gelernte anzuwenden. Damit kommt dieses Unterrichtskonzept der Forderung nach, „vernetztes Lernen" zu realisieren: Die Schüler und Schülerinnen erkennen, dass die zuvor erlernten Inhalte keine in sich geschlossenen Module darstellen, sondern sich gegenseitig ergänzen.

Ihnen soll auch die Möglichkeit gegeben werden, für sie neue Phänomene – so weit es möglich erscheint – auf der Grundlage ihres bestehenden Wissens zu erklären. Zu diesem Zweck ist dieses Unterrichtskonzept historisch-problemorientiert aufgebaut [21]. Das heißt, die Lernenden gehen von Phänomenen aus, die sie mit den bisher vorhandenen Modellvorstellungen zur Deutung und Prognose chemischer Eigenschaften und ihres Reaktionsverhaltens nicht erklären können. Durch ihnen schon bekannte analytische Methoden sollen sie dann schrittweise selbst ein Modell entwickeln, das eine Erklärung für die eigentlich „unerklärlichen Phänomene" liefert. Dabei kommt es nicht darauf an, den aktuellen Stand der chemischen Forschung in die Schule zu übertragen, sondern vielmehr darauf, den Schülern und Schülerinnen ein möglichst selbst entwickeltes Verständnis der Komplexchemie zu ermöglichen. Dabei lässt sich das hier vorliegende Konzept grob in folgende Teilschritte gliedern:

1. Experimentelle Phänomene der Komplexbildung und deren erste Deutungen
2. Qualitative Untersuchung der Zusammensetzung von Komplexverbindungen
3. Quantitative Untersuchung und räumliche Strukturen von Komplexverbindungen
4. Reaktionsverhalten von Komplexverbindungen

**Tetrahydroxoaluminat-Bildung.** Als Einstieg in das Thema Komplexchemie eignet sich in besonderer Weise der phänomenologische Zugang. Letztlich waren es vor mehr als 100 Jahren ebenfalls nicht zu erklärende Phänomene, die damalige Chemiker zum Nachdenken über diese offenbar neue Stoffklasse brachten. Die Lernenden kennen bisher die Begriffe zur Löslichkeit und wissen, dass es Stoffe gibt, die gut löslich, unlöslich und schwer löslich sind. Zu schwer löslichen Salzen seien auch Fällungsreaktionen aus geeigneten Salzlösungen und das Löslichkeitsprodukt bekannt, etwa die Bildung von Silberchlorid aus Lösungen von Natriumchlorid- und Silbernitrat-Lösung und die quantitative Beschreibung der Löslichkeit des Silberchlorids.

Zu den schwerlöslichen Salzen gehört auch das Aluminiumhydroxid. Fällt man es aus Aluminiumchlorid-Lösung und Natronlauge aus (V7.30), so wird man zunächst nicht staunen, wenn ein weißer gelartiger Niederschlag ausfällt: er wird als das feste Aluminiumhydroxid interpretiert. Werden parallel dazu aus entsprechenden Lösungen braunes Eisenhydroxid und grünes Kupferhydroxid ausgefällt (V7.30), dann sind auch diese Fällungen ähnlich zu interpretieren.

Anschließend werden die Schüler und Schülerinnen aufgefordert, Hypothesen zu äußern, was bei weiterer Zugabe von Natronlauge zu beobachten sein würde. Vermutlich werden die Hypothesen mehr oder weniger einheitlich aussagen, dass eine größere Substanzmenge an Metallhydroxiden ausfällt bzw. keine Reaktion mehr zu beobachten ist, sobald nahezu alle vorgelegten Metall-Ionen in den Niederschlägen gebunden sind.

Zur Prüfung der Hypothesen wird die Zugabe von Natronlauge zu allen drei Metallsalz-Lösungen fortgesetzt (V7.30). Dabei kommt es zu Verstärkungen der Eisenhydroxid- und Kupferhydroxid-Niederschläge. Doch das zuvor gefällte Aluminiumhydroxid löst sich erstaunlicherweise wieder auf und es bleibt eine klare Flüssigkeit zurück.

Aufgrund des so erzeugten kognitiven Konflikts bedarf es vermutlich keines Impulses durch den Lehrer, um anhand der Beobachtungen in ein Unterrichtsgespräch über das unerwartete Reaktionsverhalten einzusteigen. Die Schülerinnen und Schüler können mögliche Reaktionen dazu formulieren, es werden u. A. folgende Vorschläge erwartet:

$$Al(OH)_3\,(s) + OH^-(aq) \rightarrow Al(OH)_4^-\,(aq)$$

$$Al(OH)_3\,(s) + 2\,OH^-(aq) \rightarrow Al(OH)_5^{2-}(aq)$$

$$Al(OH)_3\,(s) + 3\,OH^-(aq) \rightarrow Al(OH)_6^{3-}(aq)$$

Ohne weitere Informationen kann nicht entschieden werden, welche dieser theoretisch möglichen Reaktionen tatsächlich stattfindet. Anhand der vermuteten Reaktionen wird aber überlegt, wie mit verfügbaren Geräten und Methoden überprüft werden kann, welche der möglichen Anionen sich bildet. Die Jugendlichen erkennen leicht die unterschiedliche Anzahl an $OH^-(aq)$-Ionen, die je nach Reaktionsverlauf in die neu formulierten Anionen eingebaut werden können. Daher bietet sich die Beobachtung des pH-Werts während der Reaktion an.

**pH-Titration.** Mit Hilfe der Titration einer bestimmten vorgelegten Stoffmenge an Aluminium-Ionen soll nun ermittelt werden, welche Stoffmenge an $OH^-(aq)$-Ionen an der Reaktion beteiligt ist. Dazu wird beobachtet, wie viel Natronlauge hinzu gegeben werden muss, bis es zu einem starken Anstieg des pH-Werts kommt, bis also keine $OH^-(aq)$-Ionen mehr umgesetzt werden, sondern frei in Lösung verbleiben. Dieser Versuch eignet sich auch als Schülerexperiment.

Bei der Titration der sauren Aluminiumchlorid-Lösung kommt es zunächst deutlich sichtbar zur Hydroxidfällung (V7.31). In dem Moment, in dem sich bei weiterer Titration der weiße Hydroxidniederschlag vollständig aufgelöst hat, ist ein starker Anstieg des pH-Werts beobachtbar. Es wird damit deutlich, dass offensichtlich keine diesbezüglichen Reaktionen von $OH^-$-Ionen mehr stattfinden: jede weitere Zugabe von Natronlauge führt direkt zur Anhebung des pH-Werts.

Die vorgelegte Masse von 1 g Aluminiumchlorid ($AlCl_3 \cdot 6H_2O$) entspricht der Stoffmenge von 4,14 mmol. Die Beobachtungen zeigen, dass die zum Zeitpunkt der vollständigen Auflösung des Niederschlags zugegebene Menge an 2-molarer Natronlauge 19,6 mL beträgt:

$$n = V \cdot c = 0{,}0196L \cdot 2\frac{mol}{L} = 39{,}2mmol.$$

Für die Neutralisation der vorgelegten 10 mL 2-molaren Salzsäure (20 mmol $H^+$(aq)-Ionen) wären 20 mmol $OH^-$(aq)-Ionen erforderlich gewesen. Daraus folgt, dass nach Abzug der für diese Neutralisation erforderlichen $OH^-$-Ionen noch folgende Stoffmenge für die Reaktion zur Verfügung steht:

$$n(OH^-) = 39{,}2 \text{ mmol} - 20 \text{ mmol} = 19{,}2 \text{ mmol } OH^-\text{-Ionen.}$$

Zum Zeitpunkt der vollständigen Auflösung des Niederschlags wurde der pH-Wert 11,92 gemessen (V7.31). Damit beträgt der pOH-Wert 14–11,92 = 2,08, und es folgt für die Konzentration der $OH^-$(aq)-Ionen zum Zeitpunkt der vollständigen Auflösung des Niederschlags:

$$c[OH^-] = 8{,}32 \cdot 10^{-3} \frac{mol}{L}.$$

Das Gesamtvolumen beträgt nach Zugabe der Natronlauge V = 29,6 mL. In der Vorlage befindet sich nach der Titration also folgende Stoffmenge an $OH^-$(aq)-Ionen:

$$n(OH^-) = 8{,}32 \cdot 10^{-3} \frac{mol}{L} \cdot 29{,}6 \cdot 10^{-3} L = 0{,}246 mmol.$$

Diese Stoffmenge an $OH^-$(aq)-Ionen kann, da sie noch frei in Lösung vorliegt, nicht an der Bildung des Reaktionsprodukts beteiligt sein. Reagiert hat demnach die Differenz aus zugegebenen $OH^-$-Ionen abzüglich derer für die Neutralisation benötigten und abzüglich der nach Abschluss der Reaktion noch durch pH-Wert-Messung nachweisbaren Konzentration an Hydroxid-Ionen:

$$\Delta(OH^-) = 19{,}2 mmol - 0{,}246 mmol = 18{,}96 mmol.$$

Welche Verbindung sich gebildet hat, lässt sich nun abschätzen, nachdem als mögliche Hypothesen die Reaktionen zu $Al(OH)_4^-$, $Al(OH)_5^{2-}$ oder $Al(OH)_6^{3-}$ -Anionen formuliert worden sind: Ausgehend von 4,14 mmol $Al^{3+}$-Ionen würden benötigt werden für die Bildung von

$Al(OH)_3$: 12,42 mmol $OH^-$-Ionen, für die Bildung von

$Al(OH)_4^-$: 16,56 mmol $OH^-$-Ionen, für die Bildung von

$Al(OH)_5^{2-}$: 20,70 mmol $OH^-$-Ionen, für die Bildung von

$Al(OH)_6^{3-}$: 24,84 mmol $OH^-$-Ionen.

Der ermittelte Wert 18,96 mmol lässt sich keinem dieser Werte zuordnen, sicher ist nur, dass für die Bildung von $Al(OH)_5^{2-}$ oder $Al(OH)_6^{3-}$ eine zu kleine Menge an $OH^-$-Ionen zur Verfügung standen. Im Rahmen der Fehlerbetrachtung erkennt man, dass sich $Al(OH)_4^-$-Anionen gebildet haben und dass Abweichungen auf Ungenauigkeiten der pH-Wert-Messung beruhen.

Es findet dementsprechend eine Reaktion von $Al^{3+}$(aq)- und $OH^-$(aq)-Ionen im Verhältnis 1:4 statt:

$$Al(OH)_3\,(s) + OH^-(aq) \rightarrow Al(OH)_4^-\,(aq) \text{ oder}$$

$$Al(OH)_3\,(s) + NaOH\,(aq) \rightarrow NaAl(OH)_4\,(aq)$$

Die stöchiometrische Zusammensetzung des neu gebildeten Anions lautet demnach $Al(OH)_4^-$, die beobachtete Bindefähigkeit für das zentrale Aluminium-Ion scheint die Zahl 4 zu sein – diese Zahl wird auch als Koordinationszahl benannt. Das gebildete Ion wird als Komplex oder als Komplexverbindung oder als komplexes Teilchen bezeichnet, die Begriffe Zentralatom oder Zentralion und Ligand bzw. Ligandenaustausch können jetzt eingeführt werden, auch die spezifischen eckigen Klammern für Symbole komplexer Teilchen. Die Namensgebung von Komplexen wird nach Studium der Fachliteratur verabredet: der diskutierte Komplex heißt Tetrahydroxo-aluminat(III)-Ion, die entsprechende Substanz Natrium-tetrahydroxoaluminat.

Es wird in diesem Zusammenhang auch auf die spezielle Bedeutung der Reaktion eingegangen: Zur Herstellung von Aluminium wird in einem ersten Schritt das Aluminiumhydroxid aus dem Mineral Bauxit herausgelöst und von verschiedenen anderen störenden Verbindungen getrennt, indem in Druckkesseln die diskutierte Reaktion mit Natronlauge durchgeführt wird. Nach der Filtration der Suspension liegt die Natrium-tetrahydroxoaluminat-Lösung zur weiteren Verarbeitung zu festem Aluminiumhydroxid und danach zu reinem Aluminiumoxid-Pulver vor. Daraus wird dann schließlich durch die Schmelzflusselektrolyse das Aluminium gewonnen.

**Metallammin-Komplexe.** Grundbegriffe wie Zentralteilchen, Ligand und Koordinationszahl können vertieft werden an Komplexen, die bei der Reaktion von Kupfer-, Nickel- oder Cobalt-Ionen mit $NH_3$-Molekülen entstehen. Auch die Strukturen dieser Komplexe können gut nachvollzogen werden, dagegen bleiben Bindungsfragen schwierig. Zur besseren Anschauung werden deshalb Modellvorstellungen zur Struktur der Komplex-Teilchen abgeleitet und abgebildet.

**Koordinationszahl.** Um für Komplexverbindungen die zutreffende Koordinationszahl zu prüfen, macht man sich den in der Komplexchemie häufig beobachtbaren Effekt der Farbigkeit zu nutze. Die Anlagerung von Liganden bzw. der Ligandenaustausch ist in aller Regel mit einer Farbänderung oder sogar mit einem deutlichen Farbumschlag verbunden. Aus diesem Grund kann man den Austausch von Liganden bzw. deren Anlagerung visuell untersuchen.

Es werden beispielsweise 10 Reagenzgläser mit wenigen mL einer grünfarbenen und salzsauren Kupfersulfat-Lösung versetzt (V7.32). Man lässt Reagenzglas 1 als Blindprobe, tropft in das zweite Reagenzglas 0,5 mL verdünnter Ammoniak-Lösung, in das dritte 1,0 mL und steigert dieses Volumen jeweils um 0,5 mL für jedes weitere Reagenzglas. Man beobachtet von Reagenzglas 2–5 einen Farbwechsel von grün bis tief blau, von 6–10 bleibt die tiefblaue Farbe bestehen (V7.32). Es kann zunächst sicher geschlossen werden, dass das zentrale Kupfer-Ion nicht in der Lage ist, unbegrenzt viele $NH_3$-Moleküle an sich zu binden.

Eine quantitative Untersuchung desselben Phänomens führt weiter, wenn ein Photometer eingesetzt wird [43]. Äquimolare Lösungen von Kupfersulfat und Ammoniak werden zusammen gegeben, dabei steigern sich die Stoffmengen an $NH_3$-Molekülen bis zum Verhältnis 1 : 7 gemessen an vorgelegten Stoffmengen von Kupfer-Ionen (V7.33). Die gemessenen Extinktionen der Lösungen erreichen ein Maximum beim Stoffmengenverhältnis 1 : 4, dieses Maximum bleibt für alle höheren Konzentrationen an Ammoniak konstant (V7.33). Damit erweist sich die Koordinationszahl 4 für den Kupferkomplex, er wird beschrieben als Tetraamminkupfer(II)-Ion:

$$Cu^{2+}(aq, hellblau) + 4\ NH_3(aq) \rightarrow [Cu(NH_3)_4]^{2+}(aq, tiefblau)$$

Um Lernenden anschaulich zu machen, dass die Komplex-Teilchen frei bewegliche Ionen sind, die von Sulfat-Ionen kompensiert werden, eignen sich Modellzeichnungen (vgl. Abb. 7.24).

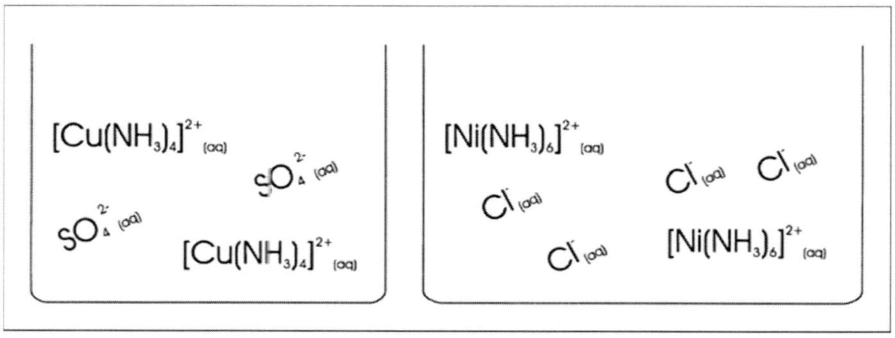


**Abb. 7.24.** Modellvorstellungen für Komplex-Ionen in wässeriger Lösung

**Komplexstabilität.** Im Tetraamminkupfer-Ion scheint das zentrale Kupfer-Ion so von $NH_3$-Molekülen umgeben zu sein, dass es die für freie Kupfer-Ionen üblichen Reaktionen vielleicht nicht mehr zeigt: Es wird vermutet, dass sich Kupfer aus der Komplexlösung nicht mehr am Eisennagel abscheidet, dass sich schwerlöslichen Kupferhydroxid nicht mehr ausfällen lässt.

Im Experiment wird beobachtet, dass der Eisennagel in einer üblichen Kupfersulfat-Lösung sofort einen Kupferbelag liefert (vgl. V7.19), während dieser in der Komplexlösung zunächst ausbleibt und erst nach längerem Stehenlassen eine beginnende Kupferabscheidung zu beobachten ist (V7.34). Mit Hilfe der zweiten Nachweisreaktion, der Metallhydroxid-Fällung, kann die Hypothese verifiziert werden (V7.34): ein grünlicher Niederschlag wird wie bekannt in Kupfersulfat-Lösung beobachtet, in der Komplexlösung nicht. Offenbar sind Kupfer-Ionen und $NH_3$-Moleküle so fest miteinander gebunden, dass eine große Stabilität des Tetraamminkupfer-Komplexes resultiert.

**Komplexstruktur.** Auch der violettfarbene Nickelammin-Komplex ist sehr stabil und bestätigt ebenfalls mit den beschriebenen Experimenten, dass keine freien Nickel-Ionen in der Komplex-Lösung vorliegen (V7.35). Die Analyse der Koordinationszahl führt zur Zahl 6, der Komplex hat den Namen Hexaamminnickel(II)-Ion: $[Ni(NH_3)_6]^{2+}(aq)$. Diese Ionen sind wiederum Teilchen in der wässerigen blau gefärbten Nickelsalz-Lösung, die von Chlorid-Ionen kompensiert werden – eine schematische Modellzeichnung mag das veranschaulichen (vgl. Abb. 7.24). Die sechs $NH_3$-Moleküle umgeben das zentrale Nickel-Ion oktaedrisch, deren N-Atome sind an den Ecken eines regulären Oktaeders positioniert (vgl. Abb. 7.25).

Auch viele Komplexe ausgehend von Cobalt-Ionen entsprechen der regulären Oktaeder-Struktur. Präpariert man aus rosafarbenem Cobalt(II)chlorid das gelb-kristalline Hexaammincobalt(III)-chlorid (V7.36), dann erhält man die oktaedrische Struktur des Hexaammincobalt-Ions – es ist ein Baustein des Kristallgitters. Löst man es in Wasser, so bleibt das Komplex-Ion erhalten:

$$[Co(NH_3)_6]Cl_3(s, gelb) \xrightarrow{(aq)} [Co(NH_3)_6]^{3+}(aq, gelb) + 3\,Cl^-(aq)$$

Präpariert man den Dichlorotetraammincobalt(III)-Komplex, so kann man eine violette Substanz oder eine grüne erhalten: es gibt zwei Isomere dieser Struktur (vgl. Abb. 7.25). In der cis-Form liegen die beiden Chlorid-Liganden des Komplexes benachbart vor, in der trans-Form diametral gegenüber. Dieses Beispiel soll – analog der Bedeutung von Isomeren der Organischen Chemie – die Struktur-Eigenschafts-Zusammenhänge bei Komplex-Ionen hervorheben. Viele weitere solcher Beispiele und Strukturen können für einen Unterricht der Fachliteratur entnommen werden.

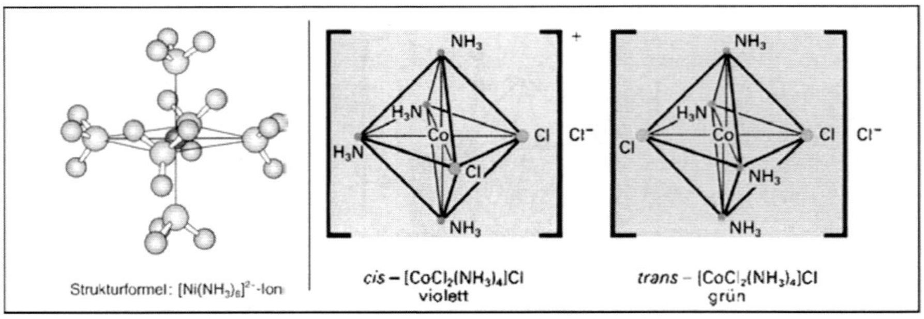


**Abb. 7.25.** Struktur des Hexaamminnickel-Ions [43], Dichloroteatraammincobalt-Isomere [44]

Für eine solche Oktaederstruktur kann zum einen ein Oktaeder aus Pappe gebaut werden (V7.37), die Ecken des regulären platonischen Körpers stellen dann die Positionen der N-Atome von sechs $NH_3$-Molekülen dar. Um allerdings zusätzlich das Zentralteilchen zu modellieren, kann zum anderen eine Styroporkugel an sechs oktaedrisch angeordneten Stellen der Oberfläche mit Magneten versehen werden (V7.37): Modelle von $NH_3$-Molekülen können jeweils daran haften, wenn das Modell für das N-Atom magnetisch ist (man nimmt etwa schwarze Kugelmodelle aus Phywe-Baukästen für N-Atome: die Druckknöpfe dieser Modelle sind magnetisch).

Das oktaedrische Strukturmodell kann auch für den Tetraamminkupfer-Komplex stehen: vier planar angeordnete $NH_3$-Modelle entsprechen den Ammoniak-Positionen der Tetraamminkupfer-Struktur, die Plätze 5 und 6 sind in wässeriger Lösung durch $H_2O$-Moleküle besetzt. Insofern ist die Koordinationszahl eigentlich sechs, der Name des Komplexes lautet Tetraammindiaquakupfer(II)-Ion: $[Cu(NH_3)_4(H_2O)_2]^{2+}(aq)$. Trotzdem lässt man in der Beschreibung die Wasser-Moleküle meistens weg und gibt den Amminkomplex verkürzt wie üblich an: $[Cu(NH_3)_4]^{2+}(aq)$.

**Komplex-Gleichgewichte.** Verdünnt man grünfarbene Kupferchlorid-Lösung mit Wasser, so wird sie hellblau, versetzt man diese wiederum mit konzentrierter Salzsäure, kehrt die grüne Farbe zurück (V7.38) – es liegt ein chemisches Gleichgewicht vor:

$$[Cu(H_2O)_6]^{2+}(aq,\ hellblau) \quad + Cl^-(aq) \rightleftharpoons$$
$$[CuCl(H_2O)_5]^{2+}(aq,\ grün) + H_2O$$

Die Struktur beider Komplex-Ionen entspricht wieder der Oktaederstruktur (vgl. Abb. 7.26). Man kennzeichnet das Kupfer-Ion allerdings auch mit $Cu^{2+}(aq)$, weil der Aquakomplex eine so geringe Stabilität aufweist, dass ein anderer Ligand sofort eingebaut wird (V7.38). Ebenfalls üblich ist die Formulierung des Tetraaquakupfer-Komplexes $[Cu(H_2O)_4]^{2+}(aq)$, weil vier

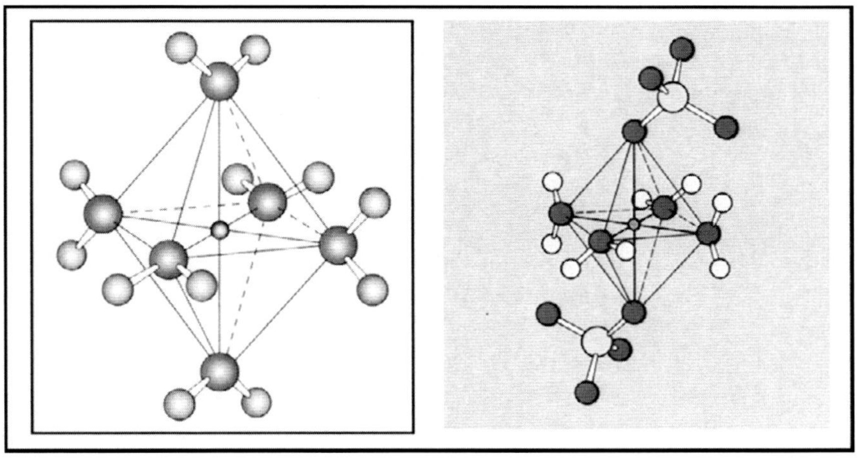

**Abb. 7.26.** Struktur des Hexaaquakupfer-Ions und des festen Kupfersulfat-hydrats [43]

Liganden besonders symmetrisch planar um das Kupfer-Ion herum angeordnet sind und man zwei weitere Liganden mit Sonderstellung weglässt, „die aber mit größerem Abstand unter Bildung des tetragonal verzerrten Oktaeders $[Cu(H_2O)_6]^{2+}$ bzw. $[Cu(NH_3)_4(H_2O)_2]^{2+}$ angelagert werden" [45]. Im festen Kupfersulfat-pentahydrat liegt in der Tat das $[Cu(H_2O)_4]^{2+}$-Ion vor (vgl. Abb. 7.26): „Das Kupfer weist im festen Kupfersulfat neben den planar angeordneten vier O-Atomen der vier $H_2O$-Moleküle noch zwei O-Atome von zwei $SO_4^{2-}$-Ionen in axialer Stellung auf" [45].

Der entsprechende Tetraaquakomplex liegt also als Baustein des Kristallgitters im Kupfersulfat vor und verleiht dem Salz dieselbe hellblaue Farbe wie der wässerigen Lösung. Wird das Wasser durch starkes Erhitzen ausgetrieben und der Komplex im Kristallgitter zerstört, so verliert das Salz die hellblaue Farbe und wird zu weißem wasserfreien Kupfersulfat (V7.39).

Versetzt man die hellblaue Kupfersulfat-Lösung mit Ammoniak, dann wird die Lösung tiefblau gefärbt: es findet ebenfalls ein Ligandenaustausch statt, allerdings resultiert ein so stabiler Komplex, dass das Gleichgewicht ganz auf der Seite des Amminkomplexes liegt. Die Farbe der Lösung bleibt beim Verdünnen mit Wasser erhalten, der Amminkomplex wird dabei nicht zerstört:

$$[Cu(H_2O)_4]^{2+}(aq, hellblau) + 4\ NH_3(aq) \rightleftharpoons [Cu(NH_3)_4]^{2+}\ (aq, tiefblau) + 4\ H_2O$$

Ein Gleichgewicht hinsichtlich zweier Cobalt-Komplexe zeigt zum einen den Wechsel der Struktur bzw. der Koordinationszahl, zum anderen lässt sich das Gleichgewicht als temperaturabhängig demonstrieren. Wird eine rosafarbene Cobalt(II)-chlorid-Lösung mit Salzsäure versetzt, so färbt sich die Lösung durch den Chlorokomplex blau (V7.40). Verdünnt man die Lösung wieder mit Wasser, kehrt die rosa Farbe zurück:

$$[Co(H_2O)_6]^{2+}(aq, rosa) + 4\ Cl^-(aq) \rightleftharpoons [CoCl_4]^{2-}(aq, blau) + 6\ H_2O$$

Gibt man in die rosafarbene Lösung genügend festes Natriumchlorid, bleibt die Farbe der Lösung zunächst bestehen. Erwärmt man die Lösung, wechselt die Farbe zu blau (V7.40): die Reaktion zum Chlorokomplex ist endotherm, das Gleichgewicht weicht zugunsten der Bildung dieses Komplexes dem Zwang aus. Nach Abkühlen der Lösung kehrt die rosa Farbe zurück.

Bei der Reaktion wechselt der Aquakomplex mit oktaederischer Struktur und der Koordinationszahl 6 zum Chlorokomplex, der eine Tetraeder-Struktur aufweist und damit die Koordinationszahl 4 erklärt. Eine Struktur oder Koordinationszahl ist nicht für immer als Konstante für ein Metall-Kation zu sehen, je nach Größe, Ladung und Platzbedarf des Liganden kann die Koordinationszahl wechseln, sie beträgt meistens 2, 4 oder 6. Der einschlägigen Fachliteratur sind diesbezüglich weitere Daten zu entnehmen.

Auch die Chelatkomplexe bieten viele Möglichkeiten, diesbezügliche Komplexstrukturen und Gleichgewichte zu demonstrieren und zu diskutieren, ebenfalls ist der Einsatz vieler Komplexverbindungen in Alltag und Industrie geeignet, das Thema Komplexreaktionen motivierend zu unterrichten. Detaillierte Anregungen können der aktuellen Schulbuchliteratur entnommen werden.

**Historischer Exkurs.** Um den Schülerinnen und Schülern die Gelegenheit zu geben, nach Durchführung einer Reihe von überzeugenden Experimenten zur Komplexchemie (vgl. Kap. 7.12) selbständig Vorschläge zur Struktur von Komplexen zu machen und ggf. auch zunächst die historische Kettenstruktur zu diskutieren, wie sie sich vor der Zeit von Alfred Werner abzeichnete, mag der Unterricht vollständig historisch-problemorientiert [21] aufgebaut werden. Die Jugendlichen können beispielsweise den Diskurs, den die damaligen Chemiker Jørgensen und Werner führten, kennen lernen und für sich nachvollziehen.

Dazu erhalten sie Texte, die die Positionen der beiden Chemiker wiedergeben und prägnant zusammenfassen. Im Rahmen einer Hausaufgabe machen sich die Schülergruppen mit einer Position oder mit beiden Positionen der Chemiker vertraut und erarbeiten sich ein fundiertes Hintergrundwissen hinsichtlich der chemischen und historischen Sachverhalte.

Folgende Texte eignen sich für die Verwendung in der Gruppenarbeit:

### Literatur zur modernen Koordinationstheorie

- Gade, L.H.: Alfred Werners Koordinationstheorie, *ChiuZ.* **2002**, *36*, 3, S.168–175.
- Wannagat, U.: Das Portrait: Alfred Werner. *ChiuZ.* **2002,** *1*, 1, S.24–27.
- Bailar, J.C.: The Chemistry of Coordination Compounds. New York **1956**. S.108–118.
- Kauffman, G.B.: Classics in Coordination Chemistry – The Selected Papers of Alfred Werner. New York **1968**.

### Literatur zur historischen Kettentheorie

- Werner, A.: S.M. Jørgensen 1837–1914, *Chem. Z.* **1914**, *36*, 52, S.557–564.
- Mäueler, G.: Zum Wandel von Theorie, Nomenklatur und Formelsprache der Koordinationsverbindungen. *PdN-Ch.* **1984**, *33*, 4, S.103–111.
- Bailar, J.C.: The Chemistry of Coordination Compounds. New York **1956**. S.102–108.
- Kauffman, G.B.: Classics in Coordination Chemistry – Selected Papers. New York **1976**.

Für ein Rollenspiel wird ein fiktiver Chemikerkongress simuliert, auf dem die Anhänger der Jørgensen'schen und der Werner'schen Theorien zu einer Diskussion aufeinander treffen.

Zunächst referiert jede Gruppe eine Theorie mit den dazugehörigen Modellvorstellungen und soll dann bestmöglich versuchen, im Rahmen der Diskussion aufzuzeigen, dass das jeweils andere Modell nicht genügt, um die Beobachtungen in den zuvor durchgeführten Experimenten angemessen zu erklären. Des Weiteren soll natürlich auch dargelegt werden, warum das eigene Modell eine außerordentlich gute Eignung zur Erklärung der beobachteten Phänomene besitzt. Die Werner-Vertreter werden am Ende die Anhänger Jørgensens argumentativ entkräften.

Ein großer Vorteil dieser Methode ist, dass die Schülerinnen und Schüler üben, Modelle kritisch zu betrachten. Sie erkennen, dass Modelle hilfreich sind, Phänomene zu erklären, jedoch nie Abbild der Wirklichkeit sein können. Das hat zweierlei Konsequenzen: Erstens kann es durchaus passieren, dass für die Betrachtung ein und desselben Phänomens verschiedene Modelle zum Einsatz kommen, ohne feststellen zu können, dass das eine Modell richtiger als das andere sei. Zweitens erkennen Schüler ganz konkret an dem im Unterricht nachvollzogenen Diskurs, dass Denkmodelle in der Wissenschaft ständig durch neue Erfahrungen verändert werden, sodass es für einen größeren Zeitraum kaum möglich ist, jeweils das aktuelle Modell als das „richtige Modell“ anzusehen.

Des Weiteren hat man bei diesem Thema die im Chemieunterricht seltene Möglichkeit, den Weg vom Phänomen über ein durch Zusatzinformationen gewonnenes Denkmodell hin zum konkreten Anschauungsmodell im Unterricht nachzuvollziehen. Daher sollte man die Möglichkeit nutzen, den Unterricht an dieser Stelle strukturorientiert zu gestalten und ihn auf zwei Schienen laufen zu lassen. Die erste Schiene stellt dabei die Beobachtung von Phänomenen und Laborerfahrungen dar, während auf der zweiten Schiene eine fachwissenschaftliche Klärung dieser Phänomene auf Basis von Strukturmodellen und Modellvorstellungen herbeigeführt wird [46].

**Ausblick.** Ist das Thema Komplexchemie für die Behandlung im schulischen Unterricht geeignet? Oder läuft man Gefahr, einer abstrakten Verwissenschaftlichung des Unterrichts zu unterliegen, der zu sehr von theoretischen Denkmodellen geprägt ist?

Die Befragung der Lehrkräfte an den münsterländischen Gymnasien und Gesamtschulen zeigt, dass seitens der Chemielehrer und Lehrerinnen das Thema fast gar nicht unterrichtet wird. Dabei bleibt es im Bereich der Spekulation, ob dies durch die augenscheinliche Stofffülle, die das Thema in sich birgt, verursacht wird, oder durch die fachliche Komplexität des Themas.

Die Bedenken hinsichtlich des Stoffumfangs gilt es durch eine sinnvolle fachdidaktische Reduktion zu zerstreuen, fachliche Schwierigkeiten lassen sich durch anschauliche Modellvorstellungen reduzieren oder gar beseitigen. Es wird gezeigt, dass ausgehend von einem historischen Ansatz und der Betrachtung von Phänomenen ausgewählter Substanzen ein Verständnis für Komplexverbindungen und Komplexreaktionen entwickelt werden kann, das auch zuvor im Chemieunterricht erarbeitete Inhalte anwendet. So werden im vorgeschlagenen Unterricht zu Komplexverbindungen wichtige Begriffe und Gesetzmäßigkeiten aus den Themen Gleichgewicht, Säure-Base-Reaktionen und Redoxreaktionen erneut aufgegriffen und vertieft.

Abschließend lässt sich sagen, dass einerseits die Entwicklung von Modellvorstellungen im Chemieunterricht oftmals für Schüler und Schülerinnen schwer nachvollziehbar ist. Anderseits ergeben sich für Lehrende nur wenige Möglichkeiten, die historische Entwicklung einer Modellvorstellung in den Unterricht zu integrieren. Der Unterricht zur Komplexchemie kann dies in einem angemessenen Rahmen erfüllen, denn er lässt die Jugendlichen nicht nur eine Modellentwicklung bewusst erfahren, sondern zeigt ihnen auch die Menschen sowie deren Denkweisen und Irrtümer, die zur Entwicklung der Komplexchemie beigetragen haben.

## 7.12 Experimente zu Komplexreaktionen

### V7.30 Ausfällen und Lösen von Aluminiumhydroxid

**Problem:** Um einen problemorientierten Einstieg realisieren zu können, der von einfachen Phänomenen ausgeht, soll die Fällung eines Metallhydroxid gewählt werden, das sich im Überschuss des Fällungsmittels wieder löst: etwa das Fällen und Lösen von Aluminiumhydroxid in Natronlauge. Um zur besonderen Motivation einen kognitiven Konflikt zu erzeugen, werden parallel zum Aluminiumhydroxid zwei andere Metallhydroxide ausgefällt, die sich im Überschuss von Natronlauge nicht lösen, sondern erhalten bleiben bzw. verstärkt ausfallen.

**Material:** 3 Bechergläser (250 mL), 1 Messpipette (100 mL), Magnetrührer und Rührfische; Aluminiumchlorid ($AlCl_3{\cdot}6H_2O$), Eisen(III)-chlorid ($FeCl_3{\cdot}6H_2O$), Kupferchlorid ($CuCl_2{\cdot}2H_2O$), 2-molare Salzsäure, 2-molare Natronlauge

**Durchführung:** In jedem Becherglas werden jeweils 6 g der drei Metallchloride in 60 mL Salzsäure gelöst. Anschließend gibt man in die drei klaren Lösungen vorsichtig 5-mL-Portionen von Natronlauge mit einer Messpipette hinzu. Beim Auftreten erster Niederschläge (bei etwa V(Natronlauge) = 55 mL) wird die Zugabe von Natronlauge gestoppt. Damit wird fortgefahren bis sich der Aluminiumhydroxid-Niederschlag vollständig aufgelöst hat (bei etwa V = 120 mL). Schließlich wird noch ein Überschuss an Natronlauge (V = 40 mL) in alle Bechergläser hinzugefügt.

**Beobachtung:** In allen drei Bechergläsern tritt nach der Zugabe von etwa 55 mL Natronlauge ein deutlicher Niederschlag auf. Bei weiterer Zugabe von Natronlauge nimmt die Intensität der Niederschläge von Eisen- und Kupferhydroxid zu, während sich das Aluminiumhydroxid vollständig auflöst. Ein weiterer Überschuss an Natronlauge erwirkt keine Veränderungen.

**Hinweis:** Es kann der Zusammenhang mit der industriellen Herstellung von Aluminiumhydroxid aus Bauxit angesprochen werden: man trennt das Hydroxid von den Begleitsubstanzen des Bauxits ab, indem man es aus dem pulverisierten Mineral mit konzentrierter Natronlauge heraus löst.

## V7.31 pH-Titration zum Fällen und Lösen von Aluminiumhydroxid

**Problem:** Zur Prüfung der Hypothesen bezüglich der Reaktionen des Niederschlags von Aluminiumhydroxid mit Natronlauge kann experimentell das Stoffmengenverhältnis von Aluminium-Ionen und Hydroxid-Ionen ermittelt werden. Sowohl für das Fällen des Aluminiumhydroxids als auch für das Lösen des Niederschlags werden $OH^-$(aq)-Ionen umgesetzt. Verfolgt man die pH-Werte bei diesem Umsatz und notiert den Wert, bevor ein steiler pH-Wert-Anstieg beginnt, kann man abschätzen, welche Stoffmengen an Hydroxid-Ionen mit der vorgelegten Stoffmenge an Aluminium-Ionen reagiert haben. Diesbezüglich liegt eine Vernetzung der Thematik mit den bekannten Säure-Base-Reaktionen vor.

**Material:** Becherglas (50 mL), Messpipette (10 mL), Bürette (25 mL), Magnetrührer und Rührfisch, pH–Meter; Aluminiumchlorid ($AlCl_3{\cdot}6H_2O$), 2-molare Salzsäure, 2-molare Natronlauge

**Durchführung:** Es wird 1 g Aluminiumchlorid in 10 mL Salzsäure gelöst. Anschließend wird aus einer Bürette tropfenweise Natronlauge unter ständigem Rühren in diese Lösung hinzugefügt. Nach Zugabe von jeweils 0,5 mL Natronlauge wird jeweils der pH-Wert notiert, auch nach Lösen des Niederschlags werden portionsweise weitere 5 mL Natronlauge zugegeben und die entsprechenden pH-Werte gemessen.

**Beobachtung:** Trotz Zugabe von Natronlauge bleibt der pH-Wert anfangs konstant und steigt dann nur sehr langsam an. Nach Neutralisation der vorgelegten Salzsäure durch 10 mL Natronlauge verbleibt der pH-Wert deutlich im sauren Bereich ($pH \approx 4$) und es kommt zur Ausfällung eines weißen Niederschlags. Nach der Zugabe von insgesamt 19,6 mL Natronlauge löst sich der Niederschlag vollkommen auf, gleichzeitig steigt der pH-Wert auf $pH = 11{,}92$ an.

## V7.32 Qualitative Reaktionen zu Kupferamminkomplexen

**Problem:** Die Farbigkeit verschiedener Komplexverbindungen ist geeignet, um experimentell zu zeigen, dass eine bestimmte Zahl von Liganden pro Zentralteilchen gebunden wird und nicht eine beliebige Zahl. Beispielsweise wird durch sukzessive Zugabe von Ammoniak-Lösung zu Kupfersulfat-Lösung über mehrere Farbstufen die tiefblaue Lösung des Tetraamminkupfer-Komplexes erzeugt. Dabei ist durch Steigerung der

Volumina an Ammoniak-Lösung zu demonstrieren, dass eine bestimmte Menge zur tiefen Blaufärbung durch den Amminkomplex führt, ein Überschuss aber nichts mehr an der Farbe ändert.

**Material:** Bechergläser, Reagenzglasständer und Reagenzgläser, Plastikpipetten, Messzylinder (100 mL), Waage; Kupfersulfathydrat ($CuSO_4 \cdot 5H_2O$), 2-molare Salzsäure, konzentrierte Ammoniak-Lösung (25%)

**Durchführung:** 1 g Kupfersulfat wird abgewogen, zu 40 mL Salzsäure gegeben und gelöst. Anschließend werden 10 Reagenzgläser von 1 bis 10 nummeriert und mit 3 mL dieser Lösung befüllt. Reagenzglas 1 bleibt unverändert und dient als Vergleich. Ein Wasser-Ammoniak-Gemisch wird im Volumenverhältnis 50 : 1 hergestellt und in die Reagenzgläser 2–9 gegeben. Man beginnt mit der Zugabe von 0,5 mL dieser Lösung in Reagenzglas 2 und steigert dieses Volumen jeweils um 0,5 mL je Reagenzglas. Reagenzglas 10 dient zur positiven Kontrolle, indem ein Überschuss an verdünnter Ammoniak-Lösung hinzu gegeben wird. Schließlich wird das Füllvolumen aller Reagenzgläser mit Wasser angeglichen.

**Beobachtung:** Von Reagenzglas 2 bis Reagenzglas 5 ist ein Farbübergang der Lösungen von grün nach dunkelblau zu sehen. Dabei nimmt die Intensität der dunkelblauen Farbe bis zum Reagenzglas 5 zu und bleibt dann bis zum Reagenzglas 9 konstant. Die Lösung des Reagenzglases 10 zeigt die gleiche intensive Dunkelblaufärbung wie die der vorherigen fünf Reagenzgläser.

### V7.33 Quantitative Ermittlung einer Koordinationszahl [43]

**Problem:** Das vorherige Experiment zeigt als Handversuch grob qualitativ, dass es wohl eine bestimmte Anzahl von $NH_3$-Molekülen gibt, die um ein zentrales Kupfer-Ion im Amminkomplex gruppiert vorliegen. Führt man eine ähnliche Versuchsreihe mit äquimolaren Lösungen durch und setzt zur Kontrolle der Farbabsorption ein Photometer ein, so lässt sich die Koordinationszahl 4 quantitativ bestimmen: bei einem Stoffmengenverhältnis von 1 : 4 sollte die Extinktion maximal sein, gleichgültig welcher Überschuss an $NH_3$-Molekülen zur Verfügung steht.

**Material:** 8 kleine Bechergläser, Plastikpipetten, Messzylinder, Waage, Photometer; 0,1-molare Lösungen von Kupfersulfat und Ammoniak, Ammoniumnitrat

**Durchführung:** Es werden die Mischungen A–H her gestellt, damit beim Mischen kein Kupferhydroxid ausfällt, werden vorher 10 g Ammoniumnitrat zugesetzt und gelöst. Mit dem Photometer werden die Extinktionen aller Lösungen bei der Wellenlänge von 600 nm gemessen.

| | A | B | C | D | E | F | G | H |
|---|---|---|---|---|---|---|---|---|
| V($CuSO_4$(aq) in mL | 10 | 10 | 10 | 10 | 10 | 10 | 10 | 10 |
| V($NH_3$(aq) in mL | – | 10 | 20 | 30 | 40 | 50 | 60 | 70 |
| V (Wasser ) in mL | 70 | 60 | 50 | 40 | 30 | 20 | 10 | – |

**Beobachtung:** Extinktionsmesswerte lauten von A–H: 0,01, 0,07, 0,25, 0,44, 0,54, 0,56, 0,57, 0,58: bei Lösung E wird die maximale Extinktion erreicht, danach bleiben die Extinktionen nahezu konstant.

## V7.34 Eigenschaften von Lösungen stabiler Komplexe

**Problem:** Um zur Struktur von Komplexen und zu Komplexgleichgewichten noch weitere Phänomene vorzustellen, soll für den stabilen Tetraamminkupfer-Komplex gezeigt werden, dass das Zentralteilchen fest von den Liganden gebunden wird und nicht frei in der Lösung vorliegt. Dazu wird in die Komplexlösung ein Eisennagel getaucht bzw. verdünnte Natronlauge hinzu gegeben und mit den Reaktionen einer üblichen Kupfersulfat-Lösung verglichen: der Eisennagel zeigt nicht die Kupferabscheidung wie üblich, es fällt kein Niederschlag von Kupferhydroxid aus. Die Kupfersulfat-Lösung ist gegenüber der Komplexlösung zu interpretieren als eine Lösung mit freien $Cu^{2+}$(aq)-Ionen oder einem sehr instabilen Aquakupfer-Komplex. Die Kupferabscheidung ist im Übrigen eine Redoxreaktion und bietet eine Vernetzung mit dieser Thematik an.

**Material:** kleine Bechergläser, Reagenzgläser, Schmirgelpapier; Eisennägel, Kupfersulfat-hydrat ($CuSO_4 \cdot 5H_2O$), verdünnte Ammoniak-Lösung, verdünnte Natronlauge

**Durchführung:** Man stellt verdünnte hellblaue Kupfersulfat-Lösung her und teilt sie in zwei Hälften. Eine Lösung bleibt, in die andere wird Ammoniak-Lösung bis zur tiefblauen Farbe der Lösung gegeben.

In jeweils eine Probe der beiden Lösungen wird ein frisch geschmirgelter Eisennägel gestellt, in jeweils eine andere Probe der beiden Lösungen gibt man wenig Natronlauge.

**Beobachtung:** In der hellblauen Lösung bildet sich sofort ein Belag aus Kupfer, der besonders gut zu sehen ist, wenn der Nagel aus der Lösung herausgenommen wird. In der tiefblauen Lösung bildet sich der Kupferbelag nicht sofort, sondern erst nach sehr viel längerer Zeit. In der ersten hellblauen Lösung fällt sofort grünblaues Kupferhydroxid aus, in der zweiten tiefblauen Lösung nicht.

### V7.35 Reaktionen zu Nickelamminkomplexen

**Problem:** Die bisher diskutierten Kupferaquakomplexe lassen sich nicht eindeutig beschreiben [45]: es gibt vier $H_2O$-Liganden in planarer Anordnung um das zentrale Kupfer-Ion, mit etwas größerem Abstand zwei weitere Liganden, deren O-Atome zusammen mit denen der erstgenannten vier Liganden die Ecken eines verzerrten Oktaeders bilden. Deshalb wird der Aquakomplex üblicherweise mit der Koordinationszahl 4 beschrieben, an anderer Stelle mit der Koordinationszahl 6 [43]. Um eine eindeutige und reguläre Oktaederstruktur vorzustellen und später entsprechende oktaedrische Strukturmodelle zu bauen (V7.37), wird der Hexaamminnickel-Komplex $[Ni(NH_3)_6]^{2+}(aq)$ demonstriert.

**Material:** Reagenzgläser; Nickel(II)-chlorid-hydrat $[Ni(H_2O)_6]Cl_2$, verdünnte Ammoniak-Lösung, verdünnte Natronlauge

**Durchführung:** Zu grünfarbener Nickelchlorid-Lösung wird portionsweise Ammoniak-Lösung gegeben, bis die Farbe nach violett umschlägt. In die violettfarbene Lösung wird Natronlauge getropft, zum Vergleich ebenfalls zur grünen Nickelchlorid-Lösung.

**Beobachtung:** Die Farbe der Lösung wechselt von grün über mehrere Mischfarben nach violett. Aus der violetten Lösung fällt nach Zugabe von Natronlauge kein Niederschlag, aus der grünen Lösung allerdings.

### V7.36 Synthese des Hexammincobalt(III)-chlorid

**Problem:** Um auch eine feste Substanz in Händen zu haben, die einen regulär oktaedrischen Komplex aufweist, wird aus rosa gefärbten Kristallen des Cobalt(II)-chlorid-hydrats der gelbfarbene Amminkomplex des Cobalt(III)-Ions gebildet: $[Co(NH_3)_6]^{3+}$. Dazu muss allerdings das Cobalt(II)-chlorid mit Wasserstoffperoxid oxidiert werden – eine Vernetzung zur Thematik Redoxreaktionen ist möglich.

**Materialien:** Becherglas (250 mL), Rundkolben (100 mL), Messzylinder (50 mL), Waage, Heizplatte, Büchnertrichter, Absaugstutzen, Wasserstrahlpumpe; Cobalt(II)-chlorid ($CoCl_2 \cdot 6H_2O$), Ammoniumchlorid ($NH_4Cl$), konzentrierte Ammoniak-Lösung (25%), Wasserstoffperoxid-Lösung (30%), Ethanol (Brennspiritus).

**Durchführung:** 4 g Cobaltchlorid und 3 g Ammoniumchlorid werden im Becherglas in 5 mL Wasser gelöst. Zu dieser Lösung gibt man 1 g Aktivkohle und 20 mL Ammoniak-Lösung, zu dieser Suspension langsam 5 mL Wasserstoffperoxid-Lösung. Die dabei stark aufschäumende Lösung wird anschließend für fünf Minuten bis zum Sieden erhitzt. Über einen temperierten Büchnertrichter, der zuvor im Trockenschrank bei 100°C einige Minuten gelagert wurde, wird die heiße Suspension abfiltriert. Das im Rundkolben aufgefangene Filtrat wird in den Kühlschrank gestellt, bis es zur Auskristallisation von gelben Kristallen kommt. Sie werden von der Lösung abfiltriert und zunächst mit einem Ethanol/Wasser-Gemisch (2:1) und anschließend nochmals mit reinem Ethanol gewaschen.

**Beobachtung:** Es entstehen gelbe Kristalle des Hexaammincobalt(III)-chlorids.

## V7.37 Strukturmodelle für Metallkomplexe

**Problem:** Um die Anschaulichkeit zur Diskussion der Komplexstrukturen zu erhöhen und zu zutreffenden Modellvorstellungen gelangen zu können, sollen Strukturmodelle dienen. Sie werden von den Lernenden möglichst perspektivisch gezeichnet, davor sind allerdings einige Beispiele mit Sachmodellen zu demonstrieren: es können einfache Pappoktaeder bzw. Papptetraeder sein, oder Strukturmodelle, die mit Hilfe von Molekülbaukästen auch das Zentralteilchen darstellen. Insbesondere der Oktaeder dient zur Anschauung der Oktaederstrukturen $[Ni(NH_3)_6]^{2+}$ (V7.35) und $[Co(NH_3)_6]^{2+}$ (V7.36).

**Materialien:** Bastelkarton und Kleber, Styroporkugel (d = 10 cm) und Styroporkleber, 6 kleine Magnete, Phywe-Molekülbaukasten

**Durchführung:** Netze zum Bau von Oktaeder und Tetraeder (Bild) werden auf Bastelkarton so vergrößert, dass die Kantenlänge etwa 10 cm entspricht. Die Körper werden zusammen geklebt. In die große Styroporkugel werden an Positionen eines Oktaeders Löcher heraus geschnitten und kleine Magneten hinein geklebt. Sechs Modelle für $NH_3$-Moleküle werden aus schwarzen und weißen Kugeln des Phywe-Baukastens gebaut und an die Magnete der Styroporkugel geheftet.

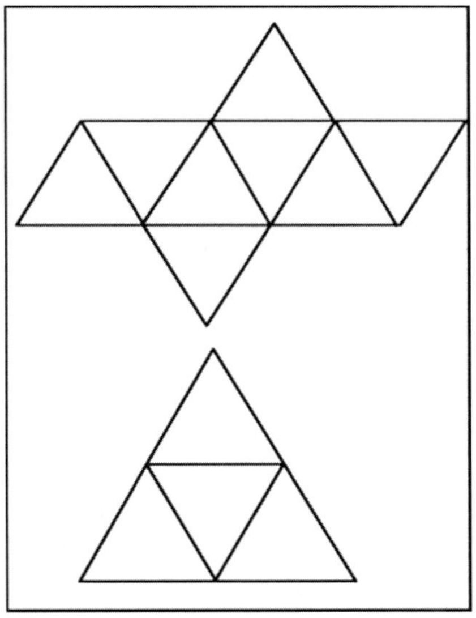

**Beobachtung:** Die Modelle zeigen mögliche Komplexstrukturen der Koordinationszahlen 4 und 6. Das letzte Modell zeigt insbesondere, dass sechs Liganden einen regulären Oktaeder bilden.

## V7.38 Ligandenaustausch-Gleichgewichte

**Problem:** Die Reaktionen zum Austausch von Liganden sind immer Koordinations-Gleichgewichtsreaktionen – auch wenn im Falle stabiler Amminkomplexe das Gleichgewicht sehr weit auf der Seite der Komplexe liegt.

Um im Experiment Gleichgewichte zu demonstrieren und je nach Zusatz von Substanzen zu verschieben, ist das Gleichgewicht zwischen den wenig stabilen Chloro- und Aquakupfer-Komplexen geeignet.

**Materialien:** Reagenzgläser; Kupfer(II)-chlorid-hydrat, Kupfersulfat-hydrat, konzentrierte Salzsäure

**Durchführung:** Zu grünfarbener Kupferchlorid-Lösung wird portionsweise Wasser gegeben, zur entstandenen Lösung tropft man Salzsäure, schließlich gibt man wieder Wasser hinzu.

**Beobachtung:** Die Farbe der Lösung wechselt von grün nach hellblau, wieder nach grün, schließlich wieder nach hellblau.

## V7.39 Erhitzen des blauen Kupfersulfats

**Problem:** Da die hellblaue Farbe des Kupfersulfat-hydrats identisch ist mit der der wässerigen Lösung, liegt es nahe, sie auf den beiden Substanzen gemeinsamen Aquakomplex zurückzuführen. Der Komplex kann in der Lösung durch Ligandenaustausch, etwa mit Ammoniak-Molekülen, zerstört werden: die Farbe wechselt nach tiefblau. Zur Zerstörung des Komplexes kann der Festsoff auch so lange erhitzt werden, bis durch Wasserabgabe das Kupfersulfat-hydrat zum wasserfreien Kupfersulfat reagiert: die Farbe wechselt in diesem Fall von hellblau nach weiss.

**Materialien:** Reagenzgläser, Brenner; Kupfersulfat-hydrat ($CuSO_4 \cdot 5H_2O$)

**Durchführung:** Ein Reagenzglas wird mit einigen Spatelspitzen Kupfersulfat gefüllt und so schräg eingespannt, dass die Öffnung des Reagenzglases nach unten zeigt. Das Salz wird kräftig erhitzt. Nach Abkühlen des weißen Salzes werden einige Tropfen Wasser hinzu gegeben.

**Beobachtung:** Aus dem blauen Kupfersalz wird eine weiße Substanz, während des Erhitzens bilden sich Wassertropfen, die aus dem Reagenzglas heraus tropfen. Bei Zugabe von Wasser zur weißen Substanz entsteht wieder das hellblaue Kupfersalz, dabei erwärmt sich der Inhalt des Glases stark.

**Hinweis:** Wird das Experiment durch Wiegen der Stoffportionen vorher und nachher quantitativ durchgeführt, so kommt man sehr nahe an einen Messwert, der den Gehalt von 5 mol Wasser-Molekülen pro mol Kupfersulfat-hydrat anzeigt und damit das Pentahydrat nachweist.

## V7.40 Komplexgleichgewicht und Temperatur

**Problem:** Um den Gleichgewichtsgedanken und die Abhängigkeit der Gleichgewichte von der Temperatur zu vertiefen, werden nochmals Cobaltkomplexe demonstriert: bei vorgelegtem Gemisch aus $H_2O$-Molekülen und $Cl^-$(aq)-Ionen als Liganden für Cobaltkomplexe erweist sich in der Hitze der blaufärbende Tetrachlorocobalt-Komplex als stabil, in der Kälte der rosafärbende Hexaaquacobalt-Komplex bzw. die entsprechenden Aqua-Chloro-Zwischenstufen der Komplexreihe.

**Materialien:** Reagenzgläser, Brenner; Cobalt(II)-chlorid-hydrat, konzentrierte Salzsäure, Natriumchlorid

**Durchführung:** Zu rosafarbener Cobaltchlorid-Lösung wird portionsweise Salzsäure gegeben, die blaue Lösung wiederum mit Wasser verdünnt. Erneut wird Cobaltchlorid-Lösung in ein Reagenzglas gegeben, dieses Mal mit einigen Spatelspitzen Natriumchlorid versetzt und durch Schütteln gelöst. Die Lösung wird mit dem Brenner erhitzt, die entstandene blaue Lösung in Leitungswasser abgekühlt. Erhitzen und Abkühlen der Lösung können beliebig oft wiederholt werden.

**Beobachtung:** Die Farbe der Lösung wechselt bei Zugabe von Salzsäure von rosa nach blau, bei Verdünnen mit Wasser kehrt die rosa Farbe zurück. Beim Erhitzen der zweiten Lösung tritt die blaue Farbe in der Hitze auf, wechselt aber wieder zu rosa beim Abkühlen der Lösung.

**Hinweis:** Die thermische Verschiebung des Gleichgewichts kann auch am Beispiel der Lösung von Cobaltchlorid in 2-Propanol und anschließendem Erwärmen gezeigt werden [20].

## Literatur


1. Strube, W.: Der historische Weg der Chemie. Von der Urzeit zur industriellen Revolution. Leipzig 1976 (Deutscher Verlag für Grundstoffindustrie)
2. Asselborn, W., u. A.: Chemie heute, Sekundarbereich II. Hannover 1998 (Schroedel)
3. Christen, H.R., Baars, G.: Chemie. Frankfurt 1997 ( Diesterweg Sauerländer)
4. Musli, S.: Säure-Base-Reaktionen: Empirische Erhebung zu Schülervorstellungen und Vorschläge zu deren Korrektur. Staatsexamensarbeit. Münster 2004
5. Barker, V.: Beyond appearances – Students' Misconceptions about Basic Chemical Ideas. London 2000 (Royal Society of Chemistry)
6. Sumfleth, E.: Schülervorstellungen im Chemieunterricht. MNU 45 (1992), 410
7. Geisler, A., Sumfleth, E.: Veränderung von Schülervorstellungen im Bereich Säuren und Basen. In: Brechel, R.: Zur Didaktik der Physik und Chemie. Alsbach 1999 (Leuchtturm)
8. Barke, H.-D.: pH-neutral oder elektrisch neutral? Über Schülervorstellungen zur Struktur von Salzen. MNU 43 (1990), 415
9. Frühauf, D., Tegen, H.: Blickpunkt Chemie. Hannover 1993 (Schroedel)
10. Asselborn, W., u. A.: Chemie heute, Sekundarbereich I. Hannover 2001 (Schroedel)
11. Grothe, K.H., Jäckel, M.: Chemie heute. Hannover 1982 (Schroedel)
12. Dehnert, K., u. A.: Allgemeine Chemie. Hannover 2003 (Schroedel)
13. Wolter, H.: Johann Joachim Becher zum 300. Todesjahr. PdN-Chemie 31 (1982), 45
14. Schmidt, H.J.: Der Redoxbegriff in Wissenschaft und Unterricht, PdN-Chemie 41 (1994)
15. Sumfleth, E., Schülervorstellungen im Chemieunterricht, MNU 45 (1992)

16. Sumfleth, E., Stachelscheid, K., Todtenhaupt, St.: Redoxreaktionen in der Sekundarstufe I. NiU-Chemie 2 (1991), 77
17. Heints, V.: Redoxreaktionen: Empirische Erhebung zu Schülervorstellungen und Vorschläge zu deren Korrektur. Staatsexamensarbeit. Münster 2005
18. Werner, A.: Beitrag zur Konstitution anorganischer Verbindungen, Z.anorg. allgem.Chemie 3 (1893), 267
19. Kober, F.: „Komplex" – Versuch einer Definition. PdN-Chemie 34 (1985), 34
20. Bäuerle, F., Krasenbrink, M.: Komplexchemie – Unterricht zwischen historischen und aktuellen Modellvorstellungen. Staatsexamensarbeit. Münster 2005
21. Matuschek, C., Jansen, W.: Chemieunterricht und Geschichte der Chemie. PdN-Chemie 34 (1985), 3
22. Kopp, H.: Geschichte der Chemie. Bände 1 und 2. Braunschweig 1843.
23. Thenard, L.J.: Annales de Chimie et de Physique 42 (1803), 210
24. Gade, L.H.: Alfred Werners Koordinationstheorien, ChiuZ 36 (2002), 168
25. Fèrmy, E.: Liebigs Annalen der Chemie 83 (1852), 227
26. Gibbs, O.W.; Genth, F.A.: American Journal of Science 2 (1856), 234
27. Werner, A.: Über die Konstitution und Konfiguration von Verbindungen höherer Ordnung. Nobelpreisvortrag, gehalten am 11.Dezember 1913 in Stockholm.
28. Ihde, A.: The Development of modern Chemistry. 3. Auflage. New York 1970
29. Bailar, J.C.: The Early Development of the Coordination Theory. New York 1956
30. Jørgensen, S.M.: Journal praktische Chemie 27 (1883), 478
31. Blomstrand, C.W.: Chemie der Jetztzeit. Heidelberg 1869
32. Basolo, F.; Johnson, R.C.: Coordination Chemistry – The Chemistry of Metal Complexes. New York 1964
33. Kauffman, G.B.: Werner – Founder of Coordination Chemistry. Berlin 1966
34. Kober, F.: 1893: Alfred Werner legt den Grundstein moderner Komplexchemie. MNU 46 (1993), 157
35. Werner, A.: Neuere Anschauungen auf dem Gebiet der anorganischen Chemie. 2. Auflage. Braunschweig 1909
36. Miolati, A.; Werner, A.: Beiträge zur Konstitution anorganischer Verbindungen, II. Abhandlung, Z. Physik. Ch. 14 (1894), 506
37. Brock, W.H.: Viewegs Geschichte der Chemie. Braunschweig 1997
38. Mäueler, G.: Zum Wandel von Theorien, Nomenklatur und Formelsprache der Koordinationsverbindungen, PdN-Chemie 33 (1984), 104
39. Becke-Goehring, M. Hoffmann, H.: Komplexchemie. Heidelberg 1970
40. Kauffman, G.B.: Classics in Coordination Chemistry – Twentieth-Century Papers. (1904–1935). New York 1978.
41. Sidgwick, N.V.: The Electronic Theory of Valence. Oxford 1927
42. Perry, R.; Keller, R.: Modern Developements – The Electrostatic Theory of Coordination Compounds. New York 1956
43. Asselborn, W., u. A.: Chemie heute, Sekundarbereich II. Hannover 2003 (Schroedel)
44. Amann, W., u. A.: elemente chemie II. Stuttgart 1998
45. Holleman, A.F., Wiberg, E.: Lehrbuch der Anorganischen Chemie. Berlin 1985
46. Barke, H.-D.: Strukturorientierter Chemieunterricht. In: Barke, H.-D., Harsch, G.: Chemiedidaktik Heute. Heidelberg 2001

# 8 Energie

Energetische Prozesse bleiben geheimnisvoll, wenn man an die vielen esoterischen Bezüge und historischen oder biblischen Überlieferungen denkt. Naturwissenschaftler haben über Jahrhunderte das Phänomen „Energie" zwar enträtselt und verschiedene Energiearten beschrieben, beispielsweise potentielle und kinetische Energie (mechanische Energieformen), Wärmeenergie, Lichtenergie, elektrische Energie, Kernenergie, oder die chemische Energie. Aber es bleiben bei DUIT viele Zweifel hinsichtlich der Vermittlung des Energiebegriffs: „Gibt es überhaupt eine angemessene Elementarisierung des Energiebegriffs der Physik bzw. eine Vorstellung von Energie, die einerseits an Erfahrungen der Schüler anschließt und andererseits von der Physik und Chemie her verantwortet werden kann?" [1]. FEYNMAN geht so weit, dass er feststellt: „Es ist wichtig einzusehen, dass wir in der heutigen Physik nicht wissen, was Energie ist" [1].

Trotzdem können wir Energien beschreiben und quantitativ erfassen. Eine mögliche Größe zur Messung der Wärmeenergie ist historisch die **Kalorie** mit der Einheit 1 cal. Unter der Wärmeenergie von 1 cal versteht man die Energiemenge, die notwendig ist, um die Temperatur von 1 g Wasser von 14,5°C auf 15,5°C zu erhöhen. Mit der Forderung nach Verwendung der SI-Einheiten (Système Internationale von 1967) wie kg, m und s ist seit einigen Jahrzehnten das **Joule** eine wichtige Einheit für die Energie und es gilt: 1 cal = 4,18 J. Abgeleitet von den SI-Einheiten gilt: $1\,J = 1\,kg\,m^2/s^2$. Dieser Term läßt sich interpretieren als die Energie, die man investieren muss, um einen Gegenstand der Masse 1 kg mit der konstanten Beschleunigung von $1\,m/s^2$ eine Wegstrecke von 1 m zu bewegen.

Energie kann weder verloren gehen noch gewonnen werden, sie wird im allgemeinen von einer Form in die andere umgewandelt. So wird beim Fahrradfahren mit laufendem Dynamo die mechanische Energie des Rades durch den Dynamo in elektrische Energie umgewandelt, diese wiederum in Wärmeenergie und Lichtenergie der Glühlampe. Im Kraftwerk wird frei werdende Kernenergie bei Spaltungen von Atomkernen des Urans in Wärmeenergie transformiert, diese über Turbinen in mechanische und schließlich über Generatoren in elektrische Energie. Diese Energieform ist gut geeignet, sie über große Entfernungen abzutransportieren und vor Ort in jedem Haushalt in benötigte Energien umzuwandeln: Wärmeenergie zum Kochen, Lichtenergie zum Beleuchten, mechanische Energie zum Rasenmähen, etc. Zu Fehlvorstellungen hinsichtlich der Energieformen und speziell der elektrischen Energie gibt es viele Veröffentlichungen – allein die Bibliographie von PFUNDT und DUIT [2] weisen sie auf vielen Seiten in großer Zahl aus. Entsprechende Erhebungen stellen ein wichtiges Kapitel für die Physikdidaktik dar.

Die **chemische Energie** und die Umwandlung in andere Energieformen interessiert für den Chemieunterricht am meisten. Allerdings ist gerade diese Energieform wenig anschaulich. Obwohl jeder Mensch täglich energiereiche Stoffe wie Zucker und Stärke in seinem Körper zu energiearmen Stoffen wie Kohlenstoffdioxid und Wasser umsetzt und die Energiedifferenz unter anderem zur Erwärmung seines Körpers verwendet, wird ihm nicht bewusst, dass er die chemische Energie von Substanzen in Wärmeenergie transformiert. In der Natur wird bei der Photosynthese umgekehrt verfahren: aus relativ energiearmen Substanzen wie Wasser und Kohlenstoffdioxid werden durch Zufuhr von Lichtenergie und Wärmeenergie Zucker und Stärke aufgebaut – Substanzen mit relativ hoher chemischer Energie. BURGER und GERHARDT [3] haben in einem Assoziationstest zum Stichwort „Energie im biologischen Kontext“ ermittelt, dass Assoziationen „überwiegend dem technischen Bereich zuzuordnen sind. Die meisten Assoziationen aus dem Bereich der belebten Natur .... lassen sich den Themenfeldern ‚Mensch‘ (Tätigkeiten, Muskel, Körper, Nahrung) und ‚Natur‘ (abiotische Faktoren wie Klimaerscheinungen, insbesondere Wärme, Organismen wie Tiere und Pflanzen) zuordnen“ [3]. Diese biologischen Aspekte werden in diesem Kapitel nicht näher betrachtet.

Jugendliche haben wegen der mangelhaften Anschaulichkeit und vor allem durch die ihnen vermittelte Alltagssprache keine Chance, Fehlvorstellungen zu vermeiden und sich wissenschaftlich angemessene Vorstellungen zu erarbeiten. Solange Eltern und Bekannte von „leeren Batterien“ oder vom „Kraftstoffverbrauch“ sprechen, das „verbrauchte“ Benzin an der Tankstelle nachfüllen und mit „neuer Energie“ starten, kann sich weder die Idee von der Erhaltung der Energie noch die Vorstellung von der Umwandlung einer Energieart in eine andere Energieart entwickeln. Solange „verbrauchte Energie“ bei den Stadtwerken bezahlt werden muss oder der „Stromverbrauch“ einer Glühlampe bzw. der „Energieverlust“ einer Heizanlage diskutiert wird, können wissenschaftliche Konzepte von der Energie nicht ohne weiteres entstehen.

Diesbezüglich hat Vanessa BARKER [4] einige Anmerkungen gemacht. Als Beispiel führt sie Antworten auf die Frage nach der Energie an, die beim Brennen einer Methan-Flamme festzustellen ist: „Energy is stored in methane, energy comes from burning the methane, from the flame, simply from the methane, fuels are energy stores“ [4]. In anderen Zusammenhängen antworten die Lernenden: „Energy is used up or lost, for all energies there is something that activates them, that gives the strength“ [4]. In ihren „Implications for teaching” schlägt BARKER vor: „Teaching energy as energy transfer is extremely important in developing the idea that in fact energy is not 'used up', but moved from one form to another” [4].

Eine Befragung von Schülern und Schülerinnen in Niedersachsen durch Tobias DÖRFLER [5] soll genauer darüber Auskunft geben, welche Fehlvorstellungen zur chemischen Energie aus dem Unterricht vorliegen. Um die Unanschaulichkeit des isolierten Energiebegriffs zu umgehen, sind in der Untersuchung Schülervorstellungen zu „Brennstoffen und Energie“ zusammen erhoben worden. In einer ersten Aufgabe soll der Begriff Energie umschrieben werden, in zwei weiteren Aufgaben wird nach Auswirkungen der Zufuhr von Wärmeenergie gefragt, einem letzten Fragenblock liegen Brennstoffe und Verbrennungsreaktionen zugrunde. Es sind über 200 Jugendliche der Klassenstufen 9, 10 und 11 zweier Gymnasien befragt worden.

## 8.1 Vorstellungen zum Energiebegriff

Als „Warm-up-Frage“ wurden die Probanden zur Diskussion folgender Aufgabe aufgefordert: „Erkläre in einigen Sätzen, was Du unter Energie verstehst. Gib ein Beispiel an“.

Der Großteil der Probanden zitiert verschiedene auswendig gelernte aber wahrscheinlich unverstandene Definitionen für den Begriff Energie: „Energie ist die Fähigkeit, Arbeit zu verrichten“ oder „Energie ist gespeicherte Arbeit“. Diese Sätze sind ganz offensichtlich nicht von den Schülern und Schülerinnen selbst formuliert, sondern stammen auswendig gelernt aus dem Physikunterricht. Unterstrichen wird diese Vermutung durch die von einer Schülerin gegebenen Antwort: Sie setzte ihre formulierte Definition in Anführungszeichen und gab dahinter in Klammern den Lehrer als Verfasser an.

Ein weiteres Beispiel liefert die Ausführung eines Schülers aus der Klassenstufe 10: „Energie entsteht, wo Arbeit verrichtet wird: Bewegungsenergie, elektrische Energie“. Dieser Schüler beschreibt seine Auffassung von Energie ganz offensichtlich konkret-bildhaft: Ausgehend von den Erfahrungen beim Fahrradfahren glaubt er, dass Energie „entsteht“ und verkennt, dass seine Bewegung beim Fahren auch eine Form von Energie darstellt, nämlich mechanische Energie, die in andere Energieformen wie etwa elektrische Energie umgewandelt wird.

Andere Beispiele entstammen naturgemäß den eigenen konkret-bildhaften Erfahrungen: Beispielsweise wird die elektrische Energie mit

Strom, Glühlampe oder Blitz verknüpft, Bewegungsenergie mit Explosionen, Wärmeenergie mit dem Verbrennen von Brennstoffen.

Ein Schüler der 9. Klassenstufe schreibt: „Energie ist für mich, wenn ein Auto explodiert oder wenn ein Luftballon platzt!“, ein anderer: „Energie entsteht beim Kontakt von Feuer mit Brennstoff“, oder: „Energie kann durch Wärme, Wasser, Sonne oder Wind hergestellt werden“.

Jugendliche zeigen wohl deshalb Vorstellungen vom Entstehen oder Herstellen von Energie, weil die in den Medien allgegenwärtige Diskussion um Sonnen- oder Windenergie diese Vorstellungen geradezu generieren. In der Vorstellung der Schüler entsteht die Energie in Solarzellen oder Windrädern – dass sie aus der Strahlungsenergie der Sonne und der mechanischen Energie der Luftbewegungen zu anderen Energien umgewandelt wird, kommt in Berichten der Medien zu wenig zum Ausdruck.

Auch die historische Dimension eines **Wärmestoffs** ist bei den Jugendlichen durchaus präsent – eine Schülerin der 10. Klasse schreibt: „Energie ist ein unsichtbarer Stoff, mit dem man sich u.a. bewegen kann (Bewegungsenergie)“, eine andere formuliert wörtlich: „Energie ist ein Stoff, der elektrischen Strom entstehen lässt“. Allerdings wird die Masse als Eigenschaft einer Stoffportion oder die Dichte nicht definitiv auf Energieportionen übertragen. Schließlich ist auf das bekannte Schülerexperiment des Verbrennens von Eisenwolle am Waagbalken bezug genommen worden und es wurden Phlogistontheorie-ähnliche Äußerungen erhalten, wie sie bereits im Kapitel 3 beschrieben worden sind: „Die Eisenwolle wird leichter, weil wägbare Energie entweicht“.

**Unterrichtsvorschlag.** Es wird skizziert, wie zum einen die Vorstellung vom „Wärmestoff“ mit Hilfe experimenteller Erfahrungen sinnvoll reflektiert werden kann, wie zum anderen die Fehlkonzepte zu „Entstehung und Verbrauch von Energie“ abgebaut und Vorstellungen von der jeweiligen Energieumwandlung aufgebaut werden können. Schließlich soll auch das Teilchengeschehen als Untermauerung möglicher Erklärungen skizziert werden.

Würden Energieformen mit stofflichen Eigenschaften wie etwa einer Masse korrespondieren, so müßte eine geschlossene Apparatur, in der nach einer exothermen Reaktion Energie an die Umgebung abgegeben wird, leichter werden. Zu dieser Hypothese lassen sich durch die Schüler selbst relativ einfach Experimentiervorschläge finden. So könnten sie vorschlagen, eine exotherme Reaktion in einer geschlossenen Apparatur durchzuführen, diesbezüglich die Massen vorher und nachher festzustellen und zu vergleichen. Beispielsweise werden einige Streichholzköpfe ins Reagenzglas gegeben, dieses mit einem Luftballon abgeschlossen und gewogen (V8.1).

Nach dem Zünden der Köpfe durch kräftiges Erhitzen wiegt man erneut und stellt keine Änderung der Masse fest. Die bei der Reaktion der Streichholzköpfe abgegebenen Wärme- und Lichtenergien hinterlassen in Bezug auf den Messbereich der verwendeten Waage keinerlei Massendifferenzen, es macht nach ähnlichen Experimenten keinen Sinn, der Wärmeenergie eine Masse als Stoffeigenschaft zuzuordnen oder sie selbst als „Wärmestoff" anzusehen.

Eine weitere experimentelle Möglichkeit stellt diesbezüglich die exotherme Reaktion von Kupfersulfat mit Wasser dar (V8.2): das weiße Kupfersulfat wird im Reagenzglas ebenfalls mit dem Luftballon abgeschlossen, der in diesem Fall aber einige Tropfen Wasser enthält. Das weiße Salz reagiert mit dem Wasser vollkommen spontan und gut sichtbar zum blauen Kupfersulfat-hydrat. Der Vorteil dieser Reaktion: sie benötigt keinerlei Aktivierungsenergie, wie es für andere Reaktionen – auch für die Verbrennung der Streichholzköpfe – notwendig ist. Die dabei abgegebene Wärmeenergie kann direkt mit der Hand empfunden werden, oder sie wird in einem mit Wasser gefüllten Becherglas mit dem Thermometer messbar auf das „Kühlwasser" übertragen.

Der Vergleich der Masse des Reagenzglases vorher und nachher und die Feststellung, dass die Massen der beteiligten Stoffe vor der Reaktion und nachher gleichgroß sind, zeigt an, dass abgegebene Energie-Portionen keine Massen aufweisen – sie stellen keine chemischen Substanzen mit der Eigenschaft „Masse" dar, es gibt keinen „Wärmestoff".

Um in Reaktionsgleichungen Energien mit anzugeben, gibt es zwei Wege:

Kupfersulfat (s, weiß) + Wasser (l) $\rightarrow$
Kupfersulfat-hydrat (s, blau) + Wärmemenge

Kupfersulfat (s, weiß) + Wasser (l) $\rightarrow$
Kupfersulfat-hydrat (s, blau); Wärme wird abgegeben

Der erste Weg stellt die Wärmemenge in die Reihe der reagierenden Stoffe und könnte Lernende dazu verleiten, doch eine Art „Wärme*stoff*" in der Reaktionsgleichung zu assoziieren. Der zweite Weg trennt durch ein Semikolon ganz deutlich die Stoffe vom Energieumsatz ab: die beteiligten Energien werden qualitativ durch die Begriffe „exotherm" oder „$\Delta H < 0$" angegeben, oder sie werden nach dem Semikolon quantitativ etwa in kJ pro kg oder in kJ pro mol bezeichnet. Auf diesem Wege findet das Vermischen von Stoffen und Energien in Reaktionssymbolen nicht statt – und deshalb wohl auch nicht in den Vorstellungen der Jugendlichen.

Im letztgenannten Experiment ist bereits die Idee der **Umwandlung von einer Energieform in eine andere** veranschaulicht worden (V8.2): die bei der Kupfersulfat-Wasser-Reaktion frei gewordene Wärmemenge wird auf

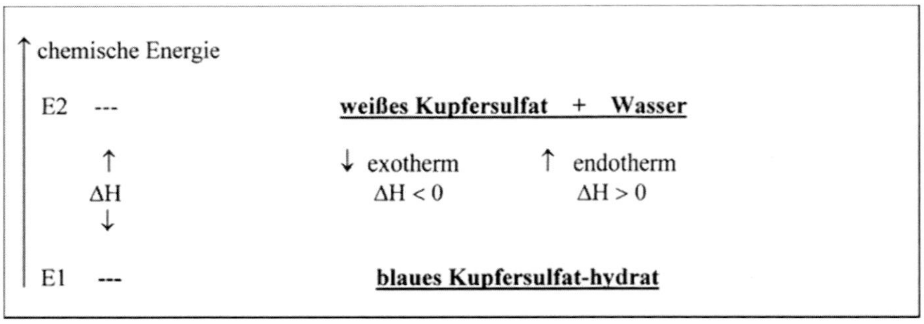


**Abb. 8.1.** Schematisches Energiediagramm für die Kupfersulfat-Wasser-Reaktion

das Kühlwasser im Becherglas übertragen. Diese übertragene Energieportion kann sogar quantitativ bestimmt werden: steigt die Temperatur von 20 g Kühlwasser um 5°C an, so handelt es sich um eine Energieübertragung von $5 \times 20 = 100$ cal, also um die Energie von 418 J. Aus diesen Messwerten kann – falls gewünscht – die molare Reaktionsenthalpie oder die Enthalpie pro kg Substanz ermittelt werden, wenn die Einwaage der Ausgangsstoffe festgehalten wird.

Die unterrichtliche Behandlung der **chemischen Energie**, die im weißen Kupfersulfat verborgen ist und zu einem Teil durch die Reaktion mit Wasser zu blauem Kupfersalz frei wird, ist das weitaus schwierigere Vermittlungsproblem. Ein phänomenbezogenes Energiediagramm (vgl. Abb. 8.1) soll erste Hilfe bringen, ehe später eine Bilanz von Bindungs-, Gitter- und Hydrationsenergien den Sachverhalt zu vertiefen vermag. Wird dem blauen Kupfersulfat relativ niedriger chemischer Energie eine gewisse Wärmeenergie zugeführt, so bildet sich ein Stoffsystem von weißem Kupfersulfat und Wasser höherer chemischer Energie (V8.3).

Ergänzend zu thermodynamischen Betrachtungen können im fortgeschrittenen Unterricht Diskussionen zu kleinsten Teilchen und deren Bindungsverhältnisse erfolgen. Die Teilchen des Kupfersulfat-hydrats nehmen zugeführte Wärmeenergie auf und erhalten eine höhere kinetische Energie: sie trennen sich voneinander. Die Differenzthermoanalyse (DTA) ist ein Verfahren, um solche Vorgänge zu analysieren. So werden $H_2O$-Liganden der Tetraaquakupfer-Komplexe und Kristallwasser nicht gleichzeitig aus dem Kristallgitter voneinander getrennt, sondern sukzessiv (vgl. Abb. 8.2).

Verfolgt man eine DTA-Analyse einerseits mit Calciumsulfat-dihydrat und andererseits mit Calciumsulfat-semihydrat (Gipspulver), so erhält man ebenfalls als Ergebnis, dass $H_2O$-Moleküle erst bei gewisser Zufuhr von Wärmeenergien aus dem Kristallgitter entweichen (vgl. Abb. 8.3): Gegenüber einer inerten Substanz (etwa Aluminiumoxid), die sich mit einer konstanten Aufheizrate fast linear erwärmt, stellt der Temperaturfühler

$$CuSO_4 \cdot 5H_2O\ (s) \xrightarrow{93\ ^\circ C} CuSO_4 \cdot 3H_2O\ (s) + 2H_2O$$

$$2H_2O\ (l) \xrightarrow{102\ ^\circ C} 2H_2O\ (g)$$

$$CuSO_4 \cdot 3H_2O\ (s) \xrightarrow{115\ ^\circ C} CuSO_4 \cdot H_2O\ (s) + 2H_2O\ (g)$$

$$CuSO_4 \cdot H_2O\ (s) \xrightarrow{250\ ^\circ C} CuSO_4\ (s) + H_2O\ (g)$$

**Abb. 8.2.** Schrittweise Dehydrierung des Kupfersulfat-hydrats durch DTA-Analysen [6]

beim Erhitzen des Calciumsulfat-dihydrats zwei Reaktionen fest: bei 140°C zersetzt sich 1 mol der Substanz zu 1 mol $CaSO_4$. ½ $H_2O$ und 1,5 mol $H_2O$-Moleküle, bei 200°C spaltet sich das letzte Kristallwasser ab. Vermischt man das Calciumsulfat-semihydrat mit Wasser, so bindet der Brei zu einer festen Kristallmasse ab und erwärmt sich dabei: Gips wird bekanntermaßen durch das Anrühren mit wenig Wasser fest.

In jedem Fall sollte die Idee zur chemischen Energie mit vielen Beispielen aus dem Alltag vertieft und in jedem Fall mit der **Umwandlung von Energieformen** verknüpft werden, etwa am Beispiel der brennenden Glühlampe: Das nächstgelegene Kraftwerk wandelt *chemische* Energie des Kohlestaubs durch dessen stark exotherme Verbrennung in *Wärmeenergie* um, diese Energie heizt Wasserdampf auf, dessen *kinetische* Energie treibt beim Austritt aus engen Düsen die Turbinen an und wird zu *mechanischer* Energie. Der Generator der Turbine vermag nun (vgl. Fahrraddynamo) die mechanische Energie in *elektrische* Energie zu transformieren. Im Haushalt

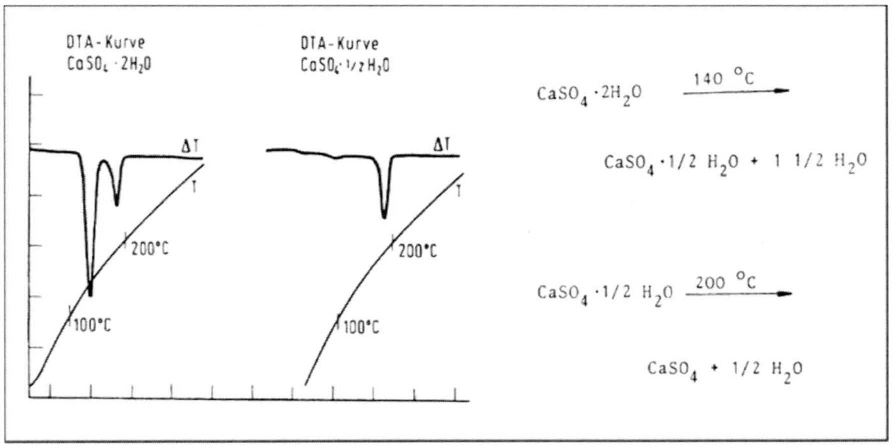


**Abb. 8.3.** DTA-Kurven zur Zersetzung von Calciumsulfat-dihydrat und -semihydrat [6]

kann die elektrische Energie durch eine Glühlampe in Lichtenergie und (leider zum größeren Teil) in Wärmeenergie umgewandelt werden, durch einen Tauchsieder überwiegend in Wärmeenergie, durch einen Staubsauger oder Rasenmäher in mechanische Energie: den Beispielen aus der Lebenswelt der Schüler und Schülerinnen sind keine Grenzen gesetzt.

Ob man nach all diesen kontext-bezogenen Beispielen anstelle von Strom*verbrauch* auch konsequent Strom*umwandlung* sagt, ob man den Kraftstoff*verbrauch* beim Autofahren eher mit Kraftstoff*umwandung* bezeichnen sollte, kann diskutiert werden. Die Umstellung von solchen Bezeichnungen bleibt immer ein großes Problem: noch immer geht trotz besseren Wissens „die Sonne im Osten auf und dreht sich um die Erde", noch immer schreiben wir mit „Bleistiften", obwohl seit dem 16. Jahrhundert bekannt ist, dass Graphit die färbende Substanz ist.

## 8.2 Energiezufuhr und Temperatur

In einer zweiten und dritten Frage an die Probanden geht es um Energieumsätze beim Erhitzen von Wasser [5]. Zum einen ist es der Wechsel des Aggregatzustandes bzw. die Schmelztemperatur von Eis, die unter Normbedingungen bei 0°C liegt. Zum anderen wird gefragt, was mit dem Wasser eines Kochtopfs passiert ist, der nach längerem Erhitzen vollständig leer ist.

Zunächst wird ein **Eis-Wasser-Gemisch** der Temperatur 0°C vorgestellt. Es wird den Probanden geschildert, dass das Gemisch mit einem Brenner eine Minute lang erhitzt wird, sodass danach trotzdem noch beides verbleibt: Eis und Wasser. Als Auswahlantworten werden für die Temperaturen des verbleibenden Eis-Wasser-Gemischs angeboten: 0°C, 1°C, 5°C und –5°C: entsprechend ist die erste Antwortmöglichkeit der Mehrfachwahlaufgabe korrekt. Eine adäquate Lösung eines Schülers der 10. Klasse sei vorgestellt: „Beim Schmelzen des Eises wird zum Aufbrechen der Kristallstruktur Energie benötigt, solange bis das Eis nicht geschmolzen ist, steigt die Temperatur nicht weiter an".

Das statistische, prozentuale Ergebnis dieser Mehrfachwahlaufgabe kann mit ca. 50% korrekten Antworten als durchschnittlich gut bezeichnet werden, dennoch war es der Hälfte der Probanden nicht möglich, die richtige Antwort anzugeben. Über 30% aller Probanden wählten den Temperaturanstieg auf 1°C und begründeten: „Das Gemisch muss wärmer geworden sein, da es erhitzt wurde. Es ist aber nicht viel wärmer, weil ein Eis-Wasser-Gemisch zurück bleibt; 0°C muss falsch sein, da das Wasser ja erwärmt wurde; das Wasser wird erwärmt, sodass das Eis zu schmelzen beginnt, weil das Wasser erwärmt wird, wird es wärmer, dadurch, dass aber Eis hinzu kommt, bleibt es schließlich bei 1°C stehen". Diese oder ähnliche Aussagen begründen den vermuteten Temperaturanstieg des Eis-Wasser-Gemischs.

Die lernpsychologische Theorie des „Conceptual Growth" wird dazu deutlich: Die vorhandene Denkstruktur, dass sich Temperaturen von Dingen immer erhöhen, wenn man ihnen Wärmeenergie zuführt, liefert die Basis der genannten Präkonzepte. Da die Schüler bezüglich dieser Aufgabe eine Modellvorstellung kleinster Teilchen nicht verwendet haben, sollen solche Modelle in einer weiteren Aufgabe ins Spiel gebracht werden und zur adäquaten Lösung verhelfen.

In dieser Aufgabe wird den Probanden die bekannte Beobachtung geschildert, dass ein Kochtopf mit einer bestimmten Wasserportion nach längerer Wärmezufuhr leer ist. Als Auswahlantworten wurden angeboten: das Wasser wird verbrannt, es reagiert mit der Luft, es zerlegt sich in die Bestandteile Wasserstoff und Sauerstoff, es wird gasförmig und bildet Wasserdampf. Die letzte Alternative stellt selbstverständlich die richtige Antwort dar. Eine Modellzeichnung zum Wechsel des Aggregatzustandes flüssig nach gasförmig wurde zusätzlich verlangt.

Es ist zunächst in Ordnung, dass die Schüler überwiegend die richtige Antwort mit der Bildung von Wasserdampf angekreuzt und begründet haben, dass Wasser eine Siedetemperatur in Höhe von 100°C besitzt, die beim Kochen erreicht wird. Demnach erfolgt lediglich ein Wechsel des Aggregatzustandes von flüssig zu gasförmig – nur 3% der Befragten gehen von einer Zerlegung des Wassers in seine Elemente aus.

In den Modellzeichnungen kommen die üblichen Darstellungen zum Ausdruck, die den Wechsel der Aggregatzustände von flüssig nach gasförmig skizzieren. Allerdings zeigen Begründungen, dass Teilchenmodell und Modellvorstellungen zu den Aggregatzuständen zum Großteil nicht verstanden worden sind: „Der Abstand der Teilchen wird größer, weil das Wasser gasförmig geworden ist". Dass es sich sachlich genau umgekehrt verhält, nämlich sich aus der zunehmenden Teilchenbewegung bei konstantem Druck Vergrößerungen der freien Weglänge zwischen den Teilchen und damit größere Abstände ergeben und dass aus diesem Grund dann schließlich der Aggregatzustand wechselt, wird in vielen Fällen so nicht gesehen.

Oftmals versuchen die Probanden auch, anstelle mit der Bewegung der Teilchen mit Hilfe der Anziehungskräfte zwischen den einzelnen Wasser-Molekülen zu argumentieren. Es wird beispielsweise formuliert: „Die gegenseitige Anziehungskraft der Teilchen wird durch das Erhitzen immer geringer, bis sie sich abstoßen und in die Luft fliegen; wenn das Wasser noch kalt ist, liegen die Wasserteilchen noch eng zusammen, und bei 100°C fliegen die Teilchen dann weg".

Es wird deutlich, dass selbst bei einer in den Köpfen der Schüler existierenden Teilchenvorstellung durchaus noch nicht-wissenschaftliche Denkweisen verbleiben: größer werdende Abstände resultieren nicht aus zunehmender kinetischer Energie der Teilchen, die Abnahme der Wirkung von Anziehungskräften wird nicht durch ihre höhere Bewegungsenergie diskutiert.

Ein Dutzend Schüler argumentiert auch auf der Ebene der Daltonschen Atomvorstellung damit, dass Wasserdampf ein Gemisch aus Wasserstoff und Sauerstoff sei und schreibt: „Der Dampf ist ein Zeichen für die Reaktion von $H_2O$ zu $H_2$ und $O_2$; Wasserstoff und Sauerstoff sind ja Gase. Sie sind leicht und können leicht verschwinden". Auch in Modellzeichnungen kommt zum Ausdruck, dass Schüler beim Sieden von Wasser die Spaltung in die beiden Elemente erwägen und das Auftreten von Wasserstoff und Sauerstoff postulieren (vgl. Abb. 8.4).

Schließlich fällt auf, dass Schüler sich den kontinuierlichen Anstieg der molekularen Teilchenbewegung nicht vorstellen können, sondern im Siedepunkt anscheinend einen Punkt sehen, bei dem „wie auf Knopfdruck" alle Teilchen spontan auseinander fliegen. Oder sie erfinden das Modell des „Ausdehnens der Teilchen beim Erwärmen", ein Schüler der 10. Klasse schreibt zum Beispiel: „Ich würde sagen, dass im Wasser die Teilchen in einer bestimmten Form angeordnet sind und sich beim Erhitzen ausdehnen und platzen". Bei solchen Schülervorstellungen scheint der allseits bekannte Zusammenhang im Vordergrund zu stehen, dass sich „die Stoffe bei einer Erwärmung ausdehnen": Diese makroskopische Sichtweise übertragen sie unbewußt und unbeabsichtigt auf die submikroskopische Ebene der

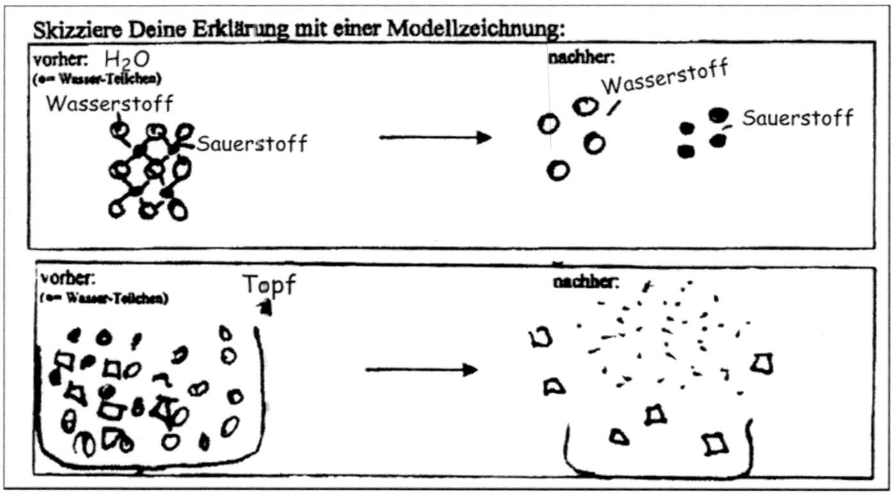


**Abb. 8.4.** Modellvorstellungen zum Sieden von Wasser [5]

kleinsten Teilchen. Damit befinden sich die Jugendlichen in bester Gesellschaft mit Wissenschaftlern vergangener Jahrhunderte [7].

**Unterrichtsvorschlag.** Die Tatsache, dass Eis bei 0°C schmilzt, ist allgemein bekannt. Weniger vertraut ist Jugendlichen, dass das Schmelzwasser ebenfalls die Temperatur von 0°C besitzt, dass für das Schmelzen von 1 g Eis eine ganz spezifische Wärmemenge umgesetzt werden muss, nämlich die **spezifische Schmelzwärme** von 333 J/g. Es gilt:

$$\text{Eis(s, 0°C)} \rightarrow \text{Wasser (l, 0°C)}; \ \Delta H = 333\ \text{J/g}.$$

Geleitet von dem kognitiven Konflikt, dass in ihrer Vorstellung eine Energiezufuhr auch immer eine höhere Temperatur nach sich ziehen müsse, sollen Jugendliche in jedem Fall diesbezügliche Experimente selbständig durchführen. Zum einen führen sie Eis-Wasser-Gemischen langsam Wärmeenergie zu und stellen unter Umrühren die konstante Temperatur von 0°C fest (V8.4). Zum anderen können sie erkennen, dass es gleichgültig ist, in einem Becherglas viel Eis und wenig Wasser zu beobachten, oder wenig Eis und viel Wasser: immer stellen sie die Temperatur 0°C fest (V8.4). Steht der Begriff des chemischen Gleichgewichts zur Verfügung oder soll er an diesem anschaulichen Beispiel eingeführt werden, so lassen sich durch Energiezufuhr oder Energieentzug jeweils Hin- oder Rückreaktion durch Schmelzen oder Erstarren diskutieren.

Bei weiterem Erhitzen von Wasser auf höhere Temperaturen und der diesbezüglichen Umwandlung der chemischen Energie eines Brennstoffes in Wärmeenergie kann den Schülern auch die **spezifische Wärme von Wasser** näher gebracht werden. Sie beträgt 4,18 J pro g und K und wird folgendermaßen interpretiert: die Energiemenge von 4,18 J erwärmt 1 g Wasser um 1°C (1 K). Insbesondere lässt sich zeigen, dass eine andere Flüssigkeit wie etwa Glycol (Ethandiol) mit dem Wert 2,35 J/g K eine andere spezifische Wärme besitzt: bereits die kleinere Energiemenge von 2,35 J erwärmt 1 g Glycol um 1°C (1 K). Damit erhitzt dieselbe Energiemenge eine bestimmte Glycol-Portion etwa auf die doppelte Temperatur als eine gleich schwere Wasser-Portion (V8.5).

Wiegt man einen Butanbrenner („Flüssiggas“) vor dem Erhitzen einer Portion von beispielsweise 100 g Wasser, erhitzt das Wasser eine Minute lang auf Drahtnetz und Dreibein, so läßt sich eine bestimmte maximale Temperaturerhöhung feststellen (V8.6). Wiegt man den Brenner auch danach und stellt mit 46.000 kJ/kg den Brennwert von „Flüssiggas“ in Rechnung, dann läßt sich bestimmen, welcher Anteil der abgegebenen Brennerenergie auf Wasser übertragen worden ist.

Der andere Teil der Wärmeenergie – ein meist mehr als 80% großer Anteil – heizt das Becherglas, das Drahtnetz oder die umgebene Luft auf

(V8.6). In diesem Zusammenhang kann der Begriff des Wirkungsgrades eingeführt und diskutiert werden, durch welche Maßnahmen man den Wirkungsgrad verbessern kann.

Verknüpft man die Modellvorstellung der kleinsten Teilchen mit Phänomenen des Schmelzens und des Siedens von Wasser, so wird es für Schüler offensichtlicher: Zur Trennung von Wasser-Teilchen aus ihrem regulären Verband vieler Teilchen muss Energie aufgewendet werden. Mit steigender Temperatur nimmt die Teilchenbewegung zu, besonders energiereiche Teilchen verlassen nach und nach den Teilchenverband. Man spricht dabei von dem Verdampfen des Wassers unterhalb der Siedetemperatur. In der Alltagssprache verbindet man damit auch den Begriff des „Verdunstens" – allerdings wird oftmals mit dem „Dunst" leider nicht der Wasserdampf, sondern irgendein Luftgemisch oder Nebel assoziiert. In vergangenen Jahrhunderten wurde durchaus das verdampfende Wasser mit Luft identifiziert [7].

Beim Sieden bei gleichbleibendem Normdruck vergrößert sich das Volumen der Stoffportion drastisch – am Beispiel des Siedens von Ethanol im geschlossenen Kolbenprober oder im zugeknoteten Luftballon lässt sich das demonstrieren (V4.9). Mit der Modellvorstellung der Zunahme freier Weglängen zwischen den Teilchen wird die Volumenzunahme bei konstantem Druck erklärt – der Modellversuch mit dem Umgießen von eng zusammen liegenden Kugeln aus einer kleinen Glasschale in eine große Schale und das kräftige Schütteln dieser Kugeln veranschaulicht das gut (V4.10). Insbesondere kann dieser Modellversuch deutlich werden lassen, dass die Teilchen und ihre Bewegungen den Raum ausfüllen, dass stark bewegte Teilchen ein größeres Volumen beanspruchen als Teilchen in Ruhe oder beim Schwingen um eine Ruheposition.

Da sich zwischen den Kugeln des Modells leider Luft als „irrelevante Zutat" befindet, ist eine diesbezügliche Modelldiskussion in jedem Fall erforderlich. Auch Vorstellungen von der Zunahme der Teilchengröße mit der Temperatur, von der „räumlichen Ausdehnung der Teilchen", müssen ausführlich diskutiert und dann vollständig ausgeräumt werden (vgl. auch Kap. 4).

## 8.3 Brennstoffe und chemische Energie

In drei letzten Aufgaben wurde auf die Verbrennung von Eisenwolle und der Brennstoffe Kohle und Benzin eingegangen. Die Probanden sollten unter den Mehrfachwahlaufgaben jeweils die richtige Antwort finden, dass es sich bei den Verbrennungsreaktionen um exotherme Reaktionen handelt, bei denen Energie freigesetzt bzw. ein Teil der chemischen Energie der Brennstoffe in Wärmeenergie umgesetzt wird. Zu den Antworten und

Begründungen wurde von den Probanden wiederum das Zeichnen angenommener Modellvorstellungen verlangt.

Der **Eisenwolle-am-Waagbalken-Versuch** wurde deshalb noch einmal gewählt, um ihn nach der Deutung zu möglichen Vernichtungskonzepten (vgl. Kap. 3.4) auch bezüglich der Energieabgabe bei der Verbrennung zu beleuchten. Etwa die Hälfte der Probanden konnte richtig antworten, dass Eisenwolle nach der Verbrennung „schwerer ist" als zuvor. Allerdings lieferten nur wenige Probanden adäquate Begründungen oder gar angemessene Modellzeichnungen.

Antworten und Begründungen laufen zum einen darauf hinaus, dass die Massen vor und nach der Verbrennung als gleich groß angenommen werden: „Nach dem Massenerhaltungsgesetz ist die Masse der Ausgangsstoffe gleich der Masse der Endstoffe". Die Antwort zeigt allerdings nicht, dass man sich „Eisen und Sauerstoff als Summe der Ausgangsstoffe" vorstellt. Zum anderen kommen die bekannten Vorstellungen vom „Leichterwerden" zum Vorschein, die vom Vernichtungskonzept ausgehen: „Bei der Verbrennung von Eisenwolle werden Elemente frei, die sich aus der Eisenwolle entfernen; wenn etwas verbrennt, wird es leichter; einzelne Teilchen werden verbrannt".

In einem Fall werden völlig diametral zum bekannten Elementbegriff und gegenüber der Oxidationstheorie die Sauerstoff-Atome in das Eisen hinein interpretiert und bei der Verbrennungsreaktion aus dem Verband entlassen (vgl. Abb. 8.5). Bezüglich des gleichen Phänomens wird das „Leichterwerden" auch mit dem Freisetzen von Energie verknüpft: „Durch die Verbrennung wurde Energie freigesetzt und so ist die Eisenwolle leichter; wenn etwas verbrennt, wird etwas freigesetzt (Energie); ich vermute, dass durch das Verbrennen der Eisenwolle Energie freigesetzt wurde und das Gewicht dadurch verringert wurde". Zur letzten Aussage völlig stimmig zeichnet der Schüler der Jahrgangsstufe 9 seine Modellvorstellung auf (vgl. Abb. 8.6): Aussage und Zeichnung weisen wiederum auf eine stoffliche Eigenschaft von Energie hin – auf einen gedachten „Wärmestoff" bzw. auf das Phlogiston des Naturphilosophen G. E. Stahl im Jahre 1697.

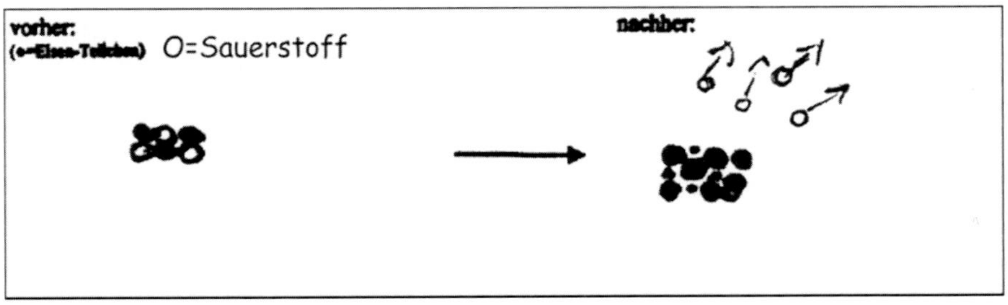


**Abb. 8.5.** Modellvorstellung eines Schülers zur Verbrennung von Eisen [5]

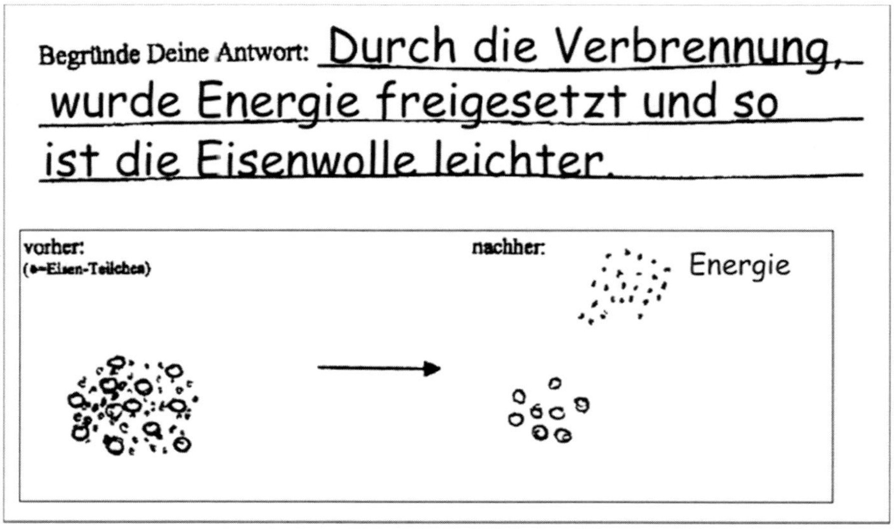


**Abb. 8.6.** Modellvorstellung eines Schülers zum Energieumsatz bei der Verbrennung [5]

Die Aufgabe zur Verbrennung von **Kohle** löst ein überdurchschnittlich hoher Prozentteil der Schüler korrekt, beschreibt die Reaktion von Kohlenstoff mit Sauerstoff zu Kohlenstoffdioxid und stellt fest, dass der Vorgang der Verbrennung die auftretende Energie liefert. Allerdings wählen auch 20% der Befragten den Distraktor: „Die Kohle wird in Energie verwandelt, dabei entsteht Asche“.

Gravierender ist das Resultat der Modellzeichnungen: nicht einmal ein Viertel aller Probanden kann adäquate Modellvorstellungen nachweisen. Das wird auch mit Hilfe der Ausführungen eines Schülers der Jahrgangsstufe 9 deutlich: „Die C-Atome verwandeln sich in Energie und liefern so die Wärme“ (vgl. Abb. 8.7). Erwähnenswert ist hierbei, dass nicht nur Probanden der 9. Klassenstufe, sondern auch Schüler und Schülerinnen der 10. und 11. Klassen dieses Verwandlungskonzept von Masse zu Energie für plausibel halten.

Eine weitere offensichtliche Fehlvorstellung von Schülern scheint in diesem Zusammenhang zu sein, dass Überlagerungen mit dem Begriff der Aktivierungsenergie stattfinden. Die Probanden geben diesbezüglich verschiedene Ursachen an. Ein Proband schreibt zum Beispiel: „Wenn Kohle glüht, speichert sie Energie und Wärme, aber nach einiger Zeit wird sie zur Asche und gibt die Energie dabei wieder ab“. Ein anderer formuliert: „Beim Anzünden der Kohle wird Energie zugeführt, die nachher wieder abgeben wird“.

Ein allen Jugendlichen bekannter Brennstoff ist **Benzin**, das bekanntermaßen durch die explosionsartigen Reaktionen in Gemischen mit Sauerstoff im Verbrennungsmotor das Auto antreibt. Die Verbrennungsvorgänge sind nicht direkt beobachtbar wie die der sichtbaren Verbrennung von Grillkohle – deshalb erschien es reizvoll, auch diesbezüglich eine Aufgabe zu formulieren. Ein großer Anteil der Befragten gibt wiederum akzeptable Lösungen an, dass etwa bei der Verbrennungsreaktion das Benzin mit Sauerstoff reagiert und es sich dabei um eine exotherme Reaktion handelt: „Benzin ist eine Kohlenstoff-Verbindung, die C-Atome reagieren zu $CO_2$, die anderen Atome werden entweder auch zu einem Gas oder zu einem Feststoff".

Bei den Begründungen lassen sich allerdings wenige Äußerungen finden, die von Verbrennungsreaktionen ausgehen und in der Vorstellung chemische Energie in mechanische umwandeln – nur einzelnen Schülern ist das bewußt. In den meisten Fällen steht die direkte Erzeugung von Energie aus Benzin wiederum im Vordergrund: „Die Energie entsteht bei der Verbrennung, die Atome des Benzins können bei der Verbrennung mit Sauerstoff reagieren und bilden Energie; während der Fahrt wird Benzin verbrannt, dadurch wird es weniger und man muss nach ein paar hundert Kilometern wieder tanken; das was aus dem Auspuff heraus kommt, ist gasförmiges, verbranntes Benzin" [5]. Eine Schülerin der Klassenstufe 10 formulierte diesbezüglich sogar eine Reaktionsgleichung und verknüpfte wie selbstverständlich die Begriffe Stoff und Energie bzw. „Wärmestoff" und Energie (vgl. Abb. 8.7).

Ein Großteil der Schüler betont, dass im Automotor Explosionen stattfinden. Das ist fachlich gesehen korrekt, dennoch wird der eigentliche fachliche Hintergrund solcher Explosionen nicht verstanden, ein Benzindampf-Sauerstoff-Gemisch wird gedanklich nicht zugrunde gelegt. Vielmehr erscheint es so, als würde Benzin selbst spontan explodieren, und solche Explosionen verleiten natürlich geradezu zu den bekannten Fehlvorstellungen zum Vernichtungskonzept: „Durch die Explosionen verschwindet das Benzin und man muss irgendwann wieder tanken" [5].

**Unterrichtsvorschlag.** Die Verbrennung von Eisen und die Verbesserung der diesbezüglichen Vorstellungen ist bereits in Kapitel 3 beschrieben worden. Die Erklärung des Verbrennens von Grillkohle ist in der Tat schwieriger: es tritt kein festes Oxid wie im Falle des Eisens auf, sondern ein gasförmiges und unsichtbares Oxidationsprodukt. Außerdem wird die Verbrennung vom Auftreten weißer Aschereste begleitet und verführt den Beobachter zielgerichtet zu diesem möglichen Reaktionsprodukt. Benzin verbrennt an der Luft nicht sichtbar zu Kohlenstoffdioxid und Wasserdampf, sichtbar ist allerdings der schwarze Ruß, der wie die Asche bei der Grillkohle als Reaktionsprodukt interpretiert werden kann. So sind beide

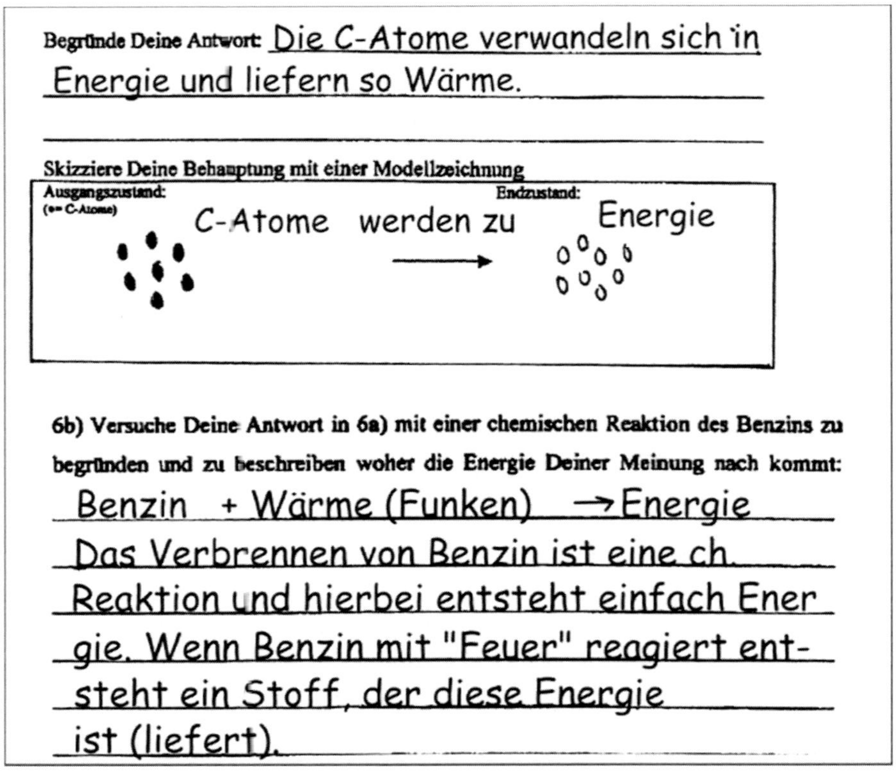
**Begründe Deine Antwort:** Die C-Atome verwandeln sich in Energie und liefern so Wärme.

**Skizziere Deine Behauptung mit einer Modellzeichnung**

**Ausgangszustand:** (• = C-Atome) **Endzustand:**

C-Atome werden zu Energie

**6b) Versuche Deine Antwort in 6a) mit einer chemischen Reaktion des Benzins zu begründen und zu beschreiben woher die Energie Deiner Meinung nach kommt:**

Benzin + Wärme (Funken) → Energie

Das Verbrennen von Benzin ist eine ch. Reaktion und hierbei entsteht einfach Energie. Wenn Benzin mit "Feuer" reagiert entsteht ein Stoff, der diese Energie ist (liefert).

**Abb. 8.7.** Modellvorstellungen zur Verbrennung von Kohle und Benzin [5]

Sachverhalte für die chemiedidaktische Vermittlung recht schwierig: die eigentlichen Produkte, auf die es ankommt, sind nicht zu sehen, die Begleitprodukte sind sichtbar, aber gerade auf sie kommt es nicht an.

Hinsichtlich der Kohleverbrennung soll zunächst deutlich werden, dass reiner Kohlenstoff bei Reaktionen mit Sauerstoff ohne jeden Rest vollständig zu farblosem Kohlenstoffdioxidgas führt. In einer Kolbenproberapparatur werden in das Verbrennungsrohr einige Stückchen Aktivkohle gegeben und ein Kolbenprober mit Sauerstoff gefüllt (V8.7). Nach starkem Erhitzen des Rohrs zünden die Aktivkohle-Stücke, nach Zufuhr des Sauerstoffs reagieren sie unter hellem Leuchten vollständig – ohne einen Rest zu hinterlassen. Das Gasvolumen bleibt konstant, da der Sauerstoff durch das gleiche Volumen Kohlenstoffdioxid ersetzt wird. Dieses Gas läßt sich leicht mit Kalkwasser nachweisen. Die Reaktion sollte zunächst mit dem Molekülbaukasten anschaulich gemacht und danach mit der bekannten Reaktionsgleichung verknüpft werden – auch die Volumenkonstanz der beteiligten Gase ist in diesem Zusammenhang zu interpretieren, wenn die Aussage des Avogadroschen Gesetzes hinzu genommen wird.

Das Phänomen der Aschereste beim Verbrennen von Grillkohle ist mit Verunreinigungen zu erklären: Mineralien wie weißes Natriumcarbonat, weißes Kaliumcarbonat („Pottasche") und Schwefel sind u.a. in üblicher Kohle enthalten. Werden Bezüge auf die urgeschichtliche Entstehung von Braun- oder Steinkohle aus Pflanzenresten hergestellt, erscheint es den Jugendlichen als selbstverständlich, dass übliche, im Bergbau gewonnene Kohle kein Reinstoff sein kann.

Zur Frage der Energieabgabe ist für die Schüler wiederum die chemische Energie heranzuziehen und auf die bekannte Abbildung zu übertragen (vgl. Abb. 8.1): Das Kohlenstoff-Sauerstoff-Gemisch ist gegenüber dem Kohlenstoffdioxid ein Stoffsystem mit relativ hohem chemischen Energieinhalt. Bei der Reaktion wird die entsprechende Energiedifferenz an die Umgebung abgegeben: Tabellenwerte weisen aus, dass die chemische Energie von 1 kg Kohlenstoff bei vollständiger Reaktion mit dem Sauerstoff der Luft zu einer Wärmeenergie von 33.000 kJ führt. Betrachtet man die Reaktion

$$C(s) + O_2(g) \rightarrow CO_2(g);\ \Delta H = 33.000\ \mathrm{kJ/kg}$$

näher, so kann man das Reaktionsgeschehen qualitativ folgendermaßen kennzeichnen:

1. Die C-Atome müssen aus dem Atomverband unter Energieaufwand getrennt werden,
2. die $O_2$-Moleküle sind unter Energieaufwand in O-Atome zu trennen,
3. C-Atome und O-Atome werden unter Energiegewinn zu $CO_2$-Molekülen verknüpft.

Bevor allerdings die ersten einzelnen C-Atome oder einzelnen O-Atome vorhanden sind, kann die Reaktion nicht starten. Aus dem Grund ist abschließend mit den vertrauten Erfahrungen zu klären, dass ein Stück Kohle nicht von ganz allein zu brennen beginnt, sondern eine gewisse „Startenergie" oder „Aktivierungsenergie" benötigt wird, um ohne weitere Energiezufuhr mit Sauerstoff allein weiter zu reagieren. Nach diesem Start können es dann allerdings beliebige Mengen an Kohle sein, die bekannterweise beliebig lange weiter brennen.

Quantitativ können solche Reaktionen mit den Bindungsenergien der C-C-Bindung, der C-H-Bindung, der C-O- und O-H-Bindung beschrieben, gemessene Reaktionsenthalpien berechnet werden. Ein anschauliches Beispiel der formalen Reaktion von Graphit, Wasserstoff und Sauerstoff zu Ethanol beschreibt DICKERSON–GEIS (vgl. Abb. 8.8).

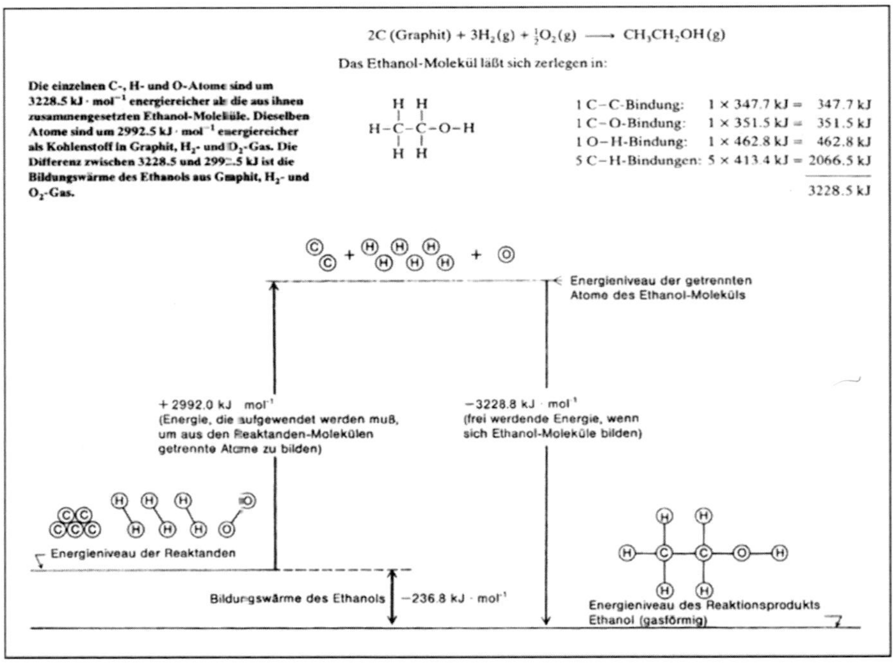


**Abb. 8.8.** Modellvorstellung zum Energieumsatz bei der Synthese von Ethanol [8]

Auch das **Benzin** ist als Gemisch verschiedener Kohlenwasserstoffe eine Substanz relativ hoher chemischer Energie, als Kohlenstoff-Wasserstoff-Verbindung reagiert sie mit Sauerstoff zu Kohlenstoffdioxid und Wasserdampf, zwei Substanzen relativ niedriger Energie (vgl. Abb. 8.1). Diese Reaktionsprodukte können ausgehend von der Butan-Sauerstoff-Reaktion im Experiment – auch quantitativ – nachgewiesen werden (V8.8). Um weitere quantitative Hinweise für das Auftreten der farblosen und gasförmigen Reaktionsprodukte zu erhalten, können die Verbrennungsprodukte an absorbierenden Substanzen gebunden und gewogen werden. Eine Möglichkeit für ein solches Experiment ist das Verbrennen einer Paraffinkerze – also ebenfalls eines Gemischs aus Kohlenwasserstoffen – auf der Waagschale (V3.9).

Die bei der Reaktion von Benzin frei werdende Wärme- und Lichtenergie ist durch die gelb leuchtende Flamme evident und meist auch den Lernenden bekannt. Ebenfalls bekannt ist die Rußbildung durch die unvollständige Verbrennung an der Luft: Kriställchen von Graphit und andere C-Atome-Konglomerate werden an die Luft abgegeben und bilden den unangenehmen Feinstaub in den Städten mit viel Autoverkehr. Weniger bekannt – weil nicht sichtbar – sind die explosionsartigen Energieumsetzungen von

Benzindampf-Sauerstoff-Gemischen, die die Vorgänge in einem Automotor modellieren können.

Eine Möglichkeit, solche Explosionen gefahrlos und nahe den Vorgängen im Automotor zu demonstrieren, ist das Füllen von Plastikflaschen mit den genannten Gemischen und das Zünden mit einer Zündkerze, wie sie im Auto verwendet wird (V8.9): Die kleine Plastikflasche, deren Öffnung auf den Sockel der Zündkerze paßt, wird mit Sauerstoff und einigen Tropfen Pentan oder Benzin gefüllt, sie wird nach Umschütteln in der warmen Hand auf die Zündkerze gesetzt und das Gasgemisch mit einem Zündfunkengeber gezündet. Der laute Knall – unter Zerfetzen der Plastikflasche – überzeugt von der großen Menge chemischer Energie, die im Gemisch von nur wenigen Tropfen Benzin und Sauerstoff gespeichert ist und bei der Zündung des Gemischs unter Abgabe von Wärme- und Lichtenergie umgesetzt wird.

Um diesen Vorgang verständlich zu machen, ist der Molekülbaukasten einzusetzen (V8.10): das Strukturmodell für ein Pentan-Molekül $C_5H_{12}$ ist zu bauen (ggf. auch Isomere) und gedanklich mit Modellen von $O_2$-Molekülen umzusetzen. Die Lernenden müssen erkennen, dass aus einem $C_5H_{12}$ -Molekül maximal 5 $CO_2$-Moleküle und 6 $H_2O$-Moleküle entstehen können. Erst nach diesen Überlegungen auf der Ebene der Art und Anzahl beteiligter Moleküle ist die Übertragung auf eine Reaktionsgleichung verständlich:

1 $C_5H_{12}$ -Molekül + 8 $O_2$-Moleküle $\rightarrow$
5 $CO_2$-Moleküle + 6 $H_2O$-Moleküle; stark exotherm

Hinsichtlich der Motorfunktion kann jetzt die Umwandlung der chemischen Energie des Benzins diskutiert werden. Bei der Reaktion mit Sauerstoff zu beiden gasförmigen Reaktionsprodukten tritt sie zunächst als Wärmeenergie in Erscheinung, diese sorgt für die große Volumenausdehnung der gasförmigen Reaktionsprodukte und damit für die mechanische Energie, die durch die spezielle Konstruktion des Motors die Kolben auf und ab bewegt. Die mechanische Energie sich schnell auf und ab bewegender Kolben bewirkt die Drehung der Räder des Autos oder treibt durch verschiedene Keilriemen etwa eine Lichtmaschine an. Diese transformiert wiederum mechanische Energie in elektrische Energie und betreibt etwa Anlasser oder Glühlampen: so wäre auch Lichtenergie eine mögliche Umwandlungsform der chemischen Energie des Benzins. Es spielen allerdings mit zunehmender Technik am Auto weitaus mehr Energieformen eine Rolle.

Da alle Verbrennungsvorgänge bestimmte Wärmemengen liefern, die niemals vollständig in andere Energien umgewandelt werden, sondern durch gewisse Anteile dieser Energien zu einer Vergrößerung der Entropie beitragen, mögen galvanische Experimente als Beispiele einer vollständigen Umwandlung der chemischen Energie in elektrische Energie demonstriert werden: Zum einen die galvanische Zelle selbst (V7.25), zum anderen ein Modellexperiment zum Blei-Akkumulator, das das Aufladen und Entladen, also die Umwandlung der genannten Energien in beide Richtungen veranschaulicht (V7.28).

PARCHMANN und DEMUTH [9] diskutieren diese Zusammenhänge für das Basiskonzept „Energie" innerhalb ihrer „Chemie im Kontext" und einer Entwicklung der naturwissenschaftlichen Grundbildung bzw. der „Scientific Literacy". Allein die Veranschaulichung der **Entropie** bleibt ein schwieriges Unterfangen – diesbezügliche Fehlvorstellungen sind nicht zu vermeiden. Deshalb werden entsprechende Befragungen und Verbesserungsvorschläge für Unterricht an dieser Stelle nicht erörtert – andere Wissenschaftler wie G. JOB [10] versuchen das.

## 8.4 Experimente zur Energie

### V8.1 Vergleich der Massen bei exothermen Reaktionen

**Problem:** Schüler haben die Vorstellung, dass es einen „Wärmestoff" gibt bzw. Energieportionen eine Masse aufweisen. Bei einer exothermen Reaktion müssten dementsprechend die beteiligten Stoffe einen Anteil ihrer Masse verlieren – es dürfte das Gesetz von der Erhaltung der Masse bei chemischen Reaktionen nicht gelten. Um den Lernenden – auch an dieser Stelle – das Gesetz zu vergegenwärtigen, soll eine exotherme Reaktion quantitativ vorgestellt werden.

**Material:** Reagenzglas, Luftballon, genaue Waage; Streichhölzer

**Durchführung:** In das Reagenzglas werden mehrere Streichholzköpfe gegeben, es wird mit einem Luftballon verschlossen und genau gewogen. Mit der rauschenden Flamme des Brenners werden die Streichholzköpfe gezündet, Reagenzglas und Inhalt erneut gewogen.

**Beobachtung:** Die Massen sind gleich groß, die bei der Reaktion als Wärme- und Lichtenergie abgegebene Energieportion besitzt keine wägbare Masse.

**Hinweis:** Seit Relativitätstheorie und Einsteinsche Formel $E = m c^2$ bekannt sind, geht man davon aus, dass die *Summen* von Massen und Energien bei chemischen Reaktionen konstant sind. Dabei sind allerdings die Massen, die den in chemischen Laboratorien demonstrierten Energien äquivalent sind, so klein, dass sie von keiner Waage der Welt erfasst werden können.

Nur bei Kernspaltungs- und Fusionsvorgängen lassen sich wegen der hohen Energien auch wägbare Materieportionen berechnen – allerdings ist in der Praxis ein Wiegen und Vergleichen dieser Massen ebenfalls nicht möglich.

## V8.2 Energieübertragung bei exothermer Reaktion des Kupfersulfats mit Wasser

**Problem:** Neben Fehlvorstellungen von einem „Wärmestoff" ist es das „Entstehen" oder „Verbrauchen" von Energie, das den Lernenden durch die Alltagssprache nahe gelegt wird. Es soll deshalb zum einen durch Wägung nochmals die Erhaltung der Masse bei einer Reaktion gezeigt werden, zum anderen die Übertragung der abgegebenen Wärmeenergie auf das Kühlwasser eines Kalorimeters. Schließlich kann durch die bekannte Masse des Kühlwassers und die gemessene Temperaturdifferenz die übertragene Wärmemenge auch einfach berechnet werden.

**Material:** Styroporbecher (Kalorimeter), Reagenzgläser, Luftballon, Waage, Thermometer; weißes Kupfersulfat

**Durchführung:** In ein Reagenzglas werden 2,0 g weißes Kupfersulfat genau eingewogen, das Glas wird mit einem Luftballon, der 1–2 mL Wasser enthält, verschlossen und gewogen. In den Styroporbecher füllt man genau 20 mL Wasser, stellt die Temperatur des Wassers fest. Das Reagenzglas ist in das Kalorimeter zu stellen, das im Luftballon enthaltene Wasser durch Anheben des Luftballons in das Reagenzglas zu überführen und die Temperatur des Kühlwassers erneut bis zur Konstanz zu messen.

**Beobachtung:** Das weiße Salz wird zu einer blau gefärbten Substanz, die Temperatur des Kühlwassers steigt um etwa 5°C an.

**Hinweis:** Das Ansteigen der Wassertemperatur um 1°C bedeutet für 1 g Wasser die Zufuhr einer Wärmemenge von 4,18 J. Liegt die Masse von 20 g Wasser und die Temperaturdifferenz von 5°C vor, dann ist eine Energiemenge von 418 J übertragen worden. Das erhaltene blaue Salz kann in Experiment V8.3 wieder verwendet werden.

## V8.3 Energieübertragung bei endothermer Reaktion des Kupfersulfat-hydrats

**Problem:** Die in V8.2 gebildete blaue Substanz ist aus weißem Kupfersulfat und Wasser entstanden, sie nennt sich Kristallwasser-haltiges Kupfersulfat oder Kupfersulfat-hydrat. Offenbar ist das Kupfersulfat-hydrat energieärmer als das weiße Kupfersulfat und müsste unter Energiezufuhr in das weiße, energiereichere Kupfersulfat zurück reagieren. Zum einen würde die genannte Hypothese geprüft, zum anderen der Nachweis erbracht werden, dass der Energieerhaltungssatz gilt.

**Material:** Reagenzglas mit Kupfersulfat-hydrat (V8.2)

**Durchführung:** Das Reagenzglas mit dem enthaltenen blauen Kupfersulfat-hydrat wird schräg mit der Öffnung nach unten eingespannt und mit der rauschenden Flamme des Brenners erhitzt.

**Beobachtung:** Das blaue Salz verwandelt sich in das weiße Salz, Tröpfchen von Wasser kondensieren im Reagenzglas bzw. fließen aus dem Reagenzglas heraus und tropfen auf die Unterlage. Sobald die Wärmezufuhr unterbrochen wird, stoppt auch die Zersetzung.

## V8.4 Gemische aus Eis und Schmelzwasser besitzen die Temperatur von 0°C

**Problem:** In der Vorstellung von Jugendlichen führt aufgrund der üblichen Erfahrungen mit dem Erhitzen von Wasser jede Zufuhr von Wärmeenergie zu einer Temperaturerhöhung – Temperatur und Wärme sind für viele Lernende identische Größen. Es sollen deshalb Experimente beobachtet und ausgewertet werden, die den Haltepunkt von Temperaturen beim Schmelzen oder Sieden von Reinstoffen zeigen, etwa das simple Schmelzen von Eis von 0°C zu Wasser von 0°C.

**Material:** Becherglas, Dreibein und Drahtnetz, Thermometer; Eis

**Durchführung:** Im Becherglas wird die Temperatur von Eis gemessen, das frisch aus dem Gefrierfach entnommen wurde. Das Eis wird bei mittlerer Brennerflamme und unter ständigem Rühren mit Hilfe des Thermometers erhitzt, es wird in bestimmten Zeitabständen die Temperatur gemessen. Es wird einmal Eis, ein anderes Mal Wasser zu dem Eis-Wasser-Gemisch gegeben, umgerührt und erneut gemessen.

**Beobachtung:** Das gerade dem Gefrierfach entnommene Eis hat Temperaturen unter 0°C. Alle anderen Eis-Wasser-Gemische weisen die Temperatur von 0°C auf.

**Hinweis:** Die Tatsache, dass alle Gemische aus Eis und Wasser – unabhängig von den Maasen an Eis und Wasser – die Temperatur von 0°C aufweisen, kann im Unterricht auch zum Konzept des chemischen, dynamischen Gleichgewichts führen (vgl. Kap. 6).

## V8.5 Temperaturen von Wasser- und Glycolportionen nach Zufuhr gleicher Energiemengen

**Problem:** Konzepte von Energie und Temperatur werden in der Vorstellung von Jugendlichen nicht ausreichend voneinander differenziert – ein Erhitzen mit gleicher Flamme und gleicher Zeit führt in ihrer Vorstellung zu einer gleich großen Temperaturerhöhung, wenn gleiche Portionen verschiedener Stoffe gewählt werden. Deshalb soll gleichen Portionen zweier verschiedener Flüssigkeiten mit deutlich unterschiedlichen spezifischen Wärmen (4,2 J/gK für Wasser, 2,35 J/gK für Glycol) die gleiche Energiemenge zugeführt und damit gezeigt werden, dass zwei vollkommen verschiedene Temperaturen resultieren.

Es kann insbesondere die gute Kühleigenschaft von reinem Wasser diskutiert werden: Wasser nimmt größere Energiemengen als viele andere Flüssigkeiten auf, ehe es bestimmte Temperaturen erreicht.

**Material:** Zwei gleiche 250 ml-Bechergläser, Butanbrenner, Dreibein und Drahtnetz, Thermometer, Waage, Stoppuhr; Wasser, Glycol (Ethandiol)

**Durchführung:** In die Bechergläser wird jeweils eine 100 g-Portion der Flüssigkeiten eingewogen. Das auf dem Dreibein liegende Drahtnetz wird mit dem Butanbrenner bei konstanter Wärmezufuhr erhitzt. Die Temperaturen beider Flüssigkeiten werden gemessen, diese werden für jeweils 60 s auf das bei konstanter Brennerflamme erhitzte Drahtnetz gesetzt, das Maximum der Temperaturen wird danach wieder gemessen.

**Beobachtung:** Die Temperatur des Wassers steigt um etwa 15°C, die des Glycols um etwa 28°C.

## V8.6 Wirkungsgrade beim Erhitzen von Flüssigkeiten mit dem Brenner

**Problem:** Bei allen Experimenten, bei denen Flüssigkeiten mit Hilfe von Dreibein und Drahtnetz erhitzt werden, denken Jugendliche nicht daran, dass ein großer Anteil der zugeführten Wärmemenge nicht wirksam auf die Flüssigkeiten übertragen wird, sondern zur Erhitzung des beteiligten Materials wie Glas (Becherglas), Eisen (Dreibein) und umgebende Atmosphäre (Luft) führt. Diese Tatsache ist mit dem Begriff des Wirkungsgrades verknüpft, der in diesem Zusammenhang diskutiert werden kann.

**Material:** 250 ml-Becherglas, Butanbrenner, Dreibein und Drahtnetz, Thermometer, Waage, Stoppuhr; Wasser

**Durchführung:** In das Becherglas werden 100 g Wasser eingewogen, das Glas wird auf das Drahtnetz gestellt und die Temperatur des Wassers gemessen. Der Butanbrenner wird genau gewogen, eine rauschende Brennerflamme eingestellt, sofort unter das Becherglas positioniert und die Stoppuhr gestartet. Nach genau 60 s wird die Brennerflamme entfernt, das Brennerventil sofort zugedreht und der Brenner erneut gewogen. Die maximal erreichte Temperatur des Wassers ist festzustellen und zu notieren.

**Beobachtung:** Es sind in 60 Sekunden genau 1,0 g Brennergas umgesetzt worden, die Temperatur des Wassers erhöht sich um 15°C.

**Hinweis:** Der Wirkungsgrad wird folgendermaßen abgeschätzt: Tabellen liefern für „Flüssiggas" einen Brennwert von 46.000 kJ pro kg, also liefert 1 g Flüssiggas die Wärmeenergie von 46 kJ. 100 g Wasser nehmen für eine Temperaturerhöhung von 15°C die Energie von $100 \times 15 \times 4{,}2\,\text{J} = 6270\,\text{J} = 6{,}27\,\text{kJ}$ auf. Dieser Energiemenge entspricht 13,6% von 46 kJ – also beträgt der Wirkungsgrad nur 13,6%, mehr als 86% der eingesetzten Wärmeenergie werden an die Umgebung (Luft, Glas, Eisen) abgegeben.

## V8.7 Quantitative Verbrennung von reinem Kohlenstoff

**Problem:** Die allseits bekannte Verbrennung von Grillkohle ist immer mit dem Übrigbleiben weißer Asche verbunden, die mühsam – oft von jugendlichen Helfern bei der Grillparty – entsorgt werden muss. Sie verführt Jugendliche einerseits zur Vorstellung, dass Asche das Verbrennungsprodukt von Kohle ist, dass die Asche nachher „leichter" ist als die Kohle vor der

Verbrennung. Andererseits glauben Jugendliche vielfach an den „Wärmestoff", der bei jeder Verbrennung frei wird und die Energie liefert.

Um mit reinem Kohlenstoff zu zeigen, dass zum einen keine Asche gebildet wird und zum anderen bei der exothermen Reaktion das gasförmige, farblose Kohlenstoffdioxid das einzige Verbrennungsprodukt ist, soll die Kohle-Verbrennung in einer Kolbenproberapparatur erfolgen und das gebildete Kohlenstoffdioxid-Gas nachgewiesen werden. Zur Betrachtung der an der Reaktion beteiligten Massen kann man das Experiment der brennenden Kerze auf der Waage wiederholen (V3.9).

**Material:** Zwei 100 ml-Kolbenprober, Verbrennungsrohr, kleines Becherglas; Aktivkohle, Kalkwasser (Calciumhydroxid-Lösung), Sauerstoff (Stahlflasche)

**Durchführung:** Das Verbrennungsrohr wird mit einigen Körnern Aktivkohle beschickt und waagerecht eingespannt. Es wird mit beiden Kolbenprobern verbunden, wobei einer mit 100 mL Sauerstoff gefüllt und der andere leer ist. Kohlekörner werden mit der rauschenden Flamme des Brenners bis zur Rotglut erhitzt, dann wird der Sauerstoff langsam hinüber geleitet, ggf. mehrere Male hin und her geschoben.

Nach Ende der Reaktion wird ein Teil des Kolbenproberinhalts durch Kalkwasser geleitet.

**Beobachtung:** Die Kohlekörner leuchten hell auf und reagieren stark exotherm mit dem Sauerstoff, bis sie vollkommen verschwunden sind. Das Volumen von 100 ml Gas im Kolbenprober bleibt bei der Reaktion erhalten. Beim Einleiten des Gases in Kalkwasser fällt ein weißer Niederschlag aus.

**Hinweis:** Es können auch billige Industriediamanten aus dem Lehrmittelhandel verwendet werden, um zu zeigen, dass Diamanten chemisch mit Kohlenstoff identisch und aus C-Atomen aufgebaut: die Beobachtungen sind die gleichen wie oben geschildert. Das Volumen von Kohlenstoffdioxid kann quantitativ durch konzentrierte Natronlauge oder Kalilauge absorbiert und somit genau bestimmt werden.

## V8.8 Quantitative Oxidation des Butans

**Problem:** Wie es auch bei der Kohle-Verbrennung der Fall ist, werden die Verbrennungsprodukte bei der Verbrennung von Butan, Pentan oder Benzin nicht wahrgenommen – im Gegenteil: Benzin verbrennt in einer Porzellanschale mit schwarzer Russbildung und Jugendliche mögen den Russ als Produkt der Verbrennung interpretieren. Um die Russbildung zunächst zu umgehen, wird in diesem Experiment das gasförmige Butan verwendet. Es kann durch Untersuchung der Butan-Brennerflamme qualitativ Wasserdampf und Kohlenstoffdioxid nachgewiesen werden, durch Oxidation mit Hilfe von Kupferoxid ist es hinsichtlich des Kohlestoffdioxids auch leicht quantitativ möglich.

**Material:** Waschflasche, Wasserstrahlpumpe, Trichter, zwei Kolbenprober, Verbrennungsrohr, kleines Becherglas, Butanbrenner; Butan, schwarzes Kupferoxid (Drahtform), Quarzglaswolle, Kalkwasser (Calciumhydroxid-Lösung)

**Durchführung:**
a) Eine kleine Brennerflamme wird am Butanbrenner einreguliert, ein Trichter über der Flamme eingespannt und mit einer Waschflasche verbunden, die mit wenig Kalkwasser gefüllt ist. Am richtigen Ende der Waschflasche wird die Wasserstrahlpumpe angeschlossen, die Verbrennungsprodukte werden durch die Flasche gesaugt.
b) Das Verbrennungsrohr wird mit einigen Löffeln Kupferoxid versehen, es wird durch Quarzglaswolle-Bäusche im Rohr festgehalten. Ein Kolbenprober wird mit 20 mL Butan gefüllt und an einer Seite des Rohrs angeschlossen, der andere Kolbenprober wird mit der gegenüberliegenden Rohröffnung verbunden. Das Kupferoxid wird mit der rauschenden Brennerflamme erhitzt, dann das Butan langsam über das glühende Kupferoxid geleitet, ggf. einige Male hin und her bewegt, bis das Gasvolumen konstant bleibt. Das Gas wird durch wenig Kalkwasser im Becherglas geleitet.

**Beobachtung:**
a) In der Waschflasche ist anfangs ein deutlicher Wasserbeschlag zu sehen, im Kalkwasser fällt der bekannte weiße Niederschlag aus.
b) Es entstehen 80 mL eines farblosen Gases, das in Kalkwasser den weißen Niederschlag bildet.

**Hinweis:** Die Zunahme des Volumens von 20 mL Butan zu 80 mL Kohlenstoffdioxid wird dahingehend interpretiert, dass vergleichsweise aus 1 mol Butan-Moleküle 4 mol $CO_2$-Moleküle gebildet worden sind, dass das Butan-Molekül dementsprechend 4 C-Atome enthalten muss: $C_4H_{10}$. Der entstehende Wasserdampf kondensiert bei der Reaktion zu einigen Tröpfchen Wasser, die kaum ein beobachtbares Volumen einnehmen.

Nachdem die Verbrennungsprodukte der C/H-Verbindungen als Kohlenstoffdioxid und Wasserdampf identifiziert worden sind, kann die Entstehung des Rußes bei der Benzin-Verbrennung diskutiert werden: die unvollständige, zu schnelle Verbrennung liefert aus C/H-Verbindungen die schwarzen Kohlenstoffkörner verteilt in Luft, die als Ruß bezeichnet werden. Auch eine Kerze, die zunächst nicht oder kaum sichtbar rußt, liefert schwarzen Ruß, wenn eine Porzellanschale in die Flamme gehalten und damit die vollständige Verbrennung verhindert wird.

## V8.9 Explosion eines Benzindampf-Sauerstoff-Gemisches

**Problem:** Jugendlichen ist meist bekannt, dass Benzin in den Zylindern des Automotors verbrennt und die frei werdende Energie die Kolben und damit das Auto in Bewegung setzt, auch die Anwesenheit von Zündkerzen zur Zündung des Benzins mag vertraut sein. Weniger vertraut ist den Jugendlichen allerdings die Tatsache, dass Benzin erst zu Benzindampf verdampfen und mit Luft vermischt werden muss, ehe zündfähige Gasgemische zu Explosionen führen. Im Experiment soll beides gezeigt werden: das Mischen von Sauerstoff mit Benzindampf und das Zünden des Gemischs mit einer Auto-Zündkerze. Vor allem kann durch den lauten Knall deutlich werden, welche große Menge chemischer Energie in dem System Sauerstoff-Benzin „verborgen" ist und in Wärmeenergie umgewandelt wird.

**Material:** 100 ml-Kunststoffflasche (Öffnung muss auf den Sockel einer Zündkerze passen), Zündkerze, Zündfunkengeber, Kabel; Benzin (Pentan), Sauerstoff (Stahlflasche)

**Durchführung:** Die Zündkerze wird senkrecht mit dem Sockel nach oben eingespannt, beide Pole werden mit dem Zündfunkengeber verbunden. Es kann ausprobiert werden, ob bei Betätigung des Gebers ein Zündfunke an der Zündkerze gebildet wird. Die Kunststoffflasche wird durch Luftverdrängung mit Sauerstoff gefüllt, die kleine Menge von drei Tropfen Benzin hinzu gegeben, mit dem Daumen verschlossen und zur Benzinverdunstung mit der warmen Hand umgeben. Die Flaschenöffnung ist fest auf den Sockel der Zündkerze zu drehen, Abstand zu halten und durch Druck auf den Zündfunkengeber zu zünden. Es ist vor einem lauten Knall zu warnen.

**Beobachtung:** Es gibt einen lauten Knall, die Flasche wird von der Zündkerze weg geschleudert, sie landet völlig zerfetzt auf dem Boden.

**Hinweis:** Es ist in jedem Fall ein kleines Kunststoffgefäß zu verwenden, niemals ein Gefäß aus Glas oder anderem festen Material, das zu Verletzungen führen kann.

## V8.10 Modellvorstellung für die Reaktion von Pentan und Sauerstoff

**Problem:** Allein die Namen Kohlenstoffdioxid und Wasserdampf der nicht einmal sichtbaren Gase mögen manchen Lernenden mit verinnerlichtem Vernichtungskonzept noch nicht davon zu überzeugen, dass für die Verbrennung von Benzin die Erhaltung der beteiligten Massen bzw. die Erhaltung der Atome gilt, wie es im Unterricht bei anderen Reaktionen verkündet und mit Reaktionsgleichungen beschrieben wird.

Ein Molekülbaukasten ist geeignet, die Moleküle vor der Reaktion (Pentan- und Sauerstoff-Moleküle) darzustellen, und durch Umstecken der Atommodell-Kugeln zu den Molekülmodellen nach der Reaktion (Kohlenstoffdioxid- und Wasser-Moleküle) zu gelangen. Im Beispiel können die Jugendlichen mit den Modellen nachvollziehen, dass aus einem $C_5H_{12}$-Molekül maximal 5 $CO_2$-Moleküle und 6 $H_2O$-Moleküle gebildet werden können, und dazu 8 $O_2$-Moleküle erforderlich sind. Die quantitativen Reaktionen von Kohle und Butan (V8.7 und V8.8) sind ebenfalls mit dem Molekülbaukasten nachzuvollziehen.

Sollen Gasvolumina quantitativ verglichen und interpretiert werden, so ist das Gesetz von Avogadro zusätzlich zu den Betrachtungen hinzu zu nehmen.

**Material:** Molekülbaukasten

**Durchführung:** Ein Pentan-Molekülmodell wird gebaut und mit $O_2$-Modellen zusammen auf einer Seite des Tisches positioniert, auf der anderen Seite des Tisches Modelle zu $CO_2$- und $H_2O$-Molekülen. Es wird nach der Anzahl der Molekülmodelle auf beiden Seiten des Tisches gefragt und gefolgert, dass aus 5 C-Atomen im Pentan-Molekül 5 $CO_2$-Moleküle gebildet werden können, aus 12 H-Atomen im Pentan-Molekül 6 $H_2O$-Moleküle. Zählt man nach, wie viel $O_2$-Moleküle dafür nötig sind, kommt man auf die Anzahl 8 – entsprechende Anzahlen der Molekülmodelle werden gebaut und auf der linken bzw. rechten Seite des Tisches zu einer Modellreaktion zusammengestellt.

**Beobachtung:** Zur Umgruppierung eines Butanmolekül-Modells sind 8 $O_2$-Moleküle erforderlich, es ergeben sich 5 $CO_2$-Modelle und 6 $H_2O$-Modelle.

**Hinweis:** Aufgrund der Anschauung der Modellreaktion ist die entsprechende Reaktionsgleichung an der Schultafel abzuleiten, es sind Molekülsymbole anstelle der verwendeten Kugelmodelle zu diskutieren.

Schließlich können isomere Moleküle des Pentans durch Modelle dargestellt werden. Der Energieumsatz bei der Reaktion kann durch den Abbau und Neuaufbau von Bindungen zwischen den Atomen erklärt werden: das Brechen von Bindungen kostet Energie, das Bilden neuer Bindungen liefert Energie.

Da der Großteil von organischen Substanzen aus Molekülen aufgebaut ist, kann der Molekülbaukasten weiterhin für die Veranschaulichung vieler Sachverhalte der Organischen Chemie dienen – dadurch wird die Organische Chemie oftmals als sehr beliebt eingeschätzt: durch das strukturorientierte Vorgehen im Chemieunterricht können die Jugendlichen nicht nur die Organische Chemie besser verstehen!

## Literatur


1. Scheler, K.: Energie als Tauschwert – ein neuer Ansatz zur Erschließung des Energiebegriffs in der Sekundarstufe I. Chim. did. 30 (2004), 67
2. Pfundt, H., Duit, R.: Bibliographie : Alltagsvorstellungen und naturwissenschaftlicher Unterricht. 4. Aufl. Kiel 1994 (IPN)
3. Burger, J., Gerhardt, A.: Energie im biologischen Kontext. MNU 56 (2003), 324
4. Barker, V.: Beyond Appearances: Students' misconceptions about basic chemical ideas. London 2000 (Royal Society of Chemistry)
5. Dörfler, T.: Brennstoffe und Energie: Empirische Erhebungen zu Schülervorstellungen und Unterrichtsvorschläge zu deren Korrektur. Staatsexamensarbeit. Münster 2004
6. Wiederholt, E.: Differenzthermoanalyse (DTA) im Chemieunterricht. Köln 1981 (Aulis)
7. Schleiß von Löwenfeld: Anfangsgründe der Physik. München 1861
8. Dickerson, R.E., Geis, I.: Chemie – eine lebendige und anschauliche Einführung. Weinheim 1981 (Chemie)
9. Parchmann, I., Demuth, R.: Energie verstehen – Energie nutzen: Bedeutung des Basiskonzepts „Energie“ zur Entwicklung einer „Scientific Literacy“. Chim.did 30 (2004), 132
10. Job, G.: Wie schädlich ist der erste Hauptsatz? Chim. did 30 (2004), 88

# Liste der Experimente